GÉOMÉTRIE

ANALYTIQUE.

Tout exemplaire non revêtu de notre griffe sera réputé contrefait.

J. C. Wersoby, E. Magdeleine & Cie

C.

LEÇONS NOUVELLES

DE

GÉOMÉTRIE

ANALYTIQUE

PAR MM. C. BRIOT

PROFESSEUR DE MATHÉMATIQUES AU LYCÉE BONAPARTE,
RÉPÉTITEUR A L'ÉCOLE POLYTECHNIQUE,

ET

C. BOUQUET

PROFESSEUR DE MATHÉMATIQUES A LA FACULTÉ DES SCIENCES DE LYON.

DEUXIÈME ÉDITION
entièrement refondue.

PARIS

DEZOBRY ET E. MAGDELEINE, LIBRAIRES-ÉDITEURS

RUE DES MAÇONS-SORBONNE, 1.

1851

GÉOMÉTRIE
ANALYTIQUE

La *Géométrie analytique* a pour but l'étude des *figures* par les procédés du calcul ou de l'*analyse* algébrique.

C'est DESCARTES qui a trouvé le moyen de représenter les figures par des équations et qui a ramené ainsi la science des figures à la science des nombres.

La Géométrie analytique, comme la Géométrie ordinaire, se divise en deux parties : *Géométrie plane*, ou à deux dimensions, *Géométrie de l'espace*, ou à trois dimensions.

GÉOMÉTRIE PLANE

LIVRE I

PRÉLIMINAIRES.

CHAPITRE I.

Des Coordonnées.

On détermine la position d'un point dans un plan au moyen de deux quantités que l'on nomme les *coordonnées* du point.

Il y a une infinité de *systèmes de coordonnées*. Je parlerai seulement des deux systèmes les plus simples et les plus fréquemment employés.

1—Coordonnées rectilignes.—Soient deux droites ou axes fixes X'X et Y'Y tracées dans le plan, la position d'un point quelconque M du plan sera déterminée par l'intersection de deux droites G'G et H'H parallèles aux axes. La position de la parallèle H'H est définie par sa distance OP à l'axe Y'Y, distance comptée sur l'autre axe; il faut, de plus, indiquer de quel côté de l'axe est située la parallèle, ce sera par le signe; on convient de donner à la distance OP le signe + si elle tombe sur OX, le signe — si elle tombe sur OX'. De même, la position de G'G est définie par sa distance OQ à l'axe X'X, distance comptée sur le second axe et prise avec le signe + ou le signe —, suivant qu'elle tombe sur OY ou OY'.

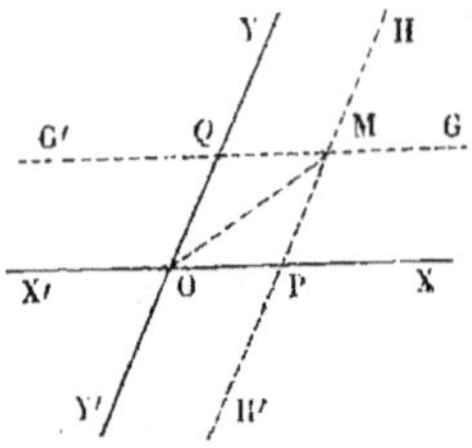

Ces deux longueurs OP et OQ, prises chacune avec le signe convenable, qui déterminent ainsi la position des deux parallèles, et par conséquent le point M, sont les *coordonnées rectilignes* du point. On les représente ordinairement par les lettres x et y. Cependant l'x porte plus particulièrement le nom d'*abscisse*, l'y celui d'*ordonnée*. Les deux droites fixes X'X et Y'Y s'appellent les *axes des coordonnées;* le premier est l'axe des x, le deuxième l'axe des y. Le point O, a partir duquel on compte les coordonnées sur chaque axe, dans un sens ou dans l'autre, prend le nom d'*origine des coordonnées.*

Si l'on donne à x et à y toutes les valeurs possibles positives ou négatives, en d'autres termes, si on fait varier x et y de $-\infty$ à $+\infty$, on obtient tous les points du plan; d'ailleurs, chaque couple de valeurs donne un point et un seul.

Je remarque que chacune des coordonnées du point M, l'x, par exemple, n'est autre chose que la projection de la distance OM sur l'axe des x, *parallèlement* à l'autre axe.

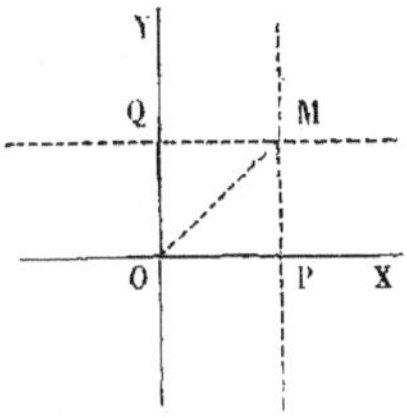

2—Coordonnées rectilignes rectangulaires.—Ordinairement on trace les axes fixes perpendiculaires entre eux; dans ce cas les deux coordonnées du point M sont les distances de ce point aux deux axes; ce sont aussi les projections orthogonales de la distance OM sur les deux axes.

3—Coordonnées polaires.—Soit O un point fixe nommé *pôle*, OX un axe fixe, on peut déterminer la position du point M par la longueur ρ du *rayon vecteur* OM et par l'angle ω que fait ce rayon vecteur avec l'axe. On obtient tous les points du plan en faisant varier ρ de o à $+\infty$ et ω de o à 2π. Chaque couple de valeurs donne, d'ailleurs, un point et un seul.

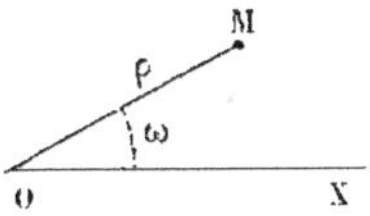

4—Représentation des lignes planes par des équations.—Soit une ligne plane quelconque AB. Je trace dans le plan deux axes OX et OY, et je représente par x et y les deux coordonnées OP et MP d'un point M quelconque de la ligne; quand le point M se meut sur la ligne, les deux coordonnées varient simultanément; si l'on donne à l'abscisse une valeur arbitraire OP, la grandeur de l'ordonnée correspondante MP est parfaitement déterminée et la variation de l'abscisse entraîne celle de l'ordonnée. Ainsi les deux coordonnées sont fonctions l'une de l'autre, et l'on conçoit que l'on puisse, de la définition géométrique de la ligne, déduire la relation qui existe entre les deux coordonnées d'un point quelconque de cette ligne. L'équation en x et y que l'on trouve de cette manière s'appelle l'équation de la ligne.

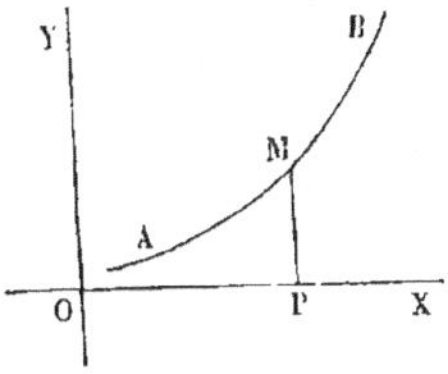

Je suppose réciproquement que l'on donne une équation

$$F(x, y) = o$$

entre les deux coordonnées x et y; chaque couple de valeurs réelles de x et y qui satisfont à cette équation détermine un point du plan; or, si l'on fait varier x d'une manière continue entre certaines limites, l'équation est ordinairement satisfaite par des valeurs de y réelles et continues; l'ensemble des points obtenus de la sorte forme donc une suite continue, c'est-à-dire une ligne. Ainsi, en général, *une équation entre les deux coordonnées représente une ligne plane.*

Ce que je viens de dire des coordonnées rectilignes a lieu évidemment dans tout autre système de coordonnées. Dans le système polaire, quand le point M se meut sur la ligne, le rayon vecteur ρ varie avec l'angle ω, ces deux quantités sont fonctions l'une de l'autre et la ligne est représentée par une certaine équation entre ρ et ω.

5—J'applique à quelques exemples :

1° Cercle.—Par le centre je trace deux axes rectangulaires OX et OY et je désigne par a le rayon du cercle; le triangle rectangle OMP donne immédiatement la relation

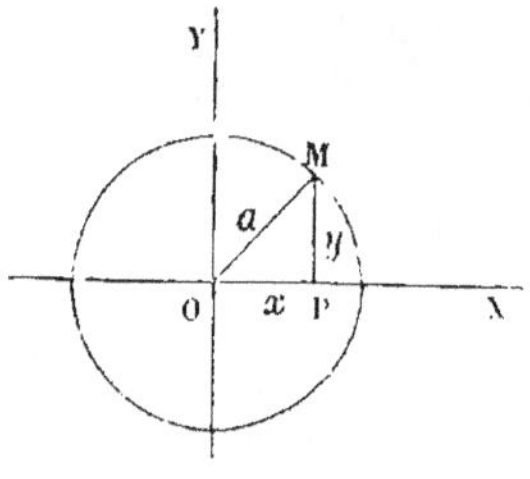

$$x^2+y^2=a^2,$$

qui existe entre les deux coordonnées. Telle est l'équation du cercle.

2° Lemniscate.—Le lemniscate est le lieu des points tels que le produit des distances de chacun d'eux à deux points fixes A et B est égal au carré de la moitié de AB.

Je prends pour origine le milieu de AB, pour axe des x la droite OA, pour axe des y une perpendiculaire, et je désigne par $2a$ la distance AB. Les triangles rectangles MAP et MBP donnent

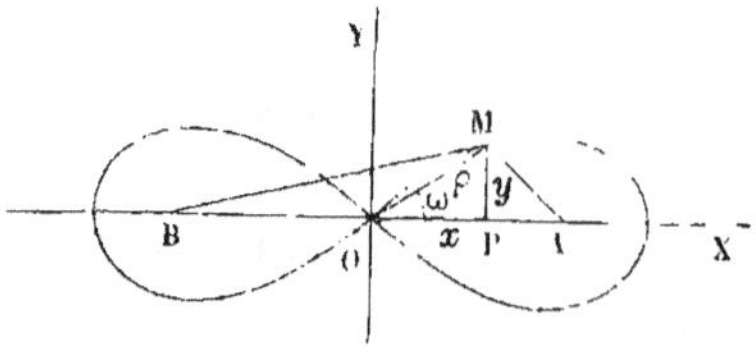

$$\overline{MA}^2 = \overline{MP}^2 + \overline{AP}^2 = y^2 + (a-x)^2,$$
$$\overline{MB}^2 = \overline{MP}^2 + \overline{BP}^2 = y^2 + (a+x)^2;$$

et comme, en vertu de la définition de la courbe, on a

$$MA \,.\, MB = a^2,$$

on en déduit l'équation

$$[y^2 + (a-x)^2][y^2 + (a+x)^2] = a^4,$$

ou, en simplifiant,

$$(x^2+y^2)^2 + 2a^2(y^2-x^2) = 0.$$

L'équation de la lemniscate en coordonnées polaires s'obtient aussi très-facilement. Je prends le point O pour pôle, OA pour axe polaire; les deux triangles OAM et OBM donnent

$$\overline{MA}^2 = a^2 + \rho^2 - 2a\rho \cos\omega,$$
$$\overline{MB}^2 = a^2 + \rho^2 + 2a\rho \cos\omega;$$

d'où

$$(a^2+\rho^2-2a\rho\cos\omega)(a^2+\rho^2+2a\rho\cos\omega) = a^4,$$

et, en simplifiant,

$$\rho^2 = 2a^2 \cos 2\omega.$$

La représentation des figures par des équations est le fondement de la Géométrie analytique; c'est elle qui permet d'appliquer à l'étude des figures les procédés du calcul algébrique. On s'occupe en Géométrie analytique de trois questions fondamentales : Quand une figure est définie géométriquement, on cherche son équation; réciproquement, on apprend à construire la figure que représente une équation donnée; enfin, on étudie les relations qui existent entre les propriétés géométriques des figures et les propriétés algébriques des équations.

CHAPITRE II.

De l'Homogénéité.

6—DÉFINITIONS.—On dit qu'une fonction $f(a, b, c)$ est *homogène*, par rapport aux lettres a, b, c,.. lorsque, en remplaçant a par ka, b par kb,... on a

$$f(ka, kb, kc...) = k^m f(a, b, c,...);$$

l'exposant m est le degré de la fonction homogène.

Telles sont, par exemple, les fonctions

$$a^2+2ab, \quad \frac{a\sqrt{b}+b\sqrt{c}\sin\frac{c}{a}}{a+b}, \quad \frac{a+\sqrt{ab}}{a+c}, \quad \frac{a}{a^3-b^3};$$

le degré de la première est 2, celui de la seconde $\frac{1}{2}$, celui de la troisième 0, et celui de la quatrième —2.

7—On voit aisément :

1° Que la somme ou la différence de deux fonctions homogènes du même degré est une fonction homogène du même degré que les fonctions proposées;

2° Que le produit de plusieurs fonctions homogènes de degrés quelconques est une fonction homogène dont le degré est égal à la somme des degrés des fonctions proposées;

3° Que le quotient de deux fonctions homogènes est une fonction homogène dont le degré est égal à l'excès du degré du dividende sur le degré du diviseur;

4° Que la puissance d'une fonction homogène est une fonction homogène dont le degré est égal au degré de la fonction proposée multiplié par l'indice de la puissance ;

5° Que la racine d'une fonction homogène est une fonction homogène dont le degré est égal au degré de la fonction proposée divisé par l'indice de la racine ;

6° Qu'une fonction transcendante d'une fonction homogène de degré *o* est elle-même homogène et de degré *o*. Par exemple, les fonctions

$$sin\left(\frac{ab}{a^2+b^2}\right),\ log\left(\frac{b+\sqrt{a^2-b^2}}{a+b}\right)$$

sont homogènes et de degré *o;* car si on remplace *a* et *b* par *ka* et *kb*, la lettre *k* disparaît de dessous le signe transcendant et on peut mettre en avant le facteur k^o. Mais si la quantité placée sous le signe transcendant, quoique homogène, n'était pas du degré *o*, la lettre *k* ne pourrait se mettre en facteur en avant du signe transcendant et la fonction ne serait pas homogène. Ainsi la fonction $sin(a+\sqrt{bc})$ n'est pas homogène.

Lorsqu'un monôme est rationnel et entier par rapport aux lettres *a*, *b*, *c*..., on appelle degré du monôme, par rapport à une lettre, l'exposant de cette lettre dans le monôme; degré du monôme, par rapport à plusieurs lettres, la somme des exposants de ces lettres. Un monôme est toujours une fonction homogène d'un degré égal au degré du monôme: donc la somme de plusieurs monômes de même degré est un polynôme homogène de ce même degré. Par exemple, le polynôme

$$a^3-4a^2b+5ab^2-2b^3$$

est une fonction homogène du troisième degré, par rapport aux lettres *a* et *b*.

THÉORÈME.

8—*Lorsqu'une équation* f(a, b, c...,) = o *existe entre les diverses longueurs d'une figure, si dans cette équation on rem-*

place les lettres a, b, c..., *qui représentent ces longueurs, par* ka, kb, kc..., *l'équation ainsi obtenue doit être satisfaite, quelle que soit la valeur attribuée à* k.

En effet, pour établir une relation entre les diverses longueurs d'une figure, il faut prendre une unité arbitraire et représenter par des lettres a, b, c... les nombres qui mesurent ces lignes; soit

$$(1) \quad f(a, b, c...) = o$$

l'équation trouvée. Les raisonnements et les calculs algébriques que l'on a faits pour arriver à cette équation sont indépendants de l'unité choisie, de sorte que si l'on prend une autre unité, l'équation entre les nombres a', b', c'..., qui mesurent les lignes au moyen de cette seconde unité, sera la même que l'équation entre a, b, c...; on aura donc

$$(2) \quad f(a', b', c'...) = o.$$

Si l'on désigne par k le rapport de l'ancienne unité à la nouvelle, on a

$$\frac{a'}{a} = \frac{b'}{b} = \frac{c'}{c} ..... = k.$$

La substitution dans l'équation (2) conduit à l'équation

$$(3) \quad f(ka, kb, kc...) = o;$$

mais puisque la nouvelle unité est arbitraire, le rapport k est quelconque : donc l'équation (3) doit être satisfaite, quelle que soit la valeur attribuée à k.

9—Corollaire.—Le théorème a lieu évidemment quand le premier membre de l'équation est une fonction homogène; car, dans ce cas, l'équation (3) s'écrit

$$k^m f(a, b, c...) = o,$$

et comme, par hypothèse, on a $f(a, b, c...) = o$, cette équation est satisfaite, quelle que soit la valeur attribuée à k.

Ainsi l'homogénéité de l'équation est une condition suffisante pour l'existence du théorème; je vais démontrer que cette condition est nécessaire, en me bornant aux équations algébriques, mises sous forme entière.

Soit $f(a, b, c...)=o$ une équation dans laquelle le premier membre est un polynôme entier. Si tous les termes ne sont pas de même degré, je réunis les termes du même degré, et j'appelle $\varphi(a, b, c...)$ l'ensemble des termes de degré m, $\psi(a, b, c...)$ l'ensemble des termes de degré n, etc.; l'équation s'écrit

$$\varphi(a, b, c...)+\psi(a, b, c...)+.....=o.$$

Quand on y remplace $a, b, c...$ par $ka, kb, kc...$, elle devient

$$k^m\varphi(a, b, c...)+k^n\psi(a, b, c...)+.....=o.$$

Pour que le premier membre, qui est un polynôme entier ordonné suivant les puissances de k soit nul, quelque valeur que l'on attribue à k, il est nécessaire que chaque terme soit nul séparément; on a donc

$$\varphi(a, b, c...)=o,$$
$$\psi(a, b, c...)=o.$$

Ainsi, lorsque l'équation proposée n'est pas homogène, elle se décompose en plusieurs équations homogènes, de sorte que finalement on arrive à des équations homogènes.

Je citerai, comme exemples, les équations en coordonnées rectilignes du cercle et de la lemniscate, qui ont été trouvées dans le chapitre précédent,

$$x^2+y^2-a^2=o,$$
$$(x^2+y^2)^2+2a^2(y^2-x^2)=o;$$

ces équations sont homogènes, par rapport aux trois longueurs x, y, a; la première est du second degré, la seconde du quatrième degré.

10—Remarque I.—Une équation peut contenir des lettres qui désignent des angles; or, on sait que l'on mesure un angle en décrivant un cercle du sommet comme centre avec un rayon arbitraire et prenant le rapport de la longueur de l'arc à celle du rayon: les angles sont donc représentés par des nombres indépendants de l'unité de longueur. Il en est de même des fonctions trigonométriques qui sont aussi des rapports de certaines lignes au rayon du cercle. Dans l'application du principe de l'homogénéité, on fera donc abstraction des angles et de leurs fonctions trigonométriques.

De cette manière, l'équation de la lemniscate en coordonnées polaires,

$$\rho^2 - 2a^2 \cos 2\omega = o,$$

est homogène par rapport aux deux longueurs ρ et a qu'elle renferme.

11 — Remarque II. — Le principe de l'homogénéité est d'une grande utilité dans les calculs ; il vérifie à chaque instant soit les raisonnements à l'aide desquels on a posé les équations du problème, soit les transformations successives que l'on a fait subir à ces équations.

Cependant si l'on avait pris pour unité de longueur une des lignes de la figure, ou plus généralement une ligne qui fût à une ligne de la figure dans un rapport déterminé, qui en fût, par exemple, la moitié, le tiers..., comme cette ligne serait représentée par le nombre 1 ou par un nombre déterminé 2, 3..., il est clair que l'équation obtenue, quoique exacte, n'offrirait plus le caractère de l'homogénéité. Il importe donc d'éviter tout choix particulier d'unité. Au reste, l'homogénéité peut aisément être rétablie dans une pareille équation.

Soit

$$f(b', c', d'.....) = o,$$

l'équation obtenue en prenant l'une des lignes de la figure pour unité, b', c'..., étant par conséquent les rapports des autres lignes à celle-là. Je laisse l'unité arbitraire, et j'appelle a, b, c, d .. les nombres qui mesurent les diverses lignes dans ce second cas. On a

$$\frac{1}{a} = \frac{b'}{b} = \frac{c'}{c} = \frac{d'}{d} = ...,$$

et l'équation devient

$$f\left(\frac{a}{b}, \frac{a}{c}, \frac{a}{d}....\right) = o,$$

équation homogène.

CHAPITRE III.

Transformation des Coordonnées.

Quand on connaît l'équation d'une ligne dans un système de coordonnées, il importe de pouvoir en déduire l'équation de la même ligne dans un autre système de coordonnées.

Je vais m'occuper d'abord du changement des coordonnées rectilignes en d'autres coordonnées rectilignes.

12—DÉPLACEMENT DE L'ORIGINE.—On veut remplacer les deux axes OX et OY par deux autres axes O'X' et O'Y' respectivement parallèles aux premiers et de même sens que les premiers. La position des nouveaux axes sera déterminée par les coordonnées a et b de la nouvelle origine O' relativement aux anciens axes. J'appelle x et y les coordonnées d'un point quelconque M du plan, par rapport aux anciens axes, x' et y' les coordonnées du même point, par rapport aux nouveaux axes. La figure montre que si l'on affecte les longueurs coordonnées des signes convenables, on aura, quelle que soit la position du point M dans le plan,

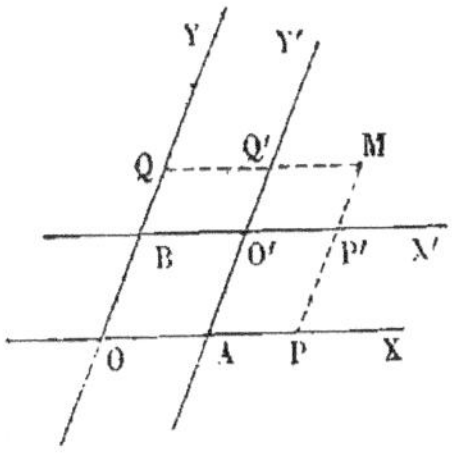

$$(1)\begin{cases} x = a + x', \\ y = b + y'. \end{cases}$$

Si l'on substitue ces valeurs de x et y dans l'équation de la ligne rapportée aux deux premiers axes, on obtiendra l'équation de la même ligne rapportée aux nouveaux axes.

13—Changement de la direction des axes.—Soient YOX les anciens axes, Y'OX' les nouveaux; je trace dans le plan une droite quelconque OA, à partir de laquelle je compte les angles dans un sens convenu, par exemple en tournant de OX vers OY. J'appelle α, β, α', β' les angles que font avec cette droite

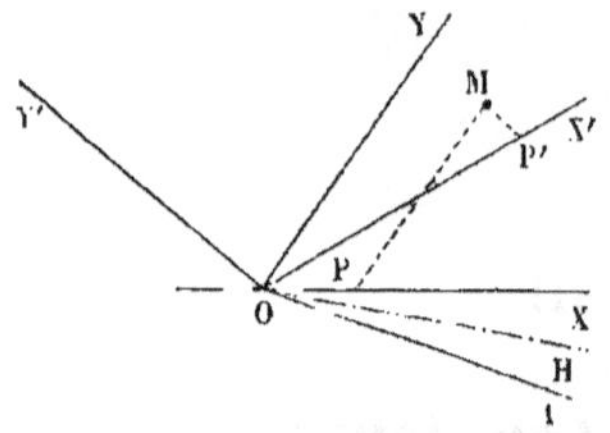

les axes OX, OY, OX' et OY', angles qui déterminent la position des deux systèmes d'axes dans le plan. Soit M un point quelconque du plan; je mène parallèlement aux axes des y et des y' les droites MP et MP', jusqu'à la rencontre des axes OX et OX'. Deux chemins conduisent de O en M, l'un OPM, l'autre OP'M. Je trace enfin une droite OH, faisant avec OA l'angle λ; cette droite fera avec OX, OY, OX', OY' les angles $\alpha-\lambda$, $\beta-\lambda$, $\alpha'-\lambda$, $\beta'-\lambda$. Je suppose qu'un mobile parte de l'origine commune, et décrive successivement les deux chemins OPM et OP'M; je projette ces deux chemins sur OH. Les chemins parcourus dans le premier cas sont représentés avec les signes qui leur conviennent par x et y; car, si x est positif, le mobile, en décrivant OP, se meut dans la direction même qui a servi à la détermination de l'angle, et de même pour y : on a donc, pour la première projection,

$$x\cos(\alpha-\lambda)+y\cos(\beta-\lambda).$$

Dans le second cas, les chemins parcourus sont de même représentés avec les signes qui leur conviennent par x' et y', ce qui donne, pour la seconde projection,

$$x'\cos(\alpha'-\lambda)+y'\cos(\beta'-\lambda).$$

Puisque les projections des deux chemins sont égales [1], on a l'équation

$$x\cos(\alpha-\lambda)+y\cos(\beta-\lambda)=x'\cos(\alpha'-\lambda)+y'\cos(\beta'-\lambda).$$

[1] Voir nos *Leçons nouvelles de Trigonométrie*, page 14.

Si dans cette équation on donne à λ successivement les valeurs $\beta-\frac{\pi}{2}$, et $\alpha-\frac{\pi}{2}$, ce qui revient à placer la droite OH, sur laquelle on projette, perpendiculairement à l'axe OY, puis à l'axe OX, on trouve

$$(2)\quad \left\{\begin{aligned} x&=\frac{x'\sin(\alpha'-\beta)+y'\sin(\beta'-\beta)}{\sin(\alpha-\beta)},\\ y&=\frac{x'\sin(\alpha'-\alpha)+y'\sin(\beta'-\alpha)}{\sin(\beta-\alpha)}.\end{aligned}\right.$$

Ces formules serviront à passer des premiers axes aux seconds.

Pour obtenir celles qui permettent de revenir des seconds axes aux premiers, on donnera à λ successivement les valeurs $\beta'-\frac{\pi}{2}$ et $\alpha'-\frac{\pi}{2}$; d'où

$$(3)\quad \left\{\begin{aligned} x'&=\frac{x\sin(\alpha-\beta')+y\sin(\beta-\beta')}{\sin(\alpha'-\beta')},\\ y'&=\frac{x\sin(\alpha-\alpha')+y\sin(\beta-\alpha')}{\sin(\beta'-\alpha')}.\end{aligned}\right.$$

Si l'on fait coïncider la direction OA avec OX, alors $\alpha=o$, β est l'angle des axes primitifs, angle que l'on désigne ordinairement par θ; α' et β' sont les angles que font avec OX les nouveaux axes OX' et OY', angles qui déterminent la position des nouveaux axes par rapport aux anciens ; et si, pour simplifier, on supprime les accents dans α' et β', les formules précédentes deviennent

$$(4)\quad \left\{\begin{aligned} x&=\frac{x'\sin(\theta-\alpha)+y'\sin(\theta-\beta)}{\sin\theta},\\ y&=\frac{x'\sin\alpha+y'\sin\beta}{\sin\theta},\end{aligned}\right. \qquad \left\{\begin{aligned} x'&=\frac{x\sin\beta+y\sin(\beta-\theta)}{\sin(\beta-\alpha)},\\ y'&=\frac{-x\sin\alpha-y\sin(\alpha-\theta)}{\sin(\beta-\alpha)}.\end{aligned}\right.$$

14—On déduit de ces formules générales quelques formules particulières qu'il est bon de connaître :

1o *Cas où le système primitif est rectangulaire.*—Dans ce cas $\theta=\frac{\pi}{2}$, et l'on a

$$(5)\begin{cases} x = x'\cos\alpha + y'\cos\beta, & x' = \dfrac{x\sin\beta - y\cos\beta}{\sin(\beta-\alpha)}, \\ y = x'\sin\alpha + y'\sin\beta, & y' = \dfrac{-x\sin\alpha + y\cos\alpha}{\sin(\beta-\alpha)}. \end{cases}$$

2° *Le second système est rectangulaire.*—On peut avoir $\beta = \alpha + \frac{\pi}{2}$ ou $\beta = \alpha + \frac{3\pi}{2}$; je suppose que c'est le premier cas qui a lieu.

$$(6)\begin{cases} x = \dfrac{x'\sin(\theta-\alpha) - y'\cos(\theta-\alpha)}{\sin\theta}, & x' = x\cos\alpha + y\cos(\theta-\alpha), \\ y = \dfrac{x'\sin\alpha + y'\cos\alpha}{\sin\theta}, & y' = -x\sin\alpha + y\sin(\theta-\alpha). \end{cases}$$

Si le second cas avait lieu, il suffirait de changer y' en $-y'$.

3° *Les deux systèmes rectangulaires.*—Je suppose, comme précédemment, $\beta = \alpha + \frac{\pi}{2}$.

$$(7)\begin{cases} x = x'\cos\alpha - y'\sin\alpha, & x' = x\cos\alpha + y\sin\alpha, \\ y = x'\sin\alpha + y'\cos\alpha; & y' = -x\sin\alpha + y\cos\alpha. \end{cases}$$

Il est facile de trouver directement chacune de ces formules particulières. Je considère le cas où les deux systèmes d'axes sont rectangulaires; le second système s'obtient en faisant tourner le premier de l'angle α autour de l'origine. Je projette sur OX les deux chemins OPM, OP′M; comme la projection de PM est nulle, j'ai

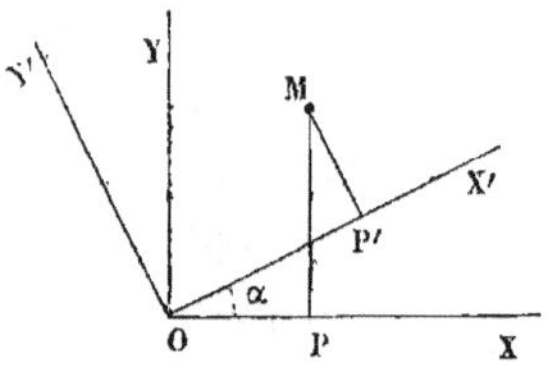

$$x = x'\cos\alpha + y'\cos\left(\frac{\pi}{2} + \alpha\right) = x'\cos\alpha - y'\sin\alpha.$$

J'ai de même, en projetant sur OY,

$$y = x'\sin\alpha + y'\cos\alpha.$$

Je remarque que dans ces formules l'angle α doit être pris avec le signe +, si l'on a fait tourner les axes primitifs de OX vers OY, avec le signe — si l'on a fait tourner en sens contraire.

15—TRANSFORMATION GÉNÉRALE. — On change à la fois l'origine et la direction des axes. On déterminera le nouveau système par les coordonnées a et b de la nouvelle origine, relativement aux anciens axes, et par les angles α et β que font les nouveaux axes O'X' et O'Y' avec l'axe OX. Par le point O' je mène deux axes O'X_1 et O'Y_1 respectivement parallèles à OX et OY. On a, d'une part,

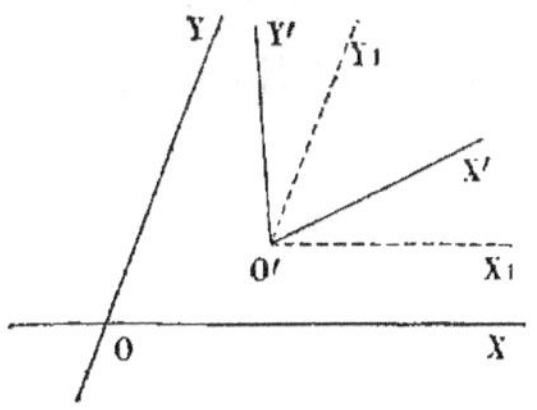

$$x = a + x_1,$$
$$y = b + y_1;$$

d'autre part, en vertu des formules (4),

$$x_1 = \frac{x' \sin(\theta - \alpha) + y' \sin(\theta - \beta)}{\sin\theta},$$

$$y_1 = \frac{x' \sin\alpha + y' \sin\beta}{\sin\theta};$$

on en déduit les formules générales de transformation

$$(8) \quad \begin{cases} x = a + \dfrac{x' \sin(\theta - \alpha) + y' \sin(\theta - \beta)}{\sin\theta}, \\ y = b + \dfrac{x' \sin\alpha + y' \sin\beta}{\sin\theta}. \end{cases}$$

Je remarque que ces formules de transformation sont homogènes et du premier degré, par rapport aux longueurs qu'elles contiennent.

16—TRANSFORMATION DES COORDONNÉES RECTILIGNES RECTANGULAIRES EN COORDONNÉES POLAIRES. — Je prends l'origine pour pôle, et l'axe des x pour axe polaire; le triangle rectangle MOP (n° 5) donne

$$(9) \quad \begin{cases} x = \rho \cos\omega, \\ y = \rho \sin\omega. \end{cases}$$

On passera réciproquement des coordonnées polaires aux coordonnées rectilignes par les formules

$$(10)\quad \begin{cases} \rho = \sqrt{x^2+y^2}, \\ tang\,\omega = \dfrac{y}{x}. \end{cases}$$

J'applique ces formules à la lemniscate. On a trouvé pour l'équation de cette courbe en coordonnées rectilignes rectangulaires,

$$(x^2+y^2)^2+2a^2(y^2-x^2)=0.$$

Si on remplace x et y par les valeurs données par les formules (9), on obtient l'équation de cette même courbe en coordonnées polaires

$$\rho^2 = 2a^2 cos\,2\omega,$$

équation déjà trouvée directement.

17—Distance de deux points.—Je suppose d'abord les axes rectangulaires; j'appelle x' et y' les coordonnées du premier point M', x'' et y'' celles du second point M'', δ la distance cherchée M'M''. Le triangle rectangle M'DM'' donne

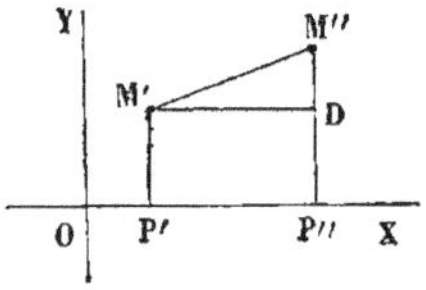

$$\overline{M'M''}^2 = \overline{M'D}^2 + \overline{DM''}^2;$$

ou

$$\delta = \sqrt{(x''-x')^2+(y''-y')^2}.$$

Je suppose maintenant les axes obliques. Le triangle oblique M'DM'' donne

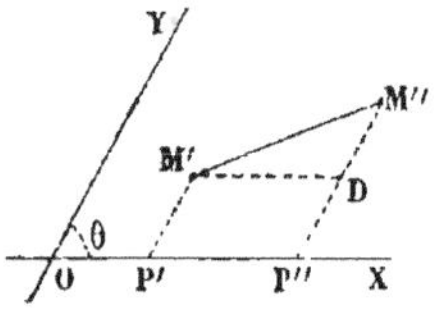

$$\overline{M'M''}^2 = \overline{M'D}^2 + \overline{DM''}^2 - 2M'D.DM''.cosM'DM''$$

d'où l'on déduit, en observant que l'angle M'DM'' est supplémentaire de θ,

$$\delta = \sqrt{(x''-x')^2+(y''-y')^2+2(x''-x')(y''-y')\cos\theta}.$$

18—Classification des courbes.—On a adopté pour la classification et l'étude des lignes en général les coordonnées rectilignes. J'ai défini, au commencement de la Trigonométrie, les fonctions algébriques et les fonctions transcendantes; une fonction algébrique, par rapport aux coordonnées rectilignes x et y, égalée à o, donne une équation algébrique, et l'on démontre en algèbre que l'on peut toujours mettre une pareille équation sous forme entière. On a distingué d'abord les lignes en *algébriques* et *transcendantes*, suivant que les équations qui les représentent en coordonnées rectilignes sont algébriques ou transcendantes. Les lignes planes algébriques ont été classées ensuite d'après le degré de leurs équations. Les lignes du premier degré sont celles qui sont représentées par les équations du premier degré en x et y; l'équation du second degré donne les lignes du second degré, etc.

Il est aisé de voir que le degré d'une ligne reste le même dans tous les systèmes de coordonnées rectilignes. En effet, soit $f(x, y) = o$ l'équation d'une ligne rapportée à de certains axes OX et OY, m le degré de cette équation supposée entière (dans l'évaluation du degré on ne tient compte que des coordonnées x et y). Pour rapporter cette ligne à d'autres axes O'X' et O'Y', on substitue à la place de x et y dans l'équation les valeurs données par les formules de transformation; or, ces formules sont homogènes et du premier degré, par rapport aux coordonnées. L'équation obtenue par la substitution ne sera donc pas d'un degré plus élevé que m. Elle ne sera pas non plus d'un degré moindre; car alors la transformation inverse élèverait son degré, ce qui est impossible. Ainsi la nouvelle équation est de même degré que l'équation primitive.

Le degré d'une courbe indique en combien de points au plus elle peut être coupée par une droite. En effet, soit m le degré de la courbe, $f(x, y) = o$ l'équation qui la représente lorsqu'on prend la droite sécante pour axe des x; si dans cette équation on fait $y = o$, l'équation en x ainsi obtenue donnera les abscisses des points de la courbe qui ont une ordonnée nulle, c'est-à-dire les points où la courbe coupe l'axe des x; or, l'équation en x est au plus du degré m; donc la droite rencontre la courbe au plus en m points.

LIVRE II.

LIGNES DU PREMIER DEGRÉ.

CHAPITRE I.

Ligne droite.

19—CONSTRUCTION DE L'ÉQUATION DU PREMIER DEGRÉ.— L'équation générale du premier degré entre les deux variables x et y est de la forme

$$(1)\quad Ax+By+C=o.$$

Les quantités A et B ne peuvent être nulles en même temps, car alors il faudrait que l'on eût aussi $C=o$, et l'équation disparaîtrait. Si une seule des deux quantités A ou B est nulle, l'équation se réduit à $y=b$ ou $x=a$. Si aucune d'elles n'est nulle, ou du moins si B n'est pas nulle, l'équation se ramène à la forme $y=ax+b$.

L'équation $y=b$ représente une série de points ayant même ordonnée b, quelle que soit, d'ailleurs, leur abscisse, et par conséquent une *droite* parallèle à l'axe des x. Pour l'obtenir, on porte sur OY ou sur OY', suivant que b est positif ou négatif, une longueur égale à la valeur absolue de b, et par l'extrémité on mène une parallèle à l'axe des x.

L'équation $x=a$ représente de même une *droite* parallèle à l'axe des y. Quand a ou b sont nuls, les équations deviennent $x=o$ ou $y=o$; elles représentent, la première l'axe des y, la seconde celle des x.

Avant de construire la ligne représentée par l'équation

$y=ax+b$, je considère d'abord le cas particulier où $b=o$, ce qui réduit l'équation à la forme $y=ax$ ou $\frac{y}{x}=a$.

Si a est un nombre positif, tous les points du lieu ayant leurs coordonnées de même signe, se trouvent dans l'angle YOX et son opposé par le sommet. Je prends une abscisse quelconque OP, et par le point P je mène une parallèle à l'axe des y; on pourra, sur cette parallèle, trouver un point M tel que $\frac{\text{MP}}{\text{OP}}=a$, le point M sera un point du lieu. Soient M, M′, M″... divers points du lieu construits de cette façon; des rapports égaux

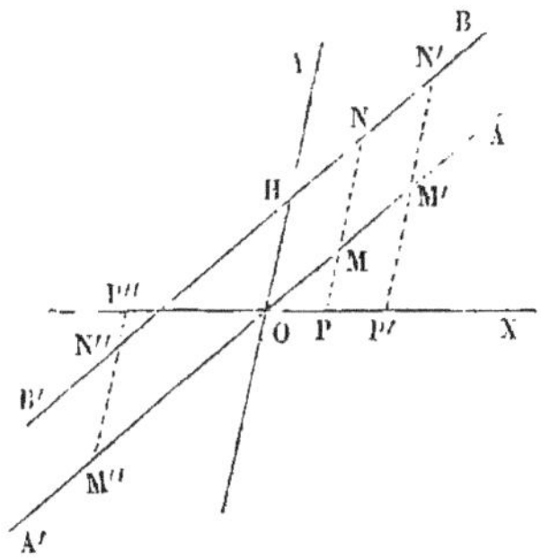

$$\frac{\text{MP}}{\text{OP}}=\frac{\text{M}'\text{P}'}{\text{OP}'}=\frac{-\text{M}''\text{P}''}{-\text{OP}''}=\ldots\ldots$$

il résulte que les triangles OPM, OP′M′, OP″M″... sont semblables, et que par suite les angles MOP, M′OP′, M″OP″... sont égaux; donc les points M, M′, M″... sont tous placés sur une même droite A′A, passant par l'origine. D'ailleurs, on a tous les points de cette droite; donc l'équation $y=ax$ représente *la droite* A′A.

Lorsque a est négatif, tous les points du lieu, ayant leurs coordonnées de signes contraires, sont situés dans les angles Y′OX et YOX′; on construit différents points M, M′, M″..., et des relations

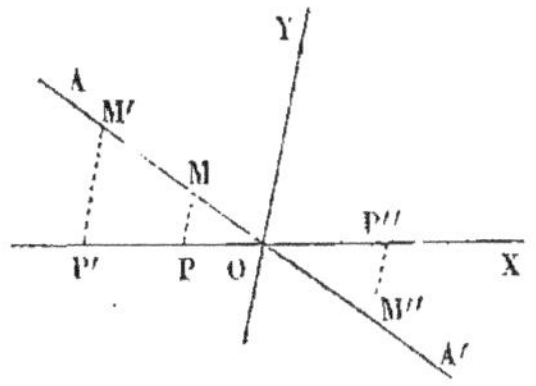

$$\frac{\text{MP}}{-\text{OP}}=\frac{\text{M}'\text{P}'}{-\text{OP}'}=\frac{-\text{M}''\text{P}''}{\text{OP}''}=\ldots\ldots=a,$$

on déduit comme précédemment que tous ces points sont sur une même droite A′A passant par l'origine. Ainsi, dans tous les cas, l'équation $y=ax$ représente une ligne droite passant par l'origine.

Je reviens maintenant à l'équation $y=ax+b$. Si l'on compare les deux équations $y=ax+b$ et $y=ax$, on voit que les ordonnées correspondantes à une même abscisse diffèrent d'une quantité constante b; on augmentera donc ou l'on diminuera, suivant le signe de b, les ordonnées de tous les points de la droite A'A de longueurs MN, M'N', M''N''..... égales à b; les points N, N', N''.... ainsi obtenus forment évidemment une droite B'B parallèle à A'A.

En résumé, *toute équation du premier degré entre les deux variables* x *et* y *représente une ligne droite.*

20—Équation d'une droite.—Réciproquement, l'équation de toute ligne droite est du premier degré. Car si la droite est parallèle à OX, comme tous ses points ont même ordonnée, son équation est de la forme $y=b$. Si elle passe par l'origine, elle occupe l'une des deux positions indiquées dans les figures précédentes, et les triangles semblables donnent

$$\frac{MP}{OP}=\frac{M'P'}{OP'}=\frac{-M''P''}{-OP''}=\ldots\ldots$$

ou

$$\frac{MP}{-OP}=\frac{M'P'}{-OP'}=\frac{-M''P''}{OP''}=\ldots\ldots$$

Si l'on appelle a ce rapport constant, l'équation de la droite est $\frac{y}{x}=a$ ou $y=ax$. Je suppose enfin que la droite, sans être parallèle à l'un des axes, ne passe pas par l'origine; une parallèle à cette droite, menée par l'origine, aura pour équation, d'après ce qui précède, $y=ax$; or, l'excès de l'ordonnée de la droite proposée sur l'ordonnée correspondante de la parallèle est une quantité constante b : donc la droite proposée a pour équation $y=ax+b$.

21—Signification des coefficients.—L'équation de toute droite non parallèle à l'axe des y peut être mise sous la forme

$$(2)\quad y=ax+b.$$

La constante b est l'ordonnée du point H où la droite coupe l'axe des y; on l'appelle *ordonnée à l'origine*.

La constante a ne dépend que de la direction de la droite, elle est la même pour toutes les droites parallèles, on l'appelle *coefficient angulaire* ou *de direction*. Je mène par l'origine, et au-dessus de l'axe X'X, une parallèle OA à la droite proposée; j'appelle θ l'angle des axes, α l'angle de OA avec OX, angle qui peut varier de o à π; on a dans la disposition de la première figure

$$a=\frac{y}{x}=\frac{\mathrm{MP}}{\mathrm{OP}}=\frac{\sin \mathrm{MOP}}{\sin \mathrm{OMP}}=\frac{\sin\alpha}{\sin(\theta-\alpha)},$$

et dans celle de la seconde

$$a=\frac{y}{x}=\frac{\mathrm{MP}}{-\mathrm{OP}}=\frac{\sin \mathrm{MOP}}{-\sin \mathrm{OMP}}=\frac{\sin\alpha}{-\sin(\alpha-\theta)}=\frac{\sin\alpha}{\sin(\theta-\alpha)};$$

donc, dans tous les cas,

$$(3)\quad \frac{\sin\alpha}{\sin(\theta-\alpha)}=a.$$

On en déduit

$$(4)\quad \tang\alpha=\frac{a\sin\theta}{1+a\cos\theta}=\frac{-\mathrm{A}\sin\theta}{\mathrm{B}-\mathrm{A}\cos\theta}.$$

Quand les axes sont rectangulaires, cette formule devient

$$(5)\quad \tang\alpha=a.$$

22—Angle de deux droites.—Je mène par l'origine, et au-dessus de l'axe X'X, deux parallèles OA et OA' aux droites proposées; j'appelle α et α' les angles que font ces droites avec OX, V l'angle de ces deux droites. Et pour préciser, je suppose que OX, tournant autour du point O de OX vers OY, rencontre d'abord OA, puis OA'. Cela posé, on a évidemment

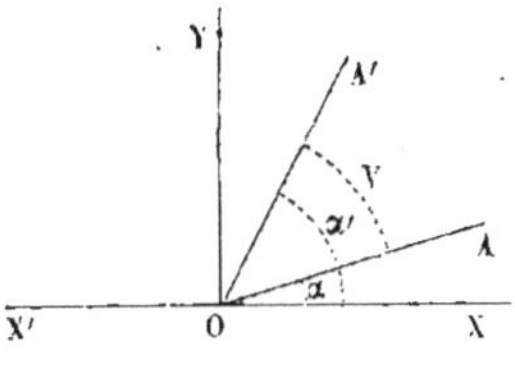

$$\mathrm{V}=\alpha'-\alpha,$$

d'où

$$(6)\quad \tang \mathrm{V}=\frac{\tang\alpha'-\tang\alpha}{1+\tang\alpha'.\tang\alpha}$$

Soient maintenant

$$Ax + By + C = o,$$
$$A'x + B'y + C' = o$$

les équations des deux droites, a et a' leurs coefficients angulaires. La formule (6) donne, si les axes sont rectangulaires,

$$(7) \quad tang\,V = \frac{a'-a}{1+aa'} = \frac{AB'-BA'}{AA'+BB'};$$

si les axes sont obliques,

$$(8) \quad tang\,V = \frac{(a'-a)\sin\theta}{1+aa'+(a+a')\cos\theta} = \frac{(AB'-BA')\sin\theta}{AA'+BB'-(AB'+BA')\cos\theta}.$$

23—Conditions pour que deux droites soient perpendiculaires.—Pour que l'angle V soit droit, il est nécessaire et il suffit que $tang\,V$ prenne une valeur infinie; donc la condition cherchée, si les axes sont rectangulaires, est

$$(9) \quad 1 + aa' = o, \text{ ou } AA' + BB' = o;$$

si les axes sont obliques,

$$(10) \quad 1+aa'+(a+a')\cos\theta = o, \text{ ou } AA'+BB'-(AB'+BA')\cos\theta = o.$$

24—L'équation générale de la ligne droite (1) renferme deux coefficients ou *paramètres* arbitraires, car on peut diviser l'équation par l'un des coefficients, et il restera les rapports des deux autres coefficients à celui par lequel on a divisé. Il faut donc deux conditions pour déterminer une ligne droite.

1° Equation générale des droites passant par un point donné.—Puisque les coordonnées x' et y' du point donné doivent satisfaire à l'équation (1), on a, entre les paramètres, la relation

$$(11) \quad Ax' + By' + C = o:$$

cette relation détermine l'un des deux paramètres, en fonction de l'autre, qui seul reste arbitraire. En effet, si je retranche (11) de (1), j'élimine C, et l'équation

$$(12) \quad A(x-x') + B(y-y') = o \text{ ou } y-y' = a(x-x').$$

qui ne renferme plus qu'un paramètre arbitraire, le coefficient de direction, représente toutes les droites qui passent par le point (x', y').

2° ÉQUATION DE LA DROITE QUI PASSE PAR DEUX POINTS DONNÉS.—Soient (x', y'), $(x'' y'')$ les coordonnées de ces deux points. Comme la droite passe au premier point, son équation est de la forme $y-y'=a(x-x')$; les coordonnées du second point doivent satisfaire à cette équation, ce qui donne une relation

$$y''-y'=a(x''-x'),$$

d'où l'on dédui

$$a=\frac{y''-y'}{x''-x'},$$

et la droite qui passe par les deux points donnés a pour équation

$$(13)\quad y-y'=\frac{y''-y'}{x''-x'}(x-x').$$

Si la droite, au lieu d'être assujettie à passer par un second point, était parallèle à une droite donnée, comme le paramètre a doit être égal au coefficient de direction de la droite donnée, la droite serait ainsi complétement déterminée.

Il arrive souvent que la droite est définie par les points P et Q où elle coupe les axes; j'appelle p et q les distances de l'origine à ces deux points. Si dans l'équation de la droite

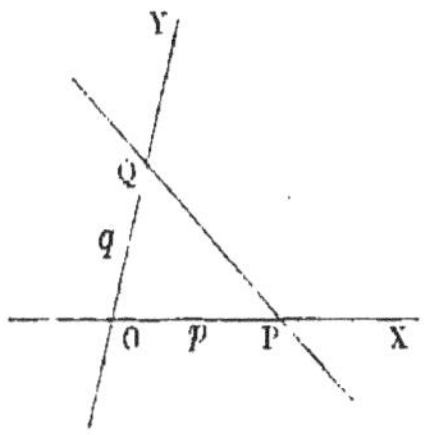

$$Ax+By+C=o$$

on fait successivement $y=o$ et $x=o$, on obtient les points où elle coupe les axes; donc $p=-\frac{C}{A}$ et $q=-\frac{B}{C}$. Si dans l'équation de la droite on remplace A et B par les valeurs déduites de ces relations, l'équation prend la forme simple

$$(14)\quad \frac{x}{p}+\frac{y}{q}=1.$$

25—PAR UN POINT DONNÉ MENER UNE DROITE PERPENDICULAIRE A UNE DROITE DONNÉE.—Soient x' et y' les coordonnées du point donné M, $y=ax+b$ l'équation de la droite donnée AB. Je suppose d'abord les axes rectangulaires. La droite cherchée, passant au point M, a une équation de la forme

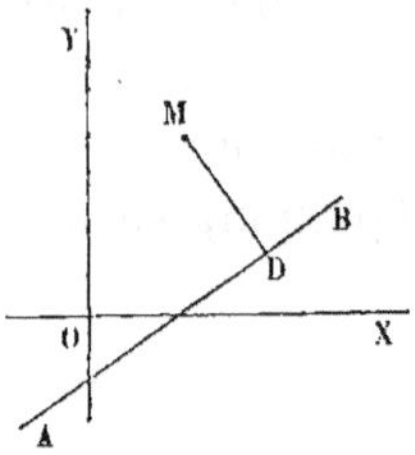

$$y-y'=a'(x-x').$$

Comme de plus elle est perpendiculaire sur AB, on a $1+aa'=o$, d'où $a'=-\frac{1}{a}$.
Ainsi l'équation de la perpendiculaire est

$$y-y'=-\frac{1}{a}(x-x').$$

Si l'on avait pris la droite donnée sous la forme

$$Ax+By+C=o,$$

la perpendiculaire abaissée du point M aurait pour équation

$$(15)\quad \frac{x-x'}{A}=\frac{y-y'}{B}.$$

Je suppose maintenant que les axes soient obliques. De la relation (10) on déduit

$$a'=-\frac{1+a\cos\theta}{a+\cos\theta}=\frac{B-A\cos\theta}{A-B\cos\theta},$$

ce qui donne, pour l'équation de la perpendiculaire,

$$y-y'=-\frac{1+a\cos\theta}{a+\cos\theta}(x-x'),$$

ou

$$(16)\quad \frac{x-x'}{A-B\cos\theta}=\frac{y-y'}{B-A\cos\theta}.$$

26—DISTANCE D'UN POINT A UNE DROITE.—J'appelle x' et y' les coordonnées du point donné, $Ax+By+C=o$ l'équation de la droite donnée, et je suppose les axes rectangulaires. La perpendiculaire, abaissée du point sur la droite, a pour équation

$$\frac{x-x'}{A}=\frac{y-y'}{B}.$$

Si l'on considère ces deux équations comme simultanées, x et y désigneront les coordonnées du point de rencontre D, et la distance MD s'obtiendra par la formule

$$\delta=\sqrt{(x-x')^2+(y-y')^2}.$$

Il s'agit, au moyen des équations des deux droites, de calculer les inconnues x et y, ou plutôt $x-x'$ et $y-y'$. L'équation de la droite donnée, mise sous la forme

$$A(x-x')+B(y-y')=-(Ax'+By'+C),$$

et combinée avec l'équation de la perpendiculaire

$$B(x-x')-A(y-y')=0,$$

donne

$$x-x'=\frac{-A(Ax'+By'+C)}{A^2+B^3},$$

$$y-y'=\frac{-B(Ax'+By'+C)}{A^2+B^2}.$$

En substituant dans la valeur de δ, on trouve

$$(17)\quad \delta=\frac{\pm(Ax'+By'+C)}{\sqrt{A^2+B^2}}.$$

On choisira le signe de manière à ce que le numérateur soit positif.

Cette formule très-importante peut être énoncée ainsi : *La distance d'un point à une droite en coordonnées rectangulaires s'exprime par une fraction qui a pour numérateur le premier membre de l'équation de la droite dans lequel on remplace* x *et* y *par les coordonnées du point, et pour dénominateur la racine carrée de la somme des carrés des coefficients de* x *et de* y.

Si les axes sont obliques, un calcul semblable donne

$$(18)\quad \delta=\frac{\pm(Ax'+By'+C)\sin\theta}{\sqrt{A^2+B^2-2AB\cos\theta}}.$$

27—Autre méthode.—On peut obtenir ces mêmes formules par un procédé beaucoup plus simple. Je suppose les axes rectangulaires et je cherche d'abord la distance OF de l'origine à la droite

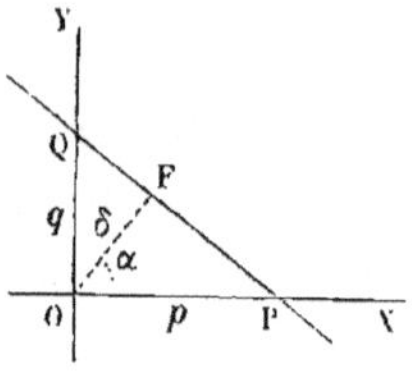

$$Ax+By+C=o.$$

Si l'on désigne par α l'angle que fait la perpendiculaire OF avec l'axe OX, on a

$$\delta=p\cos\alpha=q\sin\alpha;$$

d'où

$$\delta=\frac{1}{\sqrt{\frac{1}{p^2}+\frac{1}{q^2}}}=\frac{\pm C}{\sqrt{A^2+B^2}}.$$

Pour avoir la distance d'un point quelconque (x', y') à la droite, je transporte l'origine en ce point, ce qui met l'équation de la droite sous la forme

$$Ax+By+(Ax'+By'+C)=o;$$

il suffit donc de remplacer dans la formule précédente C par la quantité $Ax'+By'+C$, et l'on retrouve la formule déjà obtenue

$$\delta=\frac{\pm(Ax'+By'+C)}{\sqrt{A^2+B^2}}.$$

28—Équation de la ligne droite en coordonnées polaires.—On peut déterminer la droite par sa distance $OF=a$ à l'origine et par l'angle α que fait OF avec l'axe polaire. Soit M un point quelconque de la droite; le triangle rectangle MOF donne

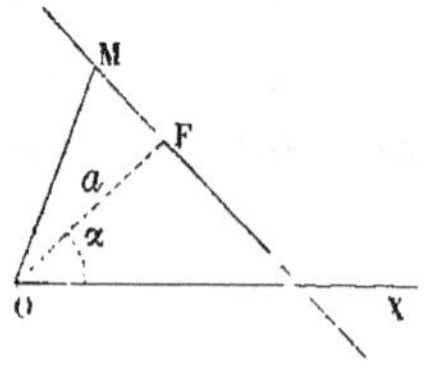

$$(19)\quad \rho\cos(\omega-\alpha)=a.$$

Telle est l'équation de la droite en coordonnées polaires.

CHAPITRE II.

Problèmes sur la Ligne droite et le Cercle.

29—Proportion harmonique.—On dit que trois quantités forment une *proportion harmonique* lorsque l'excès de la première sur la seconde est à l'excès de la seconde sur la troisième comme la première est à la troisième.

Cette dénomination provient de ce que pour faire rendre à une corde les trois sons *ut*, *mi*, *sol*, qui forment l'accord parfait majeur, il faut faire vibrer trois parties proportionnelles aux nombres $1, \frac{4}{5}, \frac{2}{3}$; or ces trois nombres satisfont à la proportion

$$1-\frac{4}{5} : \frac{4}{5}-\frac{2}{3} :: 1 : \frac{2}{3}.$$

Lorsqu'une droite AB est divisée par les deux points D, E en parties proportionnelles, de sorte que l'on ait

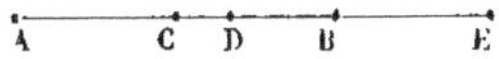

(1) AD : BD :: AE : BE,

les trois longueurs AE, AB, AD forment une proportion harmonique ; car la proportion précédente peut s'écrire

BE : BD :: AE : AD,

ou

AE—AB : AB—AD :: AE : AD.

On dit pour cette raison que la droite AB est divisée harmoniquement par les points D, E, auxquels on donne le nom de *conjugués harmoniques* par rapport à la droite AB.

La proportion

$$BE : BD :: AE : ED$$

montre que réciproquement la droite DE est divisée harmoniquement par les points A et B.

Soit C le milieu de AB; de la proportion

$$AD : BD :: AE : BE;$$

on déduit

$$AD-BD : AD+BD :: AE-BE : AE+BE.$$

ou

$$2CD : 2CA :: 2CA : 2CE,$$

$$\overline{CA}^2 = CD \times CE.$$

Ainsi *la moitié d'une droite est moyenne proportionnelle entre les distances du milieu de cette droite aux deux points qui la divisent harmoniquement.* La réciproque est vraie.

Quand le point D tend vers le milieu de AB, le conjugué harmonique E s'éloigne à l'infini, et réciproquement[1].

30—Faisceau harmonique.—Quatre droites OA, OB, OD' OE, qui partent d'un même point O et qui jouissent de la propriété de diviser harmoniquement une transversale quelconque, forment un *faisceau harmonique.*

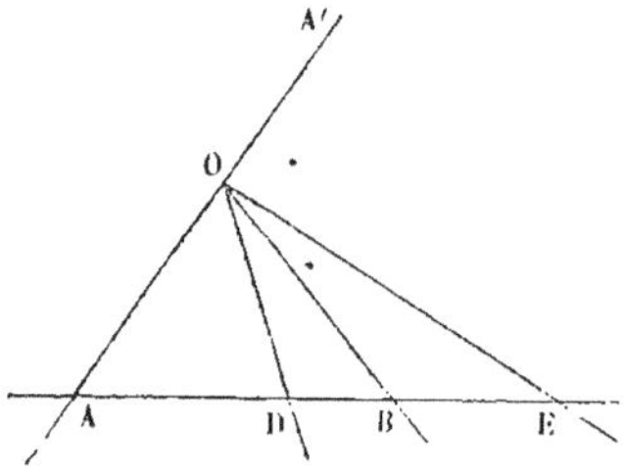

Le caractère du faisceau harmonique est la proportion

$$(2)\quad \sin AOD : \sin BOD :: \sin AOE : \sin BOE,$$

analogue à la proportion (1). En effet, je suppose la transversale AB divisée harmoniquement. En vertu des relations

$$AD \times h = OA.OD.\sin AOD,$$

. . . .

. . . .

dans lesquelles h désigne la perpendiculaire abaissée du

[1] Voir pour plus de détails les *Leçons nouvelles de Géométrie élémentaire* par M. Amiot.

point O sur AB, la proportion (1) donne la proportion (2). La proportion (2) est donc nécessaire. En outre, si cette condition est remplie, toute transversale sera divisée harmoniquement; car de la proportion (2) on peut déduire inversement la proportion (1).

Quand la droite OD est bissectrice de l'angle AOB, la droite conjuguée OE est perpendiculaire sur OD; car alors l'angle BOE est supplémentaire de AOE, et par conséquent égal à A'OE, et les deux droites conjuguées OD, OE sont rectangulaires comme bissectrices de deux angles adjacents. La réciproque est vraie.

THÉORÈME I.

31—*Étant données deux droites* AX *et* AY, *par un point* P *du plan on mène deux sécantes quelconques* CD, EF ; *on joint deux à deux les points d'intersection* DE, CF; *le lieu des points* M *ainsi obtenus est une ligne droite.*

Je prends les deux droites données pour axes des coordonnées, et j'appelle x_1 et y_1 les coordonnées du point P, x' et x'' les abscisses de D et F, y' et y'' les ordonnées de C et E. Les droites CD, EF ont pour équations $\frac{x}{x'}+\frac{y}{y'}=1$, $\frac{x}{x''}+\frac{y}{y''}=1$, et comme elles doivent passer en P, il en résulte les deux équations de condition

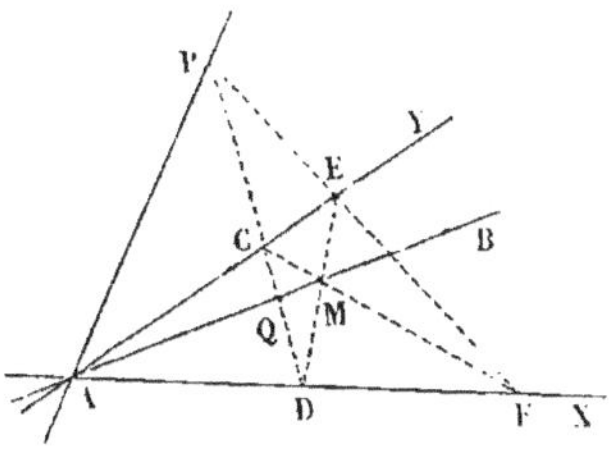

$$(1)\ \frac{x_1}{x'}+\frac{y_1}{y'}=1,\ \frac{x_1}{x''}+\frac{y_1}{y''}=1.$$

Les droites CF, DE ont pour équations

$$(2)\ \frac{x}{x''}+\frac{y}{y'}=1,\ \frac{x}{x'}+\frac{y}{y''}=1;$$

si on considère ces deux équations comme simultanées, x et

y désigneront les coordonnées du point d'intersection M. Les équations (2), combinées par soustraction, donnent

$$x\frac{x'-x''}{x'x''}-y\frac{y'-y''}{y'y''}=0,$$

de même les équations (1)

$$x_1\frac{x'-x''}{x'x''}+y_1\frac{y'-y''}{y'y''}=0;$$

il en résulte

$$(3)\ \frac{y}{x}=-\frac{y_1}{x_1}.$$

Le lieu des points M est donc une droite passant par l'origine. Cette droite AB est appelée la *polaire* du point P par rapport au système des deux droites AX, AY.

Je remarque que tous les points de la droite AP ont même polaire AB et que réciproquement tous les points de AB ont pour polaire AP.

Corollaire I.—Puisque

$$\frac{y}{x}=\frac{sin\,\text{BAX}}{sin\,\text{BAY}},\ \frac{y_1}{x_1}=-\frac{sin\,\text{PAX}}{sin\,\text{PAY}},$$

on a

$$sin\,\text{BAX} : sin\,\text{BAY} :: sin\,\text{PAX} : sin\,\text{PAY};$$

donc les quatre droites AX et AY, AB et AP forment un faisceau harmonique, et par conséquent le point Q est conjugué harmonique de P, par rapport aux points C et D. Il en résulte que si par le point P on mène différentes sécantes CD à travers l'angle XAY, la polaire du point P peut être considérée comme le lieu du point conjugué harmonique du point P, par rapport aux deux extrémités C, D de chaque sécante.

Corollaire II.—On appelle *quadrilatère complet* un système de quatre droites indéfinies. Ces quatre droites se coupent en six points qui sont les sommets du quadrilatère;

si l'on joint les sommets opposés deux à deux, on a les trois diagonales AA′, BB′ et CC′ du quadrilatère. D'après le corollaire précedent, les quatre droites MC et MB, MA′ et MA forment un faisceau harmonique, et par conséquent la droite AA′ est divisée harmoniquement en P et N. Ainsi *chacune des diagonales du quadrilatère complet est divisée harmoniquement par les deux autres.*

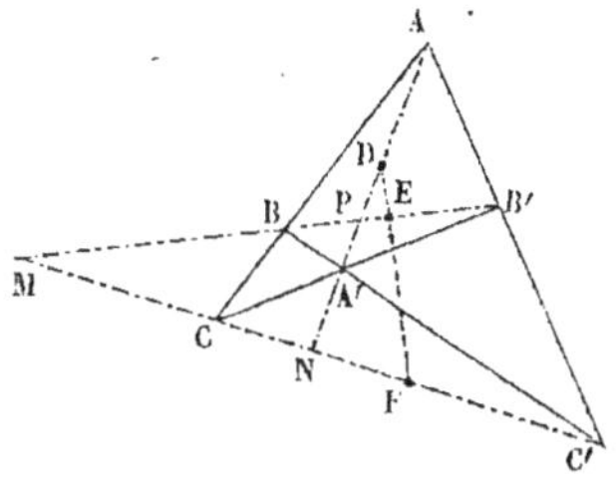

THÉORÈME II.

32—*Les points* D, E, F *qui divisent en deux parties égales les trois diagonales* AA′, BB′, CC′ *d'un quadrilatère complet, sont en ligne droite.*

Je prends AC pour axe des x, AC′ pour axe des y; j'appelle x' et x'' les longueurs AB et AC, y' et y'' les longueurs AB′ et AC′. Les coordonnées du point E sont $\frac{x'}{2}$, $\frac{y'}{2}$; celles du point F sont $\frac{x''}{2}$, $\frac{y''}{2}$. Si je désigne par x_1 et y_1 les coordonnées du point A′, celles du point D seront $\frac{x_1}{2}$, $\frac{y_1}{2}$. On fait voir que trois points sont en ligne droite, en démontrant que les coefficients angulaires des deux droites qui joignent l'un des points aux deux autres sont égaux, et que par conséquent ces deux droites se confondent. Puisque les trois points B, A′, C′ sont en ligne droite, les deux droites A′B, A′C′ ont des coefficients angulaires égaux

$$\frac{y_1}{x_1-x'}=\frac{y_1-y''}{x_1}.$$

De même, les deux droites A′C, A′B′ ont des coefficients angulaires égaux

$$\frac{y_1}{x_1-x''}=\frac{y_1-y'}{x_1}.$$

Si l'on divise membre à membre ces deux relations, on a

$$\frac{x_1-x'}{x_1-x''}=\frac{y_1-y'}{y_1-y''},$$

ou

$$\frac{\frac{y_1}{2}-\frac{y'}{2}}{\frac{x_1}{2}-\frac{x'}{2}}=\frac{\frac{y_1}{2}-\frac{y''}{2}}{\frac{x_1}{2}-\frac{x''}{2}}.$$

Donc les deux droites DE, DF ont des coefficients angulaires égaux, et par conséquent se confondent; donc les trois points D, E, F sont ligne droite.

THÉORÈME III.

33—*Sur deux droites rectangulaires* OX, OY *on construit un rectangle variable* OACB *ayant un périmètre donné* 2a, *la perpendiculaire menée du sommet* C *sur la diagonale* AB *passe par un point fixe.*

J'appelle x' et y' les coordonnées variables du sommet C, on a la relation

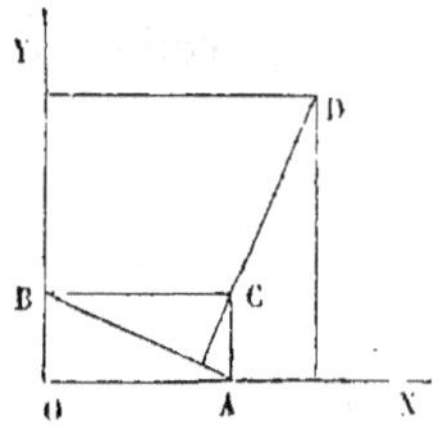

$$x'+y'=a.$$

Puisque la diagonale AB est représentée par l'équation

$$\frac{x}{x'}+\frac{y}{y'}=1,$$

la perpendiculaire menée du sommet C sur cette diagonale a pour équation

$$x'(x-x')=y'(y-y'),$$

laquelle se transforme de la manière suivante :

$$xx'-yy'=x'^2-y'^2=a(x'-y'),$$
$$x'(x-a)=y'(y-a).$$

Sous cette dernière forme, on voit que l'équation est toujours satisfaite par les valeurs $x=a$, $y=a$; donc toutes les perpendiculaires passent par un point fixe situé au sommet D du carré dont le côté est égal à a.

34—Centre des distances proportionnelles.—1° Étant donnés deux points A et B, trouver sur la droite AB un point M tel que les distances de ce point aux deux points donnés soient entre elles dans le rapport inverse des deux quantités m et n.

J'appelle x' et y', x'' et y'' les coordonnées des points A et B, x et y celles du point cherché M. On veut avoir

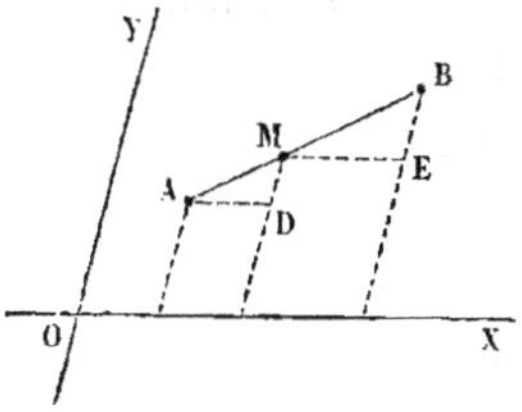

$$AM : BM :: n : m.$$

Les triangles semblables AMD, MBE donnent

$$AD : ME :: AM : BM,$$
$$DM : EB :: AM : BM,$$

ou

$$x-x' : x''-x :: n : m,$$
$$y-y' : y-y'' :: n : m;$$

on en déduit

$$(1)\quad \begin{cases} x=\dfrac{mx'+nx''}{m+n}, \\ y=\dfrac{my'+ny''}{m+n}. \end{cases}$$

Afin de donner à ces formules toute la généralité possible, on convient de regarder la distance AM comme positive ou négative, suivant qu'elle est comptée dans le sens AB ou en sens contraire; la distance BM comme positive ou négative, suivant qu'elle est comptée dans le sens BA ou en sens contraire. D'après cela, lorsque m et n ont même signe, le point M est situé dans l'intervalle AB; lorsque m et n ont des signes contraires, il est situé sur le prolongement, du côté de A ou du côté de B, selon que la valeur numérique de m est plus petite ou plus grande que celle de n.

Quand m est égal à n, on obtient le point milieu de AB

$$x=\frac{x'+x''}{2},\quad y=\frac{y'+y''}{2}.$$

2° Étant donnés dans un plan, n points A, B, C...., dont on représente les coordonnées par (x', y'), (x'', y''), (x''', y'''),.... et n quantités m', m'', m'''...., qui correspondent à ces n points; sur la droite AB qui joint les deux premiers, on prend un point N_1 tel que les distances de ce point aux deux premiers soient dans le rapport de m'' à m'; puis sur la droite N_1C qui joint N_1 au troisième point on prend un point N_2 tel que ses distances à N_1 et au troisième point soient dans le rapport de m''' à $m'+m''$; puis sur la droite N_2D qui joint N_2 au quatrième point, un point N_3 tel que ses distances à N_2 et au quatrième point soient dans le rapport de m'''' à $m'+m''+m'''$, et ainsi de suite, jusqu'à ce qu'on soit arrivé au dernier point donné; trouver les coordonnées du dernier point de division.

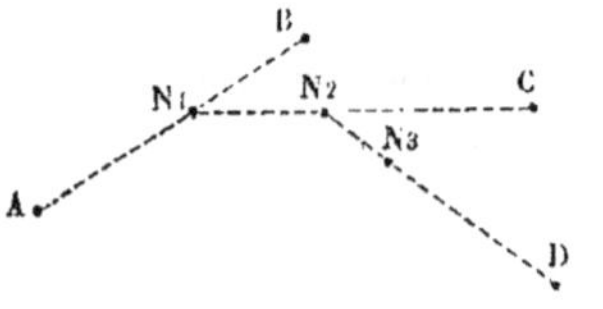

J'appelle (x_1, y_1), (x_2, y_2)...., (x, y) les coordonnées des points de division successifs N_1, N_2...., N. D'après les formules (1), on a

$$x_1 = \frac{m'x' + m''x''}{m' + m''},$$

$$x_2 = \frac{(m'+m'')x_1 + m'''x'''}{m'+m''+m'''} = \frac{m'x' + m''x'' + m'''x'''}{m'+m''+m'''},$$

. . . .

. . . .

$$(2)\quad \begin{cases} x = \dfrac{m'x' + m''x'' + \ldots\ldots + m^{(n)}x^{(n)}}{m'+m''\ldots\ldots + m^{(n)}}, \\[2ex] y = \dfrac{m'y' + m''y'' + \ldots\ldots + m^{(n)}y^{(n)}}{m'+m''\ldots\ldots + m^{(n)}}. \end{cases}$$

On voit que la position du dernier point de division est indépendante de l'ordre dans lequel on a pris les points donnés; ce point a été appelé *centre des distances proportionnelles* aux quantités m', m''.....

Lorsque toutes ces quantités sont égales entre elles, on a le *centre des moyennes distances*

$$(3)\quad x = \frac{x' + x'' + \ldots\ldots + x^{(n)}}{n},\quad y = \frac{y' + y'' + \ldots\ldots = y^{(n)}}{n}.$$

35—Application au triangle. — Il y a trois manières d'obtenir le centre des distances proportionnelles des trois sommets d'un triangle ABC; on peut chercher d'abord le point de division A′ du côté BC, puis le centre O sur AA′; ou bien le point de division B′ du côté AC, puis le centre O sur BB′; ou bien le point de division C′ de AB, puis le centre O sur CC′. De cette manière on a trois droites AA′, BB′, CC′ qui passent par un même point O.

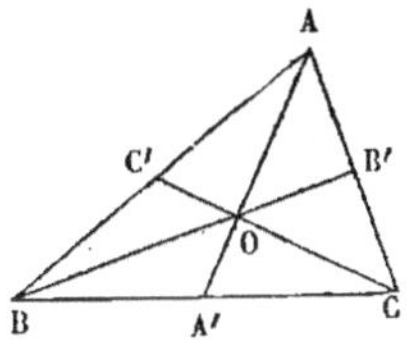

1° Centre de gravité.—Lorsque les trois quantités m', m'', m''', qui correspondent aux trois sommets A, B, C, sont égales entre elles, les points A′, B′, C′ sont les milieux des côtés; donc les trois médianes d'un triangle passent en un même point. Ce point, centre des moyennes distances des trois sommets ou centre de gravité du triangle, a pour coordonnées

$$(4)\quad x=\frac{x'+x''+x'''}{3},\quad y=\frac{y'+y''+y'''}{3}.$$

2° Centre du cercle inscrit.—Je désigne par a, b, c les côtés du triangle; si l'on fait $m'=a$, $m''=b$, $m'''=c$, les droites AA′, BB′, CC′ sont les bissectrices des angles du triangle; donc ces trois bissectrices passent en un même point. Ce point, centre du cercle inscrit, a pour coordonnées

$$(5)\quad x=\frac{ax'+bx''+cx'''}{a+b+c},\quad y=\frac{ay'+by''+cy'''}{a+b+c}.$$

3° Point de rencontre des trois hauteurs.—Si l'on fait $m'=a\cos B\cos C$, $m''=b\cos C\cos A$, $m'''=c\cos A\cos B$, les droites AA′, BB′, CC′ sont les hauteurs du triangle; donc les trois hauteurs d'un triangle se coupent en un même point qui a pour coordonnées

$$(6)\quad \begin{cases} x=\dfrac{ax'\cos B\cos C+bx''\cos C\cos A+cx'''\cos A\cos B}{a\cos B\cos C+b\cos C\cos A+c\cos A\cos B}, \\ y=\dfrac{ay'\cos B\cos C+by''\cos C\cos A+cy'''\cos A\cos B}{a\cos B\cos C+b\cos C\cos A+c\cos A\cos B} \end{cases}$$

4° CENTRE DU CERCLE CIRCONSCRIT.—Je remarque que les perpendiculaires élevées sur les milieux des côtés du triangle ABC sont les hauteurs du triangle DEF obtenu en joignant les milieux des côtés du triangle proposé; les sommets de ce nouveau triangle ont pour abscisses $\frac{x''+x'''}{2}$, $\frac{x'''+x'}{2}$, $\frac{x'+x''}{2}$; les multiplicateurs seront les mêmes, puisque les côtés sont moitiés et les angles les mêmes; il suffira donc, dans les formules (6) de remplacer x' par $\frac{x''+x'''}{2}$, x'' par $\frac{x'''+x'}{2}$, x''' par $\frac{x'+x''}{2}$. Ainsi le centre du cercle circonscrit a pour coordonnées

$$(7)\quad \begin{cases} x=\dfrac{a(x''+x''')\cos B\cos C+b(x'''+x')\cos C\cos A+c(x'+x'')\cos A\cos B}{2(a\cos B\cos C+b\cos C\cos A+c\cos A\cos B)}, \\ y=\dfrac{a(y''+y''')\cos B\cos C+b(y'''+y')\cos C\cos A+c(y'+y'')\cos A\cos B}{2(a\cos B\cos C+b\cos C\cos A+c\cos A\cos B)}. \end{cases}$$

36—Dans ces formules les axes des coordonnées sont quelconques. Pour simplifier, je place l'origine au centre de gravité du triangle; alors comme les coordonnées de ce centre doivent être nulles, on a

$$x'+x''+x'''=0,$$
$$y'+y''+y'''=0,$$

ce qui réduit les formules (7) à

$$(8)\quad \begin{cases} x=-\dfrac{ax'\cos B\cos C+bx''\cos C\cos A+cx'''\cos A\cos B}{2(a\cos B\cos C+b\cos C\cos A+c\cos A\cos B)}, \\ y=-\dfrac{ay'\cos B\cos C+by''\cos C\cos A+cy'''\cos A\cos B}{2(a\cos B\cos C+b\cos C\cos A+c\cos A\cos B)}. \end{cases}$$

Si l'on compare les formules (6) avec les formules (8), on voit que les abscisses sont de signes contraires et dans le rapport de 2 à 1. Il en est de même des ordonnées; on en conclut que *dans un triangle le point de rencontre des hauteurs, le centre de gravité, le centre du cercle circonscrit sont en ligne droite, et que la distance du premier point au second est double de la distance du second au troisième.*

37—Équation du cercle.—Je désigne par r le rayon, par a et b les coordonnées du centre C, par x et y les coordonnées variables d'un point quelconque M de la circonférence. En vertu de la formule qui donne la distance de deux points, si les axes sont rectangulaires, on a l'équation

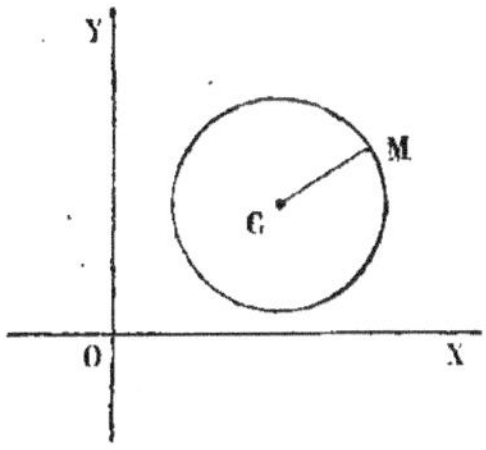

$$(x-a)^2+(y-b)^2=r^2$$

qui, développée, prend la forme

$$x^2+y^2+mx+ny+t=o.$$

Si les axes sont obliques, on a l'équation

$$(x-a)^2+(y-b)^2+2(x-a)(y-b)\cos\theta=r^2,$$

qui, développée, prend la forme

$$x^2+y^2+2xy\cos\theta+mx+ny+t=o.$$

Ainsi, *en coordonnées rectilignes, le cercle est représenté par une équation du second degré dans laquelle les coefficients de* x² *et de* y² *sont l'unité, et celui de* xy *le double du cosinus de l'angle des axes.*

Réciproquement, toute équation de cette forme représente un cercle. En effet, si les axes sont rectangulaires, l'équation

$$x^2+y^2+mx+ny+t=o$$

peut s'écrire

$$\left(x+\frac{m}{2}\right)^2+\left(y+\frac{n}{2}\right)^2=\frac{m^2+n^2}{4}-t,$$

et par conséquent représente un cercle dont le centre a pour coordonnées $-\frac{m}{2}$ et $-\frac{n}{2}$ et dont le rayon est $\sqrt{\frac{m^2+n^2}{4}-t}$.

Si les axes sont obliques, on démontre aisément que l'on

peut déterminer les quantités a, b, r de manière à identifier les deux équations

$$x^2+y^2+2xy\cos\theta+mx+ny+t=o,$$
$$(x-a)^2+(y-b)^2+2(x-a)(y-b)\cos\theta=r^2.$$

38—Problème I.—Trouver le lieu des points M du plan desquels on voit la droite AB sous un angle donné.

Je prends pour origine le point O, milieu de AB, pour axe des x la droite OB, pour axe des y une perpendiculaire; j'appelle $2a$ la longueur AB, V l'angle donné, x et y les coordonnées d'un point quelconque M du lieu. Les angles α et α' que font avec OX les parties des droites MA, MB, situées au-dessus de l'axe X'X, sont donnés par les formules

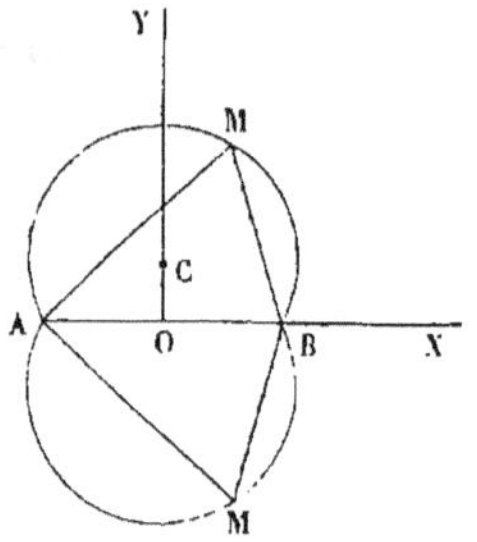

$$tang\,\alpha=\frac{y}{x+a},\quad tang\,\alpha'=\frac{y}{x-a}.$$

Lorsque le point M est au-dessus de l'axe X'X, on a

$$V=\alpha'-\alpha,$$

d'où

$$tang\,V=\frac{tang\,\alpha'-tang\,\alpha}{1+tang\,\alpha.tang\,\alpha'};$$

et par la substitution on arrive à l'équation

$$x^2+y^2-2ay\cot V-a^2=o,\quad x^2+(y-a\cot V)^2=a^2\,cos\acute{e}c^2\,V.$$

Cette équation représente un cercle qui a son centre en C sur l'axe OY et qui passe en A et B; mais il ne faut prendre que l'arc supérieur AMB.

Lorsque le point M est au-dessous de l'axe X'X, on a $V=\alpha-\alpha'$; il suffit donc, dans le résultat précédent, de changer le signe de V, ce qui donne un second cercle

$$x^2+(y+a\cot V)^2=a^2\,cos\acute{e}c^2\,V,$$

égal au premier; mais il ne faut prendre que l'arc inférieur.

Le lieu cherché se compose donc de deux arcs de cercle.

39—Problème II.—Trouver le lieu du point M tel que les distances de ce point à deux points fixes A et B soient entre elles dans le rapport de deux quantités m et n.

En conservant les mêmes notations que dans la question précédente, on a

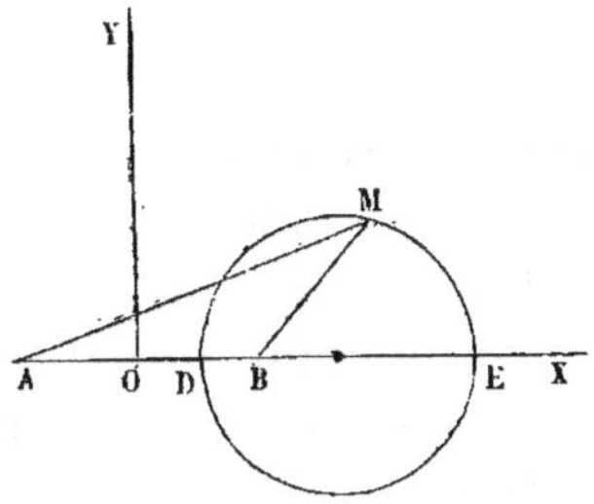

$$\frac{y^2+(a+x)^2}{y^2+(a-x)^2}=\frac{m^2}{n^2},$$

d'où

$$x^2+y^2-2ax\frac{m^2+n^2}{m^2-n^2}+a^2=0.$$

Cette équation représente un cercle dont le centre est situé sur l'axe des x. Les deux points D et E, extrémités du diamètre DE, divisent harmoniquement la droite AB dans le rapport de m à n.

40—Problème III.—Trouver le lieu des points tels que la somme des produits des carrés des distances de chacun d'eux à un nombre quelconque de points donnés (x', y'), (x'', y'')... par des quantités constantes m', m''..., soit égale a une quantité donnée K.

Le lieu, rapporté à des axes rectangulaires, a pour équation

$$m'[(x-x')^2+(y-y')^2]+m''[(x-x'')^2+(y-y'')^2]+\ldots.=K,$$

ou

$$\left[x-\frac{m'x'+m''x''+\ldots.}{m'+m''+\ldots.}\right]^2+\left[y-\frac{m'y'+m''y''+\ldots.}{m'+m''+\ldots.}\right]^2=\text{constante};$$

c'est un cercle dont le centre coïncide avec le centre des distances proportionnelles.

Dans le cas où $m'+m''+\ldots.=o$, le lieu est une ligne droite.

Je suppose $m'=m''=m'''....=1$, et je transporte l'origine au centre des moyennes distances, l'équation se réduit à

$$x^2+y^2=\frac{1}{n}(K-x'^2-y'^2-x''^2-y''^2-.....).$$

Si l'on désigne par r', r'', r''',.... les distances des points donnés au centre de leurs moyennes distances, par R la distance à ce centre d'un point quelconque M du plan, l'équation précédente donne

$$K=nR^2+r'^2+r''^2+........$$

Il en résulte que la somme des carrés des distances du point mobile M aux différents points d'un système ne dépend que de la distance du point M au centre des moyennes distances des points donnés; que cette somme est minimum quand le point M coïncide avec le centre; que cette somme croît à mesure que le point M s'éloigne du centre.

EXERCICES.

1—Lieu des centres des cercles qui sont vus de deux points donnés sous des angles donnés.

2—Lieu des centres des cercles qui rencontrent, en des points diamétralement opposés, deux cercles donnés.

3—Lieu des points tels que la somme des distances de chacun d'eux à deux droites et en général à plusieurs droites données soit constante.

LIVRE III.

COURBES DU SECOND DEGRÉ.

CHAPITRE I.

Construction de l'Équation générale du second degré.

41—L'équation générale du second degré est de la forme

$$(1)\quad Ax^2+Bxy+Cy^2+Dx+Ey+F=o;$$

elle renferme cinq paramètres arbitraires, les rapports de cinq coefficients au sixième. Je suppose que l'un des coefficients de x^2 et y^2, C par exemple, ne soit pas nul, et je résous l'équation par rapport à y, ce qui donne

$$y=\frac{-(Bx+E)\pm\sqrt{Mx^2+2Nx+P}}{2C},$$

en posant $M=B^2-4AC$, $N=BE-2CD$, $P=E^2-4CF$.

La droite

$$y=-\frac{B}{2C}x-\frac{E}{2C}$$

est un diamètre de la courbe; elle partage en deux parties égales les cordes parallèles à l'axe des y. Pour toute valeur de x, il faudra, à partir du diamètre, porter de part et d'autre sur l'ordonnée une longueur égale à

$$z=\frac{1}{2C}\sqrt{Mx^2+2Nx+P}.$$

La question revient donc à l'étude du trinôme

$$Mx^2+2Nx+P.$$

Il y a plusieurs cas à distinguer.

42—Genre ellipse.— M ou $B^2-4AC<o$. Ce cas se subdivise à son tour en trois autres.

1° $N^2-MP>o$. Les deux racines de l'équation

$$Mx^2+2Nx+P=o$$

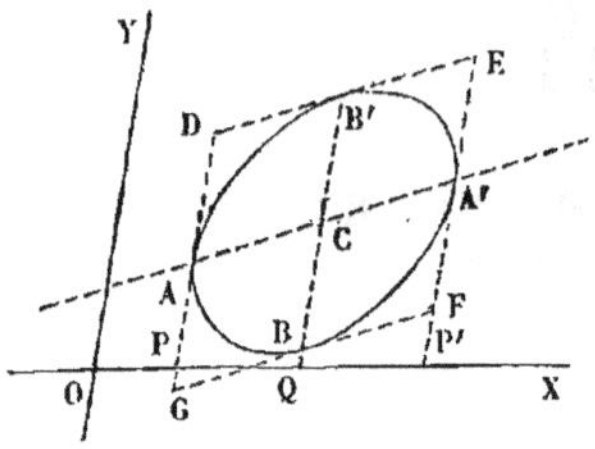

sont réelles et inégales. Si l'on désigne par x' la plus petite et par x'' la plus grande, le trinôme s'écrit $M(x-x')(x-x'')$; le trinôme est positif, et par conséquent la quantité z est réelle, pour toutes les valeurs de x comprises entre x' et x''; le trinôme est négatif et z est imaginaire pour toute valeur de x plus petite que x' ou plus grande que x''.

Je trace donc deux parallèles AP et A'P' à l'axe des y aux distances $OP=x'$ et $OP'=x''$; la courbe est tout entière comprise entre ces deux parallèles, puisque, en dehors de ces parallèles, l'ordonnée devient imaginaire et par conséquent ne donne aucun point du lieu. Comme dans le produit variable et positif $(x-x')(x''-x)$, la somme des facteurs est constante et égale à $x''-x'$, ce produit, et par suite z, est maximum, quand les deux facteurs sont égaux, c'est-à-dire quand $x=\frac{x'+x''}{2}$; cette valeur maximum de z est $\frac{(x''-x')\sqrt{-M}}{4}$. Soit Q le milieu de PP', je prends

$$CB=CB'=\frac{(x''-x)\sqrt{-M}}{4},$$

B et B' sont deux points de la courbe, et si par ces deux points on mène des parallèles au diamètre, la courbe est comprise dans le parallélogramme DEFG. Elle passe en A et en A′, puisque pour $x=x'$ ou $x=x''$, on a $z=o$; elle est convexe, puisqu'une droite quelconque ne peut la couper en plus de deux points. Cette courbe fermée convexe a reçu le nom d'*ellipse*.

2° $N^2-MP=o$. On a $x'=x''=-\frac{N}{M}$, $z=\frac{x-x'}{2C}\sqrt{M}$; z est toujours imaginaire, excepté pour $x=x'$, et alors $z=o$; la courbe se réduit donc au seul point C. L'équation (1), dans ce cas, se met sous la forme

$$(2Cy+Bx+E)^2-M\left(x+\frac{N}{M}\right)^2=o;$$

Puisque M est une quantité négative, le premier membre est la somme de deux carrés et ne peut devenir nul qu'autant que chacun d'eux l'est séparément; ce qui donne le point C, intersection du diamètre et de la droite $x+\frac{N}{M}=o$.

3° $N^2-MP<o$. Si l'on pose $K^2=\frac{MP-N^2}{M^2}$, le trinôme s'écrit

$$M\left[\left(x+\frac{N}{M}\right)^2+K^2\right].$$

Ce trinôme est négatif, et par conséquent z imaginaire, quelle que soit la valeur donnée à x; ainsi l'équation n'est susceptible d'aucune représentation géométrique.

Dans ce cas, le premier membre de l'équation est la somme de trois carrés,

$$(2Cy+Bx+E)^2-M\left[\left(x+\frac{N}{M}\right)^2+\frac{MP-N^2}{M^2}\right],$$

et ne peut être annulé par aucun système de valeurs de x et y.

43—Genre hyperbole.— M ou $B^2-4AC>o$. Ce cas se subdivise également en trois autres :

1° $N^2-MP>o$; Le trinôme $M(x-x')(x-x'')$ est positif, et par

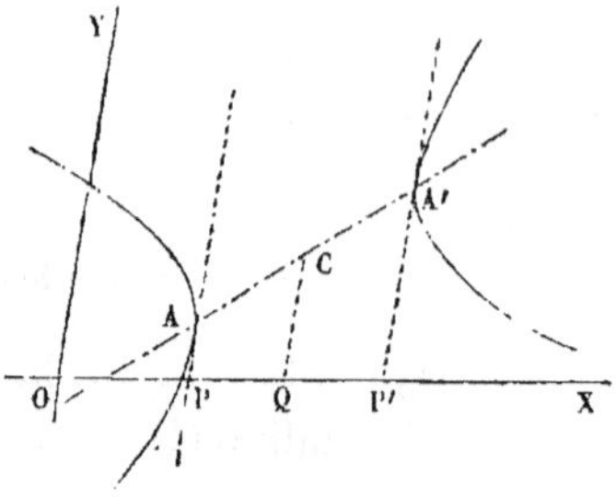

conséquent z est réelle, quand x varie de x'' à $+\infty$ et de x' à $-\infty$; et la quantité z elle-même varie de o à ∞. On a donc deux doubles branches infinies, l'une située à droite de A'P', l'autre à gauche de AP. Cette courbe, composée de deux doubles branches infinies, a reçu le nom d'*hyperbole*.

2° $N^2-MP<o$. Si l'on pose $K^2=\frac{MP+N^2}{M^2}$, le trinôme s'écrit

$$M\left[\left(x+\frac{M}{N}\right)^2+K^2\right].$$

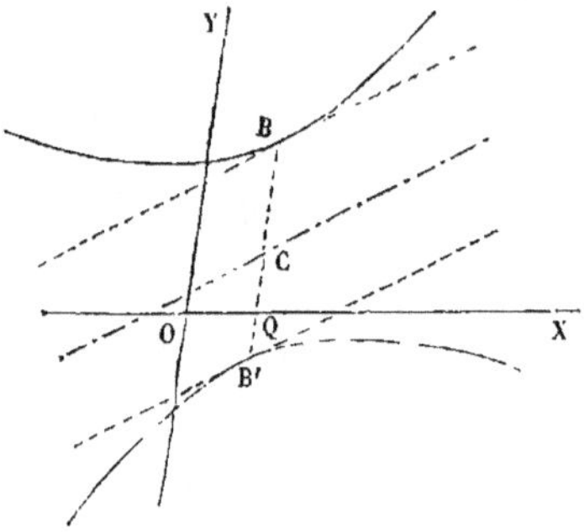

La quantité z est réelle pour toutes les valeurs de x et ne s'annule jamais; il acquiert une valeur minimum $z=\frac{K\sqrt{M}}{2C}$ pour $x=-\frac{N}{M}$. Soit donc $OQ=-\frac{N}{M}$; à partir du diamètre, je porte $CB=CB'=\frac{K\sqrt{M}}{2C}$; B et B' sont deux points de la courbe, et si par ces deux points on mène deux parallèles au diamètre, la courbe se compose de deux branches infinies situées l'une au-dessus de la parallèle supérieure, l'autre au-dessous de la parallèle inférieure. La courbe est encore une hyperbole.

3° $N^2-MP=o$. On a $z=\frac{\sqrt{M}}{2C}\left((x-\frac{N}{M}\right)$,

$$y=-\frac{B\mp\sqrt{M}}{2C}x-\frac{D\pm\frac{N}{\sqrt{M}}}{2C}.$$

Cette équation représente deux droites qui se coupent en un

point C du diamètre, puisque la somme des deux équations donne l'équation du diamètre. D'ailleurs, dans ce cas, l'équation (1) se décompose en deux équations de premier degré

$$\left[2Cy+Bx+E-\sqrt{M}\left(x-\frac{N}{M}\right)\right]\left[2Cy+Bx+E+\sqrt{M}\left(x-\frac{N}{M}\right)\right]=o.$$

On peut regarder l'ensemble de ces deux droites comme la limite d'une hyperbole; en effet, quand N^2-MP converge vers o, les deux points A et A' ou B et B' se rapprochent, et les deux branches de l'hyperbole convergent vers deux angles opposés par le sommet.

44—Genre parabole.— $M=B^2-4AC=o$.

$$z=\frac{1}{2C}\sqrt{2Nx+P}.$$

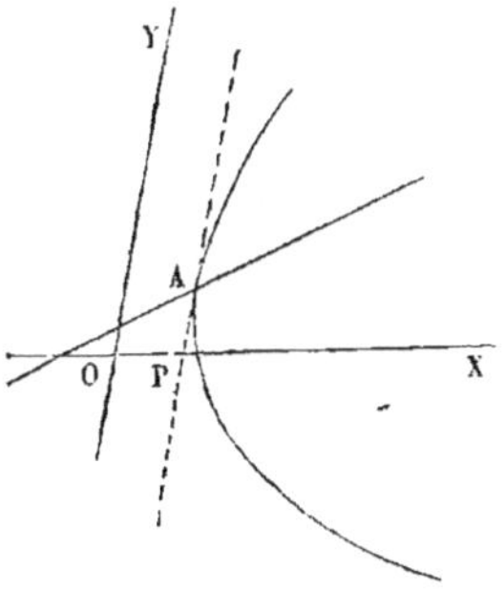

1° $N>o$. Si l'on pose $x'=-\frac{P}{2N}$, on a $z=\frac{1}{2C}\sqrt{2N(x-x')}$. La quantité z est réelle pour les valeurs de x plus grandes que x'; je prends $OP=x'$, et je mène la parallèle PA à l'axe des y, la courbe se compose d'une double branche infinie située à droite de cette parallèle. Cette courbe a reçu le nom de *parabole*.

2° $N<o$. La quantité z est réelle pour les valeurs de x plus petite que x', et la courbe se compose encore d'une double branche infinie comme la précédente, mais située à gauche de la parallèle. La courbe est encore une parabole.

3° $N=o$. On a

$$y=-\frac{B}{2C}x\pm\frac{\sqrt{P}}{2C}.$$

Si P est $>o$, cette équation représente deux droites parallèles au diamètre et situées à égale distance du diamètre. Si $P=o$, ces deux parallèles se confondent en une seule; le premier membre de l'équation, dans ce cas, est un carré parfait $(2Cy+Bx+E)^2$. Enfin si $P<o$, z est imaginaire, et l'équation n'a aucune signification géométrique.

45—Je résume la discussion précédente dans le tableau suivant :

$$
B^2-4AC<o
\begin{cases}
N^2-MP>o. \text{ Courbe fermée; ellipse}\dots \\
N^2-MP=o. \text{ Un point}\dots \\
N^2-MP<o. \text{ Rien}\dots
\end{cases}
\Big\} \text{Genre ellipse.}
$$

$$
B^2-4AC>o
\begin{cases}
N^2-MP>o \\
N^2-MP<o
\end{cases}
\begin{array}{l}\text{Deux doubles branches infi-}\\ \text{nies; hyperbole}\dots\end{array} \\
N^2-MP=o. \text{ Deux droites qui se coupent.}
\Big\} \text{Genre hyperbole.}
$$

$$
B^2-4AC=o
\begin{cases}
\begin{array}{l} N>o \\ N<o \end{array} \Big\} \begin{array}{l}\text{Une double branche infinie; para-}\\ \text{bole}\dots\end{array} \\
\quad\quad P>o. \text{ Deux droites parallèles}\dots \\
N=o \begin{cases} P=o. \text{ Une droite}\dots \\ P<o. \text{ Rien}\dots \end{cases}
\end{cases}
\Big\} \text{Genre parabole.}
$$

On a supposé dans ce qui précède que l'un des coefficients A ou C n'était pas nul.

46—Lorsque les deux coefficients A et C sont nuls à la fois, l'équation (1) se réduit à

$$(2)\quad Bxy+Dx+Ey+F=o,$$

ou

$$y=-\frac{Dx+F}{Bx+E}=b\frac{x-c}{x-a}=b\frac{1-\dfrac{c}{x}}{1-\dfrac{a}{x}}.$$

Pour fixer les idées, je suppose $b>o$ et $c<a$. Quand x varie

de a à $+\infty$, y varie de $+\infty$ à b, ce qui donne une première branche de courbe ACB. Qaand x varie de a à $-\infty$, y varie de $-\infty$ à b, ce qui donne une seconde branche A'C'B'. L'ensemble de ces deux branches constitue une hyperbole. Au reste, dans ce cas particu-

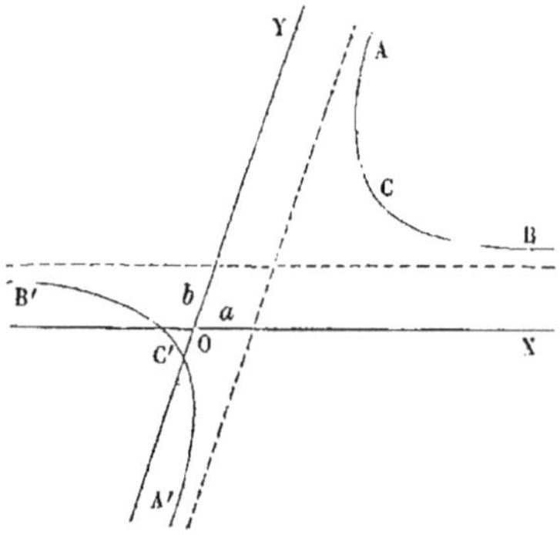

lier, les coefficients de l'équation satisfont au caractère spécial des hyperboles $B^2 - 4AC > 0$.

Ainsi *l'équation générale du second degré représente en définitive trois genres de courbes : 1° le genre ellipse*, qui comprend comme cas particulier un point ; 2° *le genre hyperbole*, qui comprend comme cas particulier deux droites qui se coupent ; 3° *le genre parabole*, qui comprend deux droites parallèles ou une seule droite.

THÉORÈME.

47—*Par cinq points donnés dont trois ne sont pas en ligne droite, on peut faire passer une courbe du second degré et on n'en peut faire passer qu'une.*

Soient A, B, C, D, E les cinq points donnés ; je trace les droites AB et CD qui se rencontrent au point O ; je prends ces droites pour axes des coordonnées et j'appelle x' et x'' les longueurs OA et OB, y' et y'' les longueurs OC et OD, x_1 et y_1 les coordonnées du point E. Soit

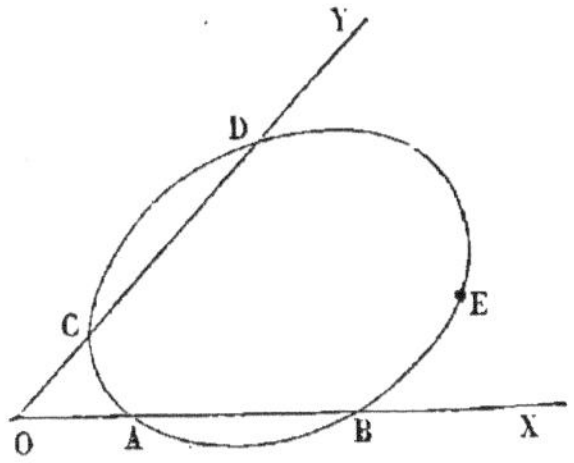

$$Ax^2 + Bxy + Cy^2 + Dx + Ey + F = 0$$

l'équation d'une courbe du second degré. Cette courbe passera par les points A et B, si l'équation

$$Ax^2 + Dx + F = 0,$$

à laquelle se réduit l'équation proposée, quand on y fait $y = 0$, admet pour racine x' et x'' ; pour cela il est nécessaire et il suffit que les coefficients de l'équation satisfassent aux relations

$$-\frac{D}{A} = x' + x'', \quad \frac{F}{A} = x'x'',$$

ou

$$A = \frac{F}{x'x''}, \quad D = -F\left(\frac{1}{x'} + \frac{1}{x''}\right).$$

De même la courbe passera par les points C et D, si l'équation

$$Cy^2+Ey+F=o,$$

que l'on obtient en faisant $x=o$, admet pour racines y' et y''; pour cela il est nécessaire et il suffit que les coefficients satisfassent aux relations

$$-\frac{E}{C}=y'+y'', \quad \frac{F}{C}=y'y'',$$

ou

$$C=\frac{F}{y'y''}, \quad E=-F\left(\frac{1}{x'}+\frac{1}{x''}\right).$$

Si l'on remplace les coefficients A, D, C, E par les valeurs trouvées, et si l'on divise tous les termes par F, en posant pour simplifier $B'=\frac{B}{F}$, l'équation de la courbe s'écrit

$$(2) \quad \frac{x^2}{x'x''}+B'xy+\frac{y^2}{y'y''}-\left(\frac{1}{x'}+\frac{1}{x''}\right)x-\left(\frac{1}{y'}+\frac{1}{y''}\right)y+1=o.$$

Quelle que soit la valeur de B, l'équation (2) représente une courbe du second degré qui passe par les quatre points A, B, C, D.

La courbe passera par le cinquième point E, si les coordonnées x_1, y_1 de ce point satisfont à l'équation (2), ce qui donne une relation qui détermine la valeur de B'. Si l'on remplace B' par la valeur ainsi déterminée, l'équation (2) représente une courbe qui passe par les cinq points donnés A, B, C, D, E.

Puisque toutes les conditions exprimées sont nécessaires, aucune autre courbe du second degré ne passera par les cinq points donnés.

Corollaire I.—*Deux équations du second degré qui représentent la même courbe sont identiques, c'est-à-dire ont leurs coefficients proportionnels.* Je prends cinq points à volonté sur cette courbe; par rapport aux axes des coordonnées employés dans la démonstration précédente, la courbe proposée qui passe par les cinq points ne peut être représentée que par une seule équation (2), sauf le facteur commun arbitraire F qui a été supprimé; et la même chose aura lieu avec des axes quelconques, puisque la transformation des coordonnées ne change pas l'équation.

48—Si l'on pose

$$B' - \frac{1}{x'y''} - \frac{1}{y'x''} = \lambda,$$

l'équation (2) se met sous la forme

$$(3) \quad \left(\frac{x}{x'} + \frac{y}{y'} - 1\right)\left(\frac{x}{x''} + \frac{y}{y''} - 1\right) + \lambda xy = 0.$$

Cette équation, dans laquelle λ désigne une constante arbitraire, représente toutes les courbes du second degré circonscrites au quadrilatère ABCD. En égalant à o les deux facteurs $\frac{x}{x'} + \frac{y}{y'} - 1$, $\frac{x}{x''} + \frac{y}{y''} - 1$ du premier terme de l'équation, on obtient les équations des côtés opposés AC, BD du quadrilatère; en égalant à o les deux facteurs y et x du second terme, on obtient les équations de deux autres côtés opposés AB, CD du quadrilatère.

Si donc on prend des axes coordonnés quelconques et si l'on désigne par

$$ax + by + 1 = o$$
$$a'x + b'y + 1 = o$$

deux côtés opposés AC, BD; par

$$cx + dy + 1 = o,$$
$$c'x + d'y + 1 = o,$$

deux autres côtés opposés AB, CD, l'équation

$$(4) \quad (ax + by + 1)(a'x + b'y + 1) + \lambda(cx + dy + 1)(c'x + d'y + 1) = o$$

représentera toutes les courbes du second degré circonscrites au quadrilatère.

On peut, au reste, reconnaître *à posteriori* qu'une courbe représentée par l'équation (4) passe bien par les quatre points A, B, C, D. Car les coordonnées de chacun de ces points annulent les deux facteurs qui correspondent aux côtés adjacents du quadrilatère, et, par conséquent, satisfont à l'équation (4).

CHAPITRE II.

Réduction de l'Équation générale du second degré.

49—Au lieu de construire immédiatement l'équation du second degré sous sa forme générale

$$(1)\quad Ax^2+Bxy+Cy^2+Dx+Ey+F=o,$$

comme on l'a fait dans le chapitre 1er, il est préférable de simplifier d'abord cette équation au moyen d'axes coordonnés convenablement choisis.

Je suppose les axes OX et OY rectangulaires, et je rapporte l'équation à deux nouveaux axes rectangulaires OX_1 et OY_1 que l'on obtient en faisant tourner les premiers de l'angle α; si l'on remplace dans l'équation (1) x et y par

$$x=x_1 \cos\alpha-y_1 \sin\alpha,$$
$$y=x_1 \sin\alpha+y_1 \cos\alpha,$$

on a

$$(A\cos^2\alpha+C\sin^2\alpha+B\sin\alpha\cos\alpha)x_1^2+\big(2(C-A)\sin\alpha\cos\alpha+B(\cos^2\alpha-\sin^2\alpha)\big)x_1y_1$$
$$+(C\cos^2\alpha+A\sin^2\alpha-B\sin\alpha\cos\alpha)y_1^2+D_1x_1+E_1y_1+F=0.$$

Or, on peut disposer de α de manière à annuler le terme en x_1y_1; pour cela on pose

$$2(C-A)\sin\alpha\cos\alpha+B(\cos^2\alpha-\sin^2\alpha)=o,$$

ou

$$\tan g\,2\alpha=\frac{B}{A-C}.$$

Cette équation est toujours possible; elle donne pour α deux droites rectangulaires, ce sont les deux nouveaux axes. L'équation de la courbe prend ainsi la forme

$$(2)\quad Mx_1^2+Ny_1^2+D_1x_1+E_1y_1+F=0.$$

Les coefficients M et N sont donnés par les relations

$$M=A\cos^2\alpha+C\sin^2\alpha+B\sin\alpha\cos\alpha,$$
$$N=C\cos^2\alpha+A\sin^2\alpha-B\sin\alpha\cos\alpha;$$

on en déduit

$$M+N=A+C,$$
$$M-N=(A-C)\cos 2\alpha+B\sin 2\alpha=\pm\sqrt{B^2+(A-C)^2},$$
$$4MN=(M+N)^2-(M-N)^2=4AC-B^2;$$

M et N sont donc les racines de l'équation du second degré.

$$u^2-(A+C)u+\frac{4AC-B^2}{4}=0.$$

50—Je remplace maintenant les axes OX_1 et OY_1 par des axes parallèles $O'X'$ et $O'Y'$ menés par une nouvelle origine $O'(p, q)$. Si l'on substitue $p+x'$ et $q+y'$ à la place de x_1 et y_1, l'équation (2) devient

$$Mx'^2+Ny'^2+(2Mp+D_1)x'+(2Nq+E_1)y'=H.$$

Si aucune des quantités M et N n'est nulle, on prendra $p=-\frac{D_1}{2M}$, $q=-\frac{E_1}{2N}$; les deux termes du premier degré disparaissent, et l'équation se réduit à

$$(3)\quad Mx'^2+Ny'^2=H.$$

Si l'une des quantités M ou N, M par exemple, était nulle, il serait impossible de faire disparaître les deux termes du premier degré; mais, dans ce cas, on peut faire disparaître le terme en y' en posant $q=-\frac{E_1}{2N}$, et aussi le terme constant $-H=Nq^2+D_1p+E_1q+F$, en donnant à p une valeur convenable. Alors l'équation prend la forme simple

$$(4)\quad Ny'^2+Px'=0.$$

La disparition du terme constant suppose que D_1 n'est pas nulle; mais si D_1 était nulle en même temps que M, l'équation (2) ne renfermerait plus qu'une seule variable y_1 et représenterait en général deux droites parallèles à l'axe OY_1.

Ainsi *l'équation générale du second degré comprend deux classes de courbes : une classe de courbes représentée par l'équation*

$$Mx^2+Ny^2=H;$$

une seconde classe de courbes représentées par l'équation

$$Ny^2+Px=o.$$

Le caractère des courbes de la première classe est qu'aucune des quantités M et N ne soit nulle, en d'autres termes, que leur produit B^2-4AC diffère de *o*. Cette première classe se subdivise en deux genres : 1° M et N de même signe; caractère, $B^2-4AC<o$; *ellipse;* 2° M et N de signes contraires; caractère, $B^2-4AC>o$; *hyperbole.*

Le caractère des courbes de la seconde classe est que l'une des deux quantités M ou N soit nulle, c'est-à-dire que $B^2-4AC=o$; *parabole.*

CHAPITRE III.

De l'Ellipse.

51—Je me propose de construire la courbe représentée par l'équation

$$Mx^2+Ny^2=H,$$

dans laquelle les deux coefficients M et N ont même signe, par exemple le signe $+$.

Si $H<o$, l'équation, ne pouvant être satisfaite par des valeurs réelles de x et y, n'admet aucune représentation géométrique.

Si $H=o$, l'équation, n'étant satisfaite que pour $x=o$, $y=o$, représente un seul point, l'origine O.

Je suppose donc $H>o$. L'équation, résolue par rapport à y, donne

$$y=\pm\sqrt{\frac{H-Mx^2}{N}}.$$

Pour que l'ordonnée soit réelle, il est nécessaire et il suffit que la valeur numérique de l'abscisse soit plus petite que $\sqrt{\frac{H}{M}}$; je porte donc sur l'axe X'X, à partir de l'origine, deux longueurs OA, OA' égales à $\sqrt{\frac{H}{M}}$ et par les points A, A' je mène des parallèles à l'axe Y'Y, la courbe est située toute entière entre

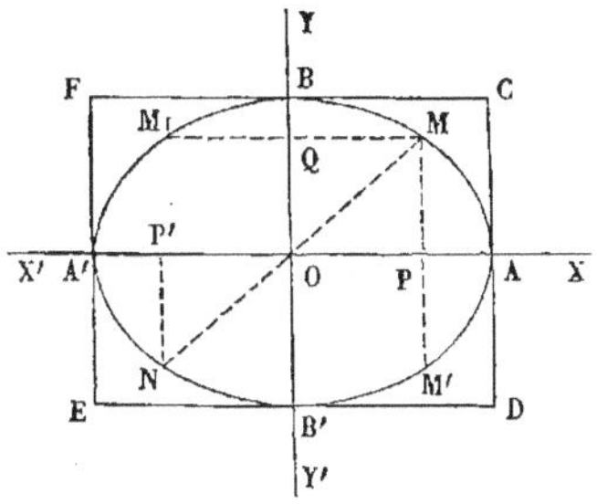

ces deux parallèles. A chaque abscisse OP, comprise entre ces limites, correspondent deux ordonnées PM, PM′ égales et de signes contraires; quand $x=o$, l'ordonnée acquiert la plus grande valeur numérique $\sqrt{\frac{H}{N}}$; je porte donc sur Y′Y, à partir de l'origine, deux longueurs OB, OB′ égales à $\sqrt{\frac{H}{N}}$, et par les points B, B′ je mène deux parallèles à l'axe X′X; la courbe est située toute entière entre ces deux nouvelles parallèles, et par conséquent elle est renfermée dans le rectangle CDEF formé par les deux couples de parallèles.

Si, pour abréger, on représente par a et b les deux quantités $\sqrt{\frac{H}{M}}$, $\sqrt{\frac{H}{N}}$, l'équation prend la forme

$$(1)\quad \frac{x^2}{a^2}+\frac{y^2}{b^2}=1,$$

d'où

$$(2)\quad y=\pm\frac{b}{a}\sqrt{a^2-x^2}.$$

Quand x croît de o à a, la valeur numérique de y décroît de b à o, ce qui donne un arc de courbe BMA, et, à cause du double signe, l'arc égal B′M′A. Quand x varie de o à $-a$, la valeur numérique de y décroît encore de b à o, ce qui donne deux autres arcs BM_1A', B′NA′ égaux aux premiers. Ces quatre arcs égaux forment une courbe fermée à laquelle on a donné le nom d'*ellipse*. Cette courbe est convexe, ainsi que l'indique la figure, puisqu'une ligne droite ne peut la couper en plus de deux points.

52—Axes de l'ellipse.—On dit que deux points sont symétriques par rapport à une droite, lorsqu'ils sont situés sur une même perpendiculaire à cette droite et à égale distance de part et d'autre. Lorsque les points d'une courbe sont symétriques deux à deux par rapport à une droite, cette droite s'appelle *axe* de la courbe.

La droite A'A est un *axe* de l'ellipse; car à chaque abscisse OP correspondent deux ordonnées PM, PM' égales et de signes contraires. La droite B'B est aussi un *axe* de l'ellipse; car si on résolvait l'équation par rapport à x, on verrait de même qu'à chaque ordonnée OQ correspondent deux abscisses QM, QM_1 égales et de signes contraires.

Les points A, A', B, B', où les axes rencontrent l'ellipse, sont les *sommets* de l'ellipse.

Les longueurs A'A, B'B des deux axes sont respectivement égales à $2a$ et $2b$.

L'ellipse devient un cercle quand les axes sont égaux.

53—Centre de l'ellipse.—On dit que deux points sont symétriques par rapport à un point, lorsqu'ils sont placés sur une droite passant par ce point et à égale distance de part et d'autre. Lorsque les points d'une courbe sont symétriques deux à deux par rapport à un même point, ce point s'appelle *centre* de la courbe.

Il est aisé de voir que l'origine O est centre de l'ellipse; en effet, soit x, y les coordonnées d'un point quelconque M de l'ellipse, il est évident que l'équation (1) est aussi satisfaite par les valeurs $-x$, $-y$; il existe par conséquent un second point N de l'ellipse qui a ses coordonnées OP', P'N respectivement égales aux coordonnées OP, PM du point M, mais de sens contraires; les triangles OPM, OP'N sont égaux; donc OM$=$ON, et la ligne MON est droite à cause des angles égaux POM, P'ON. Ainsi les points M, N de l'ellipse sont deux à deux symétriques par rapport au point O; donc le point O est centre de l'ellipse.

54—Pour étudier comment varie la distance des différents points de l'ellipse au centre, je cherche l'équation de l'ellipse en coordonnées polaires, en prenant le centre O pour pôle et l'axe OA de la courbe pour axe polaire. Si dans l'équation (1) on remplace x et y par $\rho\cos\omega$ et $\rho\sin\omega$, on a

$$(3)\quad \frac{1}{\rho^2}=\frac{\cos^2\omega}{a^2}+\frac{\sin^2\omega}{b^2}.$$

Je suppose $a>b$, et j'écris l'équation sous la forme

$$\frac{1}{\rho^2}=\frac{1}{a^2}+\left(\frac{1}{b^2}-\frac{1}{a^2}\right)\sin^2\omega.$$

Si l'on fait varier ω de o à $\frac{\pi}{2}$, la quantité $\frac{1}{\rho^2}$ croît, et par conséquent ρ décroît constamment de a à b. Le maximum de ρ est a, le minimum b.

THÉORÈME I.

55—*Les carrés des ordonnées perpendiculaires à l'un des axes de l'ellipse sont entre eux comme les produits des segments correspondants formés sur cet axe.*

En effet, si l'on désigne par x et y les coordonnées d'un point quelconque M de l'ellipse, on a, en vertu de l'équation (2),

$$\frac{y^2}{a^2-x^2}=\frac{b^2}{a^2},$$

ou

$$\frac{y^2}{(a-x)(a+x)}=\frac{b^2}{a^2}.$$

Mais les deux segments AP, A'P de l'axe AA' sont égaux respectivement à $a-x$ et à $a+x$; donc on a

$$\frac{\overline{MP}^2}{AP\times A'P}=\frac{b^2}{a^2}.$$

Ainsi le carré de l'ordonnée est au produit des segments formés sur l'axe dans un rapport constant.

THÉORÈME II.

56 — *Les ordonnées perpendiculaires au grand axe de l'ellipse sont aux ordonnées correspondantes du cercle décrit sur cet axe comme diamètre dans le rapport constant du petit axe au grand.*

Soit AA' le grand axe de l'ellipse ; sur ce grand axe comme

diamètre je décris un cercle; à l'ordonnée MP de l'ellipse correspond l'ordonnée GP du cercle. L'équation (2) s'écrit

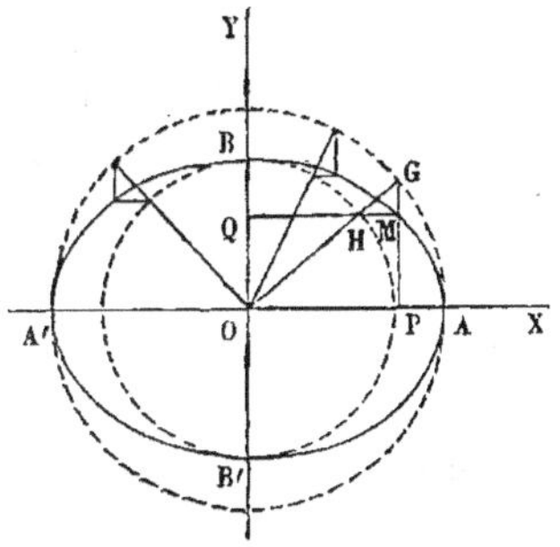

$$\frac{y}{\sqrt{a^2-x^2}}=\frac{b}{a};$$

mais $\sqrt{a^2-x^2}$ représente l'ordonnée GP du cercle; on a donc

$$\frac{\mathrm{MP}}{\mathrm{GP}}=\frac{b}{a}.$$

Remarque.—Le petit axe jouit de la même propriété ; l'ordonnée MQ, perpendiculaire au petit axe, est à l'ordonnée correspondante HQ du cercle décrit sur cet axe comme diamètre dans le rapport constant du grand axe au petit axe.

Corollaire.—On déduit de ce théorème un moyen très-simple de construire l'ellipse par points. Sur chacun des deux axes de l'ellipse comme diamètre on décrit un cercle; du centre on trace un rayon quelconque qui coupe les deux cercles en G et H; par le point G on mène une parallèle au petit axe, par le point H une parallèle au grand; le point d'intersection M de ces deux droites appartient à l'ellipse. Après avoir déterminé de la sorte un nombre suffisant de points, on fait passer un trait continu par tous ces points, et l'ellipse est ainsi construite.

57—Tangente a l'ellipse.—On définit de la manière suivante la tangente à une courbe quelconque : Si l'on fait tourner autour du point M une sécante MM' de manière à ce que le point M' se rapproche indéfiniment du point M, la sécante tend vers une position limite MT; cette droite MT est dite *tangente* à la courbe au point M.

Soient x', y' les coordonnées du point de contact M, x'', y'' celles d'un point voisin M'; la sécante MM' a pour équation

$$y-y'=\frac{y''-y'}{x''-x'}(x-x').$$

Quand le point M′ se rapproche indéfiniment du point M,

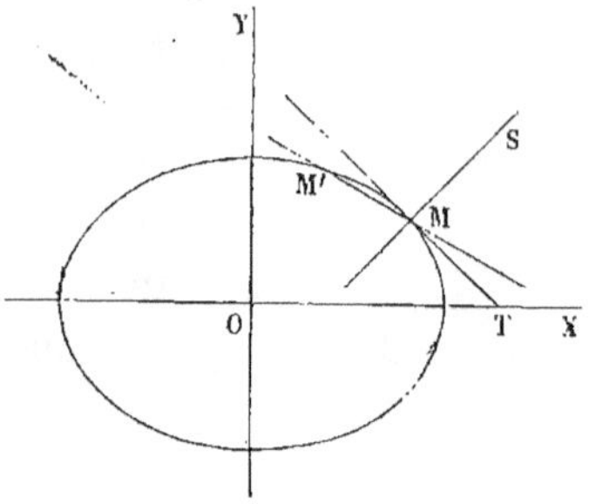

les deux quantités $y''-y'$ et $x''-x'$ tendent vers o, mais leur rapport tend vers une limite qu'il s'agit de déterminer; cette limite est le coefficient angulaire de la tangente.

Puisque les deux points M, M′ sont sur l'ellipse

$$\frac{x^2}{a^2}+\frac{y^2}{b^2}=1,$$

leurs coordonnées satisfont à l'équation de l'ellipse; on a donc

$$\frac{x'^2}{a^2}+\frac{y'^2}{b^2}=1,$$

$$\frac{x''^2}{a^2}+\frac{y''^2}{b^2}=1;$$

si l'on retranche ces deux équations l'une de l'autre, il vient

$$\frac{x''^2-x'^2}{a^2}+\frac{y''^2-y'^2}{b^2}=o;$$

d'où

$$\frac{(x''-x')(x''+x')}{a^2}+\frac{(y''-y')(y''+y')}{b^2}=o,$$

$$\frac{y''-y'}{x''-x'}=-\frac{b^2(x''+x')}{a^2(y''+y')};$$

à la limite, quand le point M′ est venu en M, ce rapport est égal à $-\frac{2b^2x'}{2a^2y'}$ ou $-\frac{b^2x'}{a^2y'}$. Ainsi la tangente à l'ellipse a pour équation

$$y-y'=-\frac{b^2x'}{a^2y'}\left(x-x'\right),$$

ou

$$\frac{x'x}{a^2}+\frac{y'y}{b^2}=\frac{x'^2}{a^2}+\frac{y'^2}{b^2}=1.$$

Cette dernière forme

$$(3)\quad \frac{x'x}{a^2}+\frac{y'y}{b^2}=1,$$

dans laquelle x', y' désignent les coordonnées du point de contact, est facile à retenir à cause de son analogie avec l'équation même de l'ellipse.

On voit qu'en A et A' la tangente est perpendiculaire sur l'axe A'A, qu'en B et B' elle lui est parallèle, et que, quand le point de contact se meut sur l'ellipse de A en B, la tangente fait avec A'A un angle obtus qui croît de $\frac{\pi}{2}$ à π.

On appelle *normale* à une courbe en un point M la perpendiculaire MS à la tangente en ce point. La normale à l'ellipse a pour équation

$$\frac{a^2(x-x')}{x'}=\frac{b^2(y-y')}{y'}.$$

58—Construction de la tangente.—Soit T le point où la tangente à l'ellipse rencontre l'axe des x, on a

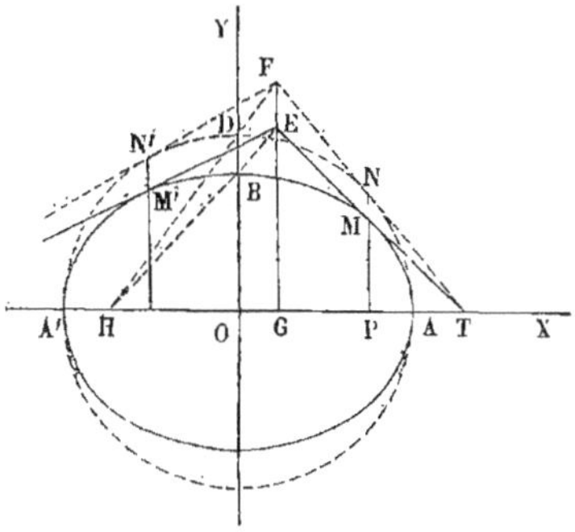

$$OT=\frac{a^2}{x'}.$$

Comme cette valeur de OT est indépendante du demi-axe b et de l'ordonnée y' du point de contact, il en résulte que, si sur l'axe A'A on construit plusieurs ellipses, les tangentes aux points qui ont même abscisse passent par un même point T situé sur le prolongement de l'axe A'A. Or, parmi ces ellipses, se trouve un cercle ADA'; pour construire la tangente à l'ellipse au point M, on mènera une tangente au cercle au point N, situé sur le prolongement de l'ordonnée PM, on joindra le point M au point T, où la tangente au cercle rencontre le prolongement de l'axe A'A; la droite MT ainsi obtenue est la tangente à l'ellipse.

59—Mener des tangentes a l'ellipse par un point extérieur E.—Les ordonnées correspondantes de l'ellipse et du cercle sont entre elles dans le rapport constant $\frac{b}{a}$; il est aisé de voir que les tangentes à l'ellipse et au cercle en deux points correspondants M, N jouissent de la même propriété. En effet, soient E, F deux points correspondants de ces tangentes; les triangles EGT, FGT semblables respectivement aux triangles MPT, NPT, donnent

$$\frac{EG}{FG}=\frac{MP}{NP}=\frac{b}{a}.$$

Pour mener des tangentes à l'ellipse par le point extérieur E, on construira donc le point F correspondant du point E (on peut construire le point F en joignant EB, puis HD), par ce point E on mènera des tangentes FN, FN′ au cercle, et l'on joindra le point E aux points M, M′ de l'ellipse qui correspondent à N, N′; les droites EM, EM′ ainsi obtenues sont tangentes à l'ellipse.

60—Mener a l'ellipse des tangentes parallèles a une droite donnée OK. — On construira la droite OL correspondante de OK; on mènera au cercle des tangentes NT, N′T′ parallèles à OL, puis on joindra TM, T′M′.

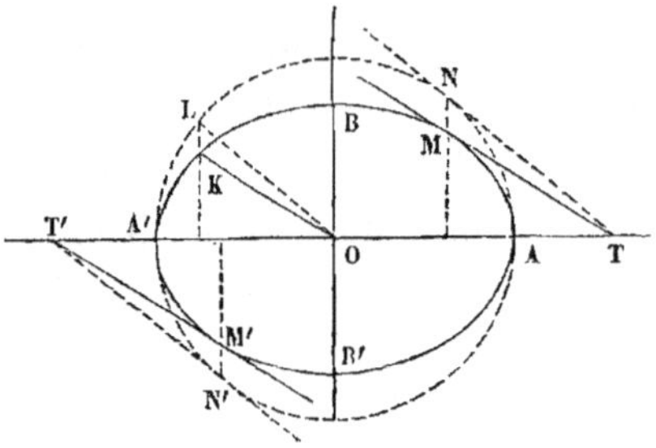

THÉORÈME III.

61—*Lorsque les deux extrémités d'une droite* CD *de longueur constante glissent sur deux droites rectangulaires* OX, OY, *un point* M *de cette droite décrit une ellipse.*

Je prends pour axes des coordonnées les deux droites fixes; j'appelle a et b les deux longueurs constantes MD, MC, x et y

les coordonnées variables du point M. Les triangles semblables MPC, DQM donnent

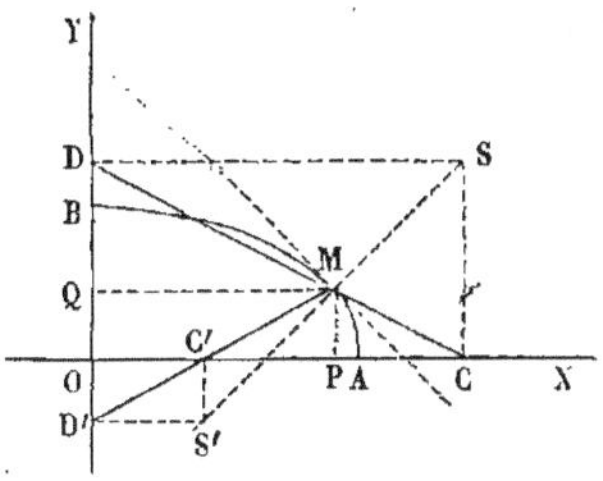

$$MP : MC :: DQ : MD,$$

ou

$$y : b :: \sqrt{a^2-x^2} : a,$$

$$y = \frac{b}{a}\sqrt{a^2-x^2}.$$

Le lieu décrit par le point M est donc une ellipse dont les demi-axes sont placés sur OX et OY et sont respectivement égaux aux deux parties MD, MC de la droite mobile CD.

Corollaire.—La normale à l'ellipse au point M passe par le point d'insection S des perpendiculaires élevées par les extrémités de la droite mobile sur les droites fixes. En effet, si l'on désigne par x', y' les coordonnées du point M, par x_1, y_1 celles du point S, les triangles semblables donnent

$$x_1-x' : x' :: b : a,$$
$$y_1-y' : y' :: a : b,$$

d'où

$$\frac{y_1-y'}{x_1-x'} = \frac{a^2 y'}{b^2 x'};$$

la droite MS a ainsi pour équation

$$y-y' = \frac{y_1-y'}{x_1-x'}(x-x') = \frac{a^2 y'}{b^2 x'}(x-x'),$$

ou

$$\frac{a^2(x-x')}{x'} = \frac{b^2(y-y')}{y'};$$

c'est précisément l'équation de la normale à l'ellipse au point M; donc MS est la normale à l'ellipse.

Le théorème précédent donne le moyen de décrire l'ellipse par le mouvement continu d'une ligne droite; on pourra même construire facilement la normale et par suite la tangente en chaque point de la courbe.

Remarque.—Ce théorème peut être généralisé ainsi :

Lorsqu'une droite se meut de manière que deux de ses points C', D' *glissent sur deux droites rectangulaires, un point* M *de cette droite décrit une ellipse.*

Si l'on désigne par a et b les longueurs MD', MC', les triangles semblables MPC', D'QM donnent comme précédemment

$$MP : MC' :: D'Q : MD',$$

ou

$$y : b :: \sqrt{a^2-x^2} : a.$$

Le lieu est encore une ellipse dont les demi-axes sont les distances du point M aux deux points D', C'.

62—Diamètres de l'ellipse.—Dans les courbes du second degré on appelle *diamètre* une ligne qui divise en deux parties égales toutes les cordes parallèles à une même direction.

Je cherche d'abord l'équation du diamètre dans l'ellipse.

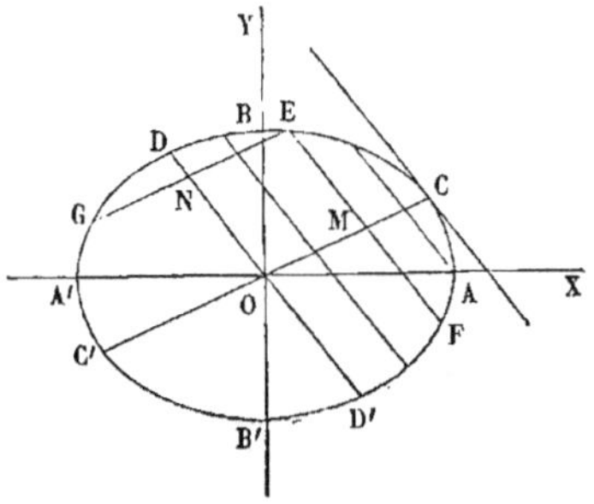

Soit

$$y=mx+k$$

l'équation d'une corde quelconque EF parallèle à une droite donnée DD'; dans cette équation, m est une constante donnée, k une constante arbitraire qui varie d'une corde à l'autre. Si entre cette équation et celle de l'ellipse

$$\frac{x^2}{a^2}+\frac{y^2}{b^2}=1,$$

on élimine y, on obtient une équation du second degré

$$(a^2m^2+b^2)x^2+2a^2mkx+a^2(k^2-b^2)=o,$$

dont les racines sont les abscisses des points d'intersection E, F. Je désigne par x_1 et y_1 les coordonnées du point milieu M; l'abscisse du point M est égale à la demi-somme des abscisses des points E, F; donc

$$x_1 = -\frac{a^2m^2k}{a^2m^2+b^2};$$

comme d'ailleurs le point M est sur la corde EF, ses coordonnées satisfont à l'équation de la corde, et l'on a

$$y_1 = mx_1 + k.$$

Si entre ces deux équations on élimine la quantité k qui varie d'une corde à l'autre, on obtient une équation

$$y_1 = -\frac{b^2}{a^2m}x_1$$

à laquelle satisfont les coordonnées du point milieu de chacune des cordes; c'est donc l'équation du lieu des points M, c'est-à-dire du diamètre.

Ainsi *dans l'ellipse les diamètres sont des lignes droites* CC′ *qui passent par le centre.* On pouvait prévoir que le diamètre passe par le centre; car parmi les cordes parallèles il en est une DD′ qui passe par le centre et qui est divisée en ce point en deux parties égales.

63—Diamètres conjugués.—Si l'on désigne par m' le coefficient angulaire du diamètre CC′, on a entre la direction des cordes et celle du diamètre la relation

$$(5)\quad mm' = -\frac{b^2}{a^2}.$$

Cette relation, symétrique par rapport à m et à m', montre que si l'on prend m' pour coefficient angulaire des cordes, on trouvera m pour coefficient du diamètre, c'est-à-dire que si la droite CC′ divise en deux parties égales les cordes parallèles à DD′, réciproquement la droite DD′ divisera en deux parties égales les cordes parallèles à CC′. Ainsi les deux diamètres CC′, DD′ sont tels que chacun d'eux divise en deux parties égales les cordes parallèles à l'autre; on les a appelés pour cette raison *diamètres conjugués.*

Il est clair que les deux axes forment un système de diamètres conjugués rectangulaires.

Quand on donne un diamètre CC′, il est facile de construire le diamètre conjugué. Il suffit de mener une corde EG parallèle à CC′ et de joindre le centre au milieu N de cette corde; on a ainsi le diamètre conjugué DD′.

64—Construction de la tangente.—Soient x' et y' les coordonnées du point C; la tangente au point C a pour coefficient angulaire $-\frac{b^2x'}{a^2y'}$; le diamètre OC a pour coefficient angulaire $\frac{y'}{x'}$; or ces deux coefficients satisfont à la relation (5); donc la tangente à l'ellipse au point C est parallèle aux cordes que le diamètre OC divise en deux parties égales.

Ainsi, pour construire la tangente en C, on tracera, comme on l'a dit précédemment, le diamètre OD conjugué de OC, puis on mènera par le point C une parallèle à OD.

65—Ellipse rapportée a deux diamètres conjugués.—J'appelle a' et b' les longueurs de deux demi-diamètres conjugués OC, OD.

Si l'on prend pour axes des coordonnées ces deux diamètres, on peut reconnaître *à priori* que l'équation de l'ellipse se mettra sous la forme

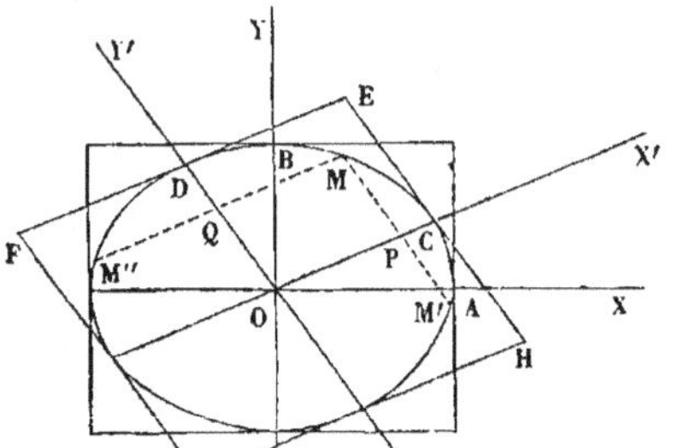

$$(6) \quad \frac{x'^2}{a'^2}+\frac{y'^2}{b'^2}=1.$$

En effet, puisqu'à chaque valeur OP de x' correspondent deux ordonnées MP, M′P égales et de signes contraires, l'équation ne doit contenir que le carré de y'. De même puisqu'à chaque valeur OQ de y' correspondent deux valeurs MQ, M″Q de x' égales et de signes contraires, l'équation ne doit contenir que le carré de x'. Ainsi l'équation sera de la forme indiquée.

On arrive à la même conclusion en partant de l'équation de l'ellipse rapportée à ses axes

$$(1)\quad \frac{x^2}{a^2}+\frac{y^2}{b^2}=1,$$

et effectuant une transformation de coordonnées. J'appelle α et β les angles que font avec l'axe OA les diamètres OC, OD; les formules de transformation

$$x=x'\cos\alpha+y'\cos\beta,$$
$$y=x'\sin\alpha+y'\sin\beta,$$

substituées dans l'équation, précédente, donnent

$$\left(\frac{\cos^2\alpha}{a^2}+\frac{\sin^2\alpha}{b^2}\right)x'^2+\left(\frac{\cos^2\beta}{a^2}+\frac{\sin^2\beta}{b^2}\right)y'^2+2\left(\frac{\cos\alpha\cos\beta}{a^2}+\frac{\sin\alpha\sin\beta}{b^2}\right)x'y'=1.$$

Cette équation se réduit à la forme (6) si l'on pose

$$(7)\quad \frac{\cos\alpha\cos\beta}{a^2}+\frac{\sin\alpha\sin\beta}{b^2}=o,\quad \text{ou}\quad \tang\alpha\tang\beta=-\frac{b^2}{a^2},$$

$$(8)\quad \begin{cases}\dfrac{1}{a'^2}=\dfrac{\cos^2\alpha}{a^2}+\dfrac{\sin^2\alpha}{b^2},\\[2mm] \dfrac{1}{b'^2}=\dfrac{\cos^2\beta}{a^2}+\dfrac{\sin^2\beta}{b^2},\end{cases}$$

La relation (7) exprime que les diamètres OC, OD sont conjugués; elle montre que, des deux angles α et β, l'un est aigu, l'autre obtus; je supposerai toujours dans la suite que α désigne l'angle aigu.

Les relations (8), qui déterminent les longueurs des diamètres conjugués, auraient pu être déduites immédiatement de l'équation (2).

THÉORÈME IV.

66—*L'aire du parallélogramme* EFGH, *construit sur deux diamètres conjugués, est constante et égale au rectangle des axes.*

En effet, si on multiplie membre à membre les équations (8), et si du produit on retranche le carré de l'équation (7), on trouve

$$\frac{1}{a'^2b'^2}=\frac{\sin^2(\beta-\alpha)}{a^2b^2},$$

ou

$$a'b'\sin(\beta-\alpha)=ab.$$

THÉORÈME V.

67—*La somme des carrés de deux diamètres conjugués est constante et égale à la somme des carrés des axes.*

Puisque les équations (7) et (8) ne contiennent que deux angles α et β, il est clair que si on élimine ces deux angles on arrivera à une relation entre les longueurs des diamètres conjugués et celle des axes. Pour faire cette élimination, je tire des équations (8)

$$\tan g^2\alpha=\frac{b^2(a^2-a'^2)}{a^2(a'^2-b^2)},$$

$$\tan g^2\beta=\frac{b^2(a^2-b'^2)}{a^2(b'^2-b^2)};$$

ces valeurs, substituées dans l'équation (7), donnent la relation

$$a'^2+b'^2=a^2+b^2,$$

après simplification et la suppression du facteur a^2-b^2.

68—Angle de deux diamètres conjugués.—Je suppose, pour fixer les idées, que $2a$ désigne le grand axe de l'ellipse, $2b$ le petit axe. J'appelle θ l'angle des demi-diamètres conjugués OC, OD, placés d'un même côté du grand axe. On a $\theta=\beta-\alpha$, d'où, en vertu de la relation (7),

$$(9)\quad \tan g\,\theta=\frac{\tan g\,\beta-\tan g\,\alpha}{1+\tan g\,\beta\,\tan g\,\alpha}=\frac{-(b^2+a^2\tan g^2\alpha)}{(a^2-b^2)\tan g\,\alpha}.$$

Cette formule montre que l'angle COD est toujours obtus.

Si l'on donne l'angle θ de deux diamètres conjugués, on a pour déterminer α une équation du second degré

$$a^2 tang^2\alpha + (a^2 - b^2)\, tang\,\theta .tang\,\alpha + b^2 = 0,$$

d'où

$$tang\,\alpha = \frac{-(a^2-b^2)\,tang\,\theta \pm \sqrt{(a^2-b^2)^2 tang^2\theta - 4a^2b^2}}{2a^2}.$$

Pour que les valeurs de $tang\,\alpha$ soient réelles, il faut que l'on ait

$$tang^2\theta > \frac{4a^2b^2}{(a^2-b^2)^2}$$

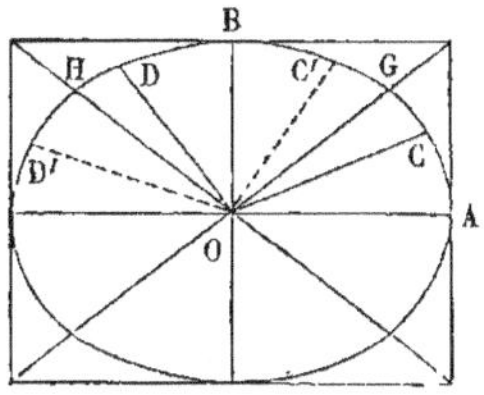

Ainsi l'angle obtus θ a une valeur maximum qu'il ne peut dépasser; si l'on donne à θ cette valeur maximum, on a $tang\,\alpha = \frac{b}{a}$, et, par suite, $tang\,\beta = -\frac{b}{a}$. Donc les deux diamètres OG, OH, dirigés suivant les diagonales du rectangle construit sur les axes de l'ellipse, forment un système de diamètres conjugués dont l'angle GOH est maximum. L'angle COD de deux diamètres conjugués quelconques varie depuis un droit jusqu'à l'angle obtus GOH.

Si l'on donne à θ une valeur plus petite que le maximum GOH, on obtiendra deux systèmes de diamètres conjugués COD, C'OD', disposés symétriquement par rapport à l'axe OB.

69—Diamètres conjugués égaux.—On voit immédiatement sur la figure que les diamètres conjugués OG, OH, dirigés suivant les diagonales du rectangle construit sur les axes, sont égaux entre eux. Ce sont d'ailleurs les seuls diamètres conjugués égaux; en effet, pour que $a' = b'$, il faut, en vertu des relations (8), que $sin^2\alpha = sin^2\beta$, et comme ces deux angles sont, l'un aigu, l'autre obtus, on en conclut que ces deux angles sont supplémentaires; donc $tang\,\beta = -tang\,\alpha$, et, en vertu de la relation (7), $tang\,\alpha = \frac{b}{a}$.

La relation $a'^2 + b'^2 = a^2 + b^2$ donne

$$OG^2 = \frac{a^2+b^2}{2}.$$

L'équation de l'ellipse rapportée à ses diamètres conjugués égaux

$$x'^2+y'^2=\frac{a^2+b^2}{2}$$

est de la même forme que l'équation du cercle, seulement les coordonnées sont obliques.

Il résulte de cette équation que *la somme des carrés des perpendiculaires abaissées de chacun des points de l'ellipse sur les diamètres conjugués égaux est constante.* En effet, soit θ l'angle des deux diamètres conjugués égaux; les triangles rectangles MEP, MFQ donnent

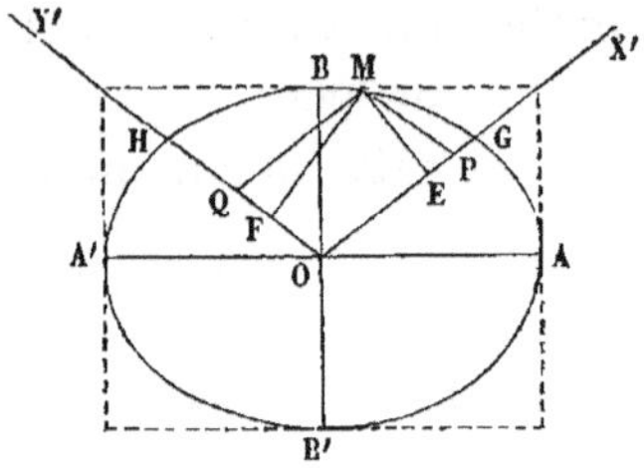

$$ME=y'\sin\theta, \qquad MF=x'\sin\theta;$$

d'où

$$\overline{ME}^2+\overline{MF}^2=(x'^2+y'^2)\sin^2\theta=\frac{(a^2+b^2)\sin^2\theta}{2}=\frac{2a^2b^2}{a^2+b^2}.$$

70—Cordes supplémentaires.—On appelle *cordes supplémentaires* deux cordes MC, MC' qui, partant d'un même point de l'ellipse, aboutissent aux extrémités d'un diamètre CC'.

Deux cordes supplémentaires sont parallèles à un système de diamètres conjugués. Car le diamètre OD parallèle à C'M divise CM en deux parties égales, à cause des triangles semblables CC'M, COD.

Réciproquement, deux cordes, menées par les extrémités d'un diamètre CC' parallèlement à deux diamètres conjugués, se coupent sur l'ellipse. Car, soit CM la première corde, l'autre, devant être parallèle au diamètre OD qui divise CM en deux parties égales, sera C'M.

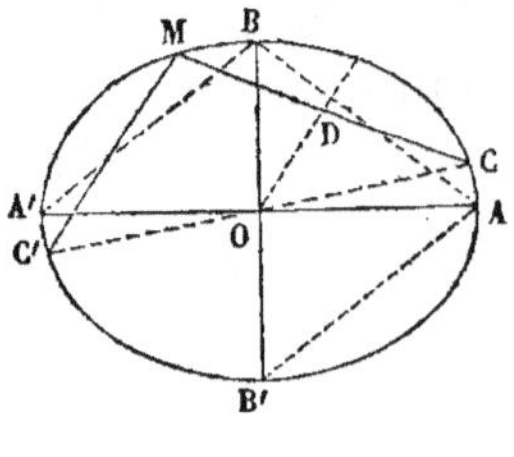

Il en résulte que tout angle CMC' inscrit dans une demi-ellipse est égal à l'angle de deux diamètres conjugués ou à l'angle supplémentaire. Le maximum de l'angle inscrit est égal à l'angle ABA', dont les côtés sont parallèles aux diamètres conjugués égaux; le minimum est l'angle aigu supplémentaire BAB'.

Une ellipse étant tracée, 1° trouver le centre : on mènera deux cordes parallèles, on joindra les milieux de ces cordes, ce qui donnera un diamètre; on mènera deux autres cordes parallèles, on joindra les milieux, ce qui donnera un second diamètre; l'intersection de ces deux diamètres sera le centre cherché. 2° Trouver les axes : on mènera un diamètre CC', sur ce diamètre on décrira une demi-circonférence, on joindra l'un des points M où la circonférence rencontre l'ellipse aux deux extrémités du diamètre CC', et par le centre on mènera des parallèles aux cordes supplémentaires MC, MC'. 3° Trouver les diamètres conjugués qui font entre eux un angle donné : on mènera un diamètre quelconque CC' sur lequel on construira un segment capable de l'angle donné.

THÉORÈME VI.

71—*Deux diamètres conjugués quelconques* OE, OF *déterminent sur une tangente fixe deux portions* CE, CF, *dont le produit est constant et égal au carré du demi-diamètre* OD, *parallèle à la tangente.*

Si l'on prend pour axes des coordonnées le diamètre OC, qui passe par le point de contact et le diamètre conjugué OD, et si l'on appelle a' et b', les longueurs des demi-diamètres OC, OD, l'équation de l'ellipse est

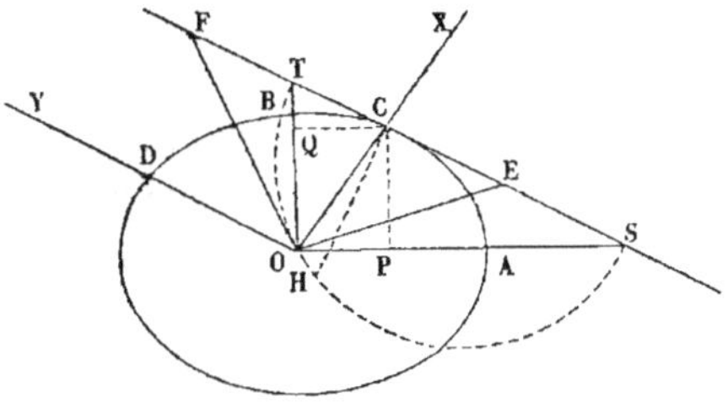

$$\frac{x^2}{a'^2}+\frac{y^2}{b'^2}=1.$$

Comme cette équation a même forme que l'équation rapportée aux axes, toutes les propriétés qui ont été déduites de la forme même de l'équation subsistent quand l'ellipse est rapportée à deux diamètres conjugués. Ainsi soient

$$y = mx, \quad y = m'x$$

les équations de deux diamètres conjugués OE, OF, la relation

$$mm' = -\frac{b'^2}{a'^2}$$

aura encore lieu. Si dans ces équations on fait $x = a'$, on trouve $CE = -ma'$, $CF = m'a'$, d'où

$$CE \times CF = -mm'a'^2 = b'^2.$$

Corollaire. — Puisque les axes OA, OB de l'ellipse sont des diamètres conjugués, on a

$$CS \times CT = \overline{OD}^2.$$

On en déduit un moyen de construire les axes de l'ellipse, quand on connaît deux diamètres conjugués OC, OD en grandeur et en direction; par le point C on mènera une parallèle ST à OD, on élèvera sur cette droite une perpendiculaire CH égale à OD, on décrira un cercle ayant son centre sur ST et passant par les points O et H, on joindra le centre O aux deux points S et T, où ce cercle coupe la tangente; OS et OT seront les directions des axes. Pour avoir leur longueur, on abaissera du point C la perpendiculaire CP sur OS, et on prendra une moyenne proportionnelle entre OP et OS; cette moyenne sera la demi-axe OA. De même pour OB.

72—Construire une ellipse connaissant deux diamètres conjugués CC′, DD′ et l'angle qu'ils forment entre eux. —

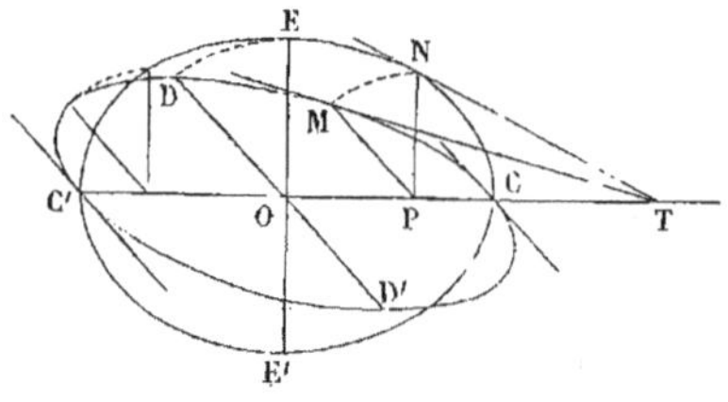

Par le point O, j'élève sur OC une perpendiculaire OE égale à OD; sur les deux axes CC′, EE′, je construis une ellipse; je fais tourner chacune des ordonnées PN de cette ellipse autour de son pied P, de manière à la rendre parallèle à OD, c'est-à-dire que sur une parallèle à OD je porte PM=PN; le lieu des points M ainsi obtenus est l'ellipse demandée. En effet, si l'on appelle a' et b' les longueurs des demi-diamètres OC, OD, l'ellipse auxiliaire, rapportée à ses axes OC, OE, a pour équation

$$\frac{x^2}{a'^2}+\frac{y^2}{b'^2}=1;$$

la seconde courbe, rapportée aux lignes obliques OC, OD, est représentée par la même équation, puisque deux points correspondants M, N ont même abscisse OP et même ordonnée PM=PN; donc cette seconde courbe est une ellipse rapportée aux diamètres conjugués OC, OD.

Quand on a déterminé de la sorte un nombre de points suffisant, on fait passer par tous ces points un trait continu, et l'ellipse demandée est construite.

Il est même facile de construire la tangente en un point M de l'ellipse. Je trace la tangente NT au point correspondant de l'ellipse auxiliaire, et je joins TM. En effet, les tangentes aux points M et N sont représentées par la même équation

$$\frac{xx'}{a'^2}+\frac{yy'}{b'^2}=1;$$

si l'on fait dans cette équation $x=o$, on trouve la même longueur $OT=\frac{a'^2}{x'}$.

73—Aire de l'ellipse.—Je compare l'aire de l'ellipse à celle du cercle construit sur le grand axe comme diamètre. Puisque l'ellipse se compose de quatre parties égales, il suffit d'évaluer la portion AOB.

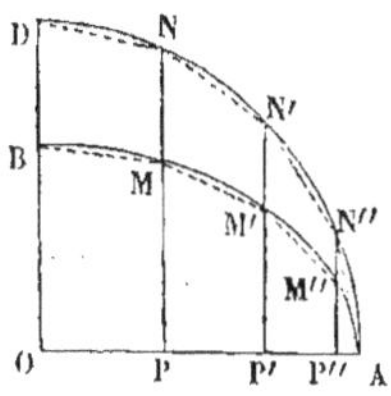

J'inscris dans le quart de cercle DA une portion de polygone régulier DNN'N''A; les perpendiculaires abaissées des sommets du polygone sur le grand-axe déterminent sur l'ellipse des points M, M', M'', que je joins deux à deux, de manière à former un polygone inscrit dans l'ellipse.

Je considère deux trapèzes correspondants MP', NP'; leurs surfaces ont pour mesure

$$\frac{PP'}{2}(MP+M'P'),$$
$$\frac{PP'}{2}(NP+N'P');$$

mais on sait que les ordonnées correspondantes de l'ellipse et du cercle sont entre elles dans le rapport constant $\frac{b}{a}$; donc les surfaces de deux trapèzes correspondants sont aussi entre elles dans le rapport constant $\frac{b}{a}$. Il en résulte que l'aire du polygone inscrit dans l'ellipse est à celle du polygone inscrit dans le cercle dans ce même rapport $\frac{b}{a}$. Or, si l'on augmente indéfiniment le nombre des parties égales dans lesquelles on a divisé le quadrant DA, les surfaces des deux polygones ont pour limites, l'une, le quart d'ellipse AOB, l'autre, le quart de cercle AOD; donc l'aire de l'ellipse est à l'aire du cercle comme le petit axe est au grand axe.

Si l'on désigne par $2a$ et $2b$ les axes d'une ellipse, puisque l'aire du cercle est égale à πa^2, celle de l'ellipse sera égale à πab.

EXERCICES.

1—Trouver le lieu des sommets des parallélogrammes construits sur les diamètres conjugués d'une ellipse.

2—Trouver le lieu du milieu des cordes menées par un même point dans une ellipse.

3—Démontrer que quand deux points d'un plan mobile glissent sur deux droites fixes, un point du plan décrit une ellipse ou une ligne droite

4—Parmi tous les parallélogrammes circonscrits à une même ellipse, les parallélogrammes construits sur deux diamètres conjugués sont minimums.

5—Parmi tous les parallélogrammes inscrits à une même ellipse, ceux dont les diagonales forment un système de diamètres conjugués sont maximums.

6—De toutes les ellipses inscrites à un même parallélogramme, quelle est la plus grande?

7—De toutes les ellipses circonscrites à un même parallélogramme, quelle est la plus petite?

8—Parmi tous les systèmes de diamètres conjugués de l'ellipse, les axes forment une somme minimum et les diamètres conjugués égaux une somme maximum.

9—Inscrire dans l'ellipse une corde telle que la somme de sa longueur et de la distance de son point milieu au centre soit maximum.

10—Une droite se meut parallèlement à elle-même dans le plan de deux autres; on prend sur elle un point tel que la somme ou la différence des carrés de ses distances aux intersections avec les droites fixes soit constante : quel est le lieu décrit par le point?

11—Si deux ellipses, tellement situées dans un plan que deux diamètres conjugués de l'une soient respectivement parallèles à deux diamètres conjugués de l'autre, se coupent en quatre points, ces quatre points seront sur une troisième ellipse dans laquelle les diamètres conjugués égaux seront parallèles à ceux qui forment les deux premiers systèmes.

CHAPITRE IV.

De l'Hyperbole.

74—Je me propose de construire la courbe représentée par l'équation

$$Mx^2-Ny^2=H,$$

dans laquelle les coefficients de x^2 et de y^2 ont des signes

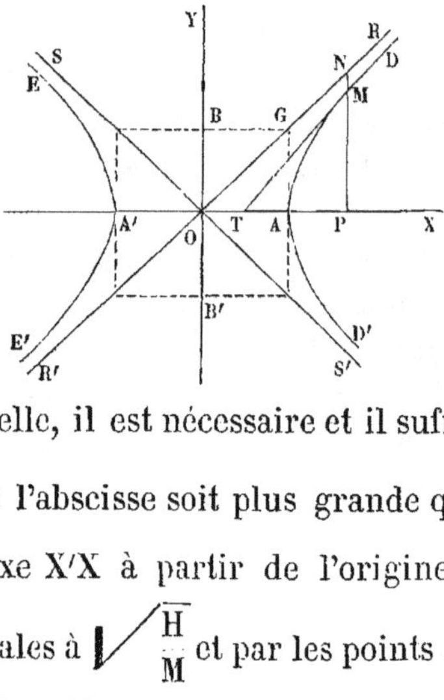

contraires. Je suppose que les lettres M, N, H désignent trois quantités positives. L'équation, résolue par rapport à y, donne

$$y=\pm\sqrt{\frac{Mx^2-H}{N}}.$$

Pour que l'ordonnée soit réelle, il est nécessaire et il suffit que la valeur numérique de l'abscisse soit plus grande que $\sqrt{\frac{H}{M}}$; je porte donc sur l'axe X'X à partir de l'origine deux longueurs OA, OA' égales à $\sqrt{\frac{H}{M}}$ et par les points A, A' je mène des parallèles à l'axe Y'Y; il n'y a aucun point de la courbe situé entre ces deux parallèles. Quand $x=OA$, l'ordonnée est nulle, ce qui donne le point A; si l'on fait croître x indéfiniment à partir de OA, la valeur numérique de y croît aussi indéfiniment à partir de o, et comme à chaque valeur de x correspondent deux valeurs de y égales et de signes contraires on a deux branches de courbe infinies AD, AD'.

Si l'on fait décroître x de $-OA'$ à $-\infty$, la valeur numérique de y croît encore de o à ∞, ce qui donne deux nouvelles branches infinies A'E, A'E', égales aux précédentes. Cette courbe, composée de deux doubles branches infinies, porte le nom d'*hyperbole*.

Si, pour abréger, on représente par a et b les deux quantités $\sqrt{\frac{H}{M}}$, $\sqrt{\frac{H}{N}}$, l'équation de l'hyperbole prend la forme

$$(1)\quad \frac{x^2}{a^2}-\frac{y^2}{b^2}=1.$$

75—Centre et axes de l'hyperbole.—On voit immédiatement que l'origine O est *centre* et que les deux droites X'X Y'Y sont *axes* de l'hyperbole. L'axe X'X, rencontrant seul l'hyperbole, a été appelé pour cette raison *axe transverse;* l'autre axe porte le nom d'*axe non-transverse*. L'hyperbole n'a que deux *sommets* A, A'. La longueur AA' de l'axe transverse est égale à $2a$. On convient, par analogie, de porter sur Y'Y deux longueurs OB, OB' égales à b, et l'on dit que $2b$ est la longueur de l'axe non-transverse.

THÉORÈME I.

76—*Les carrés des ordonnées perpendiculaires à l'axe transverse sont entre eux comme le produit des segments correspondants formés sur cet axe.*

En effet, de l'équation (1) on déduit

$$\frac{y^2}{x^2-a^2}=\frac{b^2}{a^2},$$

ou

$$\frac{y^2}{(x-a)(x+a)}=\frac{b^2}{a^2};$$

donc

$$\frac{\overline{MP}^2}{AP\times A'P}=\frac{b^2}{a^2}.$$

77—Asymptotes de l'hyperbole.—L'équation de l'hyperbole, résolue par rapport à y, peut s'écrire

$$y=\pm\frac{b}{a}\sqrt{x^2-a^2}=\pm\frac{b}{a}x\sqrt{1-\frac{a^2}{x^2}}.$$

Soient R'R, S'S les droites représentées par l'équation

$$y=\pm\frac{b}{a}x.$$

Je considère la différence NM entre l'ordonnée de la droite OR et celle de la branche de courbe AD. Cette différence

$$\frac{b}{a}(x-\sqrt{x^2-a^2})=\frac{ab}{x+\sqrt{x^2-a^2}}$$

diminue de manière à devenir plus petite que toute quantité donnée, quand x augmente indéfiniment. Ainsi la branche de courbe s'approche de la droite OR de manière à en différer aussi peu qu'on voudra, sans jamais cependant la rencontrer. La droite OR, qui jouit de cette propriété, est dite *asymptote* de la branche de la courbe. Les droites OR', OS, OS' sont de même asymptotes des branches A'E', A'E, AD'.

En résumé l'hyperbole a deux asymptotes, et ces deux asymptotes coïncident avec les diagonales du rectangle construit sur les axes.

On dit qu'une hyperbole est *équilatère* quand ses deux axes $2a$ et $2b$ ont même longueur. Les asymptotes d'une hyperbole équilatère sont rectangulaires.

78—Tangente a l'hyperbole.—Je remarque que l'équation de l'hyperbole ne diffère de celle de l'ellipse qu'en ce que le signe de b^2 a été changé; si donc dans l'équation de la tangente à l'ellipse je change le signe de b^2, j'aurai la tangente à l'hyperbole. Ainsi la tangente à l'hyperbole est représentée par l'équation

$$(2)\quad \frac{x'x}{a^2}-\frac{y'y}{b^2}=1;$$

dans laquelle x' et y' désignent les coordonnées du point de contact.

Soit T le point où la tangente rencontre l'axe transverse; on a $OT = \frac{a^2}{x'}$; si l'on donne le point de contact M, on construira le point T par une troisième proportionnelle entre OA et OP, et la tangente MT sera déterminée.

La tangente aux sommets est perpendiculaire sur l'axe transverse. Si le point de contact M s'éloigne indéfiniment sur la branche de courbe AD, il est aisé de voir que la tangente tend à se confondre avec l'asymptote. En effet, quand x' croît de a à ∞, la distance OT diminue de a à o; en même temps le coefficient angulaire de la tangente

$$\frac{b^2}{a^2}\,\frac{x'}{y'} = \frac{b}{a\sqrt{1-\frac{a^2}{x'^2}}}$$

diminue de ∞ à $\frac{b}{a}$, et par conséquent l'angle MTX diminue de $\frac{\pi}{2}$ à ROX. Donc l'asymptote est la position limite de la tangente quand le point de contact s'éloigne indéfiniment.

L'expression précédente montre que la valeur numérique du coefficient de la tangente est plus grande que $\frac{b}{a}$. Donc si l'on veut mener à l'hyperbole une tangente parallèle à une droite donnée que l'on suppose passer par le centre, il faut que cette droite soit comprise dans l'angle ROS des asymptotes et par conséquent ne rencontre pas la courbe.

79 — HYPERBOLE RAPPORTÉE A SES ASYMPTOTES. — Si l'on prend pour axes des coordonnées les asymptotes d'une hyperbole, on peut reconnaître *à priori* que l'équation se mettra sous la forme

$$(3) \quad xy = k^2.$$

Et en effet, si dans l'équation on fait $y = o$, on doit trouver pour x deux valeurs infinies; donc l'équation ne renferme pas les termes Ax^2 et Dx. De même elle ne contient pas les termes Cy^2 et Ey. Donc l'équation a la forme indiquée.

On peut même déterminer la constante k; car, en appliquant l'équation au sommet A, dont les coordonnées OF, OH sont égales, on a

$$k^2 = OF \times OH = \overline{OH}^2 = \frac{\overline{OG}^2}{4} = \frac{a^2+b^2}{4}.$$

On arrive aux mêmes conclusions par la transformation des coordonnées.

L'équation (3) signifie géométriquement que la surface du parallélogramme OPMQ, formé par les deux asymptotes et les deux coordonnées d'un point quelconque M de l'hyperbole, est constante et égale à la moitié du rectangle des demi-axes. Car la surface de ce parallélogramme, si l'on désigne par θ l'angle des asymptotes, est

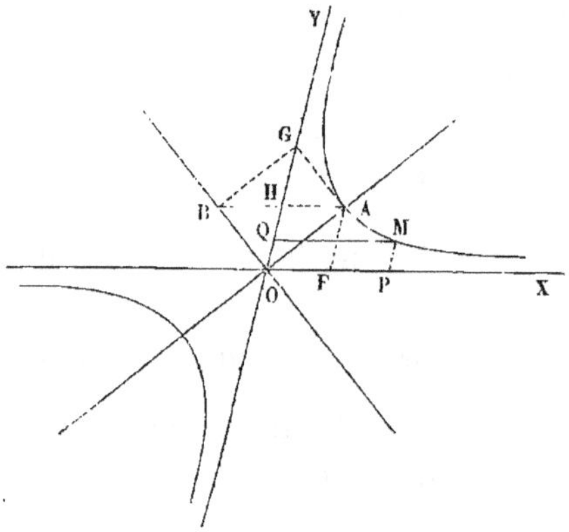

$$xy \sin\theta = k^2 \sin\theta = \frac{ab}{2}.$$

On déduit encore de l'équation (3) que le produit des distances de chacun des points de l'hyperbole aux deux asymptotes est constant.

80—Diamètres de l'hyperbole.—Comme l'équation de l'hyperbole ne diffère de celle de l'ellipse que par le signe de b^2, il est inutile de recommencer les calculs; il suffira de changer le signe de b^2 dans les résultats obtenus précédemment pour l'ellipse, et on pourra les appliquer immédiatement à l'hyperbole. Ainsi, dans l'hyperbole, le diamètre est une ligne qui a pour équation

$$y = \frac{b^2}{a^2 m} x.$$

La relation des diamètres conjugués devient

$$mm' = \frac{b^2}{a^2}.$$

Si m est $< \frac{b}{a}$, on a $m' > \frac{b}{a}$; donc l'un des diamètres OC est compris dans l'angle des asymptotes et rencontre l'hyperbole, l'autre OD est situé dans l'angle extérieur et ne rencontre pas l'hyperbole. Les cordes parallèles à OD joignent deux points d'une même branche; celles parallèles à OC vont d'une branche à l'autre. Lorsque $m = \frac{b}{a}$, on a aussi $m' = \frac{b}{a}$; ainsi, quand le diamètre OC se rapproche de l'asymptote OR, le diamètre conjugué OD se rapproche aussi de l'asymptote de l'autre côté, et les deux diamètres finissent par se confondre sur l'asymptote. L'angle COD des diamètres conjugués est aigu et varie de $\frac{\pi}{2}$ à o.

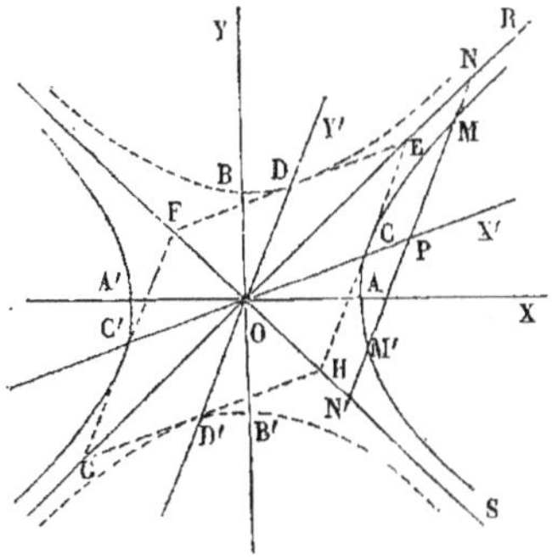

81—Diamètres imaginaires.—Si l'on prend le centre pour pôle et l'axe transverse pour axe pôlaire, l'équation de l'hyperbole en coordonnées pôlaires est

$$\frac{1}{\rho^2} = \frac{\cos^2\omega}{a^2} - \frac{\sin^2\omega}{b^2}.$$

Quand ω varie de o à ROX, le rayon ρ est réel et croît de a à ∞. Mais quand ω est plus grand que ROX, le rayon ρ devient imaginaire et de la forme $\rho'\sqrt{-1}$ ou $\rho' i$; alors on dit que le rayon imaginaire a une longueur égale à ρ'.

Afin de déterminer géométriquement ces rayons imaginaires, je considère une seconde hyperbole ayant pour équation en coordonnées rectilignes

$$\frac{x^2}{a^2}-\frac{y^2}{b^2}=-1,$$

ou, en coordonnées polaires,

$$-\frac{1}{\rho^2}=\frac{\cos^2\omega}{a^2}-\frac{\sin^2\omega}{b^2}.$$

Cette seconde hyperbole a pour axe transverse BB′, et mêmes asymptotes que l'hyperbole proposée. On voit que la longueur d'un rayon imaginaire OD dans la première hyperbole est précisément égale au rayon réel OD de la seconde hyperbole.

De deux diamètres conjugués de l'hyperbole, l'un CC′ est réel, l'autre DD′ imaginaire; mais ce dernier est réel dans la seconde hyperbole. Si l'on représente par $2a'$ la longueur du diamètre réel, par $2b'$ celle du diamètre imaginaire, il suffira, dans les résultats trouvés pour l'ellipse, de remplacer b et b' par bi et $b'i$, ou plus simplement de changer les signes de b^2 et de b'^2.

Ainsi la relation $a'b'\sin(\beta-\alpha)=ab$ trouvée dans l'ellipse subsiste dans l'hyperbole; donc *la surface du parallélogramme* EFGH *construit sur deux diamètres conjugués de l'hyperbole est constante*. La relation $a'^2+b'^2=a^2+b^2$ trouvée dans l'ellipse devient dans l'hyperbole $a'^2-b'^2=a^2-b^2$; donc *la différence des carrés de deux diamètres conjugués de l'hyperbole est constante.*

THÉORÈME II.

82—*Les asymptotes de l'hyperbole coïncident avec les diagonales du parallélogramme formé sur deux diamètres conjugués quelconques.*

En effet, l'hyperbole, rapportée à deux diamètres conjugués OC, OD, a pour équation

$$\frac{x'^2}{a'^2}-\frac{y'^2}{b'^2}=1.$$

Comme cette équation a la même forme que l'équation rapportée aux axes, il s'ensuit que les asymptotes auront pour équation, par rapport aux diamètres conjugués,

$$y'=\pm\frac{b'}{a'}x';$$

donc les asymptotes coïncident avec les diagonales du parallélogramme EFGH, formé sur les deux diamètres conjugués.

THÉORÈME III.

83—*Les portions* MN, M'N' *d'une sécante comprises entre l'hyperbole et les asymptotes sont égales.*

Car si l'on rapporte l'hyperbole à un diamètre OD parallèle à la sécante MN et au diamètre conjugué OC, on voit qu'à une même abscisse OP correspondent pour l'hyperbole et les asymptotes des ordonnées égales et de signes contraires. On a donc

$$MP=M'P,$$
$$NP=N'P,$$

et, en prenant la différence,

$$MN=M'N'.$$

Corollaire.—Il résulte du théorème précédent, comme cas particulier, que *les deux portions d'une tangente comprises entre le point de contact et les asymptotes sont égales.* On en déduit un moyen graphique pour construire la tangente à l'hyperbole en un point donné M, quand on connaît les asymptotes. Par le point M, on mènera des parallèles MP, MQ aux asymptotes, et l'on prendra OG=2OP, OH=2OQ, puis on joindra GH.

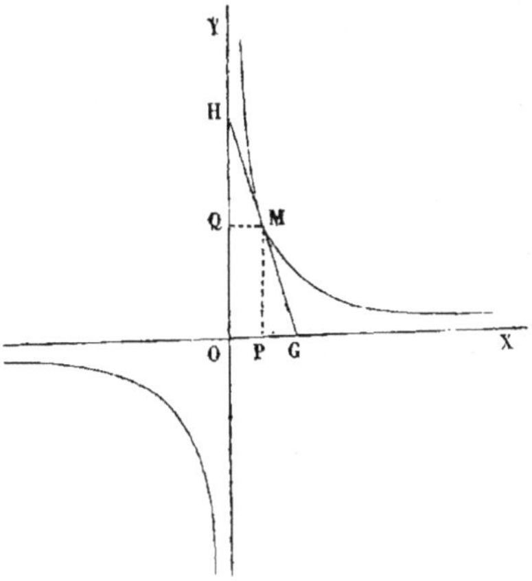

THÉORÈME IV.

84—*Le rectangle des parties d'une sécante, comprises entre un point de la courbe et les asymptotes, est égal au carré de la moitié du diamètre auquel la sécante est parallèle.*

Soit NN' une sécante quelconque parallèle à DD' (nº 80); on a

$$MN = NP - MP,$$
$$MN' = N'P + MP = NP + MP,$$

d'où

$$MN \times MN' = \overline{NP}^2 - \overline{MP}^2.$$

De l'équation de l'hyperbole rapportée aux diamètres conjugués OC, OD, on déduit

$$\overline{MP}^2 = \frac{b'^2}{a'^2}(x'^2 - a'^2),$$

$$NP = \frac{b'}{a'}x';$$

donc

$$MN \times MN' = b'^2 = \overline{CE}^2.$$

EXERCICES.

1—On donne deux points A et B; par ces deux points on mène deux droites mobiles AM et BM telles que l'angle MAB soit double de MBA; trouver le lieu des points d'intersection M.

2—Quel est le lieu des centres des circonférences qui interceptent des longueurs données sur les côtés d'un angle donné?

3—On donne deux droites fixes, une droite mobile coupe les deux premières de manière à former un triangle de grandeur constante; on demande le lieu des centres de gravité de ces triangles.

4—Les sécantes menées de l'un quelconque des points d'une hyperbole à deux points fixes pris sur la courbe interceptent sur l'une ou l'autre asymptote des longueurs constantes.

5—Toute corde d'une hyperbole divise en deux parties égales la portion de l'une ou l'autre asymptote comprise entre les tangentes à ses deux extrémités.

6—Si, sur une corde d'une hyperbole considérée comme diagonale, on construit un parallélogramme dont les côtés soient parallèles respectivement aux asymptotes, l'autre diagonale passera par le centre.

7 — Construire une hyperbole, connaissant: 1° deux asymptotes et un point; 2° deux asymptotes et une tangente; 3° une asymptote et trois points; 4° la direction des asymptotes et trois points; 5° une asymptote, un sommet et un point.

CHAPITRE V.

De la Parabole.

85—Je me propose de construire la courbe représentée par l'équation $Ny^2+Px=o$, ou plus simplement,

$$(1)\ y^2=2px,$$

quand on pose $2p=-\frac{P}{N}$. Je suppose, pour fixer les idées, que la quantité p soit positive. L'équation, résolue par rapport à y, donne

$$y=\pm\sqrt{2px}.$$

Pour que l'ordonnée soit réelle, il est nécessaire et il suffit que l'abscisse soit positive ; si l'on fait croître x de o à $+\infty$, la valeur absolue de y croît aussi de o à ∞ ; et, comme à chaque valeur de x correspondent deux ordonnées égales et de signes contraires, on a deux branches de courbes infinies AD, AD'. Cette courbe porte le nom de *parabole*.

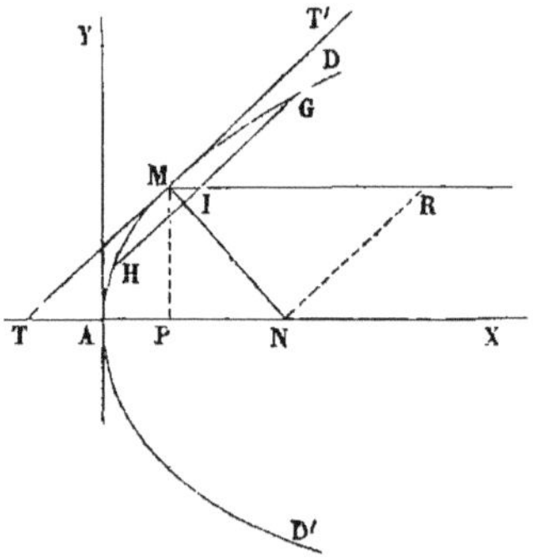

La parabole n'a qu'un *axe* AX, qu'un *sommet* A La longueur p, qui détermine la parabole, s'appelle le *paramètre* de la parabole.

THÉORÈME I.

86—*Les carrés des ordonnées perpendiculaires à l'axe de la parabole sont entre eux comme les segments de l'axe compris entre le sommet et les ordonnées.*

Car, en vertu de l'équation, on a

$$\frac{\overline{MP}^2}{AP} = 2p.$$

87—Tangente a la parabole.—L'équation d'une sécante MM′ est

$$y - y' = \frac{y'' - y'}{x'' - x'}(x - x');$$

puisque les points M, M′ appartiennent à la parabole, on a

$$y'^2 = 2px',$$
$$y''^2 = 2px'';$$

d'où

$$y''^2 - y'^2 = 2p(x'' - x'),$$
$$\frac{y'' - y'}{x'' - x'} = \frac{2p}{y'' + y'}.$$

Ce rapport tend vers une limite égale à $\frac{p}{y'}$, quand le point M′ se confond avec le point M; donc la tangente à la parabole a pour équation

$$y - y' = \frac{p}{y'}(x - x'),$$

ou plus simplement

$$(2)\quad yy' = p(x + x').$$

Soit T le point où la tangente rencontre l'axe de la parabole; si dans l'équation (2) on fait $y = o$, on trouve $x = -x'$, donc AT = AP.

Ceci donne un moyen facile de construire la tangente à la parabole en un point donné M; on abaissera la perpendiculaire MP sur l'axe, on prendra AT = AP, et l'on joindra MT.

88—Normale a la Parabole.—La normale à la parabole a pour équation

$$(3)\quad y-y'=-\frac{y'}{p}(x-x').$$

Soit N le point où la normale rencontre l'axe; si dans l'équation (3) on fait $y=o$, on trouve

$$PN=x-x'=p;$$

Ainsi, dans la parabole, la *sous-normale* PN est constante et égale au paramètre p.

89—Diamètres de la parabole.—Soit

$$y=mx+k$$

l'équation d'une corde quelconque GH parallèle à une direction donnée. Si, entre cette équation et celle de la parabole

$$y^2=2px,$$

on élimine x, on obtient une équation du second degré

$$my^2-2py+2pk=o,$$

qui donne les ordonnées des extrémités G, H de la corde. Si donc on représente par y_1 l'ordonnée du point milieu I, on a

$$(4)\quad y_1=\frac{p}{m}.$$

Cette équation, ne contenant pas la constante arbitraire k, convient à toutes les cordes parallèles à la direction donnée; c'est donc l'équation du diamètre. Ainsi, *tous les diamètres de la parabole sont des droites parallèles à l'axe de la parabole.*

Toute droite MR parallèle à l'axe est un diamètre; car, si l'on donne y_1, on déduira de l'équation (4) la direction des cordes $m=\frac{p}{y_1}$. Ce coefficient m est précisément égal au coefficient angulaire de la tangente au point M. Ainsi, la tangente à l'extrémité d'un diamètre est parallèle aux cordes que ce diamètre divise en deux parties égales.

90—Parabole rapportée a un diamètre.—Si l'on prend pour axe des coordonnées un diamètre MR et la tangente MT' à l'extrémité de ce diamètre, on peut reconnaître *à priori* que l'équation de la parabole se mettra sous la forme

$$(5)\quad y'^2=2p'x'.$$

En effet, puisque la courbe passe à l'origine M, l'équation, devant être satisfaite par $x'=o$, $y'=o$, ne renferme pas le terme constant F. Puisqu'à chaque valeur de x' correspondent deux ordonnées égales et de signes contraires, l'équation ne renferme pas les termes $Bx'y'$ et Ey'. Comme d'ailleurs $B^2-4AC=o$, et que déjà $B=o$, on a $AC=o$; mais C ne peut être nul, parce qu'alors l'équation ne contiendrait plus y'; donc $A=o$, et l'équation se réduit à $Cy'^2+Dx'=o$; c'est la forme indiquée.

Pour déterminer le nouveau paramètre p', j'observe que les nouvelles coordonnées AT, —MT du sommet A doivent satisfaire à l'équation (5), ce qui donne

$$\overline{MT}^2=2p'.AT.$$

D'autre part, comme les anciennes coordonnées du point M satisfont à l'équation (1), on a

$$\overline{MP}^2=2p.AP=2p.AT;$$

d'où

$$\frac{p}{p'}=\frac{\overline{MP}^2}{\overline{MT}^2}.$$

Si l'on appelle θ l'angle des nouvelles coordonnées ou l'inclinaison de la tangente sur le diamètre, la relation précédente devient

$$(6)\quad p=p'\sin^2\theta.$$

Il est facile de déterminer géométriquement ce paramètre p'. Car de la relation

$$\overline{MT}^2=2p'.AT=p'.TP,$$

on déduit

$$p'=\frac{MT}{\cos\theta}=NT.$$

Ainsi, le paramètre qui correspond au point M est égal à la portion NT interceptée sur l'axe par la tangente et la normale au point M.

Réciproquement si l'on donne un diamètre MR de la parabole, la tangente MT à l'extrémité de ce diamètre et le paramètre correspondant $MR = p'$, pour construire l'axe de la parabole, on mènera du point R une parallèle RN à la tangente jusqu'à la rencontre de la normale MN, puis du point N une parallèle NT au diamètre; du point M on abaissera une perpendiculaire MP sur l'axe, le milieu A de TP sera le sommet de la parabole. Enfin la normale MN donnera le paramètre $p = PN$.

91 — Aire d'un segment parabolique. — Si l'on prend pour ligne des x la tangente au sommet, pour ligne des y l'axe de la courbe, et si l'on pose $a = \frac{1}{2p}$, la parabole a pour équation

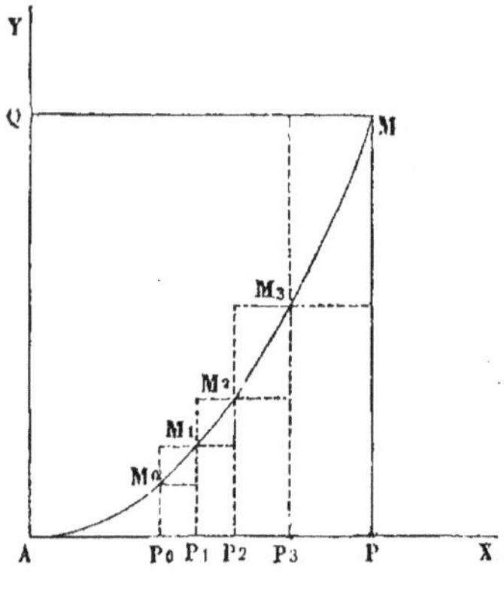

$$(7)\quad y = ax^2.$$

Je me propose d'évaluer l'aire de la portion de plan comprise entre la droite AX, l'arc de parabole et deux ordonnées quelconques M_0P_0, MP. Entre les abscisses AP_0, AP j'insère $n-1$ moyens géométriques AP_1, AP_2,...., et j'élève les ordonnées correspondantes M_1P_1, M_2P_2,..... Si par les points M_0, M_1, M_2,..... je trace des parallèles à la droite AX, je forme une suite de rectangles dont la somme est plus petite que la surface du segment parabolique que je veux évaluer; si je prolonge ces parallèles en sens inverse, je forme une seconde suite de rectangles dont la somme est au contraire plus grande que le segment parabolique.

Je désigne par x_0 et x les abscisses extrêmes AP_0, AP, par

$x_1, x_2, \ldots, x_{n-1}$ les moyens insérés, par r la raison de la progression

$$x_0 : x_1 : x_2 : x_3 : \ldots\ldots : x_{n-1} : x.$$

En vertu de l'équation (7), les ordonnées correspondantes forment aussi une progression géométrique

$$y_0 : y_1 : y_2 : y_3 : \ldots\ldots : y_{n-1} : y$$

dont la raison est r^2.

La somme S' des premiers rectangles est

$$y_0(x_1-x_0)+y_1(x_2-x_1)+\ldots\ldots+y_{n-1}(x-x_{n-1});$$

si l'on remplace les ordonnées par leurs valeurs déduites de l'équation (7), et les différences x_1-x_0, $x_2-x_1\ldots\ldots$ par $x_0(r-1)$, $x_1(r-1)\ldots.$, cette somme s'écrit

$$a(r-1)[x_0^3+x_1^3+x_2^3+\ldots\ldots+x_{n-1}^3].$$

Puisque les termes de la parenthèse forment une progression géométrique dont la raison est r^3, j'ai

$$S'=\frac{a(r-1)(x^3-x_0^3)}{r^3-1}=\frac{a(x^3-x_0^3)}{r^2+r+1}.$$

Je considère maintenant la somme S'' des seconds rectangles

$$y_1(x_1-x_0)+y_2(x_2-x_1)+\ldots\ldots+y(x-x_{n-1}).$$

Si je multiplie par r^2 tous les termes de la première somme S', j'obtiens la seconde somme S''; donc

$$S''=S'\times r^2=\frac{ar^2(x^3-x_0^3)}{r^2+r+1}.$$

L'aire S du segment parabolique est comprise entre S' et S''. Or si l'on augmente indéfiniment le nombre des moyens insérés, la raison r de la progression tend vers l'unité, et les deux sommes S' et S'' convergent vers la même limite $\frac{a(x^3-x_0^3)}{3}$; cette limite commune est précisément l'aire S du segment parabolique; donc

$$S=\frac{a(x^3-x_0^3)}{3}.$$

Corollaire. — Si l'on fait $x_0 = o$, on a

$$S = \frac{ax^3}{3} = \frac{xy}{3};$$

donc l'aire du segment parabolique AMP est égale au tiers du rectangle APMQ. Il en résulte que le segment parabolique AMQ est égal aux deux tiers du même rectangle; en d'autres termes, le segment AMQ est double du segment AMP.

92 — Construction des courbes du second degré. — Quand on a simplifié l'équation générale du second degré (livre III, chap. II), on a d'abord fait disparaître le terme en xy par le changement de la direction des axes des coordonnées, ce qui revient à diriger l'un d'eux, par exemple l'axe des x, parallèlement à un axe de la courbe; puis on a transporté l'origine au centre de la courbe dans le cas de l'ellipse ou de l'hyperbole, au sommet dans le cas de la parabole. La première réduction est toujours possible, c'est pourquoi on l'a opérée d'abord; mais lorsque la courbe est une ellipse ou une hyperbole, il est plus simple de transporter d'abord l'origine au centre de la courbe, ce qui fait disparaître les termes du premier degré, puis de faire tourner les axes des coordonnées autour du centre pour les diriger suivant les axes de la courbe, ce qui fait disparaître le terme en xy.

Soit donc

$$(1) \quad Ax^2 + Bxy + Cy^2 + Dx + Ey + F = o;$$

si l'on transporte l'origine au centre C dont j'appelle p et q les coordonnées, cette équation devient

$$Ax_1^2 + Bx_1y_1 + Cy_1^2 + (2Ap + Bq + D)x_1 + (Bp + 2Cq + E)y_1 + (Ap^2 + Bpq + Cq^2 + Dp + Eq + F) = o.$$

On fait disparaître les termes du premier degré en posant

$$(2) \quad \begin{cases} 2Ap + Bq + D = o, \\ Bp + 2Cq + E = o; \end{cases}$$

d'où

$$p = \frac{2CD - BE}{B^2 - 4AC},$$

$$q=\frac{2AE-BD}{B^2-4AC}.$$

Ces valeurs de p et q sont finies et déterminées, puisque la quantité B^2-4AC n'est pas nulle. Si on représente par H le terme constant, l'équation de la courbe se réduit à

$$(3)\quad Ax_1^2+Bx_1y_1+Cy_1^2+H=0.$$

J'observe que les équations (2) qui déterminent le centre s'obtiennent en égalant à o les deux dérivés par rapport à x et à y du premier membre de l'équation (1). J'observe en outre que le terme constant H est égal au résultat de la substitution des coordonnées du centre à la place de x et y dans l'équation (1).

Quand on a opéré cette première réduction, on fait tourner de l'angle α les axes des coordonnées autour du centre C; on détermine l'angle α par l'équation (n° 49)

$$(4)\quad tang 2\alpha=\frac{B}{A-C};$$

si l'on pose

$$(5)\quad \begin{cases} M=A\cos^2\alpha+C\sin^2\alpha+B\sin\alpha\cos\alpha, \\ N=C\cos^2\alpha+A\sin^2\alpha-B\sin\alpha\cos\alpha, \end{cases}$$

d'où

$$(6)\quad \begin{cases} M+N=A+C, \\ M-N=\pm\sqrt{B^2+(A-C)^2}, \end{cases}$$

l'équation de la courbe se réduit à la forme

$$(7)\quad Mx'^2+Ny'^2+H=0.$$

93—EXEMPLES.—I. $2x^2-3xy+3y^2+x-7y+1=0.$

La courbe est une ellipse, puisque la quantité B^2-4AC est négative. Je détermine le centre par les deux dérivées

$$4x-3y+1=o$$
$$-3x+6y-7=o;$$

d'où

$$x=1,\quad y=\frac{5}{3}.$$

Je construis le centre C, qui a pour coordonnées 1 et $\frac{5}{3}$.

L'équation *tang* $2\alpha=3$, résolue par les tables, donne

$$2\alpha=71°33'54'',$$

d'où

$$\alpha=35°46'57''.$$

On peut aussi construire graphiquement l'angle 2α par un triangle rectangle. Je trace la droite CX' qui fait avec OX l'angle α ainsi déterminé, et je prends cette droite pour nouvel axe des x. Puisque B est négatif, N est plus grand que M, on a donc

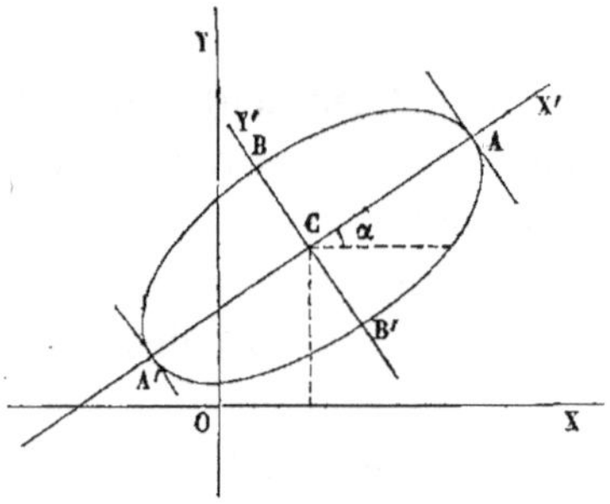

$$N+M=5$$

$$N-M=\sqrt{10}=3,162.$$

d'où

$$N=4,081,\ M=0,919.$$

D'ailleurs le terme constant H est égal à $-\frac{13}{3}$, résultat de la substitntion des coordonnées du centre dans l'équation proposée. Donc la courbe, rapportée à ses axes, a pour équation

$$0,919x'^2+4,081y'^2=4,333.$$

Les demi-axes ont des longueurs égales à

$$a=2,171,$$
$$b=1,030.$$

II. $4x^2-10xy-3y^2+20x=0.$

La courbe est une hyperbole puisque la quantité B^2-4AC est positive. Je détermine le centre par les équations

$$8x-10y+20=0,$$
$$10x+\ 6y=0;$$

d'où

$$x=-\frac{30}{37}=-0,8108,$$

$$y = \frac{30 \times 5}{37 \times 3} = 1,3514,$$

$$H = -\frac{300}{37} = -8,1081.$$

L'équation $tang 2\alpha = -\frac{10}{7}$ donne $2\alpha = 124°59'21''$, d'où $\alpha = 65 29'45''$. Je prends la direction rectangulaire $\alpha = -24°30'15''$, et je place l'axe CX' suivant cette direction. Puisque B est négatif ainsi que l'angle α, les formules(5) montrent que M est plus grand que N ; on a donc

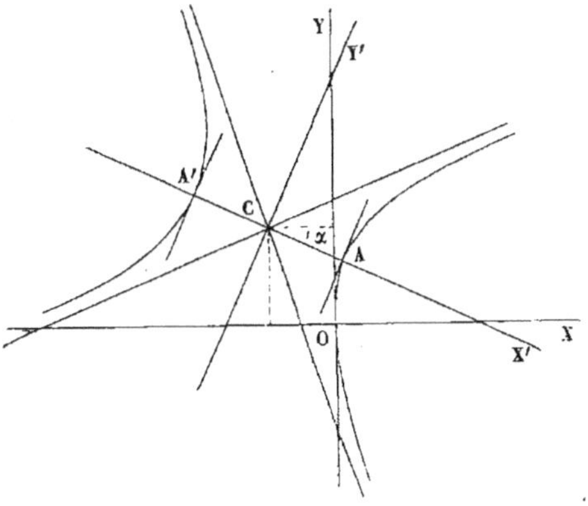

$$M + N = 1,$$
$$M - N = \sqrt{149} = 13,2065;$$

d'où

$$M = \quad 7,103,$$
$$N = -6,103;$$

et l'hyperbole, rapportée à ses axes, a pour équation

$$7,103\, x'^2 - 6,103\, y'^2 = 8,108.$$

L'axe transverse est dirigé suivant CX'. Les longueurs des deux demi-axes sont

$$a = 1,068, \quad b = 1,153.$$

L'angle des asymptotes avec l'axe transverse, angle dont la tangente est $\frac{b}{a}$, est égale à $47°10'17''$.

Si, dans l'équation proposée, on fait $x = o$, les deux valeurs correspondantes de y sont nulles; donc la courbe est tangente à l'axe des y à l'origine O.

III. $8x^2 - 5xy + 5y - 1 = o$.

La courbe est une hyperbole. Si l'on transporte l'origine au centre C dont les coordonnées sont 1 et $\frac{4}{5}$, l'équation prend la forme

$$2x_1^2 - 5x_1y_1 + 1 = o,$$

d'où

$$y_1 = \frac{2x_1^2+1}{5x_1} = 0{,}4\ x_1 + \frac{0{,}2}{x_1}$$

Quand x_1 tend vers o, y_1 augmente indéfiniment; donc la parallèle CY_1 à l'axe des y, est asymptote à la courbe. D'autre part, la différence $\frac{0{,}2}{x_1}$ entre l'ordonnée de la courbe et l'ordonnée de la droite $y_1 = o{,}4x_1$ tend vers o, quand x_1 augmente indéfiniment; donc cette droite CR, qui fait avec CX un angle de 21°48′6″, est la seconde asymptote. En outre, comme l'ordonnée de la courbe est plus grande que l'ordonnée correspondante de l'asymptote CR, la courbe est située au-dessus de cette droite, et par conséquent dans l'angle RCY_1, et son opposé par le sommet. L'axe transverse de l'hyperbole est la bissectrice CX′ de l'angle RCY_1.

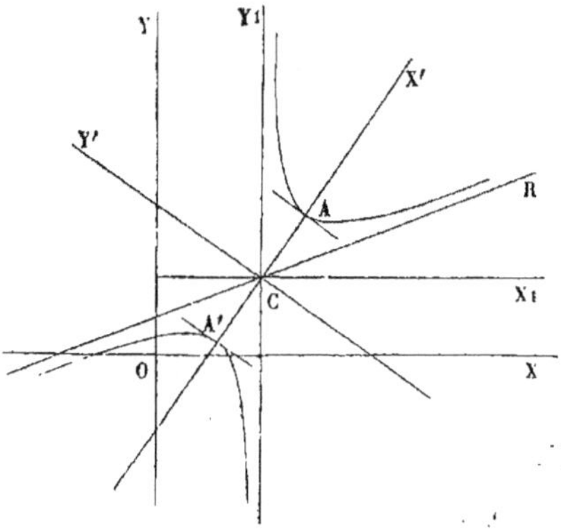

Les relations

$$N + M = 2$$
$$N - M = \sqrt{29} = 5{,}385$$

donnnent

$$N = 3{,}693,\ M = -1{,}693.$$

L'hyperbole, rapportée à ses axes, a pour équation

$$1{,}693\,x'^2 - 3{,}693\,y'^2 = 1.$$

94—PARABOLE.—Je fais d'abord tourner les axes des coordonnées autour de l'origine de manière à amener l'axe des x à être parallèle à l'axe de la parabole, ce qui fait disparaître le terme en xy; pour cela, de l'équation (4), je déduis

$$tang^2\alpha - 2\frac{C-A}{B}\,tang\,\alpha - 1 = o.$$

En vertu de la relation $B^2-4AC=o$, les deux racines de cette équation sont $-\frac{2A}{B}$ ou $-\frac{B}{2C}$ et $\frac{2C}{B}$. Mais à cause de la relation $4MN=4AC-B^2$, l'une des deux quantités M ou N est nulle; comme c'est le terme en x^2 que je veux faire disparaître, je choisis la racine qui annule M; c'est la racine $-\frac{B}{2C}$, ainsi qu'il est facile de s'en assurer en observant que M peut s'écrire

$$M = C\cos^2\alpha\left(tang\,\alpha + \frac{B}{2C}\right)^2.$$

Je fais donc tourner les axes des coordonnées de l'angle α, déterminé par la relation

$$tang\,\alpha = -\frac{B}{2C},$$

et l'équation devient

$$(A+C)y_1^2 + \frac{(2CD-BE)\cos\alpha}{2C}x_1 + \frac{(2CE+BD)\cos\alpha}{2C}y_1 + F = o.$$

Ensuite je transporte l'origine au sommet de la parabole, ce qui fait disparaître le terme en y_1 et le terme constant. On déterminera ce sommet en joignant à l'équation de la courbe l'équation obtenue en égalant à o la dérivée par rapport à y_1,

$$2(A+C)y_1 + \frac{(2CE+BD)}{2C}\cos\alpha = o.$$

L'équation de la parabole prend alors la forme

$$y'^2 = 2px'.$$

EXEMPLE. — $4x^2-12xy+9y^2-36x+100=o$.

La relation

$$tang\,\alpha=\frac{12}{18}=\frac{2}{3}=0,6667$$

donne

$$\alpha=33^\circ\,41'\,25''.$$

Si l'on fait tourner les axes des coordonnées de cet angle autour de l'origine, l'équation de la courbe devient

$$13y_1^2-29,954x_1+19,969y_1+100=o.$$

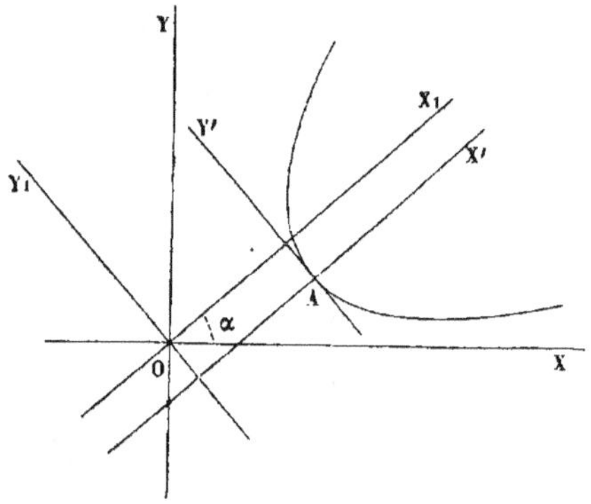

Les coordonnées du sommet A s'obtiennent en joignant à cette équation la suivante

$$26y_1+19,969=o;$$

d'où

$$y_1=-0,768,$$
$$x_1=\ \ 3,082.$$

Si l'on transporte l'origine au sommet A ainsi déterminé, l'équation devient

$$y'^2=2,304x'$$

EXERCICES.

1—Lieu du point dont l'ordonnée est moyenne proportionnelle entre les ordonnées correspondantes de deux droites données.

2—Construire les courbes représentées par les équations

$$xy+2x-5y=o,$$
$$x^2+2xy+y^2+2x-7=o,$$
$$2y^2+7xy+3x^2-3y+x-2=o$$
$$x^2+3xy-2x=o.$$

CHAPITRE VI.

Foyers et Directrices.

95—PROBLÈME.—Étant donnés un point fixe F et une droite DE, trouver le lieu des points M du plan tels que les distances de chacun d'eux au point F et à la droite DE soient entre elles dans un rapport constant k.

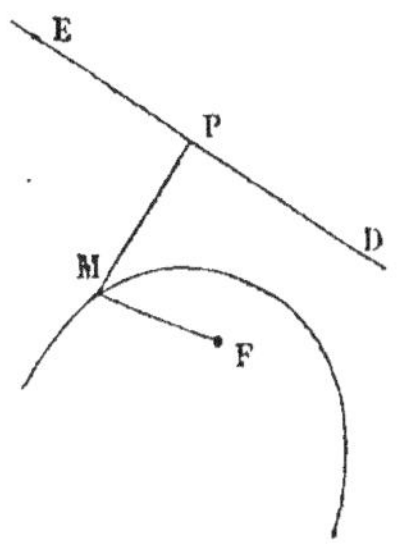

Je suppose les axes des coordonnées rectangulaires, et je représente par α et β les coordonnées du point F, par $m'x+n'y+t'=o$ l'équation de la droite DE; puisque la distance MP du point M à la droite DE est donnée par la formule

$$\pm\frac{m'x+n'y+t'}{\sqrt{m'^2+n'^2}},$$

le lieu a pour équation

$$(1)\quad \sqrt{(x-\alpha)^2+(y-\beta)^2}=k\,\frac{m'x+n'y+t'}{\pm\sqrt{m'^2+n'^2}},$$

ou

$$(x-\alpha)^2+(y-\beta)^2-\frac{k^2(m'x+n'y+t')^2}{m'^2+n'^2}=0.$$

Ainsi le lieu est une courbe du second degré. La quantité B^2-4AC, qui sert à distinguer le genre de la courbe, se réduit à $4(k^2-1)$; donc si $k<1$, la courbe est une *ellipse;* si $k=1$, *parabole;* si $k>1$, *hyperbole.*

Le point F s'appelle *foyer* de la courbe du second degré; la droite DE porte le nom de *directrice.*

96—Remarque. —L'équation (1) montre que le rayon vecteur mené du foyer F à un point quelconque M de la courbe est égal à une fonction entière et du premier degré des coordonnées linéaires x et y du point M. Si l'on pose

$$\frac{m}{m'}=\frac{n}{n'}=\frac{t}{t'}=\frac{k}{\sqrt{m'^2+n'^2}},$$

cette fonction se simplifie, et l'on a

$$\text{FM}=\pm(mx+ny+t).$$

Réciproquement si un point fixe F jouit de cette propriété que le rayon vecteur mené de ce point à un point quelconque M d'une courbe soit égal a une fonction entière et du premier degré des coordonnées du point M, la courbe est du second degré et le point F est un foyer de cette courbe. En effet, si l'on a

$$\text{FM}=\sqrt{(x-\alpha)^2+(y-\beta)^2}=\pm(mx+ny+t),$$

ou

$$(x-\alpha)^2+(y-\beta)^2-(mx+ny+t)^2=0,$$

la courbe est évidemment du second degré. D'autre part, si l'on considère la droite qui a pour équation

$$mx+ny+t=0,$$

la distance du point M à cette droite est donnée par la formule

$$\text{MP}=\frac{mx+ny+t}{\pm\sqrt{m^2+n^2}};$$

donc

$$\frac{\text{FM}}{\text{MP}}=\sqrt{m^2+n^2}.$$

Ainsi le point F est foyer de la courbe; à ce foyer correspond une directrice qui a pour équation

$$mx+ny+t=0.$$

Voilà pourquoi on définit souvent le foyer d'une courbe du second degré un point F tel que le rayon vecteur FM, mené de ce point à un point quelconque M de la courbe, est une fonction entière et du premier degré des coordonnées du point M.

Je remarque que cette définition est indépendante des axes des coordonnées rectilignes auxquels la courbe est rapportée, parce que le degré d'une fonction reste le même quand on change les axes des coordonnées. Ainsi, dans la recherche des foyers, on pourra choisir les axes qui simplifient le plus le calcul.

97—Foyers de l'ellipse.—Soit

$$(2)\quad \frac{x^2}{a^2}+\frac{y^2}{b^2}=1$$

l'équation d'une ellipse rapportée à ses axes, équation dans laquelle $2a$ désigne le grand axe, $2b$ le petit axe. Je veux déterminer le foyer de cette ellipse.

Je désigne par α et β les coordonnées inconnues du foyer F, par $mx+ny+t$ une fonction du premier degré des coordonnées d'un point M de l'ellipse. On doit avoir

$$\sqrt{(x-\alpha)^2+(y-\beta)^2}=\pm(mx+ny+t)$$

ou

$$(3)\quad (x-\alpha)^2+(y-\beta)^2-(mx+ny+t)^2=o.$$

Puisque les coordonnées de tous les points de l'ellipse satisfont à l'équation (3), cette équation est l'équation même de l'ellipse, et par conséquent elle doit être identique à l'équation (2), c'est-à-dire que les coefficients des deux équations sont proportionnels. Or, l'équation (3), développée, s'écrit

$$(4)\quad (1-m^2)x^2-2mnxy+(1-n^2)y^2-2(\alpha+mt)x-2(\beta+nt)y+\alpha^2+\beta^2-t^2=o.$$

On a donc les cinq relations

$$(1-m^2)a^2=\frac{mn}{o}=(1-n^2)b^2=\frac{\alpha+mt}{o}=\frac{\beta+nt}{o}=\frac{\alpha^2+\beta^2-t^2}{-1},$$

qui serviront à déterminer les cinq constantes inconnues α, β, m, n, t.

L'équation $mn=o$ peut être satisfaite de deux manières, soit par $m=o$, soit par $n=o$. Dans le premier cas, on aurait $a^2=(1-n^2)b^2$, ce qui donne pour n une valeur imaginaire; ainsi la solution $m=o$ n'est pas admissible. Dans le second cas, les relations donnent

$$n=o,\quad \beta=o,\quad (1-m^2)a^2=b^2,\quad \alpha+mt=o,\quad t^2-\alpha^2=b^2;$$

d'où

$$m=\frac{\sqrt{a^2-b^2}}{a},\quad t=\mp a,\quad \alpha=\pm\sqrt{a^2-b^2}.$$

J'ai supposé la quantité m positive, ce qui est toujours permis, puisque dans l'équation (1) on prend le signe + ou le signe — de manière à ce que le second membre soit positif.

De ce que $\beta=o$ et $\alpha=\pm\sqrt{a^2-b^2}$, il résulte que *l'ellipse a deux foyers* F, F' *situés sur le grand axe, à même distance du centre.* Pour déterminer graphiquement ces foyers, du sommet B du petit axe avec un rayon égal à a, on décrira un arc de cercle qui coupera le grand axe en F et F'.

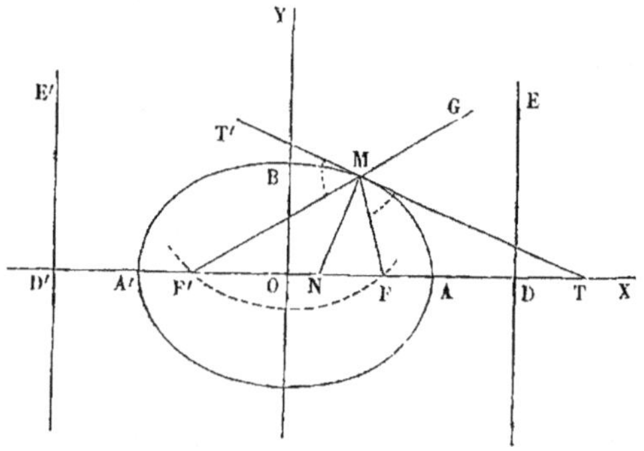

On représente ordinairement par $2c$ la distance FF' des deux foyers, distance que l'on nomme *excentricité* de l'ellipse; on a donc

$$c=\sqrt{a^2-b^2}.$$

Puisque $n=o$, l'équation de la directrice se réduit à

$$mx+t=o,\quad \text{ou}\quad x=-\frac{t}{m}=\pm\frac{a^2}{\sqrt{a^2-b^2}}=\pm\frac{a^2}{c}.$$

Donc *l'ellipse a deux directrices* DE, D'E' *perpendiculaires sur le grand axe et à égale distance du centre.* Au foyer F correspond la directrice DE, au foyer F' la directrice D'E'. Les foyers sont dans l'intérieur de l'ellipse, les directrices à l'extérieur. L'équation de la directrice donne $OD = \frac{\overline{OA}^2}{OF}$, on construira le point D par une troisième proportionnelle. On voit, d'ailleurs, que le foyer et la directrice divisent harmoniquement le grand axe A'A.

Le rapport constant $k = \sqrt{m^2 + n^2}$ est égal à m ou à $\frac{c}{a}$. Ainsi, *les distances de chaque point de l'ellipse au foyer et à la directrice correspondante sont entre elles comme l'excentricité est au grand axe.*

Puisque $n = o$, le rayon vecteur mené du foyer à un point quelconque M de l'ellipse est une fonction entière et du premier degré de l'abscisse du point M, abscisse comptée sur le grand axe de l'ellipse. On définit quelquefois de cette manière le foyer de l'ellipse.

THÉORÈME I.

98—*La somme des rayons vecteurs menés des deux foyers à chacun des points de l'ellipse est constante et égale au grand axe.*

En effet, les distances des foyers au point M sont exprimées par la formule

$$\pm (mx + t) = \pm \left(\frac{cx}{a} \mp a\right).$$

Le signe —, placé devant a, correspond au foyer F, le signe + au foyer F'; quant au double signe mis en avant de la parenthèse, on prendra le signe + ou le signe — de manière à ce que l'on ait une quantité positive. Puisque dans l'ellipse la valeur numérique de $\frac{cx}{a}$ est plus petite que a, on a

$$FM = -\left(\frac{cx}{a} - a\right) = a - \frac{cx}{a}$$

$$F'M = +\left(\frac{cx}{a} + a\right) = a + \frac{cx}{a}$$

d'où

$$FM + F'M = 2a.$$

THÉORÈME II.

99—*Réciproquement le lieu des points tels que la somme des distances de chacun d'eux à deux points fixes* F *et* F′ *est constante est une ellipse dont les points* F, F′ *sont les foyers.*

Je prends pour axes des coordonnées la droite F′F et la perpendiculaire élevée sur le milieu de F′F; j'appelle $2c$ la distance FF′ et $2a$ la somme constante; le lieu a pour équation

$$\sqrt{y^2+(x-c)^2}+\sqrt{y^2+(x+c)^2}=2a.$$

Si l'on fait passer le premier radical dans le second membre et si l'on élève au carré, cette équation devient

$$\sqrt{y^2+(x-c)^2}=a-\frac{cx}{a}.$$

Sous cette forme, on voit que FM est une fonction du premier degré de l'abscisse. Si l'on élève une seconde fois au carré, et si l'on pose $b^2=a^2-c^2$, l'équation se réduit à

$$\frac{x^2}{a^2}+\frac{y^2}{b^2}=1.$$

Donc la courbe est une ellipse dont F et F′ sont les foyers.

Corollaire.—Ce théorème donne un moyen très-simple pour décrire l'ellipse; on attache aux foyers F′, F les deux extrémités d'un fil ayant une longueur égale à $2a$, puis on fait mouvoir un crayon M qui s'appuie sur le fil, et le tient constamment tendu; ce crayon décrit l'ellipse.

THÉORÈME III.

100—*Les rayons vecteurs menés des foyers à un point de l'ellipse font, avec la tangente en ce point et d'un même côté de cette ligne, des angles égaux.*

En effet, soit T le point où la tangente rencontre le prolongement du grand axe; on sait que $OT=\frac{a^2}{x}$; il en résulte

$$FT=\frac{a^2}{x}-c,\ F'T=\frac{a^2}{x}+c;$$

d'où

$$\frac{FT}{F'T}=\frac{a^2-cx}{a^2+cx}=\frac{FM}{F'M}.$$

Donc la tangente est bissectrice de l'angle FMG, extérieur au triangle FMF', et, par conséquent, les deux angles FMT, F'MT' sont égaux.

Corollaire I.—La normale MN à l'ellipse est bissectrice de l'angle des rayons vecteurs.

Corollaire II.—Si au foyer F on place une lumière, les rayons lumineux partant du foyer F, après leur réflexion sur l'ellipse, viendront tous converger à l'autre foyer F'. C'est de là que vient la dénomination de foyer.

101—Corollaire III.—Quand on connaît les foyers de l'ellipse, il est facile de construire les tangentes à la courbe.

1° Construire la tangente au point M. On prolongera F'M d'une longueur MN égale à FM ; on joindra FN, et du point M on abaissera une perpendiculaire MH sur FN; cette perpendiculaire, comme bissectrice de l'angle FMN, est la tangente à l'ellipse.

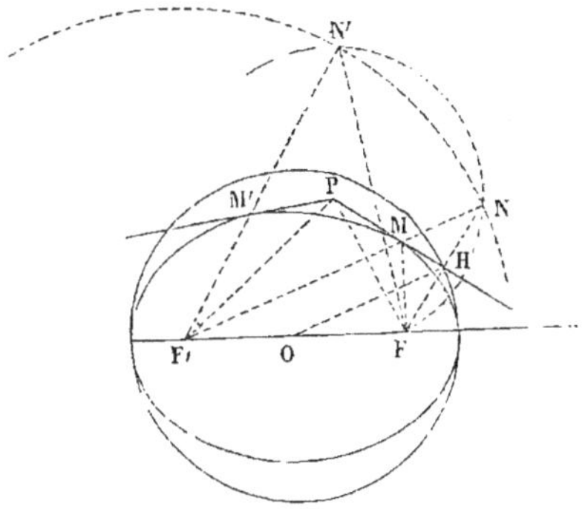

2° Par un point extérieur P mener des tangentes à l'ellipse. On remarque que si l'on prolonge chaque rayon vecteur F'M d'une quantité MN égale à l'autre rayon vecteur FM, le lieu des points N est un cercle de rayon $2a$. Du point F' comme centre avec $2a$ pour rayon, on décrira donc un cercle ; du point P avec PF pour rayon, on décrira un second cercle qui coupera le premier en deux points N, N′ ; on joindra FN, FN′, et du point P on abaissera des perpendiculaires sur chacune de ces droites ; ces perpendiculaires seront les tangentes demandées. On obtiendra les points de contact en joignant F′N, F′N′.

3° Mener des tangentes parallèles à une droite donnée. On mènera FN perpendiculaire à cette droite, et on élèvera une perpendiculaire sur le milieu de FN.

Corollaire IV.—*Le lieu des projections* H *des foyers sur les tangentes à l'ellipse est le cercle décrit sur le grand axe comme diamètre.* Car les triangles semblables F′FN, OFH donnent

$$OH = \frac{F'N}{2} = a.$$

102—Foyers de l'hyperbole.—Soit

$$\frac{x^2}{a^2} - \frac{y^2}{b^2} = 1,$$

l'équation d'une hyperbole rapportée à ses axes. En identifiant l'équation (4) avec l'équation de l'hyperbole, on obtient les relations

$$(1-m^2)a^2 = \frac{mn}{o} = -(1-n^2)b^2 = \frac{\alpha+mt}{o} = \frac{\beta+nt}{o} = \frac{\alpha^2+\beta^2-t^2}{-1}.$$

La solution $m=o$, conduisant à une valeur imaginaire de β, doit être rejetée. La solution $n=o$ donne

$$\beta = o,\ m = \frac{\sqrt{a^2+b^2}}{a},\ t = \mp a,\ \alpha = \pm\sqrt{a^2+b^2}.$$

De ce que $\beta=o$ et $\alpha=\pm\sqrt{a^2+b^2}$, il résulte que *l'hyperbole a deux foyers* F, F′ *situés sur l'axe transverse à même distance du centre.* Pour déterminer graphiquement les foyers, par le

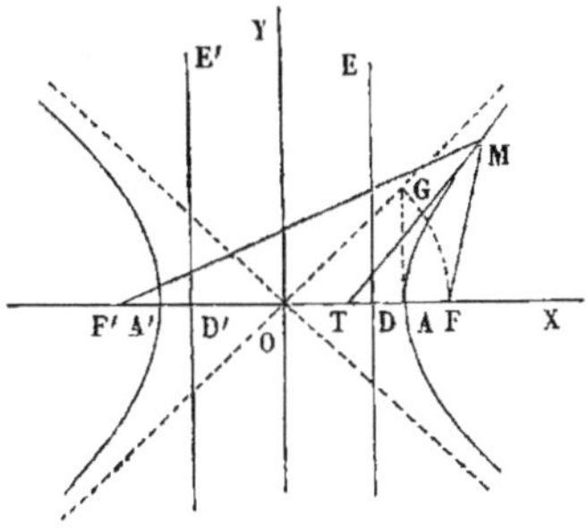

sommet A on élève une perpendiculaire AG sur l'axe transverse jusqu'à l'asymptote, puis on prend $OF = OG$. On représente ordinairement par $2c$ l'excentricité FF' de l'hyperbole. Donc

$$c = \sqrt{a^2 + b^2}.$$

L'équation de la directrice, se réduit encore a

$$x = \pm \frac{a^2}{c}.$$

Donc *l'hyperbole a deux directrices* DE, D'E' *perpendiculaires sur l'axe transverse et à égale distance du centre.* Au foyer F correspond la directrice DE, au foyer F' la directrice D'E'.

Le rapport constant k se réduit encore à m ou à $\frac{c}{a}$.

Ainsi, *les distances de chacun des points de l'hyperbole au foyer et à la directrice correspondante sont entre elles comme l'excentricité est à l'axe transverse.*

Puisque $n = o$, on remarque que le rayon vecteur FM est une fonction du premier degré de l'abscisse du point M, abscisse comptée sur l'axe transverse de l'hyperbole.

THÉORÈME IV.

103 — *La différence des distances de chacun des points de l'hyperbole aux deux foyers est constante et égale à l'axe transverse.*

Si le point M est situé sur la branche de droite, comme la quantité $\frac{cx}{a}$ est plus grande que a, on a

$$MF = \frac{cx}{a} - \quad ,$$

$$MF' = \frac{cx}{a} + a,$$

d'où $$MF' - MF = 2a.$$

Si le point M est situé sur la branche de gauche, comme la quantité $\frac{cx}{a}$ est négative et plus grande que a en valeur absolue, on a

$$MF = a - \frac{cx}{a},$$

$$MF' = -a - \frac{cx}{a};$$

d'où

$$MF - MF' = 2a.$$

THÉORÈME V.

104—*Réciproquement le lieu des points tels que la différence des distances de chacun d'eux à deux points fixes* F, F' *est constante, est une hyperbole dont les points* F, F' *sont les foyers.*

Ce thérorème se démontre de la même manière que le théorème II.

Corollaire.—Je suppose qu'une règle tourne autour du foyer F' et que les extrémités d'un fil soient attachées, d'une part au foyer F, d'autre part à l'extrémité G de la règle; si, en même temps que la règle tourne, un crayon glisse sur elle en tenant le fil constamment tendu, ce crayon décrira un arc hyperbole.

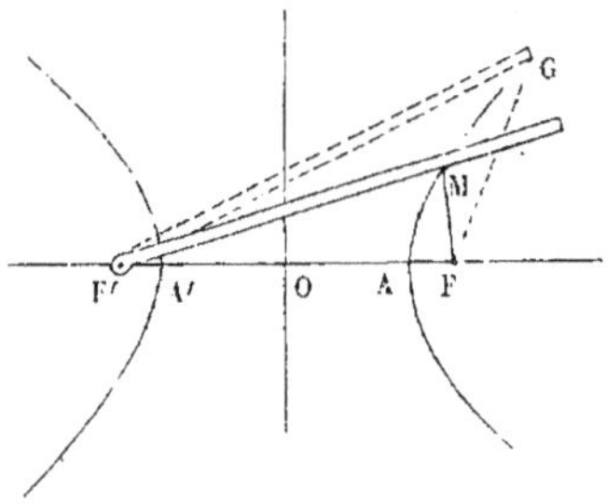

THÉORÈME VI.

105—*La tangente* MT *à l'hyperbole est bissectrice de l'angle* FMF' *formé par les droites qui vont du point de contact aux deux foyers.*

On démontre, comme pour l'ellipse, que l'on a la proportion

$$\frac{TF}{TF'}=\frac{MF}{MF'},$$

ce qui prouve que MT est bissectrice de l'angle FMF'.

COROLLAIRE I.—*Une ellipse et une hyperbole homofocales se coupent à un angle droit.* On dit que deux courbes du second degré sont homofocales lorsque leurs foyers coïncident; on appelle angle de deux courbes l'angle de leurs tangentes au point d'intersection. Soit M le point d'intersection d'une ellipse et d'une hyperbole qui ont mêmes foyers F, F'; la bissectrice MN de l'angle FMF' est d'une part normale à l'ellipse, d'autre part tangente à l'hyperbole : donc les tangentes MT, MN aux deux courbes sont perpendiculaires entre elles.

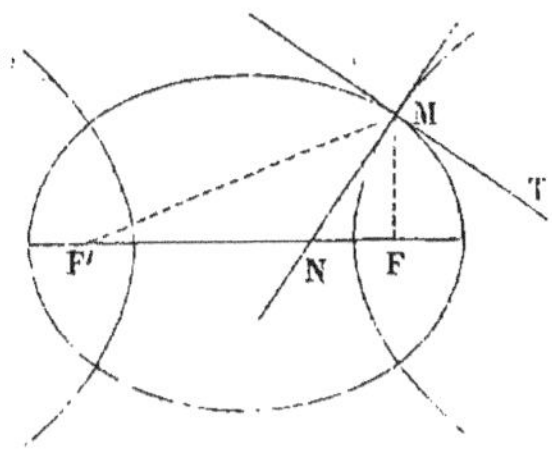

106—COROLLAIRE II.—Quand on connaît les foyers d'une hyperbole, on peut construire les tangentes de la même manière que l'on a construit les tangentes à l'ellipse.

1° Construire la tangente au point M. De F'M on retranchera une longueur MN égale à FM, et du point M on mènera une perpendiculaire MH sur FN.

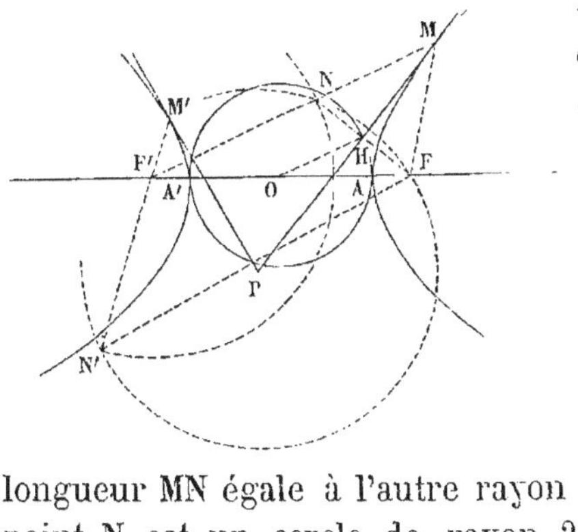

2° Par un point extérieur P, mener des tangentes à l'hyperbole. On remarque que si de chaque rayon vecteur F'M on retranche une longueur MN égale à l'autre rayon vecteur FM, le lieu du point N est un cercle de rayon $2a$. Du point F' comme centre avec $2a$ pour rayon, on décrira donc un cercle; du point P comme centre avec PF pour rayon, on décrira un second cercle qui coupera le premier en deux points N, N'; on joindra FN, FN', et du point P on abaissera deux perpendiculaires sur ces deux droites.

COROLLAIRE III.—*Le lieu des projections* H *des foyers sur les tangentes à l'hyperbole est le cercle décrit sur l'axe transverse comme diamètre.* Car les triangles semblables F'FN, OFH donnent $OH = \frac{F'N}{2} = a$.

107—FOYER DE LA PARABOLE.—Soit

$$y^2 = 2px$$

l'équation d'une parabole rapportée à son axe et à la tangente au sommet. En identifiant l'équation (4) avec l'équation de la parabole, on obtient les relations

$$\frac{1-m^2}{o} = 1-n^2 = \frac{mn}{o} = \frac{\alpha+mt}{p} = \frac{\beta+nt}{o} = \frac{\alpha^2+\beta^2-t^2}{o}.$$

On en déduit

$$m=1, \quad n=o, \quad \beta=o, \quad \alpha+t=p, \quad \alpha^2-t^2=o,$$

d'où

$$\alpha = \frac{p}{2}, \quad t = \frac{p}{2}.$$

Ainsi *la parabole a un foyer* F *situé sur l'axe à une distance du sommet égale au demi-paramètre.*

L'équation de la directrice est $x = -\frac{p}{2}$. Donc *la parabole a une directrice* DE *perpendiculaire sur l'axe* et à une distance AD=AF.

Le rapport constant $\sqrt{m^2+n^2}$ est ici égal à l'unité; donc *chacun des points de la parabole est également distant du foyer et de la directrice.* On déduit de cette propriété un moyen de décrire la parabole : Je suppose qu'une équerre soit placée sur

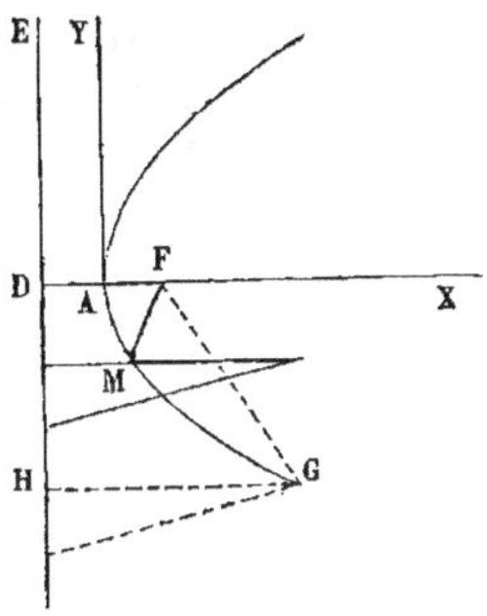

la directrice et que les deux extrémités d'un fil FG égal à GH soient attachées, l'une au foyer F, l'autre au point G de l'équerre. Si on fait glisser l'équerre sur la directrice et qu'en même temps un crayon M glisse sur l'équerre, de manière à tenir le fil constamment tendu, ce crayon décrira un arc de parabole.

THÉORÈME VII.

108—*La tangente à la parabole fait des angles égaux avec l'axe et le rayon vecteur mené du foyer au point de contact.*

Soit MT une tangente à la parabole. Du point de contact

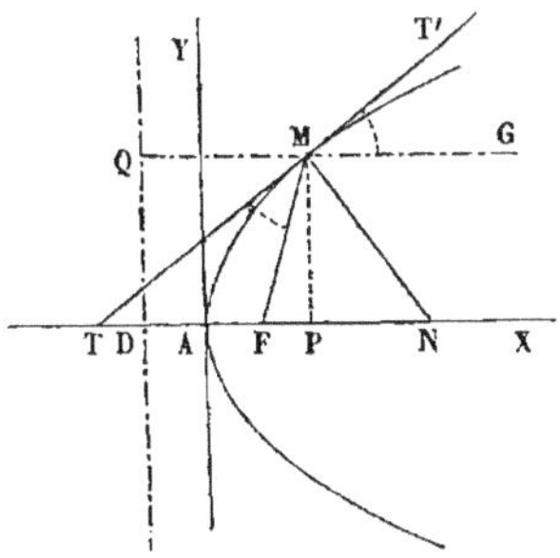

j'abaisse MP perpendiculaire sur l'axe, MQ perpendiculaire sur la directrice; on sait que

$$AT = AP,$$
$$AF = AD,$$

d'où, par addition,

$$FT = PD = MQ = FM.$$

Donc le triangle FMT est isocèle; donc l'angle FMT est égal à l'angle FTM et, par suite, à l'angle correspondant T'MG.

Corollaire I.—Si au foyer F de la parabole on place une lumière, les rayons lumineux, après leur réflexion sur la parabole, deviendront tous parallèles à l'axe. C'est pourquoi l'on emploie dans les réverbères et les phares les miroirs paraboliques, afin de projeter au loin un faisceau de rayons parallèles.

Réciproquement, si des rayons lumineux parallèles à l'axe tombent sur la parabole, après leur réflexion ils iront tous converger au foyer. C'est pourquoi l'on emploie aussi les miroirs paraboliques dans les télescopes à réflexion, afin de concentrer au foyer les rayons lumineux venant d'un astre.

109—Corollaire II—Quand on connaît le foyer de la parabole il est facile de construire la tangente.

1° Construire la tangente au point M. Par le point M on mènera MN parallèle à l'axe jusqu'à la rencontre de la directrice en N ; on joindra FN, et du point M on abaissera une perpendiculaire sur FN ; cette perpendiculaire, comme bissectrice de l'angle FMN, est tangente à la parabole.

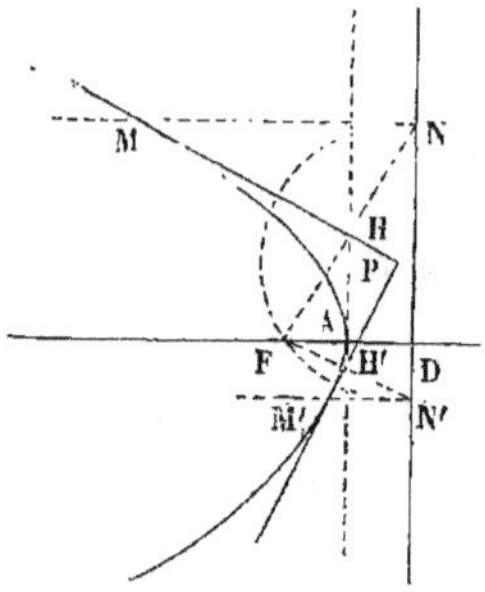

2° Par le point extérieur P mener des tangentes à la parabole. Du point P, comme centre avec PF pour rayon, on décrira un cercle qui coupera la directrice en deux points N, N′; on joindra FN, FN′, et du point P on abaissera des perpendiculaires PM, PM′ sur ces droites; ces perpendiculaires seront les tangentes demandées. On obtiendra les points de contact en menant par les points N, N′ des parallèles à l'axe.

Corollaire III.—*La tangente au sommet est le lieu des projections* H *du foyer de la parabole sur les tangentes.* Puisque AD = AF, le point H, milieu de FN, est situé sur la tangente au sommet.

THÉORÈME VIII.

110 — *La parabole peut être considérée comme la limite d'une ellipse dont le grand axe augmente indéfiniment, tandis que la distance du foyer au sommet voisin reste constante.*

Si l'on transporte l'origine des coordonnées au sommet

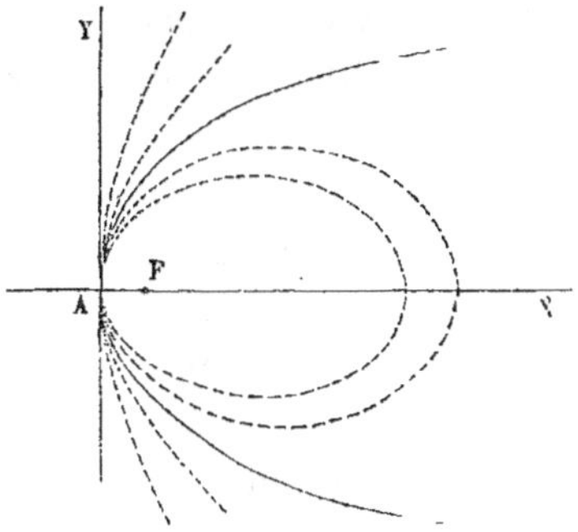

gauche de l'ellipse, l'équation devient

$$y^2 = 2\frac{b^2}{a}x - \frac{b^2}{a^2}x^2.$$

Si les deux axes de l'ellipse augmentent indéfiniment, de manière à ce que la longueur $\frac{b^2}{a}$ converge vers une valeur finie p, il est clair que le rapport $\frac{b^2}{a^2}$ de cette longueur finie au demi-grand axe tendra vers o, et que, par conséquent, l'équation deviendra

$$y^2 = 2px.$$

L'ellipse converge donc vers une parabole.

Or, on arrive à ce résultat, lorsque la distance du sommet A au foyer voisin F reste constante. En effet, j'appelle $\frac{p}{2}$ cette distance constante; j'observe d'abord que le rapport $\frac{c}{a}$ de l'excentricité au grand axe tend vers l'unité, quand a augmente indéfiniment; car on a

$$c = a - \frac{p}{2},$$

$$\frac{c}{a} = 1 - \frac{p}{2a};$$

puisque la longueur p est constante, le rapport $\frac{p}{2a}$ tend vers o, et le rapport $\frac{c}{a}$ vers l'unité.

On démontrerait de la même manière que la parabole est la limite d'une hyperbole dont l'axe transverse augmente indéfiniment.

THÉORÈME IX.

111—*Si d'un point extérieur* P *on mène deux tangentes* *à une courbe du second degré : 1° ces deux tangentes font des angles égaux* MPF, M′PF′ *avec les droites qui vont du point* P *aux deux foyers; 2° la droite* FP *divise l'angle* MFM′ *en deux parties égales.*

En effet, si l'on prolonge F′M d'une longueur MN égale à FM; si l'on prolonge de même FM′ d'une longueur M′N′ égale à F′M′, on obtient deux triangles PFN′, PNF′, qui sont égaux comme ayant les trois côtés égaux chacun à chacun, savoir : PF = PN, PN′ = PF′, FN′ = F′N = $2a$. On en conclut : 1° que les angles FPN′, NPF′ sont égaux; si l'on retranche la partie commune FPF′, on a F′PN′ = NPF, et, en divisant par deux, F′PM′ = FPM; 2° les angles PFN′, PNF′ sont égaux; or, ce dernier est égal à PFM; donc PFM′ = PFM.

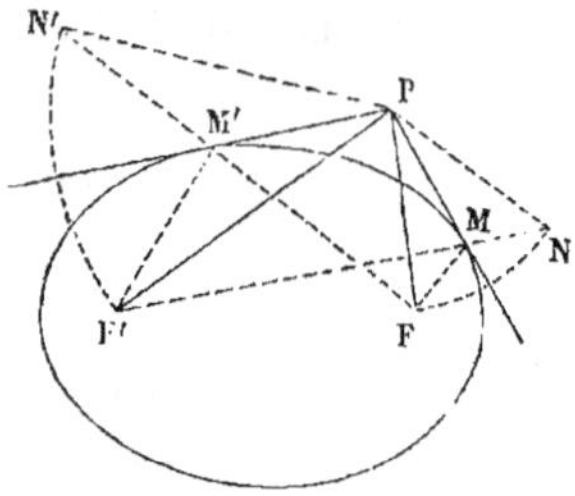

THÉORÈME X.

112—*Le produit des distances des deux foyers à une tangente quelconque de l'ellipse ou de l'hyperbole est constant.*

Soit P le point de rencontre de deux tangentes quelconques. En vertu du théorème précédent, les triangles rectangles FPH, F′PK′ sont semblables et donnent la proportion

$$FH : F'K' :: FP : F'P.$$

De même les triangles semblables FPK, F′PH′ donnent la proportion

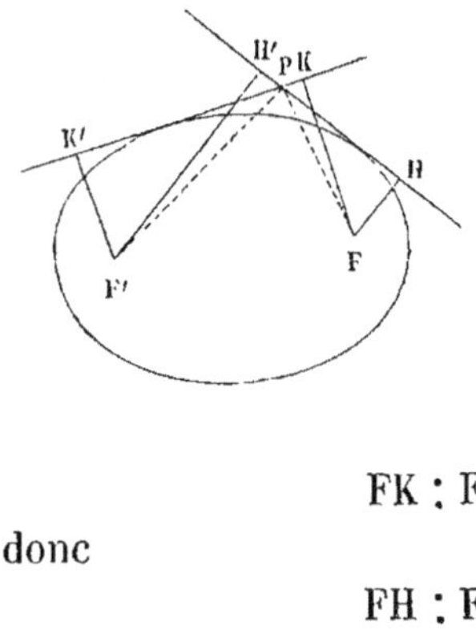

$$FK : F'H' :: FP : F'P;$$

donc

$$FH : F'K' :: FK : F'H',$$
$$FH \times F'H' = FK \times F'K'.$$

113—ÉQUATIONS POLAIRES DES COURBES DU SECOND DEGRÉ RAPPORTÉES AU FOYER.—Je prends pour pôle le foyer F et pour axe polaire l'axe FA de la courbe dirigé vers le sommet A le plus rapproché du foyer. J'appelle ρ la longueur du rayon vecteur FM, ω l'angle MFA, e le rapport $\frac{c}{a}$.

1° *Ellipse.*— On a trouvé (n° 98)

$$FM = a - ex;$$

mais

$$x = c + \rho \cos\omega = ae + \rho\cos\omega;$$

on en déduit

$$(5)\quad \rho = \frac{a(1-e^2)}{1+e\cos\omega} = \frac{p}{1+e\cos\omega}.$$

2° *Hyperbole.*—Si l'on considère seulement la branche d'hyperbole dans laquelle est situé le foyer, on a, (n° 103),

$$MF = ex - a,$$

d'où

$$\rho = \frac{a(e^2-1)}{1+e\cos\omega} = \frac{p}{1+e\cos\omega}.$$

3° *Parabole.*—Dans la parabole, on a

$$MF = x + \frac{p}{2},$$

mais

$$x = \frac{p}{2} + \rho\cos\omega;$$

donc

$$\rho = \frac{p}{1+\cos\omega}.$$

On voit que l'équation (5) convient aux trois courbes; la valeur de e indiquera le genre de la courbe : Quand $e < 1$, *ellipse;* quand $e = 1$, *parabole;* quand $e > 1$, *hyperbole.*

EXERCICES.

1—Construire une courbe du second degré, connaissant un foyer et trois tangentes;

2—Un foyer et trois points ;

3—La directrice et trois points ;

4—Construire une parabole, connaissant le foyer et deux tangentes ;

5—Le foyer et deux points ;

6—Le foyer, une tangente et un point ;

7—La directrice et deux points.

8—M et M′ étant deux points d'une parabole, A le point de concours des tangentes en ces deux points et F le foyer, démontrer que l'on a $\frac{\overline{AM}^2}{MF}=\frac{\overline{AM'}^2}{M'F}$.

9—Dans une courbe du second degré, la perpendiculaire abaissée du foyer sur une corde et le diamètre conjugué de la corde se coupent sur la directrice.

10—Un demi-diamètre d'une ellipse ou d'une hyperbole est moyen proportionnel entre les droites qui joignent les foyers à l'extrémité du diamètre conjugué du premier.

11—Dans l'hyperbole équilatère la distance d'un point quelconque de la courbe au centre est moyenne proportionnelle entre les distances de ce point au foyer.

12—On prend un point dans l'intérieur d'un cercle et l'on mène des diamètres ; ces diamètres étant pris pour les grands axes d'ellipses qui passent au point donné, on demande : 1° quelle est l'équation générale de ces ellipses ; 2° le lieu de leurs foyers ; 3° le lieu des extrémités de leurs petits axes.

13—Quel est le lieu des sommets des paraboles ayant une tangente et un foyer communs ?

14—Lieu du sommet d'une parabole ayant un foyer fixe et passant par un point fixe ?

15—Lieu du foyer d'une parabole ayant le sommet fixe et un point ou une tangente fixe ?

16—Lieu du sommet d'une hyperbole ayant une asymptote et une directrice fixes ?

17—Lieu des foyers d'une hyperbole ayant une asymptote et un sommet fixes ?

18—Trouver dans le plan d'une ellipse un cercle tel que la longueur de la tangente menée au cercle de chacun des points de l'ellipse soit une fonction rationnelle, entière et du premier degré des coordonnées de ce point.

Démontrer que la somme des tangentes menées de chacun des points de l'ellipse à deux cercles jouissant de la propriété précédente, et complétement intérieurs à l'ellipse, est constante.

LIVRE IV.

THÉORIE GÉNÉRALE DES COURBES.

CHAPITRE I.

Construction des Courbes.

114—Exemple I.—*Cissoïde de Dioclès.*—Étant donnés un cercle, un diamètre AB, une tangente BC à l'extrémité de ce diamètre ; si du point A on mène une sécante mobile AE, sur laquelle on porte à partir du point A une longueur AM égale à la portion DE de la sécante comprise entre le cercle et la tangente fixe, le lieu du point M est une courbe qui porte le nom de *Cissoïde.*

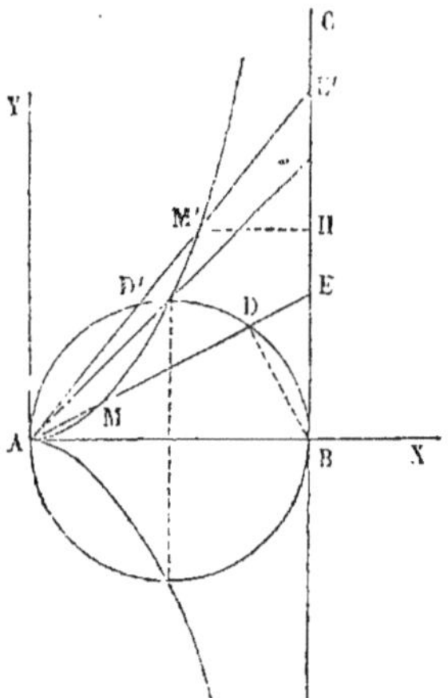

Construction géométrique. — Je suppose que la sécante mobile parte de la position AB et tourne autour du point A de manière à ce que le point E s'éloigne indéfiniment le long de BC ; la longueur DE et par suite AM augmente constamment de o à ∞ ; on a donc une branche de courbe infinie AMM'. Si l'on fait tourner la sécante mobile de l'autre côté de AB, on obtiendra évidemment une seconde branche égale à la première.

La cissoïde a un *axe*, la droite AB, puisque ses deux branches sont symétriques par rapport à cette droite. Elle a un sommet, le point A.

La tangente aux deux branches au sommet A coïncide avec l'axe. Car, si la sécante AM tourne autour du point A de manière à ce que la corde AM ou DE devienne nulle, elle tend vers la position limite AB ; donc AB est la tangente en A.

On peut voir aussi que la droite indéfinie CC′ est *asymptote* des deux branches de la cissoïde. Je considère la sécante dans la position AE′. Si de la longueur totale AE′ on retranche alternativement les deux longueurs égales AM′ et D′E′, on a M′E′ = AD′. Mais lorsque le point E′ s'élève indéfiniment sur BC, la longueur AD′ diminue jusqu'à zéro ; donc la distance de la courbe à la droite BC devient plus petite que toute quantité donnée, et par conséquent la droite est asymptote de la courbe.

Équation de la cissoïde. — Je cherche d'abord l'équation de la cissoïde en coordonnées polaires; je prends le point A pour pôle et la droite AB pour axe polaire. J'appelle a le rayon du cercle donné, ρ et ω les coordonnées du point quelconque M de la courbe. Dans les triangles rectangles ABE, ABD, on a

$$AE = \frac{2a}{\cos\omega}, \qquad AD = 2a\cos\omega;$$

d'où

$$\rho = DE = AE - AD = \frac{2a}{\cos\omega} - 2a\cos\omega = \frac{2a\sin^2\omega}{\cos\omega}.$$

Ainsi la cissoïde est représentée en coordonnées polaires par l'équation

$$(1)\quad \rho = 2a\sin\omega\,\tan\omega.$$

Je cherche maintenant l'équation en coordonnées rectilignes ; je prends le point A pour origine, la droite AB pour axe des x et une perpendiculaire pour axe des y. Pour passer des coordonnées polaires aux coordonnées rectilignes, dans l'équation (1), je remplace $tang\,\omega$ par $\frac{y}{x}$, $sin\,\omega$ par $\frac{y}{\rho}$, ρ^2 par x^2+y^2, et j'ai l'équation

$$(2)\ x(x^2+y^2)-2ay^2=o.$$

La cissoïde est une courbe du troisième degré.

Construction de l'équation. — Je me propose de construire, au moyen de son équation en coordonnées rectilignes, la cissoïde que j'ai déjà construite d'après sa définition géométrique. Puisque l'équation ne renferme que la seconde puissance de y, à chaque valeur de x correspondent deux valeurs de y égales et de signes contraires, et la courbe se compose de deux branches égales situées de part et d'autre de l'axe AB.

Je résous maintenant l'équation par rapport à y, j'ai :

$$y=\pm x\sqrt{\frac{x}{2a-x}}.$$

L'ordonnée n'est réelle que pour les valeurs de l'abscisse comprises entre o et $2a$, donc la courbe est située tout entière entre l'axe des y et la parallèle CC′ menée à la distance $2a$. Quand x croit de o à $2a$, la valeur numérique de y croit de o à ∞; la branche de courbe supérieure part donc de l'origine A et s'élève indéfiniment. En même temps la distance $M'H=2a-x$ de la courbe à la droite BC tend vers o; donc la droite BC est asymptote de la courbe.

115—Exemple II.—Étant donnés un cercle, un diamètre AB, une tangente BC à l'extrémité de ce diamètre, du point A on mène une sécante mobile AE; construire le lieu du point M qui divise en deux parties égales la portion DE de la sécante comprise entre le cercle et la tangente fixe.

Constuction géométrique. — Si la sécante mobile part de la position AB et tourne autour du point A, on voit que le point M part du point B et s'élève indéfiniment ; première branche infinie BMM'. Si l'on fait tourner la sécante mobile de l'autre côté de AB, on obtiendra une seconde branche égale à la première.

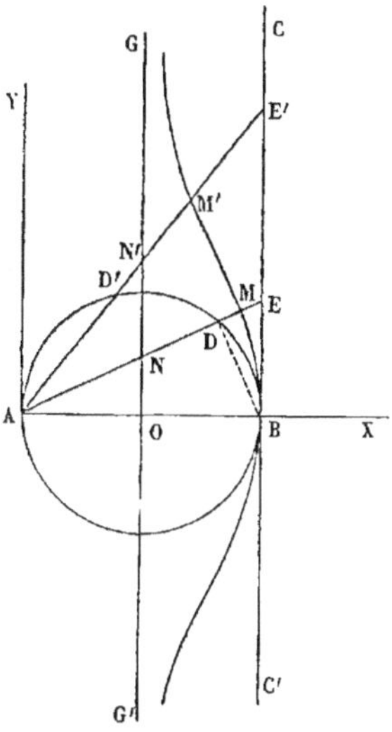

La droite AB est *axe* de la courbe, le point B est un *sommet.*

Il est aisé de voir que la tangente en B coïncide avec BC. En effet, la droite BM est comprise entre BC et BD ; mais quand le point M se rapproche de B, la droite BD tourne autour du point B et tend vers la tangente BC au cercle ; BM, qui devient tangente à la courbe, tend vers la même position.

Par le centre O du cercle, j'élève un perpendiculaire GG' au diamètre AB ; je dis que cette droite est *asymptote* de la courbe. En effet, soit N' le point où la sécante AE' rencontre cette droite ; puisque E'M' est la moitié de E'D', que E'N' est la moitié de E'A, la longueur E'M' est plus petite que E'N' et la courbe est comprise entre les parallèles CC', GG'. La différence M'N' de ces deux longueurs est égale à $\frac{E'A - E'D'}{2}$ ou $\frac{AD'}{2}$; cette différence diminue donc jusqu'à *o*, et par suite la droite GG' est asymptote.

Équation.—Si l'on prend le point A pour pôle, et la droite AB pour axe polaire, l'équation polaire de la courbe est

$$\rho = AM = \frac{AD + AE}{2} = a \cos \omega + \frac{a}{\cos \omega},$$

$$(1) \quad \rho = a \frac{1 + \cos^2 \omega}{\cos \omega}.$$

Par la transformation des coordonnées, on en déduit l'équation de la courbe en coordonnées rectilignes

$$(2)\ (x-a)y^2+(x-2a)x^2=0.$$

La courbe est du troisième degré.

CONSTRUCTION DE L'ÉQUATION. — Je construis cette dernière équation. A l'inspection de l'équation, on voit, comme précédemment, que la courbe se compose de deux parties symétriques par rapport à l'*axe* AB. Résolue par rapport à y, l'équation devient

$$y=\pm x\sqrt{\frac{2a-x}{x-a}}.$$

L'ordonnée n'est réelle que pour les valeurs de x, comprises entre a et $2a$. La courbe est donc située tout entière entre les parallèles GG', CC'. Quand x décroît de $2a$ à a, la valeur numérique de y croît de o à ∞, ce qui donne une branche de courbe BMM' qui part du point B et s'élève indéfiniment. En même temps, la distance $x-a$ de la courbe à la droite GG' diminue jusqu'à o; donc la droite GG' est asymptote de la courbe.

116 — EXEMPLE III. — Un angle droit ABC et un point fixe A sur un de ses côtés étant donnés dans un plan, on mène du point fixe A une droite quelconque AD qui rencontre le côté BC en D, et l'on porte sur cette droite d'un côté et de l'autre à partir du point D des longueurs DM et DN égales à DB; étudier le lieu des points M et N.

CONSTRUCTION GÉOMÉTRIQUE. — Quand la droite mobile occupe la position AB, les deux points M et N se confondent en B. Si la droite tourne de manière à ce que le point D s'élève indéfiniment sur BC, BD augmente, et l'on voit que le point M décrit une branche de courbe infinie BM. Quant au point N, il se rapproche de plus en plus de A. En effet, la perpendiculaire BE menée du point B sur AD tombe dans l'in-

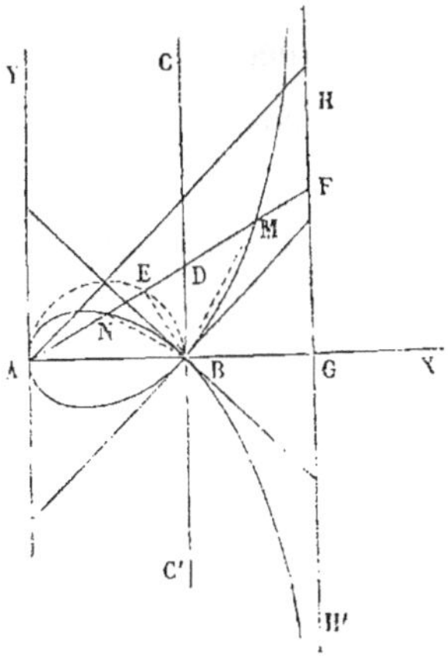

térieur du triangle isocèle DNB; donc AN < AE. Mais AE, corde du demi-cercle construit sur AB comme diamètre, diminue jusqu'à *o*, à plus forte raison NA. Ainsi le point N décrit un arc de courbe BNA. Il y a évidemment une partie symétrique de l'autre côté de l'axe AB.

Le point B par lequel passent deux branches de courbe s'appelle *point multiple*. Les tangentes en ce point aux deux branches de courbes coïncident avec les bissectrices des angles droits ABC, ABC'; car dans le triangle isocèle DMB, l'angle D est obtus et par suite l'angle DBM plus petit que 45°; si la droite AD tend vers la position AB, l'angle D diminue jusqu'à 90°, et par conséquent l'angle DBM augmente jusqu'à 45°; donc la position limite de BM, c'est-à-dire la tangente en B, coïncide avec la bissectrice. On en conclut en outre que la branche BM est située au-dessus de la tangente. Le triangle isocèle DNB donne le même résultat; car dans ce triangle l'angle D est aigu, et l'angle DBN plus grand que 45°; quand la droite AD tend vers AB, l'angle D augmente jusqu'à 90° et l'angle DBN diminue jusqu'à 45°; donc la position limite de BN, ou la tangente, coïncide avec la bissectrice, et l'arc est au-dessous de sa tangente.

La tangente au sommet A est perpendiculaire sur l'axe AB; car, lorsque le point D s'élève indéfiniment, la corde AN tend à devenir perpendiculaire sur AB.

Sur le prolongement de AB je prends BG = AB, et par le point G j'élève la perpendiculaire H'H; cette droite est asymptote de part et d'autre aux deux branches infinies de la courbe; car la distance MF, égale à AN, tend vers *o*.

Équation.—Si l'on prend le point A pour pôle, l'axe

AB pour axe polaire, et si l'on désigne par a la longueur fixe AB, l'équation de la courbe en coordonnées polaires est

$$(1)\quad \rho=\frac{a}{\cos\omega}\pm a\tang\omega=\frac{a(1\pm\sin\omega)}{\cos\omega}.$$

Si l'on prend le sommet A pour origine, AB pour axe des x, une perpendiculaire AY pour axe des y, la transformation donne l'équation en coordonnées rectilignes

$$(2)\quad y^2(2a-x)-x(x-a)^2=o.$$

La courbe est du troisième degré.

CONSTRUCTION DE L'ÉQUATION. — L'équation résolue s'écrit

$$y=\pm(x-a)\sqrt{\frac{x}{2a-x}}.$$

L'ordonnée n'est réelle que pour les valeurs de x comprises entre o et $2a$. Si l'on fait croître x de o à a, l'ordonnée part de o, reste finie et revient à o, branche ANB. Si l'on fait croître x de a à $2a$, la valeur numérique de l'ordonnée croît de o à ∞, branche infinie BM asymptotique à la droite GH.

117 — EXEMPLE IV. — *Conchoïde de Nicomède.* — Étant donnés un point P et une droite YY'; si par le point P on mène une sécante quelconque PD, et qu'à partir du point D où elle rencontre la droite fixe on porte sur cette sécante, de part et d'autre, des longueurs constantes DM et DN, le lieu des points M et N est une courbe nommée *conchoïde*.

CONSTRUCTION GÉOMÉTRIQUE. — Du point P je trace PX, perpendiculaire sur YY'; j'appelle a la longueur constante DM, b la distance PO du point P à la droite YY'; je prends OA égale à a. Si la sécante part de la position PA et tourne autour du point P, la courbe part du point A et s'élève indéfiniment. Si la sécante tourne de l'autre côté, on a une autre partie de courbe symétrique de la première par rapport à l'*axe* PX.

La droite YY' est *asymptote* de la courbe ; car dans le triangle rectangle MDQ on a

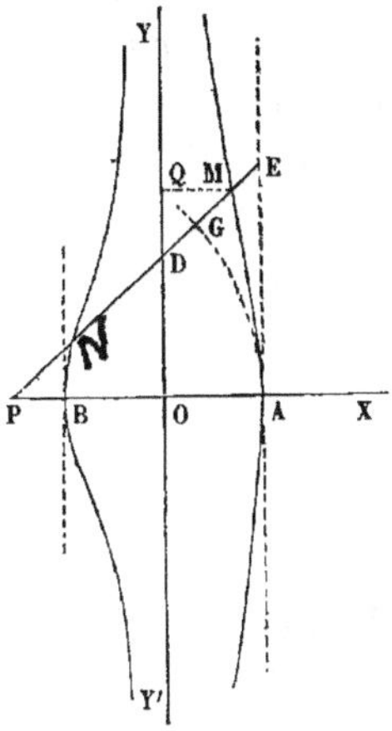

$$MQ = a \sin PDO;$$

Donc MQ diminue jusqu'à zéro.

La tangente à la courbe au sommet A est une perpendiculaire AE sur l'axe. En effet, du point P comme centre, avec PA pour rayon, je décris un arc de cercle AG ; puisque d'une part la longueur DE est plus grande que a, que d'autre part la longueur DG est plus petite que a, le point M est compris entre le cercle et sa tangente AE ; donc la tangente à la conchoïde au point A coïncide avec AE.

J'ai porté la longueur constante DM sur le prolongement de PD ; on peut aussi la porter en sens inverse suivant DN, ce qui donne une seconde branche de courbe située à gauche de YY'. Pour construire cette seconde branche, il faut distinguer trois cas.

1° $b > a$. Je prends $OB = a$; la seconde branche part du point B et s'élève indéfiniment. La droite YY' est aussi asymptote de cette seconde branche.

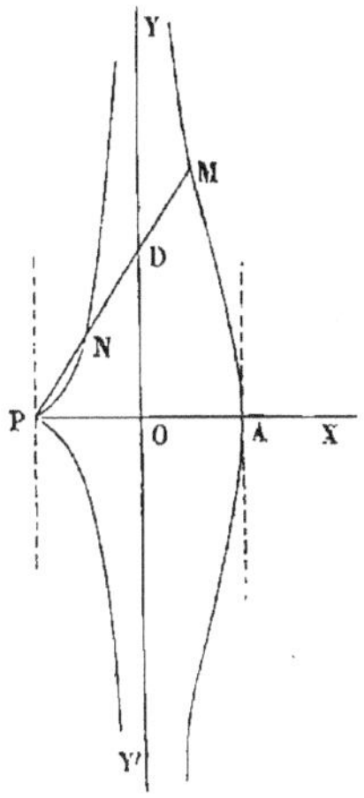

2° $b = a$. Le point B se confond avec P ; les deux parties symétriques de la seconde branche partent du point P, et ont pour tangente commune en ce point l'axe PX ; car si la sécante tourne autour du point P pour s'appliquer sur PX, le point N vient en même temps se confondre avec le point P.

3° $b < a$. Dans ce cas le point B est

à gauche de P. Soit PF$=a$; si la sécante, partant de la position PF, tourne de manière à ce que le point D s'élève sur FY, le point N qui est d'abord en P s'élève indéfiniment; si la sécante partant de PF s'abaisse sur PO, le point N passe de l'autre côté de P, et décrit un arc de courbe PCB, situé au-dessous de l'axe. Quand la sécante tourne de l'autre côté de l'axe, le point N décrit une autre partie BC'PK' symétrique de la précédente.

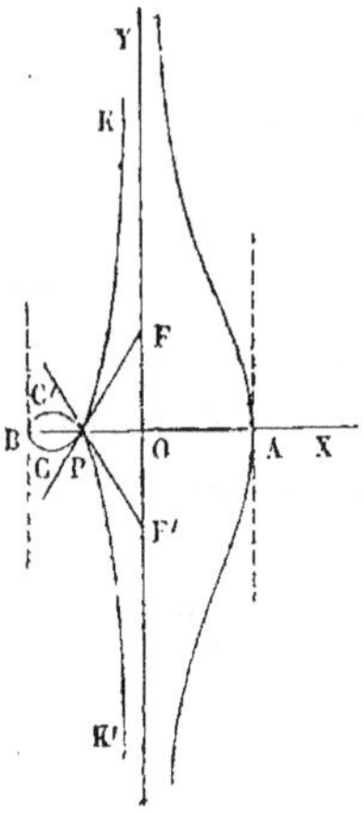

Les tangentes en P aux arcs CPK, C'PK' coïncident avec PF et PF'.

Équation.—Si l'on prend le point P pour pôle, et PX pour axe polaire, les deux branches de la conchoïde sont représentées par l'équation

$$(1)\quad \rho = \mathrm{PD} \pm a = \frac{b}{\cos\omega} \pm a.$$

Pour avoir l'équation en coordonnées rectilignes, je prends O pour origine, OX et OY pour axes des coordonnées. En substituant dans l'équation (1)

$$\cos\omega = \frac{b+x}{\rho}, \qquad \rho^2 = y^2 + (b+x)^2,$$

on obtient une équation du quatrième degré

$$(2)\quad x^2y^2 - (b+x)^2(a^2 - x^2) = 0.$$

Construction de l'équation.—Puisque l'équation ne contient y qu'à la seconde puissance, l'axe des x est un axe de la courbe. L'équation, résolue par rapport à y, devient

$$y = \pm \frac{b+x}{x}\sqrt{a^2 - x^2}.$$

L'ordonnée n'est réelle que pour les valeurs de x comprises entre $-a$ et $+a$; si donc, à partir de l'origine, on porte de part et d'autre deux longueurs OA, OB, égales à a, la courbe sera située tout entière entre les parallèles à l'axe des y menées par les points A et B. Quand x décroît de a à o, la valeur numérique de y croît de o à ∞; on obtient ainsi la première branche de la conchoïde, celle qui est située à droite de l'axe des y.

Lorsqu'on donne à x des valeurs négatives, il faut distinguer trois cas :

1° $b>a$. Quand x croît de $-a$ à o, la valeur numérique de y croît de o à ∞; on obtient ainsi la seconde branche, telle qu'elle est tracée dans la première figure. Le radical est imaginaire pour les valeurs de x qui sont numériquement plus grandes que a. Cependant si l'on donne à x la valeur $-b$, quoique le radical soit imaginaire, l'ordonnée prend la valeur réelle o. Le point P dont les coordonnées satisfont à l'équation, et qui n'est pas situé sur la courbe, s'appelle un *point isolé*.

2° $b=a$. Il n'y a plus de point *isolé*.

3° $b<a$. Quand x croît de $-b$ à o, la valeur numérique de y croît de o à ∞, ce qui donne les arcs PK, PK'. Quand x croît de $-a$ à $-b$, la valeur numérique de y part de o et revient à o, sans devenir infinie dans l'intervalle, ce qui donne les deux arcs symétriques BCP, BC'P. On retrouve ainsi la seconde branche de la conchoïde, telle qu'elle est tracée dans la troisième figure.

118—Exemple V.—*Limaçon de Pascal.*—Par un point A pris sur un cercle, on mène une sécante quelconque AD, sur laquelle à partir du point D, où elle rencontre le cercle, on porte de part et d'autre des longueurs constantes DM, DN; le lieu des points M et N est une courbe nommée *limaçon de Pascal.*

Construction géométrique. — Je considère spécialement le cas où la longueur constante a est plus petite que le diamètre b du cercle. Je suppose que AD parte de la position AB; sur cette droite, je prends $BG = BH = a$, deux branches partiront l'une de G, l'autre de H. Quand AD tourne autour du point A, comme la corde AD diminue, les points M et N se rapprochent tous deux du point A. Je

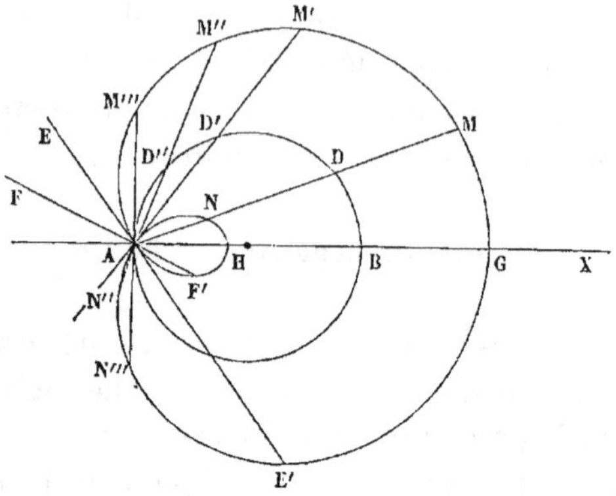

prends $AD' = a$, le point M est venu en M', le point N en A; on voit de plus que la branche HNA est tangente en A à la droite AD'; car, lorsque AD tend vers AD', la corde AN devient nulle, et le point N se confond avec A.

Quand la sécante continue à tourner et occupe une position telle que AD'', le point M vient en M''; mais comme D''A est plus petite que a, le point N dépasse A et vient en N''.

Lorsque la sécante a tourné d'un angle droit, AD devient nulle, et l'on a $AM''' = AN''' = a$. Ainsi quand la sécante tourne d'un angle droit à partir de AB, les points M et N engendrent deux arcs, l'un GMM''', l'autre HNAN'''. Si la sécante tourne d'un angle droit de l'autre côté de AB, on aura deux arcs symétriques des premiers par rapport à l'*axe* AB, et qui se raccorderont avec ceux-ci, de manière à former une courbe continue.

Équation.—Si l'on prend A pour pôle, et AB pour axe polaire, la courbe est représentée par l'équation

$$\rho = b \cos \omega \pm a$$

en coordonnées polaires, en convenant de porter les valeurs négatives de ρ sur le prolongement en sens inverse du rayon vecteur positif. Mais il est aisé de voir que, grâce à cette convention, l'équation

$$(1) \quad \rho = b\cos\omega + a.$$

représente la courbe tout entière.

Construction de l'équation.—Pour $\omega = o$, on a $\rho = b + a$, ce qui donne le point G. Quand ω croît de o à $\frac{\pi}{2}$, ρ diminue de $b+a$ à a, ce qui donne l'arc GM'''. Quand ω croît de $\frac{\pi}{2}$ à l'angle obtus EAX, dont le cosinus est égal à $-\frac{b}{a}$, ρ diminue de a à o, ce qui donne l'arc M'''A tangent à la droite AE. Quand ω croît de l'angle EAX à π, ρ décroît de o à $-(b-a)$. Je suppose, par exemple, que ω ait la valeur FAX; il faut porter la valeur négative de ρ sur la droite AF, mais en sens inverse, ce qui donne le point F'; on obtient ainsi l'arc AF'H.

En résumé, quand ω croît de o à π, on a l'arc de courbe GM'''AF'H. Quand ω croît de π à 2π, $\cos\omega$ et par conséquent ρ reprennent les mêmes valeurs, en ordre inverse, ce qui donne un arc HNAN'''E'G symétrique du précédent par rapport à l'axe polaire. Si l'on faisait varier ω de 2π à 4π, $\cos\omega$ et par conséquent ρ reprendraient les mêmes valeurs que de o à 2π et dans le même ordre; on reproduirait la même courbe.

Pour mettre plus en évidence la symétrie, je suppose que l'on donne à ω deux valeurs égales et de signes contraires; puisque la valeur de ρ est la même, on obtient deux points placés symétriquement de part et d'autre de l'arc polaire.

119—Exemple VI.—Étant donnés deux droites rectangulaires OX, OY, sur lesquelles glissent les extrémités d'une droite PQ de longueur constante; du point O on abaisse une perpendiculaire OM sur cette droite; étudier le lieu du point M.

Construction géométrique.—Quand la droite PQ s'applique sur OY, le point M vient en O, et la corde OM prend la direction OX; donc la tangente en O à l'arc OM coïncide avec OX. Le point I, milieu de PQ, décrit un cercle dont le centre est en O, et le rayon égal à a, si l'on désigne par $2a$ la longueur constante PQ. Or la perpendiculaire OM est plus petite que l'oblique OI; donc la distance OM est maximum quand la droite PQ est perpendiculaire sur la bissectrice OA. Lorsque la droite mobile continue son mouvement, elle passe dans une position P'Q' symétrique de PQ par rapport à la bissectrice OA, et l'on obtient un arc OM'A symétrique de l'arc OMA.

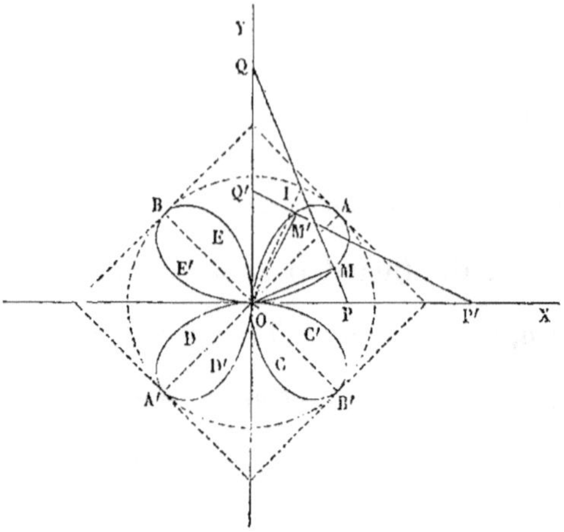

La même courbe se reproduit dans chacun des quatre angles droits. Ainsi la courbe a *quatre axes*, savoir : les deux droites fixes OX, OY, et les deux bissectrices à OA, OB. Le point O est *centre* de la courbe.

Équation.—Si l'on prend le point O pour pôle, et OX pour axe polaire, on a, dans les triangles rectangles OMP, OPQ,

$$\rho = OP \cos\omega,$$
$$OP = 2a \sin\omega;$$

donc

$$(1) \quad \rho = a \sin 2\omega.$$

En coordonnées rectilignes, la courbe est représentée par une équation du sixième degré.

$$(2) \quad (x^2+y^2)^3 - 4a^2x^2y^2 = o;$$

Et, en effet, la courbe peut être coupée par une droite en six points.

CONSTRUCTION DE L'ÉQUATION.—L'équation polaire est facile à construire. Quand ω croît de o à $\frac{\pi}{4}$, ρ croît de o à a, ce qui donne un arc OMA tangent à l'axe OX; car lorsque ω tend vers o, c'est-à-dire lorsque OM se rapproche de OX, ρ devient nul, c'est-à-dire que le point M se confond avec le point O.

Quand ω croît de $\frac{\pi}{4}$ à $\frac{\pi}{2}$, ρ diminue de a à o, second arc AM′O. Pour des valeurs également distantes de $\frac{\pi}{4}$, ρ reprend la même valeur; par conséquent les rayons vecteurs OM, OM′, également inclinés sur la bissectrice OA, sont égaux, et les deux points M, M′ sont symétriques par rapport à OA; ainsi le second arc AM′O est symétrique du premier par rapport à la bissectrice OA.

Quand ω varie de $\frac{\pi}{2}$ à π, ρ est négatif et l'on obtient l'arc OCB′C′. Quand ω varie de π à $\frac{3\pi}{2}$, ρ est positif, ce qui donne l'arc ODA′D′. Enfin quand ω varie de $\frac{3\pi}{2}$ à 2π, ρ redevient négatif, et l'on a l'arc OEBE′.

120—EXEMPLE VII.— *Scarabée.* — Les extrémités d'une droite de longueur constante glissent sur deux droites rectangulaires OX, OY; d'un point fixe I, situé sur la bissectrice, on abaisse une perpendiculaire sur la droite mobile; trouver le lieu du pied de cette perpendiculaire.

CONSTRUCTION GÉOMÉTRIQUE. — Il est évident que le lieu sera symétrique par rapport à la bissectrice OI. Je place d'abord la droite mobile dans la position PQ perpendiculaire sur la bissectrice, j'ai le point A du lieu. Je fais glisser la droite, de manière à ce que l'extrémité Q descende sur l'axe des y; dans une certaine position, P'Q' la droite passera par le point I qui, de la sorte, appartient au lieu; on a ainsi l'arc AEI, dont la tangente en I est perpendiculaire sur P'Q'. L'extrémité Q' continuant à descendre, la droite vient s'appliquer sur OX, et l'on a l'arc IFC qui passe au point C, pied de la perpendiculaire abaissée du point I sur OX. L'extrémité

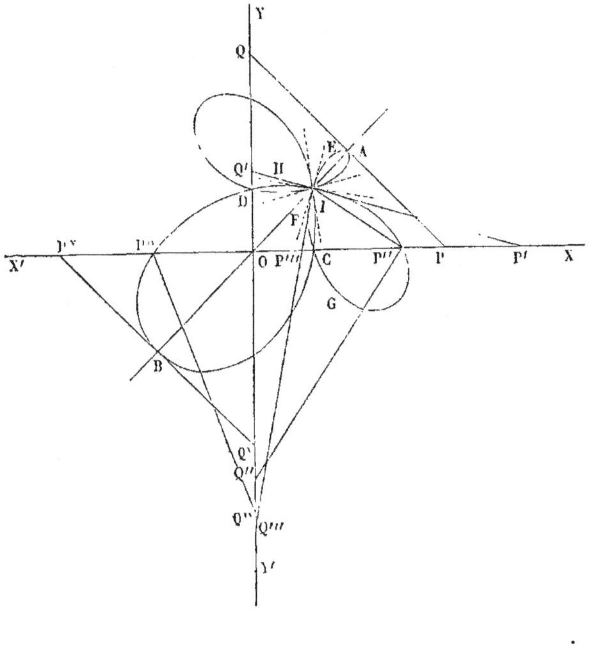

Q glisse sur OY', la courbe passe au-dessous de OX; mais la droite arrive dans une position P''Q'' telle que l'angle IP''Q'' est droit, ce qui donne le point P'' du lieu; on a ainsi l'arc CGP''. Si l'extrémité Q'' continue à descendre, la courbe revient au-dessus de OX; bientôt dans la position P'''Q''', la droite prolongée passe en I; on a ainsi l'arc P''I dont la tangente en I est perpendiculaire sur P'''Q'''.

L'extrémité P''' continuant à se rapprocher de O, la droite

s'applique sur OY' et l'on obtient l'arc IHD qui passe par le point D, pied de la perpendiculaire abaissée du point I sur OY. L'extrémité P''' glisse sur OX', et la droite arrive dans une position $P^{IV}Q^{IV}$ telle que l'angle $IP^{IV}Q^{IV}$ est droit ; le point P^{IV} appartient au lieu, et l'on a l'arc DP^{IV}. Ensuite la droite dans la position $Q^{V}P^{V}$ devient perpendiculaire sur la bissectrice OB, ce qui donne l'arc $P^{IV}B$.

Si, revenant à la position primitive PQ, on fait mouvoir la droite en sens inverse jusqu'à la position finale $P^{V}Q^{V}$, il est clair qu'on obtiendra une portion de courbe symétrique de celle obtenue précédemment. La courbe, dans son ensemble, présente l'aspect d'un *scarabée*.

Équation. — Je prends OX, OY, pour axes des coordonnées, j'appelle $2a$ la longueur constante de la droite mobile, b les coordonnées égales du point I, p et q les distances variables de l'origine aux extrémités de la droite mobile, x et y les coordonnées d'un point quelconque du lieu. Puisqu'un point du lieu est l'intersection de la droite mobile avec la perpendiculaire abaissée du point I, ce point est donné par les équations de ces deux droites

$$\frac{x}{p}+\frac{y}{q}=1,$$

$$p(x-b)=q(y-b);$$

on a d'ailleurs la relation

$$p^2+q^2=4a^2.$$

Si entre ces trois équations on élimine les quantités variables p, q, on obtient l'équation du lieu

$$(1)\quad [x(x-b)+y(y-b)]^2[(x-b)^2+(y-b)^2]-4a^2(x-b)^2(y-b)^2=0.$$

Quand on transporte les axes parallèlement à eux-mêmes au point I, cette équation se simplifie et devient

$$(2)\quad (x^2+y^2)^3+b^2(x+y)^2(x^2+y^2)-4a^2x^2y^2=0.$$

La courbe est du sixième degré.

CHAPITRE II.

Des Tangentes.

THÉORÈME I.

121—*Le coefficient angulaire de la tangente est égal à la dérivée de l'ordonnée considérée comme une fonction de l'abscisse.*

J'ai défini la tangente MT à la courbe au point M, la position limite de la sécante MM', quand on fait tourner cette sécante autour du point M, de manière à ce que le point M' se rapproche indéfiniment du point M. Soient x et y les coordonnées du point M; si l'on appelle h l'accroissement PP' de l'abscisse quand on passe du point M au point voisin M', k la variation correspondante M'D de l'ordonnée, les coordonnées du point M' seront $x+h$, $y+k$; le coefficient angulaire de la sécante MM' est égal au rapport $\frac{k}{h}$; donc le coefficient angulaire de la tangente MT est égal à la limite du rapport $\frac{k}{h}$, quand les accroissements h et k diminuent jusqu'à o. Or, on appelle en général *dérivée* d'une fonction la limite du rapport de l'accroissement de la fonction à l'accroissement de la variable; donc le coefficient angulaire de la tangente est égal à la

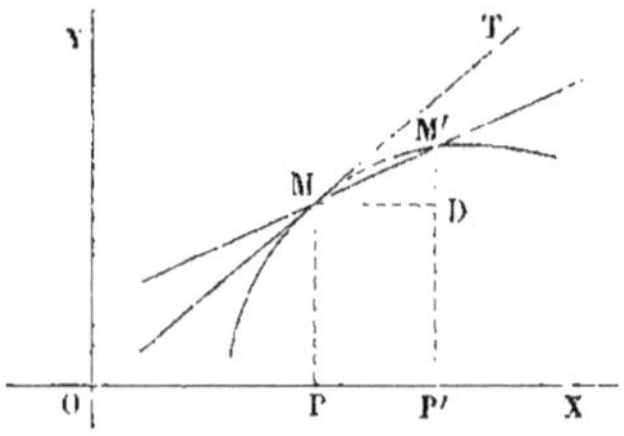

dérivée de l'ordonnée considérée comme une fonction de l'abscisse.

Corollaire.—Lorsque l'équation de la courbe est donnée sous la forme $y=f(x)$, le coefficient angulaire de la tangente est égal à la dérivée $f'(x)$ du premier membre de l'équation.

Corollaire II.—Lorsque l'équation de la courbe est algébrique et mise sous la forme $f(x, y)=o$, dans laquelle $f(x, y)$ désigne un polynôme entier en x et y, le coefficient angulaire de la tangente est égal et de signe contraire au quotient des dérivées du premier membre de l'équation prises par rapport à x et par rapport à y. En effet, puisque les coordonnées du point M et du point M' doivent satisfaire à l'équation de la courbe, on a

$$f(x, y)=o,$$
$$f(x+h, y+k)=o.$$

Si l'on développe ce second polynôme suivant une loi connue,

$$f(x+h, y+k)=f(x,y)+f'_x(x,y)h+f'_y(x,y)k+\frac{1}{2}(f''_{x^2}h^2+2f''_{xy}hk+f''_{y^2}k^2)+\ldots=o,$$

on en déduit

$$f'_x.h+f'_y.k+\frac{1}{2}(f''_{x^2}.h^2+2f''_{xy}hk+f''_{y^2}k^2)+\ldots\ldots=o,$$

et, si l'on divise par h,

$$f'_x+f'_y.\frac{k}{h}+\frac{1}{2}(f''_{x^2}h+2f''_{xy}k+f''_{y^2}\frac{k}{h}k)+\ldots\ldots=o.$$

Lorsque h et k diminuent jusqu'à o, le rapport $\frac{k}{h}$ tend en général vers une limite finie I, et l'équation précédente se réduit à

$$f'_x+f'_y.\mathrm{I}=o;$$

d'ou

$$\mathrm{I}=-\frac{f'_x(x,y)}{f'_y(x,y)}.$$

THÉORÈME II.

122—*Quand l'abscisse croît, l'ordonnée croît ou décroît, suivant que le coefficient angulaire de la tangente est positif ou négatif.*

Je représente par I le coefficient angulaire de la tangente, ou la limite du rapport $\frac{k}{h}$. On peut donner à h une valeur positive assez petite pour que le rapport $\frac{k}{h}$ diffère aussi peu qu'on voudra de sa limite I, et par conséquent ait même signe que cette limite ; comme on suppose h positive, k aura le même signe que I. Si donc la dérivée I de l'ordonnée est positive, k sera positive et l'ordonnée ira en croissant; si, au contraire, I est négative, k sera négative et l'ordonnée ira en décroissant.

Corollaire.—*Lorsque le coefficient angulaire de la tangente change de signe en passant du positif au négatif, l'ordonnée passe par une valeur maximum; lorsque le coefficient angulaire de la tangente change de signe en passant du négatif au positif, l'ordonnée passe par une valeur minimum.*

On appelle ordonnée *maximum* une ordonnée plus grande que les ordonnées voisines situées de part et d'autre; on appelle au contraire ordonnée *minimum* une ordonnée plus petite que les ordonnées voisines.

Je suppose qu'au point A la dérivée I change de signe en passant du positif au négatif; avant le point A la dérivée est positive et l'ordonnée croît; quand on dépasse le point A, la dérivée devient négative et l'ordonnée décroît; donc l'ordonnée du point A est plus grande

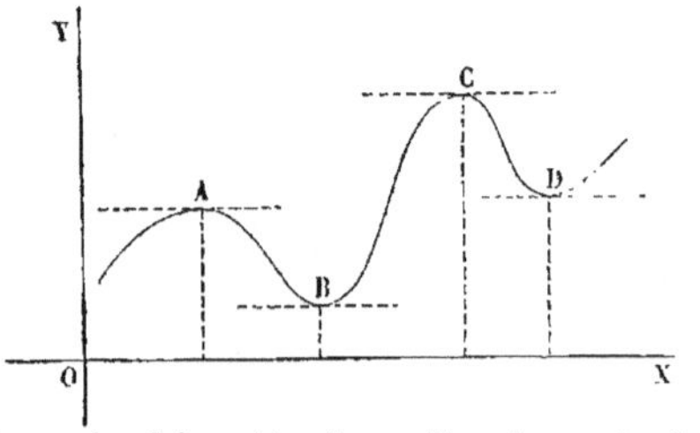

que les ordonnées voisines qui précèdent et qui suivent : elle est *maximum*.

Je suppose qu'au point B la dérivée I change de signe en passant du négatif au positif; avant le point B, la dérivée est négative et l'ordonnée décroît; quand on dépasse le point B, la dérivée devient positive et l'ordonnée croît; donc l'ordonnée du point B est plus petite que les ordonnées voisines : elle est minimum.

Je remarque d'ailleurs que ces mots *maximum* et *minimum* n'ont pas un sens absolu; ils indiquent seulement la comparaison d'une valeur particulière de l'ordonnée avec les valeurs voisines. Ainsi l'ordonnée minimum du point D est plus grande que l'ordonnée maximum du point A.

En général la dérivée I reste finie et continue; alors elle ne peut changer de signe qu'en passant par o, et les tangentes aux points dont les ordonnées ont des valeurs maxima et minima sont parallèles à l'axe des x. On obtient ces points en cherchant quels sont les points de la courbe dont les coordonnées satisfont à l'équation $I=o$.

Cependant un point ainsi déterminé n'a pas nécessairement son ordonnée maximum ou minimum; car la dérivée I peut s'annuler sans changer de signe.

Exemple I.—*Construction de la courbe*

$$y=x^3-2x^2-3x.$$

Si l'on décompose le second membre en facteurs du premier degré, on a

$$y=x(x+1)(x-3).$$

Je porte sur l'axe des x, à partir de l'origine, une longueur OA égale à 3, et en sens contraire une longueur OB égale à 1; la courbe coupe l'axe des x en trois points B, O, A. Quand x croît de $-\infty$ à -1, y croît de $-\infty$ à o, et l'on a ainsi la branche de courbe infinie CB. Quand x croît de -1

à o, y part de o, prend des valeurs finies positives et revient à o, ce qui donne l'arc BDO. Quand x croît de o à 3, y part de o, prend des valeurs finies négatives et revient à o, ce qui donne l'arc OEA. Enfin quand x croît de 3 à ∞, y croît de o à $+\infty$, et l'on a une seconde branche infinie AF.

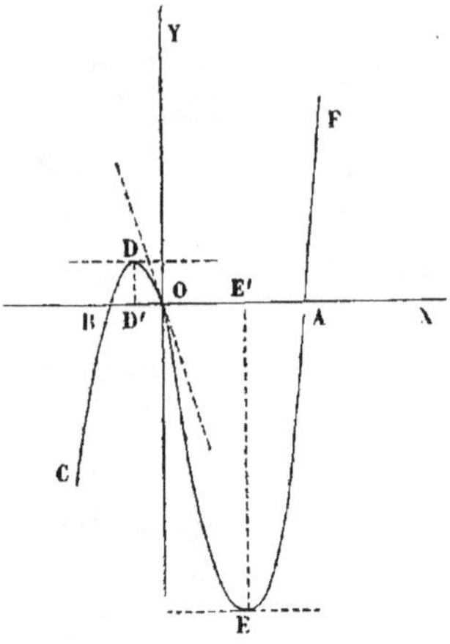

En prenant la dérivée, on a

$$I = 3x^2 - 4x - 3.$$

A l'origine, $I = -3$, la dérivée s'annule pour les deux valeurs

$$\frac{2-\sqrt{13}}{3} = -0{,}53,$$

$$\frac{2+\sqrt{13}}{3} = 1{,}87$$

La première donne une ordonnée maximum $DD' = 0{,}88$, la seconde une ordonnée minimum $-EE' = -6{,}06$.

EXEMPLE II.—*Construction de la courbe*

$$y = \sin x.$$

Quand x croît de o à π, l'ordonnée est positive; elle part de o pour revenir à o, ce qui donne l'arc OAC. Quand x croît de π à 2π, l'ordonnée devient négative, ce qui donne l'arc CBO'. Quand x varie de 2π à 4π, l'ordonnée reprend les mêmes valeurs que de o à 2π; de même de 4π à 6π, etc. Ainsi la courbe se compose d'une infinité d'ondulations égales.

Puisque la dérivée de $\sin x$ est $\cos x$, on a

$$I = \cos x.$$

A l'origine, $I = 1$; la tangente coïncide avec la bissectrice de l'angle des axes. Au point C, $I = -1$, la tangente est parallèle à l'autre bissectrice. Pour $x=\frac{\pi}{2}$, la dérivée s'annule et change de signe en passant du positif au négatif; l'ordonnée

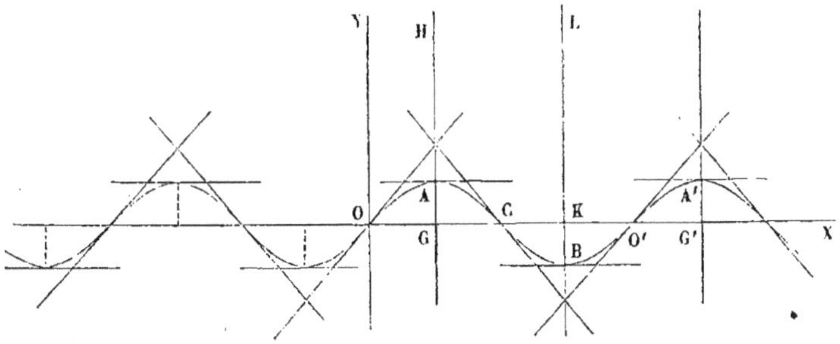

du point A est maximum. Pour $x=3\pi$, la dérivée s'annule également, mais en passant du négatif au positif; l'ordonnée du point B est minimum.

Cette courbe représente les variations du sinus.

123—Exemple III.—*Lieu des points tels que le produit des distances de chacun d'eux à deux points fixes* F, F' *est constant.*

Je prends pour origine le milieu O de la droite FF', OF pour axe des x, une perpendiculaire pour axe des y; j'appelle $2c$ la distance FF', a^2 le produit constant; le lieu a pour équation

$$(x^2+y^2)^2+2c^2(y^2-x^2)=a^4-c^4.$$

Comme l'équation ne renferme que des termes de degrés pairs par rapport à y, chaque valeur de x donnera pour y des valeurs deux à deux égales et de signes contraires, la droite OX est un *axe* de la courbe. De même, la droite OY est aussi un *axe* de la courbe. Ainsi la courbe se compose de quatre parties égales, situées dans les quatre angles formés par les axes. Puisqu'à tout système de valeurs de x et y, qui satisfont à l'équation, correspond un système de valeurs égales et de signes contraires, qui satisfont aussi à l'équation, les points de la courbe sont symétriques deux à deux par rapport à l'origine, qui est *centre* de la courbe. Après avoir énoncé les propriétés qui se déduisent de la simple inspection de l'équation, je résous cette équation afin de déterminer les limites entre lesquelles est comprise la courbe;

$$y^2 = -(c^2+x^2) \pm \sqrt{a^4+4c^2x^2}.$$

Je néglige le signe —, qui ne donne que des solutions imaginaires;

$$y = \pm\sqrt{\sqrt{a^4+4c^2x^2}-(c^2+x^2)} = \pm\sqrt{\frac{(a^2+c^2-x^2)(a^2-c^2+x^2)}{c^2+x^2+\sqrt{a^4+4c^2x^2}}}.$$

Le dénominateur est essentiellement positif. Comme les deux facteurs du numérateur ne peuvent être à la fois négatifs, il faut qu'ils soient tous deux positifs. On a donc les conditions suivantes

$$x^2 < a^2+c^2,$$
$$x^2 > c^2-a^2.$$

Je prends $OA = OA' = \sqrt{a^2+c^2}$; la courbe est comprise entre les parallèles à l'axe des y menées par les points A, A'. La seconde condition exige que l'on distingue plusieurs cas.

1° $a < c$. Je prends $OB = OB' = \sqrt{c^2-a^2}$, et par les points B, B' je mène des parallèles à l'axe des y; la courbe se compose de deux parties séparées, l'une comprise entre B et A, l'autre entre B' et A'. Quand x varie de OB à OA, la valeur numérique de y part

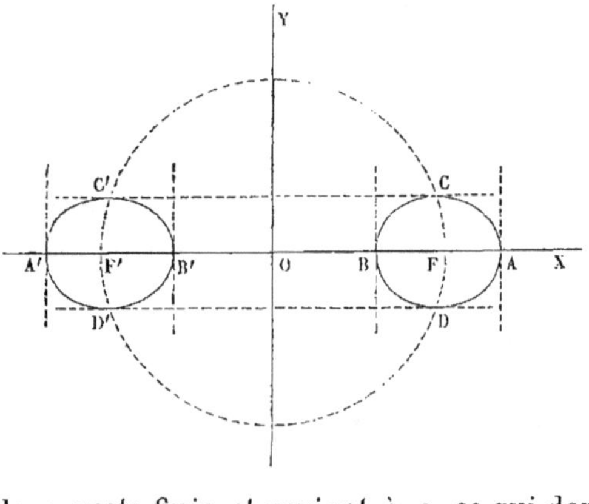

de o, reste finie et revient à o; ce qui donne les deux arcs symétriques BCA, BDA. Quand x varie de $-OB'$ à $-OA'$, on obtient deux arcs B'C'A', B'D'A' égaux aux précédents.

La tangente se détermine par la formule

$$I = -\frac{x(x^2+y^2-c^2)}{y(x^2+y^2+c^2)}.$$

Aux points A et B, $y=o$, $I=\infty$, la tangente est parallèle à l'axe des y. Le numérateur devient nul quand on a $x^2+y^2=c^2$; du point O comme centre avec OF pour rayon je décris un cercle, qui coupe la courbe en quatre points C, D, C', D' dont les ordonnées sont maxima ou minima; la valeur numérique de ces ordonnées est $y=\frac{a^2}{2c}$. Comme l'arc BC est dans l'intérieur du cercle, le facteur $x^2+y^2-c^2$ est négatif, I positive, et l'ordonnée croît de B à C; puisque l'arc CA est à l'extérieur du cercle, le facteur $x^2+y^2-c^2$ est positif, I négative, et l'ordonnée décroît de C en A; on voit bien par là que l'ordonnée du point C est maximum.

2° $a=c$. L'équation se réduit à

$$(x^2+y^2)^2+2c^2(y^2-x^2)=o,$$

$$y=\pm x\sqrt{\frac{2c^2-x^2}{c^2+x^2+c\sqrt{c^2+4x^2}}}$$

Je prends $OA=OA'=c\sqrt{2}$; quand x croît de o à $c\sqrt{2}$, y part de o et revient à o, ce qui donne l'arc OCA. Le cercle de rayon OF coupe la courbe en quatre points C, C', D, D', dont les ordonnées ont une va-

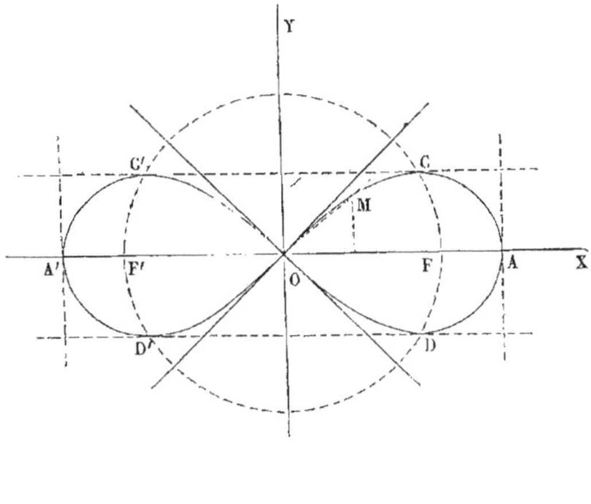

leur numérique $\frac{c}{2}$ maximum. Cette courbe est la *lemniscate*.

A l'origine, la valeur de I se présente sous la forme $\frac{o}{o}$; il faudrait transformer I pour en déduire la tangente à l'origine. Mais la tangente à l'origine se détermine par un procédé particulier qui est souvent employé; je fais passer une sécante par l'origine O et par un point voisin M dont j'appelle x et y les coordonnées, le coefficient angulaire de la sécante OM est égal au rapport $\frac{y}{x}$; il en résulte que le coefficient angulaire de la tangente est égal à la limite du rapport $\frac{y}{x}$, quand x et y diminuent jusqu'à o. Dans la lemniscate, on a

$$\frac{y}{x}=\pm\sqrt{\frac{2c^2-x^2}{c^2+x^2+c\sqrt{c^2+4x^2}}},$$

$$lim\frac{y}{x}=\pm 1.$$

Ainsi les tangentes aux deux branches de courbe qui passent à l'origine coïncident avec les bissectrices des angles des axes. On voit d'ailleurs que le rapport $\frac{y}{x}$ est numériquement plus petit que l'unité; donc l'arc OC est placé au-dessous de la tangente.

3° $a>c$. La seconde condition est toujours remplie, et x peut varier de $-$OA′ à $+$OA. Pour $x=o$, on a $y=\pm\sqrt{a^2-c^2}$; je prends donc, sur l'axe des y, OB=OB′$=\sqrt{a^2-c^2}$; le lieu se compose d'une seule courbe fermée qui a quatre sommets A, A′, B, B′.

Si l'on cherche l'intersection de la courbe et du cercle de rayon OF, on trouve

$$y=\frac{a^2}{2c}, \quad x=\sqrt{\frac{4c^4-a^4}{4c^2}}.$$

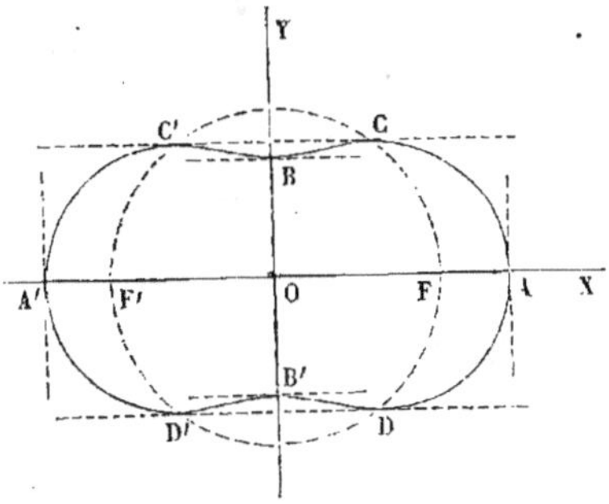

Lorsque $a < c\sqrt{2}$, la valeur de x est réelle, et le cercle rencontre la courbe en quatre points C, C', D, D' dont les ordonnées sont maxima numériquement. L'ordonnée du point B est minimum; car le long de l'arc C'BC, intérieur au cercle, le facteur $x^2 + y^2 - c^2$ est négatif; et I change de signe au point B en passant du négatif au positif.

Lorsque $a > c\sqrt{2}$, la valeur de x est imaginaire, le cercle ne rencontre pas la courbe, qui est alors tout entière extérieure au cercle. L'ordonnée du point B est maximum; car tout le long de la courbe le facteur $x^2 + y^2 - c^2$ est positif. De A' en B, I est positive, l'ordonnée croît; de B en A, I est négative, l'ordonnée décroît. Cette dernière courbe porte le nom d'*Ovale de Cassini*. La figure suppose que a est égale à $c\sqrt{2}$.

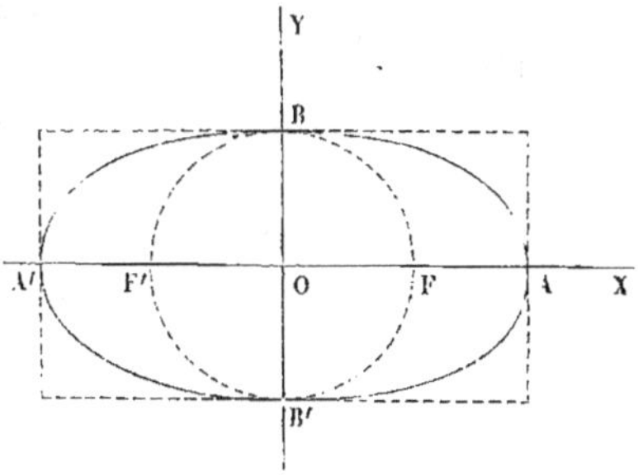

THÉORÈME III.

124 — *La courbe tourne sa concavité dans le sens OY ou dans le sens contraire OY', suivant que la seconde dérivée de l'ordonnée considérée comme une fonction de l'abcisse est positive ou négative.*

Si l'on désigne par α l'angle que fait la tangente avec l'axe des x, on a, lorsque les axes sont rectangulaires,

$$tang\,\alpha = I,$$

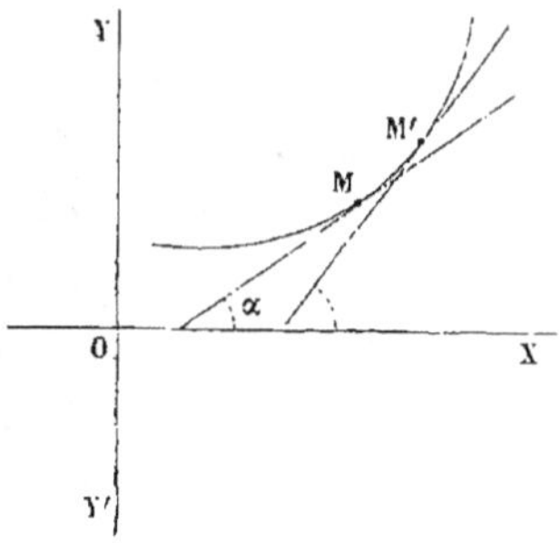

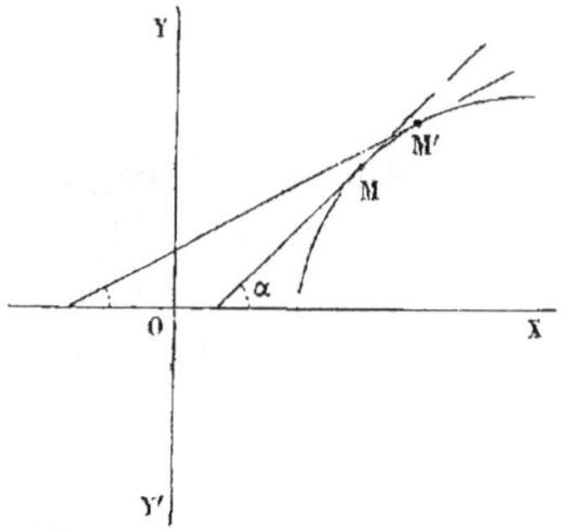

et lorsque les axes sont obliques,

$$tang\,\alpha = \frac{sin\,\theta}{cos\,\theta + \frac{1}{I}}.$$

Quand x croît, si I croît, l'angle α va en augmentant, et la courbe tourne sa concavité dans le sens OY. Au contraire, si I décroît, l'angle α diminue, et la courbe tourne sa concavité dans le sens contraire OY′.

La quantité I, première dérivée de l'ordonnée y considérée comme une fonction de x, peut être considérée elle-même comme une fonction de x; d'après le raisonnement du théorème II, la fonction I va en croissant ou en décroissant, quand x croît, suivant que sa dérivée est positive ou négative. Or, la dérivée de I, dérivée que je désigne par I′, c'est la seconde dérivée de l'ordonnée y considérée comme une fonction de x. Donc le signe de la dérivée indique de quel côté la courbe tourne sa concavité, ou, ce qui est la même chose, de quel côté par rapport à la tangente est située la courbe.

Corollaire I.—Il peut arriver que la courbe, après avoir tourné sa concavité dans un sens, la tourne ensuite en sens contraire; les points où la concavité change ainsi de direction s'appellent *points d'inflexion*. On voit qu'aux points d'inflexion la courbe passe d'un côté à l'autre de la tangente.

Ordinairement la seconde dérivée I′ reste finie et continue; alors elle ne peut changer de signe qu'en passant par o, et l'on obtient les points d'inflexion en cherchant quels sont les points de la courbe dont les coordonnées satisfont à l'équation $I'=o$.

Corollaire II.—Lorsque l'équation de la courbe est donnée sous la forme $y=f(x)$, on a $I=f'(x)$, $I'=f''(x)$. Les points d'inflexion sont donnés par l'équation $f''(x)=o$.

Exemple I.—Construction de la courbe

$$y=x^3-x.$$

On a $I=3x^2-1$,

$I'=6x$.

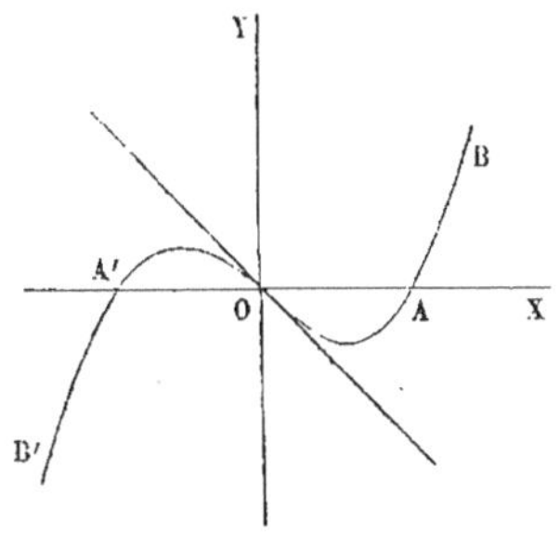

La seconde dérivée I' est positive pour toutes les valeurs positives de x, la branche de courbe OAB tourne sa concavité dans le sens OY ; I' est négative pour les valeurs négatives de x, la branche OA'B' tourne sa concavité en sens contraire. Le point o est un point d'inflexion.

Exemple II.—Si l'on considère la courbe $y=sin\,x$ (n° 122), on a $I=cos\,x$, $I'=-sin\,x$. La seconde dérivée est négative de o à π, ainsi l'arc OAC tourne sa concavité dans le sens OY'; elle est positive de π à 2π et l'arc CBO' tourne sa concavité dans le sens OY. Au point C, où la seconde dérivée s'annule et change de signe, il y a inflexion.

Corollaire III.—Je suppose l'équation de la courbe algébrique, et mise sous la forme $f(x, y)=o$, dans laquelle $f(x, y)$ désigne un polynôme entier en x et y; on a

$$f'_x(x, y)+I\,f'_y(x, y)=o.$$

Quand on passe d'un point M de la courbe à un point voisin M', les coordonnées x et y du point M éprouvent des variations h et k; j'appelle i la variation correspondante de I. L'équation précédente, appliquée au point M', devient

$$f'_x(x+h,\ y+k)+(I+i)f'_y(x+h,\ y+k)=o.$$

Si l'on développe, on a

$$(f''_{x^2}+If''_{xy})h+(f''_{xy}+If''_{y^2})k+if'_y+\{Ah^2+Bhk+Ck^2\}+\ldots=o.$$

Si l'on divise par h, et si l'on fait diminuer h jusqu'à o, cette équation se réduit à

$$f''_{x^2}+2If''_{xy}+I^2f''_{y^2}+lim\frac{i}{h}.f'_y=o;$$

d'où

$$I'=lim\frac{i}{h}=-\frac{f''_{x^2}+2If''_{xy}+I^2f''_{y^2}}{f'_y},$$

$$I'=-\frac{f'^2_yf''_{x^2}-2f'_xf'_yf''_{xy}+f'^2_xf''_{y^2}}{f'^3_y}$$

Les points d'inflexion sont donnés par l'équation

$$f'^2_yf''_{x^2}-2f'_xf'_yf''_{xy}+f'^2_xf''_{y^2}=o.$$

Exemple.—La conchoïde (nº 117) a pour équation

$$f(x,\ y)=\frac{1}{2}[x^2y^2-(b+x)^2(a^2-x^2)]=0.$$

On en déduit

$$f'x=xy^2+(b+x)(2x^2+bx-a^2)=\frac{(b+x)(x^3+a^2b)}{x},$$

$$f'y=x^2y,$$

$$f''_{x^2}=y^2+6x^2+6bx+b^2-a^2,\quad f''_{xy}=2xy,\quad f''_{y^2}=x^2.$$

$$I=-\frac{(b+x)(x^3+a^2b)}{x^3y},$$

$$I'=-\frac{a^2(b+x)^3(x^3+3bx^2-2a^2b)}{x^6y^3}.$$

Le trinôme $x^3+3bx^2-2a^2b$ admet une racine positive comprise entre o et a; il existe donc deux points d'inflexion symétriques sur la branche située à droite de l'axe des y.

125—Mener des tangentes a une courbe par un point donné P.—Soit (1) $f(x, y)=o$ l'équation de la courbe, x_1 et y_1 les coordonnées du point P non situé sur la courbe ; je désigne par x et y les coordonnées inconnues du point de contact, par X et Y les coordonnées d'un point quelconque de la tangente. La tangente a pour équation

$$(X-x)f'_x(x, y)+(Y-y)f'_y(x, y)=o;$$

comme elle doit passer par le point P, il en résulte

$$(2) \quad (x_1-x)f'_x(x, y)+(y_1-y)f'_y(x, y)=o.$$

Les deux équations simultanées (1) et (2) déterminent les coordonnées x et y du point de contact ; en d'autres termes, les points de contact sont les intersections de la courbe proposée avec la courbe que représente l'équation (2). Cette seconde courbe a une signification géométrique assez remarquable : Si du point P on mène des tangentes à toutes les courbes représentées par l'équation $f(x, y)=C$, dans laquelle C désigne un paramètre arbitraire, l'équation (2), convenant à toutes les courbes, est le lieu du point du contact.

J'applique au cercle

$$x^2+y^2-r^2=o;$$

l'équation (2)

$$(x_1-x)x+(y_1-y)y=o,$$

ou

$$\left(x-\frac{x_1}{2}\right)^2+\left(y-\frac{y_1}{2}\right)^2=\frac{x_1^2+y_1^2}{4},$$

représente un cercle construit sur la droite OP comme diamètre ; on retrouve ainsi la construction connue de géométrie élémentaire. Ce cercle est le lieu des points de contact des tangentes menées du point P aux cercles qui ont même centre que le cercle proposé.

Je suppose la courbe algébrique et de degré m; l'équation (2) est aussi de degré m. Or, il est possible de combiner ces deux équations de manière à obtenir une équation d'un degré moins élevé. Dans l'équation (1) je réunis les termes du même degré, et je représente par $\varphi(x, y)$ l'ensemble des termes de degré m, par $\psi(x, y)$ l'ensemble des termes de degré $m-1$, par $\chi(x, y)$ l'ensemble des termes de degré $m-2\ldots$; on a

$$f(x, y) = \varphi(x, y) + \psi(x, y) + \chi(x, y)\ldots = 0.$$

Le polynôme φ, homogène en x et y, se compose de termes de la forme $Ax^n y^{m-n}$;

$$\varphi = Ax^n y^{m-n} + \ldots\ldots$$

$$\varphi'_x = nAx^{n-1} y^{m-n} + \ldots\ldots$$

$$\varphi'_y = (m-n)Ax^n y^{m-n-1} + \ldots\ldots$$

$$x\varphi'_x + y\varphi'_y = mAx^n y^{m-n} + \ldots\ldots = m\varphi.$$

De même, ψ se compose de termes de la forme $Ax^n y^{m-n-1}$, et l'on a

$$x\psi'_x + y\psi'_y = (m-1)\psi;$$

de même

$$x\chi'_x + y\chi'_y = (m-2)\chi.$$

Il en résulte

$$xf'_x + yf'_y = m\varphi + (m-1)\psi + (m-2)\chi + \ldots;$$

en retranchant

$$0 = m\varphi + m\psi + m\chi + \ldots,$$

on a

$$xf'_x + yf'_y = -\psi - 2\chi - \ldots\ldots$$

Or, l'équation (2) peut s'écrire

$$x_1 f'_x + y_1 f'_y - xf'_x - yf'_y = 0,$$

elle devient donc

$$(3) \quad x_1 f'_x(x, y) + y_1 f'_y(x, y) + \psi(x, y) + 2\chi(x, y) + \ldots = 0.$$

Cette équation de degré $m-1$ peut remplacer l'équation (2), et les points de contact sont donnés par l'intersection de la courbe proposée, et d'une courbe de degré $m-1$. Le nombre des tangentes que l'on peut mener par un point extérieur à une courbe de degré m est donc au plus $m(m-1)$.

Lorsque la courbe est du second degré, l'équation (3) est une ligne droite; cette ligne droite qui, par son intersection avec la courbe proposée, détermine les points de contact, s'appelle *ligne de contact.*

Si l'on donne la courbe du second degré sous sa forme générale

$$Ax^2+Bxy+Cy^2+Dx+Ey+F=o,$$

la ligne du contact a pour équation

$$x_1(2Ax+By+D)+y_1(2Cy+Bx+E)+Dx+Ey+2F=o,$$

ou, par la transposition des termes,

$$(2Ax_1+By_1+D)x+(2Cy_1+Bx_1+E)y+Dx_1+Ey_1+2F=o.$$

126—Des tangentes en coordonnées polaires.—Dans le système polaire, on détermine la position de la tangente par l'angle AMT quelle fait avec le prolongement du rayon vecteur qui va du pôle au point de contact.

THÉORÈME.

La tangente trigonométrique de l'angle que fait la tangente à la courbe avec le prolongement du rayon vecteur qui va du pôle au point de contact, est égale à la longueur du rayon vecteur divisée par la dérivée de ce rayon vecteur considérée comme une fonction de l'angle polaire.

Soient ρ et ω les coordonnées du point M, $\rho+k$ et $\omega+h$ celles d'un point voisin M'; je mène la sécante MM', et du pôle comme centre avec OM pour rayon je décris l'arc du cercle MN; l'angle MOM' est l'accroissement h de l'angle polaire, M'N est l'accroissement k du rayon vecteur. Dans le triangle NMM', on a

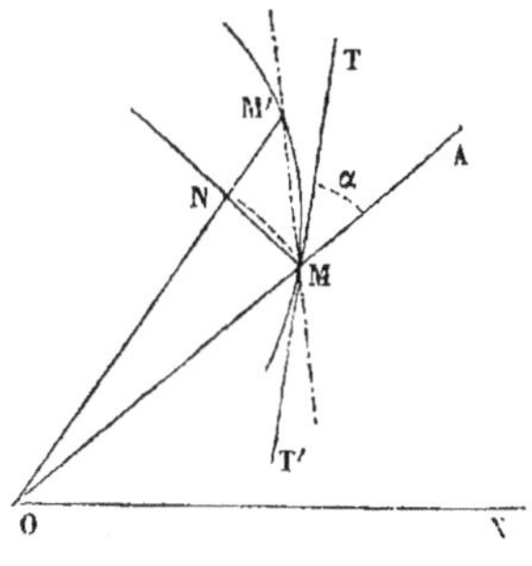

$$\frac{\sin OM'M}{\sin NMM'}=\frac{corde\,MN}{M'N}=\frac{corde\,MN}{arc\,MN}\times\frac{arc\,MN}{M'N}=\frac{corde\,MN}{arc\,MN}\times\frac{\rho h}{k}.$$

Si l'on fait tourner la sécante autour du point M, de manière que M' se rapproche indéfiniment de M; à la limite, la sécante MM' devient la tangente MT, la corde MN devient tangente à l'arc de cercle, et par suite perpendiculaire sur OA; donc

$$lim\,\mathrm{OM'M}=\mathrm{OMT'}=\alpha, \qquad lim\,\mathrm{NMM'}=\frac{\pi}{2}-\alpha;$$

on sait d'ailleurs que la limite du rapport d'un arc de cercle à sa corde est l'unité; l'équation précédente se réduit donc à la limite à

$$\frac{\sin\alpha}{\cos\alpha}=\rho\, lim\frac{h}{k},$$

et l'on a

$$\operatorname{tang}\alpha=\frac{\rho}{lim\frac{k}{h}}.$$

On a supposé dans la figure précédente que le rayon vecteur croissait avec l'angle ω; s'il décroissait, le triangle NMM' donnerait encore

$$\frac{\sin\mathrm{OM'M}}{-\sin\mathrm{NMM'}}=\frac{corde\,\mathrm{MN}}{arc\,\mathrm{MN}}\times\frac{arc\,\mathrm{MN}}{-\mathrm{M'N}}=\frac{corde\,\mathrm{MN}}{arc\,\mathrm{MN}}\times\frac{\rho h}{k};$$

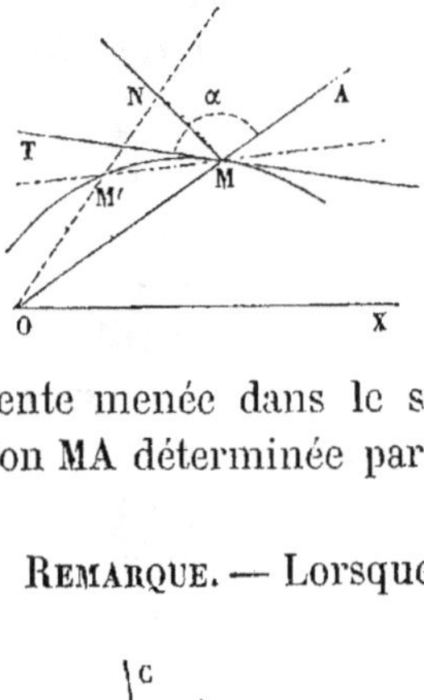

à la limite $\mathrm{OM'M}=\alpha$, $\mathrm{NMM'}=\alpha-\frac{\pi}{2}$, on retrouve encore la même formule.

Quand ω croît, on s'avance sur la courbe dans un certain sens, α désigne l'angle que fait la tangente menée dans le sens du mouvement avec la direction **MA** déterminée par l'angle ω.

Remarque. — Lorsque le rayon vecteur s'annule pour une valeur particulière ω_0 de ω, on a une branche de courbe OC passant au pôle, et la tangente à cette branche au pôle est précisément la droite OA donnée par l'angle ω_0. En effet, si l'on prend un point voisin M, et si l'on fait tourner la

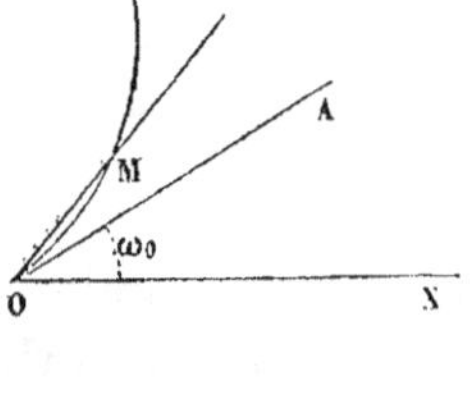

sécante OM autour de O, de manière que M se rapproche de O, c'est-à-dire que ρ s'annule, cette sécante convergera vers la position limite OA.

127—Exemple I.—*Spirale d'Archimède.*—Lorsqu'un point glisse sur une droite d'un mouvement uniforme, tandis que cette droite tourne autour d'un point fixe dans un plan d'un mouvement uniforme, le point mobile décrit dans le plan une courbe nommée *spirale* d'Archimède.

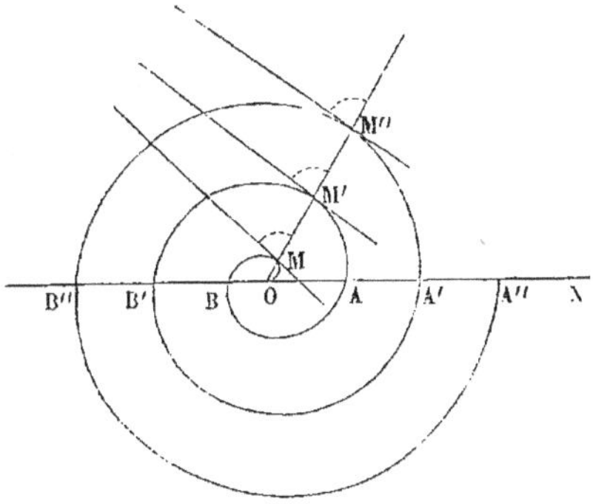

Je prends pour pôle le point fixe O autour duquel tourne la droite, pour axe polaire la position initiale OX de cette droite, et je suppose que dans cette position initiale le mobile soit en O; la courbe est représentée par l'équation

$$\rho = a\omega,$$

dans laquelle a désigne une longueur constante, la longueur parcourue par le mobile pendant que la droite décrit un arc égal à l'unité.

La courbe se compose de *spires* successives OMBA, AM'B'A', A'M''B''A'',..... que l'on obtient en faisant croître ω de o à 2π, de 2π à 4π, de 4π à 6π,...... Les spires déterminent sur les rayons vecteurs des segments égaux MM', M'M'',....... et constants dans toutes les directions.

L'angle α que fait la tangente à la courbe avec le prolongement du rayon vecteur est donné par la formule

$$tang\,\alpha = \omega.$$

Au pôle la spirale est tangente à l'axe polaire. L'angle α augmente à mesure qu'on s'éloigne du pôle, et tend vers une limite égale à $\frac{\pi}{2}$ qu'il n'atteint jamais; la tangente fait donc avec le prolongement du rayon vecteur un angle aigu qui va en augmentant et en convergeant vers un angle droit.

128—Exemple II.—*Épicycloïde.*—Lorsqu'un cercle mobile roule sur un cercle fixe, un point du cercle mobile décrit dans le plan une courbe à laquelle on a donné le nom d'*épicycloïde.*

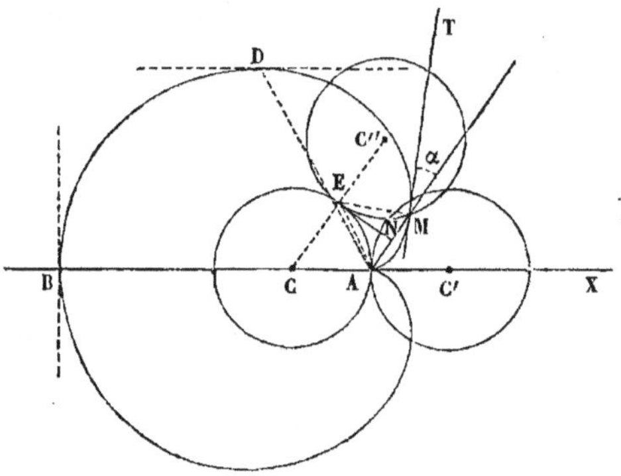

Je me borne au cas où les deux cercles sont égaux. Soit C le cercle fixe, C′ la position initiale du cercle mobile, a le rayon; je suppose que ce soit le point de contact A qui dans le mouvement du cercle C′ engendre l'épicycloïde. Lorsque le cercle mobile a roulé de l'arc AE, le point A est venu en M; les deux arcs EA, EM sont égaux. Je prends A pour pôle, le prolongement de CA pour axe polaire; la droite AM, perpendiculaire sur la tangente commune aux deux cercles, est parallèle à CE; l'angle AEN est la moitié de ACE, et par conséquent la moitié de ω; le triangle rectangle ANE donne

$$AN = AE \sin\frac{\omega}{2};$$

mais

$$AE = 2a \sin\frac{\omega}{2};$$

donc

$$\rho = 4a \sin^2\frac{\omega}{2} = 2a(1 - \cos\omega).$$

Telle est l'équation de l'épicycloïde.

Quand ω varie de o à π, ρ croît de o à $4a$. Quand ω varie de π à 2π, ρ reprend les mêmes valeurs en ordre inverse, et par conséquent l'axe polaire est axe de la courbe.

Puisque la dérivée de $\cos\omega$ est égale à $-\sin\omega$, la dérivée de ρ, considérée comme une fonction de ω, est égale à

$$2a\sin\omega.$$

On a donc

$$\tang\alpha = \frac{\rho}{2a\sin\omega} = \tang\frac{\omega}{2},$$

ou

$$\alpha = \frac{\omega}{2}.$$

Du point A au point B, α croît de o à $\frac{\pi}{2}$; en B la tangente est perpendiculaire sur le rayon vecteur. Il est aisé de voir que la normale à l'épicycloïde en un point quelconque M passe au point de contact du cercle mobile avec le cercle fixe; en effet l'angle MEN est égal à $\frac{\omega}{2}$ et par suite à α; donc EM est perpendiculaire sur MT.

129—Exemple. III.—Construction de la courbe

$$\rho = 4 + \cos 5\omega.$$

Le rayon vecteur ρ reste toujours compris entre 3 et 5; je décris donc du pôle comme centre deux cercles avec les rayons 3 et 5, la courbe sera tout entière située entre ces deux cercles. Quand ω varie de o à $\frac{\pi}{5}$, ρ diminue de 5 à 3, ce qui donne l'arc AB. Quand ω varie de $\frac{\pi}{5}$ à $\frac{2\pi}{5}$, ρ augmente de 3 à 5, ce qui donne l'arc BA' symétrique du premier par rapport à la ligne OB. L'angle

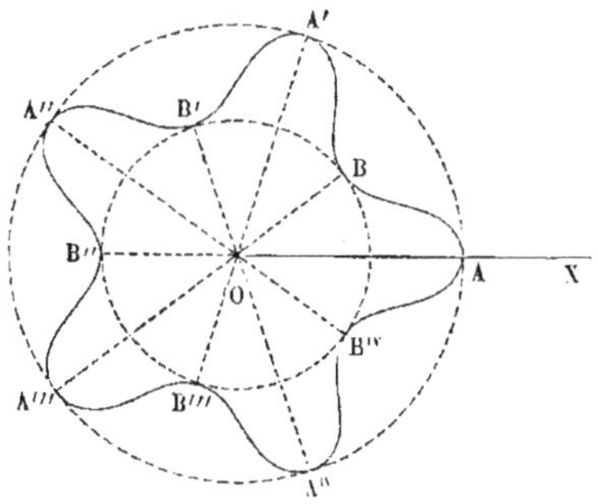

5ω a varié de la sorte de o à 2π. Si l'on fait varier ω de $\frac{2\pi}{5}$ à $\frac{4\pi}{5}$, l'angle 5ω variera de 2π à 4π, et les mêmes valeurs de ρ se reproduiront dans le même ordre; on obtiendra donc un second arc A'B'A'' égal au premier, puis un troisième, et ainsi de suite. Après le cinquième arc, on reviendra au point de départ.

En prenant la dérivée, on trouve

$$tang\,\alpha = -\frac{\rho}{5\,sin\,5\omega}.$$

Aux points A et B, $sin\,5\omega = o$, $\alpha = \frac{\pi}{2}$.

EXERCICES.

1—Lieu des pieds des perpendiculaires abaissées d'un point sur les tangentes à un cercle.

Quand le point donné est situé sur la circonférence, le lieu est une épicycloïde. Quand le point n'est pas sur la circonférence, le lieu est un limaçon de PASCAL.

2—Construire la spirale logarithmique dont l'équation en coordonnées polaires est $\rho = a^{\omega}$.

CHAPITRE III.

Des Asymptotes.

130—Définition.—Lorsqu'on a une branche de courbe infinie, il peut arriver que si l'on s'éloigne sur la courbe à l'infini, la distance MH d'un point de la courbe à la droite CD diminue de manière à devenir plus petite que toute quantité donnée, c'est-à-dire ait pour limite zéro. La droite CD est dite alors *asymptote* de la branche de courbe.

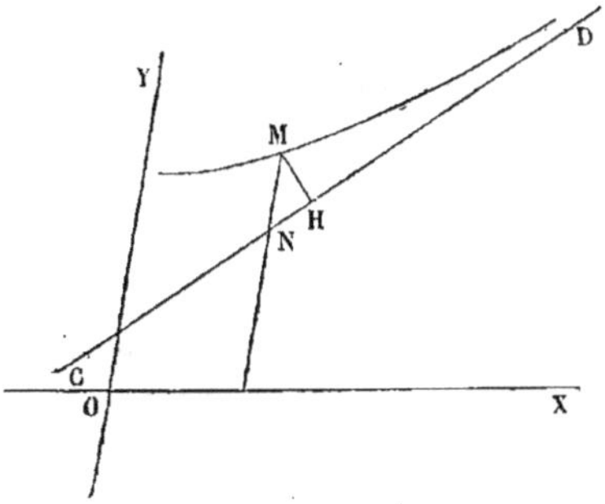

Je considère la différence MN entre les ordonnées de la courbe et de la droite qui correspondent à une même abscisse, et je désigne par β l'angle de la droite avec l'axe des y; j'ai $MN = \frac{MH}{\sin\beta}$ et la condition $\lim MH = o$ se transforme ainsi dans la condition équivalente $\lim MN = o$. On peut donc définir l'asymptote une droite telle que la différence des ordonnées de la courbe et de la droite ait pour limite zéro quand x tend vers $+\infty$ ou $-\infty$.

Toutefois il n'est pas possible de transformer de la sorte la définition quand $\beta = o$, c'est-à-dire quand l'asymptote est parallèle à l'axe des y. Dans ce cas, la différence des abscisses qui correspondent à une même ordonnée a pour limite zéro, en d'autres termes, l'x de la courbe converge vers une limite finie, quand y tend vers $+\infty$ ou $-\infty$.

131—ASYMPTOTES PARALLÈLES A L'AXE DES y.—D'après ce qui précède, on obtiendra les asymptotes de cette espèce en cherchant quelles sont les valeurs finies de x qui rendent y infinie. Lorsque l'équation est résolue, ces valeurs de x sont celles qui annulent le dénominateur. Mais si l'équation n'est pas résolue, on y parvient de la manière suivante : Soit m le degré de la courbe supposée algébrique, n le plus haut exposant de y, l'équation ordonnée par rapport à y, s'écrit

$$\varphi(x)y^n+\psi(x)y^{n-1}+\ldots..=0;$$

(φ, ψ,.... représentent des polynômes en x, de degrés au plus égaux à $m-n$, $m-n+1$,..... et, après avoir divisé par y^n,

$$\varphi(x)+\psi(x)\frac{1}{y}+\ldots..=0.$$

Si, en même temps que y tend vers ∞, x reste fini, les termes à partir du second s'annulent, et à la limite $\varphi(x)=0$. Réciproquement, lorsque x converge vers une racine de l'équation $\varphi(x)=0$, l'une des valeurs de y tend vers ∞. Ainsi *les asymptotes parallèles à l'axe des y sont données par les racines réelles de l'équation $\varphi(x)=0$.*

J'applique à la courbe

$$x^4y^4+(x^2-4)(y-x)^4=0;$$

l'équation bi-carrée $\varphi(x)=x^4+x^2-4=0$ a deux racines réelles $x=\pm\sqrt{\frac{\sqrt{17}-1}{2}}$, lesquelles donnent deux asymptotes parallèles à l'axe des y.

Cependant une racine réelle de l'équation $\varphi(x)=0$ ne donne pas nécessairement une asymptote ; il faut s'assurer, en outre, que la valeur de y qui tend vers ∞, quand x converge vers la racine en question, est réelle ; si elle était imaginaire, la branche infinie n'existerait pas. Soit, par exemple, la courbe $y^2(x-1)^2+(4-x^2)=0$; $\varphi(x)=(x-1)^2$, $x=1$; mais quand on donne à x une valeur voisine de 1, le second terme de l'équation est positif et y imaginaire.

132—Asymptotes non parallèles a l'axe des y.—Une pareille asymptote a pour équation $y_1 = cx + d$, c et d étant deux constantes inconnues qu'il s'agit de déterminer. Je représente par y et y_1 les ordonnées de la courbe et de la droite qui correspondent à une même abscisse; par δ la différence $y - y_1$; d'après la définition, δ est une fonction de x qui a pour limite zéro quand x tend vers ∞. La branche de courbe infinie que nous considérons est donc représentée par l'équation

$$y = y_1 + \delta = cx + d + \delta.$$

De cette équation on déduit

$$c = \frac{y}{x} - \frac{d}{x} - \frac{\delta}{x}.$$

Puisque d a une valeur finie et que δ converge vers o, il en résulte

$$c = \lim \frac{y}{x}.$$

Le coefficicient angulaire de l'asymptote est égal à la limite vers laquelle converge le rapport $\frac{y}{x}$ *quand la valeur numérique de* x *augmente indéfiniment.*

La même équation donne

$$d = y - cx - \delta;$$

d'où

$$d = \lim (y - cx).$$

L'ordonnée à l'origine de l'asymptote est égale à la limite de la différence y—cx *quand la valeur nnmérique de* x *augmente indéfiniment.*

133—Je vais expliquer maintenant le procédé général au moyen duquel on détermine les valeurs des deux paramètres de l'asymptote dans les courbes algébriques. Dans l'équation, mise sous forme entière, je réunis les termes de même degré; je représente par $\varphi(x, y)$ l'ensemble des termes du degré m, par $\psi(x, y)$ l'ensemble des termes du degré $m-1$, par $\chi(x, y)$ l'ensemble des termes du degré $m-2$...; l'équation s'écrit

$$(1)\ f(x, y)=\varphi(x, y)+\psi(x, y)+\chi(x,y)+\ldots\ldots=0.$$

Si l'on remplace y par ux, le polynôme $\varphi(x, y)$, homogène et du degré m en x et y, contiendra x^m facteur commun à tous ses termes et s'écrira $x^m\varphi(1, u)$ ou plus simplement $x^m\varphi(u)$. De même les polynômes homogènes $\psi(x, y)$, $\chi(x, y)$.... s'écriront $x^{m-1}\psi(u)$, $x^{m-2}\chi(u)$..... De la sorte l'équation devient

$$x^m\varphi(u)+x^{m-1}\psi(u)+x^{m-2}\chi(u)+\ldots\ldots=0,$$

et, si l'on divise par x^m,

$$(2)\quad \varphi(u)+\psi(u)\frac{1}{x}+\chi(u)\frac{1}{x^2}+\ldots\ldots=0.$$

Quand la valeur numérique de x augmente indéfiniment, et que u, ou le rapport $\frac{y}{x}$, tend vers une limite finie c, tous les termes de l'équation, à partir du second, s'annulent, et à la limite l'équation se réduit à

$$\varphi(c)=0.$$

Ainsi *les coefficients angulaires des asymptotes sont donnés par les racines réelles de l'équation obtenue en égalant à* o *la partie de degré* m *dans l'équation de la courbe, et remplaçant* x *par* 1 *et* y *par* c.

Si l'on représente par k la quantité variable $d+\delta$, on a

$$u=\frac{y}{x}=\frac{cx+d+\delta}{x}=c+\frac{k}{x};$$

Si l'on substitue cette valeur de u dans l'équation (2), et si l'on développe, cette équation devient

$$\begin{aligned}(3)\quad 0=\varphi(c)+\varphi'(c)\frac{k}{x}&+\varphi''(c)\frac{k^2}{2x^2}+\ldots\ldots\\ \psi(c)\frac{1}{x}&+\psi'(c)\ \frac{k}{x^2}\ +\ldots\ldots\\ &+\chi(c)\ \frac{1}{x^2}\ +\ldots\ldots\\ &\qquad\qquad +\ldots\ldots\end{aligned}$$

Puisque $\varphi(c)=o$, l'équation, multipliée par x, se met sous la forme

$$[k\varphi'(c)+\psi(c)]+A\frac{1}{x}+B\frac{1}{x^2}+\ldots\ldots=o.$$

Quand la valeur numérique de x augmente indéfiniment, si k tend vers une limite fixée d, tous les termes de l'équation, à partir du second, s'annulent, et l'on a la limite

$$d\varphi'(c)+\psi(c)=o;$$

d'où

$$d=-\frac{\psi(c)}{\varphi'(c)}.$$

Ainsi *l'ordonnée à l'origine de l'asymptote dont le coefficient angulaire est* c *est égale et de signe contraire à la partie de degré* m—1 *dans l'équation de la courbe, divisée par la dérivée de la première partie* $\varphi(c)$, *dans lesquelles on remplace* x *par* 1 *et* y *par* c.

Remarque I.—Lorsque la valeur de c que l'on considère annule $\varphi'(c)$ sans annuler $\psi(c)$, la quantité k augmente indéfiniment avec x, sans quoi l'équation (3) se réduirait à $\psi(c)=o$, ce qui est contraire à l'hypothèse. Dans ce cas, l'asymptote est rejetée à l'infini; ainsi une branche de courbe infinie n'a pas toujours une asymptote rectiligne; c'est ce qui arrive pour la parabole $y^2-2px=o$, dans laquelle on a $\varphi(c)=c^2$, $\psi(c)=-2p$; d'où $c=o$, $d=\infty$.

Remarque II.—Quand la valeur de c annule à la fois $\varphi'(c)$ et $\psi(c)$, l'équation (3), multipliée par y^2, devient à la limite

$$\varphi''(c)\frac{d^2}{2}+\psi'(c)d+\chi(c)=o.$$

On a ainsi pour déterminer d une équation de second degré, ce qui donne deux asymptotes parallèles.

THÉORÈME I.

134—*Une courbe algébrique de degré* m *admet au plus* m *asymptotes.*

En effet, en désignant par n le plus haut exposant de y, on a vu d'abord que la courbe admettait au plus $m-n$ asymptotes parallèles à l'axe des y. L'équation $\varphi(c)$ est au plus du degré n; une racine simple de cette équation n'annule pas $\varphi'(c)$, et par conséquent à cette racine simple correspond une seule valeur de d; une racine double annule $\varphi'(c)$ et donne deux asymptotes parallèles; de même une racine triple peut donner trois asymptotes parallèles, etc. Ainsi on a au plus n asymptotes non parallèles à l'axe des y, en tout au plus m asymptotes.

THÉORÈME II.

135—*Lorsque deux points d'intersection d'une sécante avec une courbe algébrique s'éloignent à l'infini, la sécante, dans sa position limite, coïncide avec l'asymptote.*

En effet, les abscisses des points d'intersection de la sécante $y=ax+b$ avec la courbe $f(x, y)=o$ sont données par l'équation

$$f(x,\ ax+b)=o,$$

ou

$$\varphi(x,\ ax+b)+\psi(x,\ ax+b)+\chi(x,\ ax+b)+\ldots\ldots=o,$$

et en développant

$$o=\varphi(x,\ ax)+\varphi'(x,\ ax)b+\varphi''(x,\ ax)\frac{b^2}{1.2}+\ldots\ldots$$
$$+\psi(x,\ ax)+\psi'(x,\ ax)\frac{b}{1}+\ldots\ldots$$
$$+\chi(x,\ ax)+\ldots\ldots$$

De cette manière l'équation se trouve ordonnée par rapport aux puissances décroissantes de x,

$$(4)\quad o=\varphi(a)x^m+[\varphi'(a)b+\psi(a)]x^{m-1}+\ldots\ldots$$

Si l'un des points d'intersection s'éloigne à l'infini, l'une des racines de l'équation augmente indéfiniment, et l'on a à la limite

$$\varphi(a)=o.$$

Cette équation est celle qui détermine le coefficient angulaire c des asymptotes; donc la sécante devient parallèle à une asymptote. Si deux points d'intersection s'éloignent à l'infini, deux racines de l'équation (4) augmentent à l'infini, et l'on a la limite

$$\varphi(a)=o, \quad \varphi'(a)\,b+\psi(a)=o.$$

L'ordonnée à l'origine b de la sécante est la même que celle de l'asymptote; donc la sécante coïncide avec l'asymptote.

Corollaire I.—*Quand le point de contact d'une tangente s'éloigne à l'infini, la tangente, dans sa position limite, coïncide avec l'asymptote.* Car, dans la démonstration, on peut supposer que les deux points d'intersection se confondent, avant de s'éloigner à l'infini; alors la sécante devient tangente à la courbe.

Corollaire II.—*Une courbe algébrique de degré* m *ne peut être coupée par son asymptote en plus de* m—2 *points.* Car les points d'intersection sont donnés par l'équation du $m-2^e$ degré

$$(5)\quad \left[\varphi''(c)\frac{d^2}{2}+\psi'(c)\,d+\chi(c)\right]x^{m-2}+\ldots\ldots=o.$$

A partir du point d'intersection le plus éloigné, il est clair que la branche de courbe infinie reste toujours du même côté de son asymptote.

136—Exemple I.—*Construction de la courbe.*

$$(xy^2-x^3)+(ay^2+ax^2+bx^2)-abx=o,$$

ou

$$y=\pm\sqrt{\frac{x(x-a)(x-b)}{x+a}}.$$

L'axe des x est axe de la courbe. Lorsque x décroît de $-a$ à $-\infty$, l'ordonnée est réelle et part de ∞ pour revenir à ∞, ce qui donne une branche infinie EF asymptotique à une parallèle à l'axe des y menées à une distance $OA'=a$. Quant aux valeurs positives de x, il y a trois cas à distinguer.

1° $a>b$. Quand x croît de o à b, l'ordonnée est réelle et part de o pour revenir à o; branche finie OB. Quand x croît de b à a, y est imaginaire. Quand x croît de a à ∞, l'ordonnée croît de o à ∞; branche infinie AC. Si l'on applique la méthode des asymptotes, on trouve

$$\varphi(c)=c^2-1=0, \qquad c=\pm 1,$$

$$d=-\frac{\psi(c)}{\varphi'(c)}=-\frac{ac^2+a+b}{2c}=\mp\frac{2a+b}{2}=\mp\left(a+\frac{b}{2}\right).$$

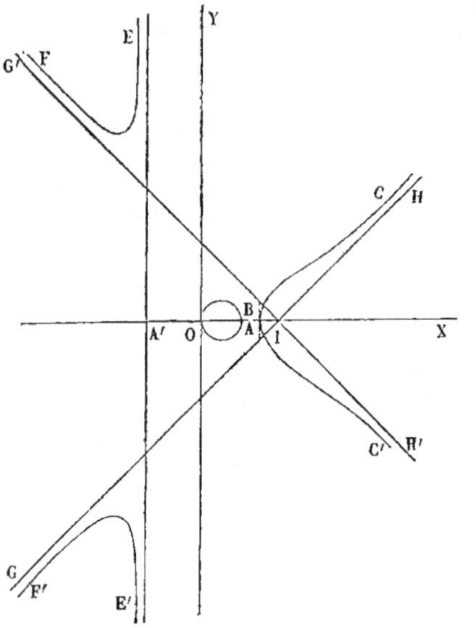

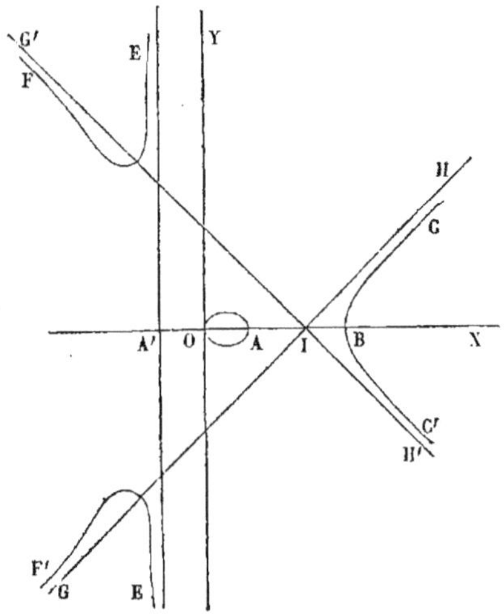

Il en résulte deux asymptotes GH, G'H', qui sont parallèles aux bissectrices des angles des axes et qui se coupent en un point I sur l'axe des x, à une distance $OI=a+\frac{b}{2}$. Chaque asymptote coupe nécessairement la branche CAC'; puisque la courbe est du troisième degré, il est impossible que les asymptotes coupent la courbe en d'autres points; donc les branches de courbe sont disposées comme l'indique la figure.

2° $a<b$. Branche finie OA, branche infinie BC. Si l'on cherche le point où l'asymptote GH coupe la courbe, on trouve, au moyen de l'équation (5),

$$x=\frac{a\left(a+\frac{b}{2}\right)^2}{a^2+ab-\frac{b^2}{4}}=\frac{a\left(a+\frac{b}{2}\right)^2}{\left[a+\frac{b}{2}(\sqrt{2}+1)\right]\left[a-\frac{b}{2}(\sqrt{2}-1)\right]}.$$

Lorsque $a<\frac{b}{2}(\sqrt{2}+1)$, l'asymptote rencontre la branche de gauche, et la courbe est disposée comme l'indique la figure.

3° $a=b$. La branche finie rejoint la branche infinie, et les asymptotes coupent la branche de droite.

EXEMPLE II.—*Construction de la courbe*

$$y=3\frac{\sin x}{x}.$$

La courbe est symétrique par rapport à l'axe des y; car y prend la même valeur quand on donne à x deux valeurs égales et de signes contraires. Pour $x=o$, on a $y=3$. Quand x croît de o à π, y est positive et varie de 1 à o; quant x croît de π à 2π, y est négative et part de o pour revenir à o;

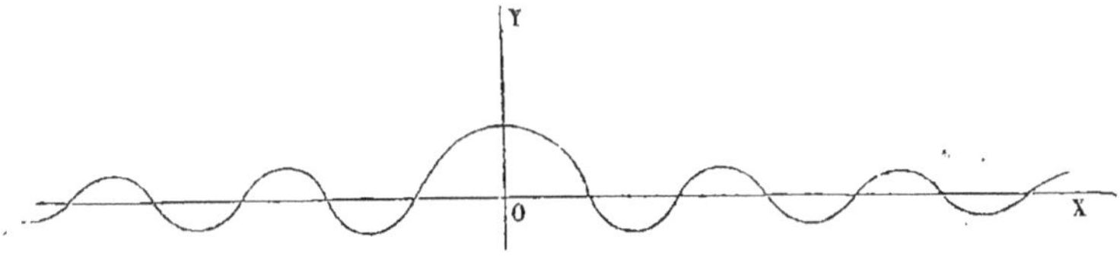

quand x croît de 2π à 3π, y redevient positive, et ainsi de suite. La courbe oscille indéfiniment de part et d'autre de l'axe des x, en se rapprochant de plus en plus de cette droite à laquelle elle est asymptote. Les oscillations ont d'ailleurs une amplitude constante et égale à π.

EXEMPLE III.—*Construction de la courbe*

$$y=\frac{\sin x^2}{x}.$$

L'origine est centre de la courbe. Pour $x=o$, on a $y=o$.

Quand x croît de o à $\sqrt{\pi}$, y est positive; quand x croît de $\sqrt{\pi}$ à $\sqrt{2\pi}$, y est négative, et ainsi de suite. La courbe oscille indéfiniment de part et d'autre de l'axe des x, en se rapprochant de plus en plus de cette droite, à laquelle elle est asymptote.

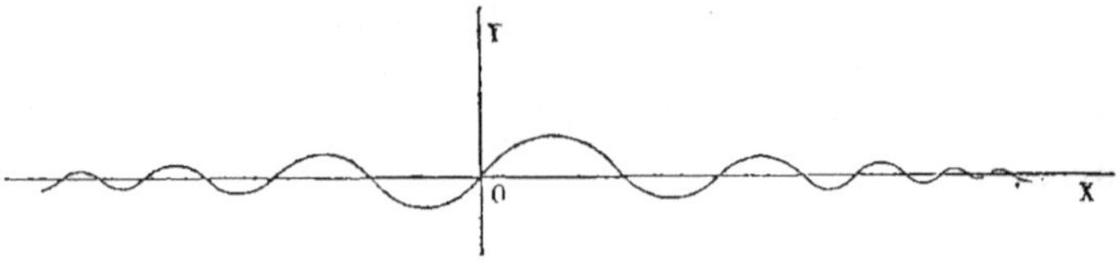

Mais ici l'amplitude des oscillations diminue sans cesse.

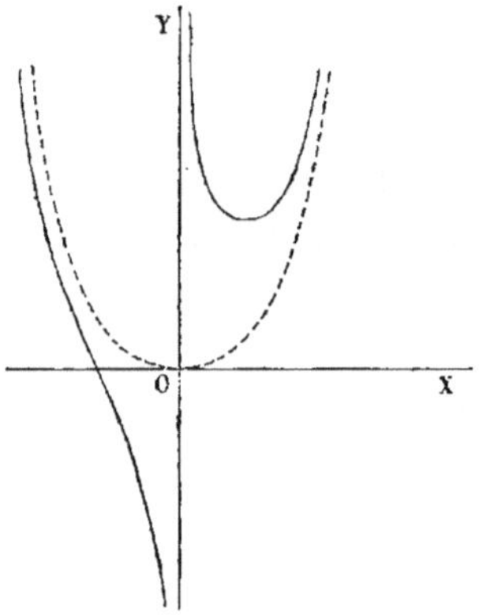

Exemple IV.—*Courbe*

$$y = x^2 + \frac{1}{x}.$$

On dit que deux branches de courbes infinies sont asymptotiques l'une à l'autre, lorsque la distance de ces deux courbes a pour limite o. On voit que la courbe proposée est asymptotique à la parabole $y = x^2$.

137—Asymptotes en coordonnées polaires.—Dans le système polaire on peut obtenir une branche infinie de trois manières : ou ρ augmente indéfiniment quand ω converge vers une valeur finie α, ou ρ converge vers une valeur finie a quand ω augmente indéfiniment, ou ρ et ω croissent indéfiniment tous deux à la fois.

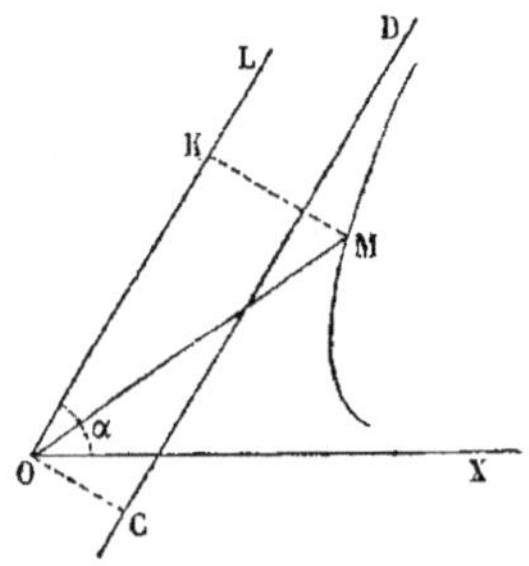

Lorsque le rayon vecteur OM tend vers ∞ quand ω converge vers l'angle $\text{LOX} = \alpha$, on a une branche de courbe infinie qui admet en général une asymptote rectiligne. De la relation

$$tang\,\omega = \frac{y}{x},$$

on déduit

$$tang\,\alpha = lim\,\frac{y}{x} = c\,;$$

ainsi l'asymptote rectiligne CD, si elle existe, est parallèle au rayon vecteur infini OL. Il reste à trouver la distance OC des deux parallèles : du point M j'abaisse une perpendiculaire MK sur OL; le triangle OMK donne

$$MK = OM\,sin(\alpha - \omega)\,;$$

d'où

$$OC = lim\,MK = lim\,\rho\,sin(\alpha - \omega).$$

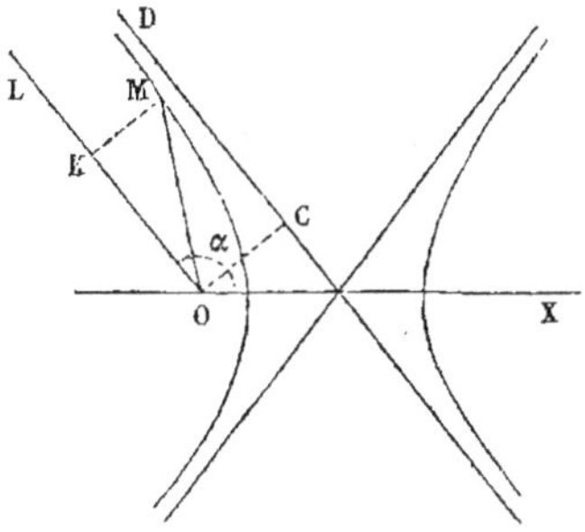

J'applique à l'hyperbole $\rho = \frac{p}{1 + e\,cos\,\omega}$, dans laquelle e est >1 (n° 113). Soit α l'angle dont le cosinus est $-\frac{1}{e}$; quand ω croît de o à α, ρ croît de $\frac{p}{1+e}$ à $+\infty$;

$$MK = \frac{p\,sin(\alpha - \omega)}{1 + e\,cos\,\omega} = \frac{p\,sin(\alpha - \omega)}{e(cos\,\alpha - cos\,\omega)} = \frac{p\,cos\frac{1}{2}(\alpha - \omega)}{e\,sin\frac{1}{2}(\alpha + \omega)},$$

$$OC = lim\,MK = \frac{p}{e\,sin\,\alpha} = \frac{p}{\sqrt{e^2 - 1}}\,;$$

on portera cette quantité à droite de OL et on aura ainsi la position de l'asymptote CD.

Pour voir de quel côté de l'asymptote est située la branche de courbe infinie, je prends l'excès δ de la valeur de MK sur OC :

$$= \frac{p}{e}\,\frac{sin\,\alpha\,cos\frac{1}{2}(\alpha - \omega) - sin\frac{1}{2}(\alpha + \omega)}{sin\,\alpha\,sin\frac{1}{2}(\alpha + \omega)} = \frac{p\,cos\,\alpha\,sin\frac{1}{2}(\alpha - \omega)}{e\,sin\,\alpha\,sin\frac{1}{2}(\alpha + \omega)} = -\frac{p\,sin\frac{1}{2}(\alpha - \omega)}{e^2 sin\,\alpha\,sin\frac{1}{2}(\alpha + \omega}$$

Puisque la différence δ est négative, la longueur MK est plus petite que OC, et la courbe est située entre OL et la parallèle CD.

Lorsque ω augmente indéfiniment, si ρ converge vers une valeur finie a, on a une spirale asymptotique au cercle de rayon a. Soit, par exemple, la courbe

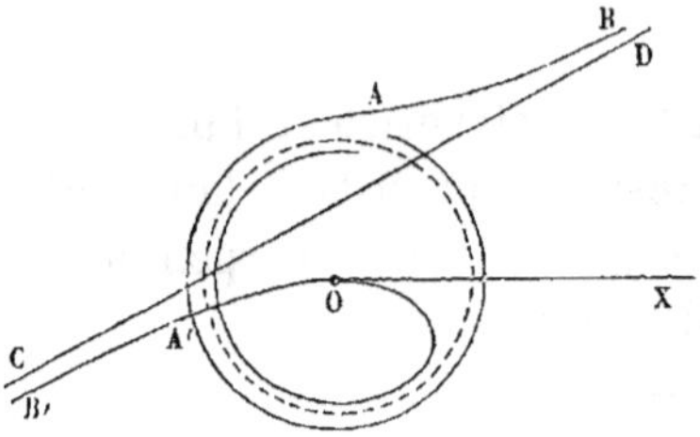

$$\rho = \frac{2a\omega}{2\omega - 1} = \frac{a}{1 - \frac{1}{2\omega}}.$$

Quand ω augmente indéfiniment, ρ converge vers a en décroissant; il en résulte une première spirale asymptotique extérieurement au cercle $\rho = a$. Quand ω tend vers $-\infty$, ρ converge encore vers a, mais en croissant; seconde spirale asymptotique intérieurement au cercle. D'ailleurs ces deux spirales sont terminées par deux branches infinies AB et A'B' qui ont même asymptote rectiligne CD.

Quelquefois le rayon du cercle se réduit à o, alors la spirale est asymptotique à un point. La spirale hyperbolique $\rho\omega = a$ se compose d'une branche infinie asymptotique à une ligne droite parallèle à l'axe polaire et d'une spirale qui tourne indéfiniment autour du pôle en s'en rapprochant de plus en plus.

Quand ρ et ω augmentent ensemble indéfiniment, la courbe n'est susceptible ni d'une asymptote circulaire ni d'une asymptote rectiligne. Telle est la spirale d'Archimède $\rho = a\omega$.

CHAPITRE IV.

Des Centres.

Lorsque tous les points d'une courbe sont symétriques deux à deux par rapport à un point fixe du plan, on dit que ce point fixe est *centre* de la courbe.

THÉORÈME I.

138—*Pour que l'origine des coordonnées soit centre d'une courbe* $f(x, y)=0$, *il est nécessaire et il suffit que cette équation et l'équation* $f(-x,-y)=0$, *déduite de la première en changeant les signes de* x *et de* y, *admettent les mêmes systèmes de solutions réelles.*

Je suppose que l'origine soit centre d'une courbe

$$(1)\ f(x, y)=0.$$

Puisque x et y sont les coordonnées d'un point quelconque M de la courbe, $-x$ et $-y$ sont les coordonnées du point symétrique M' qui appartient aussi à la courbe; donc

$$(2)\ f(-x,-y)=0;$$

ainsi, tout système de valeurs réelles qui satisfont à l'équation (1) satisfont aussi à l'équation (2). D'un autre côté, si x et y satisfont à l'équation (2), $-x$ et $-y$ satisferont à l'équation (1), et par suite, les coordonnées x et y du point symétrique; ainsi, tout système de valeurs réelles qui satisfont à l'équation (2) satisfont aussi à l'équation (1). En un mot, les équations (1) et (2) admettent les mêmes solutions réelles, et par conséquent représentent la même courbe.

Réciproquement, lorsque cette condition est remplie, l'origine est centre. Car, soit x et y un système de solutions communes aux équations (1) et (2); de ce que x et y satisfont à (2), $-x$ et $-y$ satisfont à (1); les solutions de l'équation (1) sont donc par couples de la forme (x, y), $(-x, -y)$, et par conséquent les points de la courbe sont deux à deux symétriques par rapport à l'origine O.

Corollaire I.—*Lorsque les termes d'une équation algébrique sont tous de degré pair ou tous de degré impair, l'origine est centre de la courbe.* Car alors les deux équations $f(x, y)=o$, $f(-x, -y)=o$, sont identiques.

Les équations réduites de l'ellipse et de l'hyperbole présentent ce caractère.

Corollaire II. — Lorsque les termes d'une équation algébrique ne sont pas tous de degré pair ou de degré impair, on ne peut pas en conclure que l'origine n'est pas centre. Si l'on savait que le polygone entier $f(x, y)$ fût premier, c'est-à-dire indécomposable en facteurs entiers, les deux équations $f(x, y)=o$, $f(-x, -y)=o$, ne pourraient représenter le même lieu que si elles étaient identiques, et nécessairement les termes devraient être tous de degré pair ou de degré impair. Mais si l'on ne s'est pas assuré préalablement que l'équation proposée est irréductible, il faudra chercher le plus grand commun diviseur des deux polynômes $f(x, y)$, $f(-x, -y)$; s'il n'existe pas de plus grand commun diviseur, l'origine n'est pas centre; s'il existe un plus grand commun diviseur $\varphi(x, y)$ du degré n, on aura

$$f(x, y)=\varphi(x, y)\times\psi(x, y);$$

l'équation $\varphi(x,y)=o$ représente la courbe proposée qui admet pour centre l'origine; l'équation $\psi(x,y)=o$ ne doit admettre aucun système de solutions réelles.

139—Détermination du centre.—Après avoir reconnu

que l'origine n'est pas centre de la courbe, on recherchera si un autre point du plan est centre ; pour cela on transportera les axes parallèlement à eux-mêmes en un point indéterminé (p, q) et on examinera s'il est possible de déterminer p et q de manière à ce que l'équation

$$f(p+x', q+y')=0$$

présente les caractères énoncés dans le théorème I.

Si l'équation est algébrique et irréductible, il faudra faire disparaître tous les termes qui ne sont pas de degré pair si l'équation est de degré pair, de degré impair si l'équation est de degré impair. Lorsque l'équation est du second degré, on disposera de p et q, de manière à annuler les coefficients des deux termes du premier degré, ce qui est généralement possible (n° 92). Mais si l'équation est d'un degré supérieur au second, le nombre des coefficients que l'on doit annuler surpasse ordinairement deux, et les équations ainsi obtenues ne seront que très-rarement compatibles.

THÉORÈME II.

140—*Quand une courbe a deux centres, elle en a une infinité placés à intervalles égaux sur une même droite.*

Soient O et O′ les deux centres. Sur le prolongement de la droite OO′, je prends $O'O''=OO'$. Si l'on joint un point quelconque M de la courbe au centre O′, et si l'on prend $O'M''=O'M$, on détermine un second point M″ de la courbe ; si l'on joint de même le point M″ au centre O, et si l'on prend $OM'=OM''$, on détermine un troisième point M′ de la courbe ; si l'on joint le point M′ au centre O′, et si l'on prend $O'M'''=O'M'$, on détermine un quatrième point M‴ de la courbe. Des triangles égaux MO′M‴ et M′O′M″ il résulte que la droite MM‴ passe en O″, et

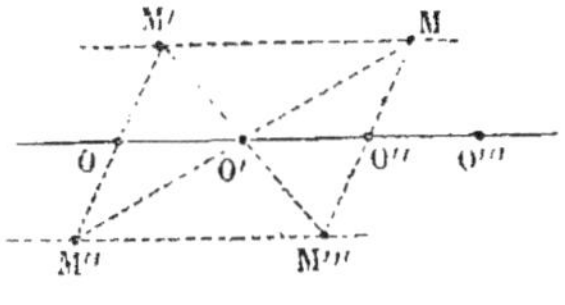

que $O''M'''=O''M$; ainsi à tout point M de la courbe en correspond un second M''' symétrique par rapport au point fixe O''; donc le point O'' est centre de la courbe. De l'existence des deux centres O et O', on a déduit celle d'un troisième centre O''; des deux centres O et O'', on déduirait de même un quatrième O''' et ainsi de suite.

Il est à remarquer qu'à chaque point M de la courbe correspondent une infinité d'autres points placés à intervalles égaux sur une parallèle à la ligne des centres.

Exemple. — L'origine est centre de la courbe $y=\sin x$ (nº 122), puisque l'équation transformée $-y=\sin(-x)$ est identique à l'équation proposée. Si l'on transporte l'origine au point C placé sur l'axe des x à une distance $OC=\pi$, l'équation $y=\sin(\pi+x)=-\sin x$ jouit de la même propriété; donc C est un second centre, et par conséquent il y a une infinité de centres placés sur l'axe des x à des intervalles égaux à π. La courbe se compose d'une suite indéfinie d'ondulations égales dont l'amplitude est 2π.

Remarque. — *Une courbe algébrique ne peut avoir qu'un centre.* Car si elle en avait deux, elle en aurait une infinité situés en ligne droite, et serait coupée en un nombre infini de points par une parallèle à la droite des centres, ce qui est impossible. A moins toutefois que le premier membre de l'équation ne se décompose en facteurs du premier degré qui, égalés à o, donnent des droites parallèles équidistantes deux à deux d'une autre droite; tous les points de cette droite seraient des centres par rapport au système des droites parallèles.

THÉORÈME III.

141 — *Si une courbe admet trois centres non en ligne droite, elle en admet une infinité, situés aux intersections de deux systèmes de parallèles équidistantes.*

Soient O, O′, O″ les trois centres donnés, le sommet O‴ du parallélogramme OO′O″O‴ sera aussi centre. Je prends pour axes coordonnés O‴O et O‴O″ et j'appelle a et b les longueurs O‴O et O‴O″, x et y les coordonnées d'un point quelconque M de la courbe; avec les centres O, O′, O″ on déterminera successivement d'autres points de la courbe M′, M″, M‴, et ces points auront pour coordonnées $(2a-x, -y)$, $(x, 2b+y)$, $(-x, -y)$; donc le point O‴ est le milieu de la droite MM‴, et par conséquent O‴ est centre de la courbe.

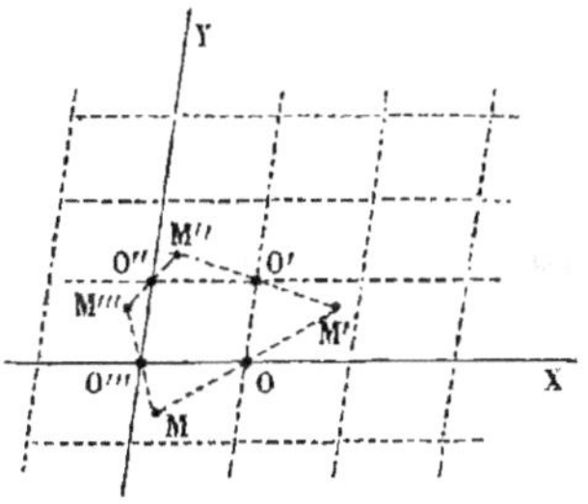

D'après le théorème II, si l'on porte sur O‴O et O‴O″ des longueurs respectivement égales à a et à b, on aura une infinité de centres sur chacune de ces deux lignes; par les points ainsi obtenus, je mène des droites parallèles respectivement à O‴O et O‴O″; chaque intersection, se trouvant placée au sommet d'un parallélogramme dont trois sommets sont déjà centres, sera aussi centre.

Exemple.— $\sin y = \frac{1}{2} \sin x$. Quand x varie de o à $\frac{\pi}{2}$, π, $\frac{3\pi}{2}$, 2π, $\sin y$ varie de o à $\frac{1}{2}$, o, $-\frac{1}{2}$, o. Si l'on suppose que la valeur initiale de y est o, l'ordonnée variera de o à $\frac{\pi}{6}$, o, $-\frac{\pi}{6}$, o, ce qui donne l'arc OAA′. Mais on peut supposer que la valeur initiale de y est

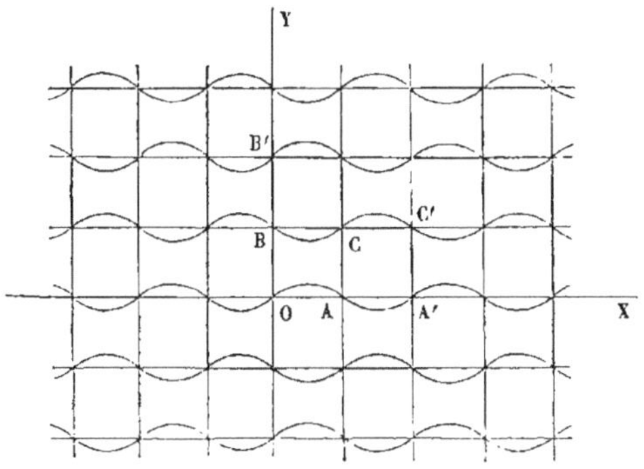

égale à π, et alors l'ordonnée variera de π à $\frac{5\pi}{6}$, π, $\frac{7\pi}{6}$, π, ce qui donne le second arc BCC'. Ces deux ondulations OAA', BCC' se répètent indéfiniment le long de l'axe des x. D'autre part, puisque l'équation ne change pas quand on augmente ou quand on diminue y d'un multiple quelconque de 2π, il est clair que les deux courbes infinies OAA', BCC' qu'on vient de tracer se reproduiront indéfiniment au-dessus et au-dessous de l'axe des x, à des intervalles égaux à 2π.

On voit aisément que l'origine est centre de la courbe, de même que les points A et B situés sur l'un et l'autre axe à la distance π de l'origine. Donc deux systèmes de droites parallèles les unes à l'axe des x, les autres à l'axe des y, et distantes de π, détermineront par leurs intersections les centres de la courbe.

THÉORÈME IV.

142—*Dans une courbe à centre, les tangentes aux points symétriques sont parallèles et équidistantes du centre.*

Soient M, N deux points de la courbe, M', N' les deux symétriques; à cause des triangles égaux OMN, OM'N', les deux sécantes MN, M'N' sont parallèles et équidistantes du centre. Lorsque le point N se rapproche indéfiniment de M, le point N' se rapproche aussi de M', et à la limite les sécantes deviennent tangentes en M et en M'. Puisque dans leur mouvement les sécantes sont toujours parallèles et équidistantes du centre, il s'ensuit que les deux tangentes jouissent de la même propriété.

Corollaire.—Quand une courbe à centre a une branche infinie, elle a une branche infinie symétrique de la première. Or, deux branches symétriques sont en général asymptotiques de part et d'autre à la même droite. Car si la courbe est rapportée à son centre, son équation ne renferme pas de terme du degré $m-1$, et par conséquent la valeur de d

est nulle (n° 133); donc l'asymptote passe par le centre.

Si la valeur de c que l'on considère était racine double de l'équation $\varphi(c)=0$, on déterminerait d par l'équation du second degré

$$\varphi''(c)\frac{d^2}{2}+\chi(c)=0;$$

ce qui donnerait deux asymptotes parallèles et équidistantes du centre.

CHAPITRE V.

Des Axes.

Lorsque tous les points d'une courbe sont symétriques deux à deux par rapport à une même ligne droite, on dit que cette droite est un *axe* de la courbe.

THÉORÈME I.

143—*Quand l'équation d'une courbe est exprimée en coordonnées rectilignes rectangulaires, pour que l'axe des x soit axe de la courbe il est nécessaire et il suffit que les deux équations $f(x,y)=o$, $f(x,-y)=o$, admettent les mêmes systèmes de solutions réelles.*

En effet, si l'axe des x est axe de la courbe, à tout point (x,y) de la courbe correspond un point symétrique $(x,-y)$; ainsi tout système de valeurs réelles qui satisfont à l'équation de la courbe $f(x, y)=o$ satisfont à l'équation $f(x,-y)=o$, et réciproquement.

Corollaire.—Lorsque l'équation ne renferme que des puissances paires de y, il est clair que la condition précédente est remplie, puisque les deux équations $f(x,y)=o$, $f(x,-y)=o$ sont identiques et que, par conséquent, l'axe des x est axe de la courbe. On en a vu de nombreux exemples dans les courbes déjà étudiées.

De même si l'équation ne renferme que des puissances paires de x, l'axe des y est axe de la courbe.

144—Détermination des axes.—Je prends l'axe inconnu pour nouvel axe des x. Pour cela je transporte l'origine en un point (p,q) de cet axe, et je fais tourner les axes des coordonnés, supposés rectangulaires, d'un angle α. Puis j'examine s'il est possible de déterminer p, q, α de manière à annuler les termes de degré impair en y.

Comme on peut prendre pour nouvelle origine un point quelconque de l'axe, par exemple celui où il coupe l'axe des y, on n'a en réalité que deux indéterminées q et α. Lorsque l'équation est du second degré, il n'y a que deux termes à faire disparaître, le terme en xy et le terme en y, ce qui est généralement possible. Mais lorsque l'équation est d'un degré supérieur au second, il y a ordinairement plus de deux coefficients à annuler, ce qui est rarement possible.

Quand la courbe a un centre, il est évident que l'axe passe par le centre; dans ce cas, on transportera d'abord l'origine au centre de la courbe, puis on fera tourner les axes des coordonnées autour du centre.

THÉORÈME II.

145—*Lorsque l'équation d'une courbe ne change pas quand on permute les lettres* x *et* y, *la bissectrice de l'angle* YOX *est un axe de la courbe.*

Car, à tout point M de la courbe dont les coordonnées sont OP, PM, correspond un point M' dont les coordonnées OQ, QM' sont respectivement égales aux précédentes. Puisque OP $=$ OQ, les droites MP, M'Q se coupent en D sur la bissectrice, il en résulte que, dans le triangle isocèle MDM',

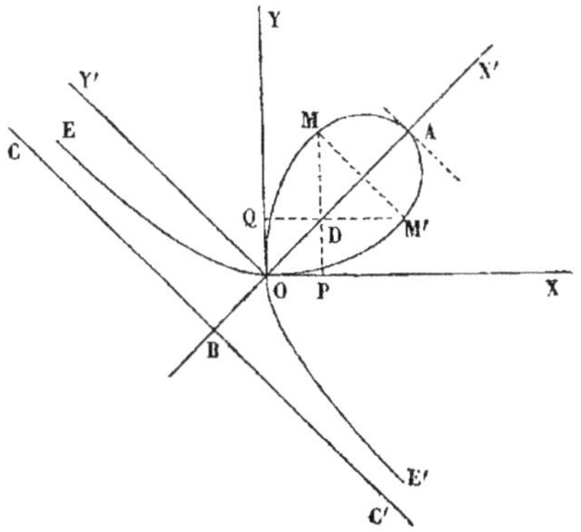

la bissectrice DX' est perpendiculaire sur le milieu de MM'.

EXEMPLE.—Le *folium* de DESCARTES $x^3+y^3-3axy=o$ présente ce caractère. On ne peut résoudre cette équation par rapport à aucune des deux variables; mais si l'on rapporte la courbe à son axe et à une perpendiculaire, l'équation, ne devant contenir que des puissances paires de y, sera facilement résoluble. Je fais donc tourner les axes des coordonnées de l'angle $\frac{\pi}{4}$ autour de l'origine, et je pose pour abréger $a'=\frac{a\sqrt{2}}{2}$; l'équation devient

$$3(y'+a')y'^2+(x'-3a')x'^2=o;$$

d'où

$$y'=\pm x'\sqrt{\frac{3a'-x'}{3(x'+a')}}.$$

La figure précédente représente le folium de *Descartes*.

THÉORÈME III.

146—*Quand une courbe a deux axes* OA, OA' *qui se coupent, elle en a un troisième* OA'' *qui fait avec* OA' *un angle égal à* AOA'.

En effet, à un point M de la courbe correspond par rapport à OA' un point symétrique M'; au point M' correspond, par rapport à OA, un point symétrique M''; au point M'' correspond, par rapport à OA', un point symétrique M'''. Si l'on fait tourner autour de OA' comme charnière l'une des parties du plan pour la rabattre sur l'autre partie, la droite OA s'applique sur OA'', M' sur M, M'' sur M'''; puisque OA est perpendiculaire sur le milieu de M'M'', OA'' est aussi perpendiculaire sur le milieu de MM'''. Ainsi à tout point M

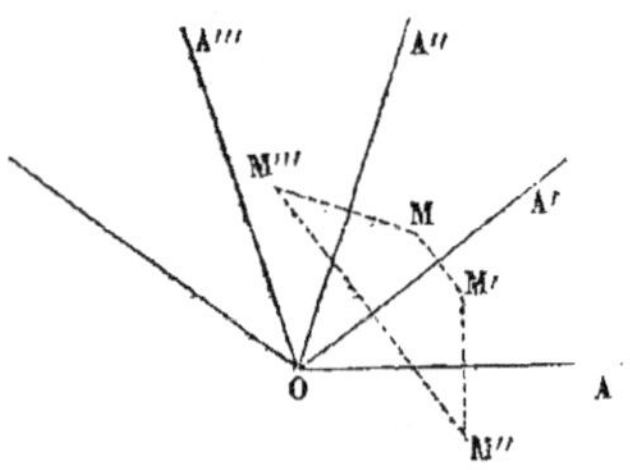

de la courbe correspond un point M''' symétrique par rapport à OA''; donc OA'' est un axe de la courbe.

De l'existence des deux axes OA, OA', on déduit celle d'un troisième OA''; de l'existence des deux axes OA', OA'', on déduirait de même celle d'un troisième OA''', et ainsi de suite.

Corollaire I.—Je désigne par α l'angle AOA'. Si le rapport $\frac{\alpha}{2\pi}$ est commensurable et égal à une fraction irréductible $\frac{n}{m}$, après avoir répété l'angle α un nombre de fois marqué par m et avoir fait n fois le tour de la circonférenee, on reviendra sur la droite OA; dans ce cas, la courbe admet m axes qui rayonnent autour du point O en faisant des angles égaux. Un point M de la courbe en se répétant formera un polygone étoilé de m côtés.

Quand le rapport $\frac{\alpha}{2\pi}$ est incommensurable, la courbe admet une infinité d'axes; car en répétant l'angle α, on ne retombe jamais sur un axe déjà obtenu.

La courbe étudiée au numéro 129 admet cinq axes.

Corollaire II.—*Lorsqu'une courbe a deux axes parallèles, elle a une infinité d'axes parallèles et équidistants.*

Je prends pour exemple la courbe $y=\sin x$ (n° 122). Si l'on transporte l'origine au point G, à la distance $OG=\frac{\pi}{2}$, l'équation devient $y=\cos x$; comme cette équation ne change pas quand on change le signe de x, la courbe est symétrique par rapport à une parallèle GH à l'axe des y. Si l'on transporte l'origine en K à la distance de $OK=\frac{3\pi}{2}$, l'équation devient $y=-\cos x$; la parallèle KL est aussi un axe de la courbe. Donc la courbe admet une infinité d'axes parallèles et distants de π.

THÉORÈME IV.

147—*Les tangentes en deux points symétriques se coupent sur l'axe et sont également inclinées sur l'axe.*

Car si l'on rabat autour de l'axe, une moitié de la courbe s'applique exactement sur l'autre; les tangentes aux points symétriques coïncident.

Corollaire.—Les asymptotes de deux branches infinies symétriques se coupent sur l'axe (voyez la courbe du n° 136).

CHAPITRE VI.

Des Diamètres.

148—Définition. — On a défini le diamètre dans les courbes du second degré le lieu des milieux des cordes parallèles. Lorsque la courbe est d'un degré plus élevé, chacune des sécantes parallèles rencontre en général la courbe en plus de deux points. On prend alors les milieux des distances des points d'intersection considérés deux à deux de toutes les manières possibles, et l'on appelle diamètre le lieu de ces points milieux. Si par exemple chaque sécante rencontre la courbe en quatre points, en considérant ces quatre points deux à deux on aura en quelque sorte six cordes placées sur la même sécante, et par conséquent six points milieux.

149—Détermination du diamètre.—Soit $f(x,y)=0$ l'équation de la courbe, a le coefficient angulaire des sécantes, x_1 et y_1 les coordonnées du point milieu N de l'une des cordes MM'. Je transporte l'origine des coordonnées au point N, l'équation devient

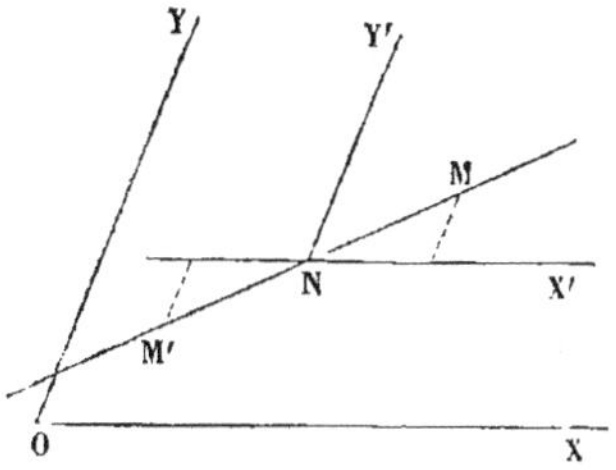

$$f(x_1+x', y_1+y')=0.$$

La sécante que l'on considère, passant par la nouvelle origine, est représentée par $y'=ax'$. Les abscisses des points où la sécante rencontre la courbe sont données par l'équation

$$(1)\ f(x_1+x',\ y_1+ax')=o.$$

Les deux points M et M', situés à égale distance de la nouvelle origine N, ont des abscisses égales et de signes contraires. Ainsi il est nécessaire et il suffit que l'équation (1) en x' ait deux racines égales et de signes contraires. L'équation en x_1, y_1, a, par laquelle on exprime cette condition, sera l'équation même du diamètre.

150—APPLICATION AUX COURBES DU SECOND DEGRÉ.—Si l'on transporte l'origine au point N, l'équation du second degré

$$Ax^2+Bxy+Cy^2+Dx+Ey+F=o$$

devient

$$Ax'^2+Bx'y'+Cy'^2+(2Ax_1+By_1+D)x'+(2Cy_1+Bx_1+E)y'+H=o.$$

Pour que l'équation (1), qui est du second degré,

$$(A+Ba+Ca^2)x'^2+[(2Ax_1+By_1+D)+(2Cy_1+Bx_1+E)a]x'+H=o,$$

ait ses deux racines égales et de signes contraires, il est nécessaire que le terme du premier degré soit nul. Le diamètre a donc pour équation

$$(2Ax_1+By_1+D)+(2Cy_1+Bx_1+E)a=o,$$

ou plus simplement

$$(2Ax+By+D)+(2Cy+Bx+E)a=o;$$

c'est une ligne droite dont l'équation s'obtient en ajoutant à la dérivée du premier membre de l'équation de la courbe par rapport à x la dérivée par rapport à y, multipliée par le coefficient angulaire a des cordes.

On voit que le point déterminé par les deux équations simultanées

$$2Ax+By+D=o,$$
$$2Cy+Bx+E=o,$$

satisfait à l'équation du diamètre, quelle que soit a; donc tous les diamètres passent par le centre

L'équation du diamètre peut s'écrire

$$(2A+Ba)x+(2Ca+B)y+D+Ea=o;$$

si l'on désigne par a' le coefficient angulaire du diamètre, on a

$$a'=-\frac{Ba+2A}{B+2Ca};$$

d'où

$$2Caa'+B(a+a')+2A=o.$$

La symétrie de cette relation par rapport à a et a' montre que ces deux directions sont réciproques; de là résulte la propriété des diamètres conjugués.

Dans la parabole, la relation

$$a'=-\frac{Ba+2A}{B+2Ca}=-\frac{B}{2C}+\frac{B^2-4AC}{2C(2Ca+B)}$$

se simplifie et devient

$$a'=-\frac{B}{2C}.$$

Ainsi dans la parabole tous les diamètres sont parallèles.

Dans les courbes du second degré, l'axe est un diamètre perpendiculaire sur les cordes qu'il divise en deux parties égales. On obtient donc la direction de l'axe en posant

$$a=-\frac{1}{a'};$$

d'où

$$a'^2-2\frac{C-A}{B}a'-1=o.$$

C'est l'équation trouvée (nº 49).

151—Diamètres rectilignes.—Soit m le degré d'une courbe, une sécante rencontre en général la courbe en m points, ce qui donne sur cette sécante $\frac{m(m-1)}{1.2}$ points milieux. Tel est en général le degré du diamètre; ce degré surpasse celui de la courbe quand m est plus grand que 3. Ainsi l'étude de la courbe diamètre est ordinairement plus compliquée que celle de la courbe proposée, et peut rarement servir à en faire connaître les propriétés.

Il n'y a de vraiment utile que le diamètre rectiligne. On appelle ainsi une ligne droite telle que les sécantes parallèles coupent la courbe en des points situés deux à deux à égale distance de cette droite. Le diamètre rectiligne jouit de propriétés analogues à celles de l'axe, seulement les cordes sont obliques par rapport au diamètre, au lieu d'être perpendiculaires. Si l'on prend pour axe des x le diamètre rectiligne et pour axe des y une parallèle aux cordes que ce diamètre divise en deux parties égales, l'équation de la courbe $f(x, y)=o$ ne renfermera que des puissances paires de y. On obtiendra donc les diamètres rectilignes comme on a obtenu les axes par une transformation de coordonnées. Si les axes des coordonnées primitives sont rectangulaires, on emploiera les formules de transformation

$$x = x'\cos\alpha + y'\cos\beta,$$
$$y = q + x'\sin\alpha + y'\sin\beta;$$

et l'on verra si l'on peut déterminer les trois constantes q, α, β, de manière à faire disparaître de l'équation tous les termes de degré impair par rapport à y.

THÉORÈME.

152—*Si l'on mène à travers une courbe algébrique une série de sécantes parallèles, le lieu du centre des moyennes distances de tous les points d'intersection déterminés par chaque sécante est une ligne droite.*

Soit $f(x, y)=o$ l'équation d'une courbe algébrique du degré m mise sous forme entière, je réunis les termes du même degré comme on l'a fait au n° 135; les abscisses des points d'intersection de cette courbe par la sécante $y=ax+b$ sont donnés par l'équation

$$x^m\varphi(a) + x^{m-1}[\varphi'(a)b + \psi(a)] + \ldots\ldots = o.$$

J'appelle x', x'',.... les m racines de cette équation, x et y

les coordonnées du centre N des moyennes distances, placé sur la sécante que l'on considère; on a

$$x_1 = \frac{x'+x''+\ldots\ldots}{m} = -\frac{\varphi'(a)b+\psi(a)}{m\varphi(a)}.$$

Comme le point N est situé sur la sécante, on a aussi

$$y_1 = ax_1 + b.$$

Si l'on élimine la variable b entre ces deux équations, on a l'équation du lieu des points N

$$\varphi'(a)y_1 + [m\varphi(a) - a\varphi'(a)]\,x_1 + \psi(a) = o.$$

Ce lieu est une ligne droite.

153—Remarque.—Les propriétés des diamètres ont été étudiées d'abord dans le cercle et dans les courbes du second degré; plus tard on a voulu généraliser la définition des diamètres, afin de pouvoir l'appliquer aux courbes d'un degré quelconque; mais cette généralisation a été faite d'une manière défectueuse. Au lieu de considérer le milieu des distances des points d'intersection pris deux à deux, ce qui complique la question, il eût été plus rationnel d'appeler diamètre le lieu du centre des moyennes distances des points d'intersection placés sur chaque sécante; de cette manière le diamètre serait toujours en ligne droite.

CHAPITRE VII.

Des points singuliers.

154—Définitions.—On a déjà rencontré dans l'étude des courbes certains points qui offrent quelque particularité remarquable, inhérente à la nature même de la courbe; on les désigne sous le nom générique de *points singuliers*.

Le premier cas de la conchoïde présente un *point isolé* (n° 117).

Les courbes étudiées dans le n° 124 présentent des *points d'inflexion*.

La cissoïde (n° 114) se compose de deux branches qui partent du même point et qui sont tangentes de part et d'autre à l'axe des x; c'est ce qu'on appelle un *rebroussement de première espèce*.

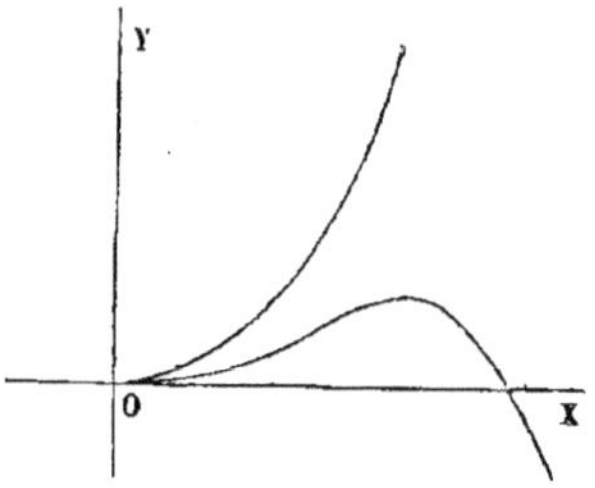

La courbe $(y-x^2)^2-x^5=o$ présente en O deux branches tangentes d'un même côté à l'axe des x; c'est un *rebroussement de seconde espèce*. On peut remarquer que la parabole $y=x^2$ divise en deux parties égales les cordes parallèles à l'axe des y.

Il importe de distinguer d'une manière précise les points ordinaires, les points d'inflexion et les deux sortes de rebroussement. Je mène la tangente et la normale au point que l'on considère, et j'examine la disposition des deux parties de la courbe par rapport à la tangente ou à la normale; quatre dispositions sont possibles : les deux parties de la courbe sont

De part et d'autre de la normale.........	D'un même côté de la tangente	Point ordinaire.
	De part et d'autre de la tangente.........	Point d'inflexion.
Du même côté de la normale.............	De part et d'autre de la tangente.........	Rebroussement de 1re espèce.
	Du même côté de la tangente	Rebroussement de 2e espèce.

Dans la lemniscate (n° 5) passent à l'origine deux branches de courbe; l'origine est un *point multiple*. En général, quand plusieurs branches de courbe passent par un même point, ce point est dit multiple.

Les points à ordonnées *maxima* ou *minima* ne doivent pas être mis au nombre des points singuliers; car leur position sur la courbe varie avec la direction des arcs coordonnés, et par conséquent ces points ne jouissent d'aucune propriété inhérente à la courbe elle-même.

On vient d'énumérer les points singuliers que présentent les équations algébriques entières; mais dans les courbes transcendantes, ou même si, l'équation étant algébrique et irrationnelle, on prend un radical d'indice pair avec un seul signe, on rencontre d'autres espèces de points singuliers.

Par exemple, la courbe $y=\sqrt{x^3}$ se compose d'une seule branche OA; le point O où elle se termine s'appelle *point d'arrêt*.

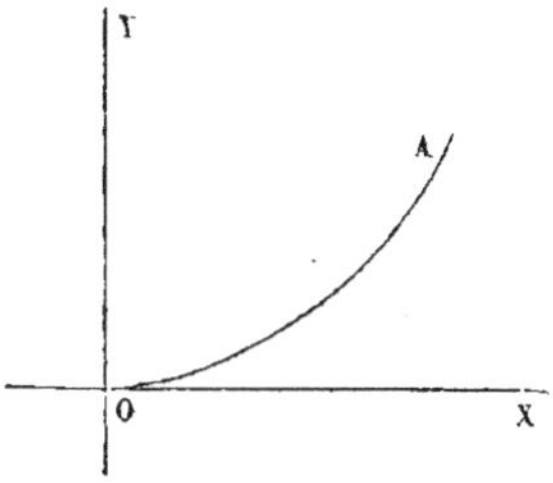

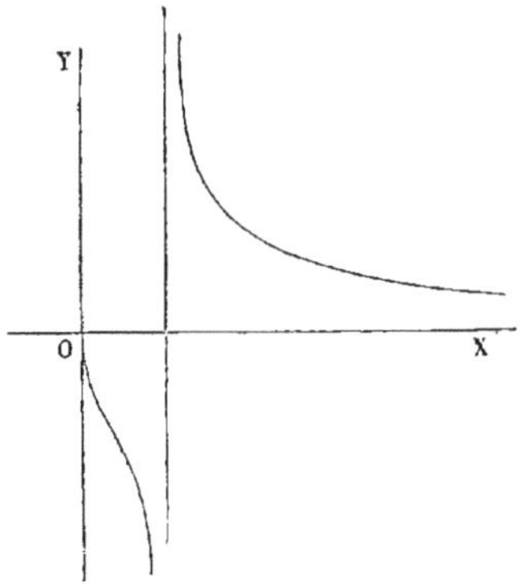

La courbe transcendante $y=\dfrac{1}{\log x}$ offre aussi un point d'arrêt O.

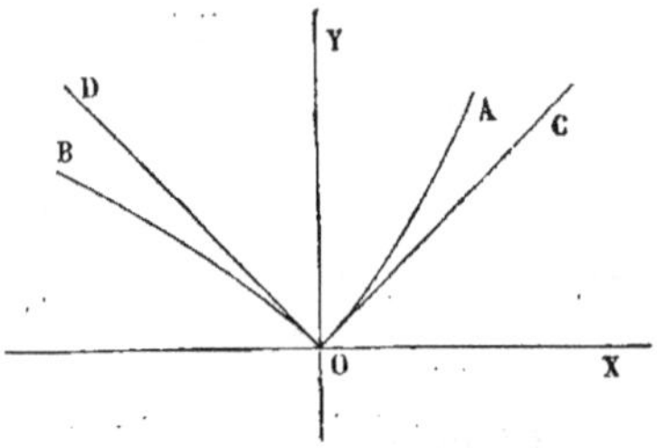

La courbe $y=\sqrt{x^2}+2x^3$ se compose de deux branches OA et OB tangentes en O aux deux bissectrices OC et OD; le point O est dit *point saillant.*

La recherche des points singuliers revient à la détermination exacte de la forme de la courbe dans les environs du point que l'on considère; la théorie des points singuliers n'est donc autre chose qu'une méthode générale pour la construction complète et rigoureuse des équations à deux variables. Le principe de la méthode que je vais exposer est dû à M. STURM.

THÉORÈME.

155—*Lorsque les coordonnées d'un point qui satisfont à l'équation donnée n'annulent pas à la fois les deux dérivées du premier membre par rapport à* x *et à* y, *en ce point passe une branche de courbe simple, avec ou sans inflexion.*

Je considère une équation

$$(1)\quad f(x, y)=o,$$

dans laquelle $f(x, y)$ désigne un polygone entier et plus généralement une fonction continue de x et de y entre certaines limites.

Je trace, dans le plan, deux axes rectangulaires des coordonnées; la série des points du plan dont les coordonnées satisfont à l'équation (1) peut être considérée comme la représentation géométrique des solutions réelles de cette équation.

Soit M l'un de ces points, x et y ses coordonnées, je me propose de rechercher quels sont les points voisins du point M qui jouissent de la propriété énoncée. J'appelle $x+h$ et $y+k$ les coordonnées d'un point voisin. Si $f(x, y)$ est une fonction continue de x et y dans le voisinage du point M,

$f(x+h, y+k)$ se développe en série convergente suivant les puissances croissantes de h et de k de la manière suivante :

$$(2)\quad f'_x.h + f'_y.k + \frac{1}{2}(f''_{x^2}h^2 + 2f''_{xy}hk + f''_{y^2}k^2) + \ldots\ldots = o.$$

Je mène deux parallèles à l'axe des y à la distance très-petite

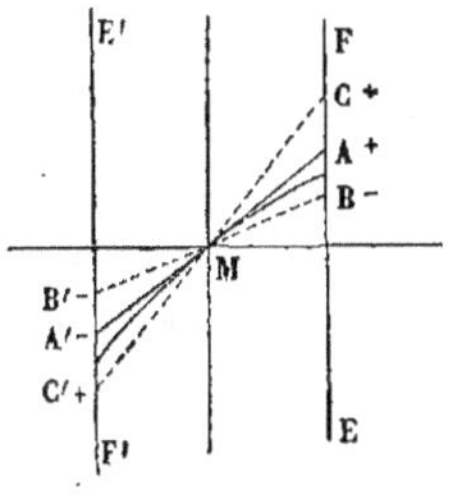

h, de part et d'autre du point M, et je cherche les points de ces deux parallèles qui satisfont à l'équation proposée. Je pose $\frac{k}{h} = u = tang\,\omega$, $-\frac{f'_x}{f'_y} = u_0 = tang\,\alpha$; l'équation (2) prend la forme

$$(u-u_0) + \frac{h}{2f'_y}(f''_{x^2} + 2f''_{xy}u + f''_{y^2}u^2) + \ldots\ldots = o,$$

$$(3)\quad (u-u_0) + Ph + Qh^2 + \ldots\ldots = o.$$

Comme h est une quantité très-petite, l'équation ne pourra être satisfaite que par des valeurs de u peu différentes de u_0, c'est-à-dire par des valeurs de ω peu différentes de α; par le point M je mène la droite A'A, qui fait avec l'axe des x l'angle α; les points cherchés ne pourront se trouver que dans le voisinage des points A et A' où elle coupe les deux parallèles. En effet, je donne à ω une valeur qui diffère de α d'une quantité supérieure ou égale à l'angle γ très-petit, mais déterminé; il sera possible de trouver une quantité très-petite e, telle que pour toute valeur de h inférieure ou égale à e, le premier terme du polynôme (3) ait une valeur numérique plus grande que la somme de tous les autres termes, et par conséquent donne son signe au polynôme.

Je considère la dérivée

$$1 + P'h + \ldots\ldots$$

du polynôme (3) par rapport à u; puisque le premier terme ne s'annule pour aucune des valeurs de ω comprises entre $\alpha-\gamma$ et $\alpha+\gamma$, on pourra de même, pour chacune de ces valeurs de ω, trouver une quantité très-petite e', telle que toute valeur de h inférieure ou égale à e' rende ce premier terme supérieur numériquement à la somme de tous les autres. J'appelle ε la plus petite des quantités e et e', et je suppose que h soit égal ou inférieur à ε; je mène d'ailleurs deux droites B'B et C'C, qui fassent avec A'A l'angle γ. De ce qui précède on conclut : 1° que le polynôme (3) étant positif pour tous les points de CF et C'F', négatif pour tous les points de BE et B'E', ces quatre portions de droite ne renferment aucune solution de l'équation (1); 2° que ce même polynôme entier en u, ayant des signes contraires aux deux extrémités des portions BC et B'C', chacune d'elles contient une solution au moins de l'équation proposée; 3° qu'enfin, la dérivée du polynôme (3) ne s'annulant pour aucun des points de BC et B'C', chacune de ces portions ne renferme qu'une solution.

Je conçois maintenant que h décroisse d'une manière continue de $\pm\varepsilon$ à o, chaque valeur de h donnera dans chacun des deux angles très-petits BMC et B'MC' un point particulier, et la série de ces points formera évidemment une courbe continue passant en M.

On a supposé dans ce qui précède que f'_y n'était pas nulle. Si cette quantité était nulle sans que f'_x le fût, on permuterait dans le raisonnement h et k, on mènerait deux parallèles à l'axe des x à la distance k du point M, et on arriverait à la même conclusion.

Corollaire I.—Comme l'angle 2γ peut être aussi petit qu'on voudra, la droite A'A, qui a pour coefficient angulaire

$$tang\,\alpha = -\frac{f'_x}{f'_y},$$

est tangente à la courbe en M. On retrouve ainsi la tangente à la courbe (n° 121).

Corollaire II.—J'étudie la forme de la courbe dans le voisinage du point M. Pour cela, dans le polynôme (3), je fais $\omega = \alpha$ ou $u = u_0$, le premier terme s'annule, de sorte que le polynôme se réduit à

$$(4) \quad P_0 h + Q_0 h^2 + \ldots\ldots;$$

on pourra trouver une quantité e'' telle que, pour toute valeur de h égale ou inférieure à e'', le premier terme du polynôme (4), qui ne s'annule pas, donne son signe au polynôme. J'appelle ε' la plus petite des quantités ε et e'', et je suppose que h soit en valeur absolue égale ou inférieure à ε'. Cela posé, si le premier terme qui ne s'annule pas dans le polynôme (4) est de rang impair, comme ce terme change de signe avec h, le polynôme aura des signes contraires en A et A′, pas exemple le signe $+$ en A et le signe $-$ en A′; les deux points de la courbe sont donc situés, l'un entre A et B, l'autre en A′ et C′; dans ce cas, la courbe est convexe et la concavité est dirigée dans le sens des y négatives. Si le polynôme avait le signe $-$ en A et le signe $+$ en A′, la courbe serait encore convexe, mais la concavité serait tournée vers les y positives.

Ainsi lorsque la quantité

$$P_0 = \frac{f''_{x^2} + 2f''_{xy}u_0 + f''_{y^2}u_0^2}{2f'_y} = \frac{f'^2_y f''_{x^2} - 2f'_x f'_y f''_{xy} + f'^2_x f''_{y^2}}{2f'^3_y}$$

n'est pas nulle, la courbe est convexe au point M et le signe de P_0 indique de quel côté est dirigée la concavité; on retrouve de cette manière le caractère du n° 124.

Lorsque le premier terme qui ne s'annule pas dans le polynôme (4) est de rang pair, le premier terme ne change pas de signe avec h et le polynôme a même signe, par exemple le signe $+$ en A et A′; les deux points de la courbe sont situés l'un entre A et B, l'autre entre A′ et B′, et la courbe passe d'un côté à l'autre de la tangente; il y a inflexion. En particulier, si P_0 est nul sans que Q_0 le soit, il y a inflexion, c'est le caractère trouvé au n° 124.

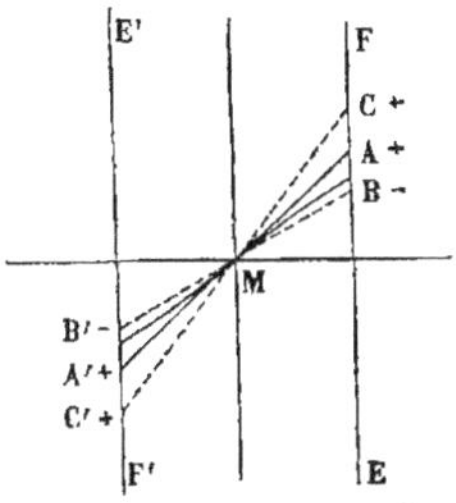

Corollaire III. — Il résulte du théorème précédent que si l'on ne range pas parmi les singularités des courbes les points d'inflexion, *les points singuliers ne se trouvent que parmi ceux dont les coordonnées annulent à la fois les deux premières dérivées du premier membre de l'équation proposée.*

156 — Distinction des points singuliers. — Soit M un point dont les coordonnées satisfont aux trois équations

$$f(x,y)=o,\quad f'_x(x,y)=o,\quad f'_y(x,y)=o;$$

l'équation (2) se réduit à

$$(f''_{x^2}h^2+2f''_{xy}hk+f''_{y^2}h^2)+\frac{1}{3}(f'''_{x^3}h^3+\ldots\ldots)+-=o,$$

ou

$$(5)\quad (f''_{y^2}u^2+2f''_{xy}u+f''_{x^2})+Sh+Th^2+\ldots\ldots=o.$$

Je considère l'équation du second degré

$$(6)\quad f''_{y^2}u^2+2f''_{xy}u+f''_{x^2}=o.$$

1er cas. $f''^2_{xy}-f''_{x^2}f''_{y^2}<o$. Le premier terme de l'équation (5) a constamment le signe de f''_{y^2}; or, il est possible de trouver une quantité ε assez petite pour que, h étant égal ou inférieur à ε en valeur absolue, ce premier terme soit plus grand numériquement que la somme de tous les autres. L'équation (5) n'admet donc aucune solution réelle de u, et par suite de k, pour les valeurs de h comprises entre $-\varepsilon$ et o, o et $+\varepsilon$; le point M est un point *isolé*.

2e cas. $f''^2_{xy}-f''_{x^2}f''_{y^2}>o$. J'appelle $tang\,\alpha$ et $tang\,\beta$ les deux racines de l'équation (6), $\alpha<\beta$; le premier terme, et par suite le premier membre de l'équation (5), changent de signe de $\alpha-\gamma$ à $\alpha+\gamma$ et de $\beta-\gamma$ à $\beta+\gamma$; il y a d'ailleurs une seule solution dans chacun de ces intervalles, parce que la dérivée par rapport à u

$$2(f''_{y^2}u+f''_{xy})+S'h+T'h^2+\ldots\ldots=o$$

ne s'annule dans aucun d'eux; il en résulte deux branches simples tangentes respectivement aux droites α et β. Le point M est un point *multiple*.

3e CAS. $f''^2_{xy} - f''_{x^2} f''_{y^2} = o$. L'équation (6) a ses deux racines égales à $u_0 = tang\,\alpha$, et l'équation (5), divisée par f''_{y^2}, devient

$$(7)\quad (u-u_0)^2 + Sh + Th^2 + \ldots\ldots = o.$$

Si la valeur S_0 de S pour $u = u_0$ n'est pas nulle, on peut donner à h une valeur assez petite pour que le second terme soit plus grand que la somme de tous les autres, et par conséquent donne son signe à l'expression $Sh + Th^2 + \ldots\ldots$ pour les valeurs de ω voisines de α. Je suppose, par exemple, que S_0 ait le signe —; le premier membre a le signe — en A et le signe + en B et C; il n'y a d'ailleurs qu'une solution dans chacun des intervalles AB et AC, parce que la dérivée seconde

$$2f''_{xy} + S''h + \ldots\ldots$$

ne s'annule pas de B à C. Sur la parallèle de gauche, le premier membre, étant la somme de deux quantités positives, ne peut s'annuler; cette parallèle ne renferme donc aucune solution, et l'on a un *rebroussement* de première espèce.

Lorsque $S_0 = o$, le signe en A et A′ est celui de $T_0 h^2$, de sorte que si T_0 a le signe —, chacun des quatre intervalles AB, AC, A′B′, A′C′ comprend une solution; la courbe se compose de deux branches tangentes à A′A et situées de part et d'autre de la tangente. Mais si T_0 a le signe +, il y a incertitude, l'un des deux intervalles AB et BC peut contenir deux solutions, et de même l'un des deux intervalles A′B′ et A′C′.

Pour lever cette ambiguïté, je pose $u = u_0 + u'h$, l'équation (7) devient

$$(8)\quad (u'^2 + S'_0 u' + T_0) + Vh + \ldots\ldots = o.$$

On traitera cette équation comme l'équation (7) :

1° $S'^2_0 - 4T_0 < o$; l'équation (8) est impossible, et le point M est un point isolé. 2° $S'^2_0 - 4T_0 > o$; j'appelle u'_0 et u'_1 les deux racines de l'équation $u'^2 + S'_0 u' + T_0 = o$; si elles sont de même signe, la courbe se compose de deux branches situées d'un même côté de la tangente commune; si elles sont de signes contraires, de deux branches situées de part et d'autre de la tangente; dans les deux cas le point M est un point multiple. 3° $S'^2_0-4T_0=o$; si V_0 est différent de o, l'équation (8) admet pour l'une des parallèles deux solutions voisines de u'_0, et par conséquent u a deux valeurs voisines de $u_0+u'_0h$, le point M est un rebroussement de seconde espèce; si $V_0=o$ et qu'il y ait ambiguïté, on posera $u'=u'_0+u''h$, et on continuera de la sorte, jusqu'à ce qu'on ait déterminé exactement la forme de la courbe.

Ce qui précède suppose que f''_{y^2} n'est pas nulle; si cette quantité était nulle sans que f''_{x^2} le fût, on mènerait les parallèles à l'axe des x et on poserait $\frac{k}{h}=v$. Si ces deux dérivées étaient nulles à la fois, on poserait successivement $\frac{k}{h}=u$ et $\frac{h}{k}=v$, et on mènerait les parallèles d'abord à l'axe des y, puis à l'axe des x; il en résulterait deux branches simples ayant leurs tangentes parallèles, l'une à l'axe des x, l'autre à l'axe des y. Si les trois dérivées du second ordre étaient nulles, l'équation (2) commencerait par un polynôme du troisième degré.

157—GÉNÉRALISATION.—En général, l'équation (2) se réduit à

$$(9)\quad \left(f^{(n)}_{x^n}h^n+\frac{n}{1}f^{(n)}_{x^{n-1}y}h^{n-1}k+\ldots\ldots+f^{(n)}_{y^n}k^n\right)+\left(f^{(n+1)}_{x^{n+1}}h^{n+1}+\ldots\right)+\ldots\ldots=o,$$

ou

$$(10)\quad \left(f^{(n)}_{y^n}u^n+\frac{n}{1}f^{(n)}_{xy^{n-1}}u^{n-1}+\ldots\ldots+f^{(n)}_{x^n}\right)+Sh+Th^2+\ldots\ldots=o.$$

Je considère l'équation

$$(11)\quad f^{(n)}_{y^n}u^n+\frac{n}{1}f^{(n)}_{xy^{n-1}}u^{n-1}+\ldots\ldots+f^{(n)}_{x^n}=o.$$

Toute racine simple de cette équation donnera une branche simple; et, en effet, le premier terme de l'équation (10) change de signe dans le voisinage de cette racine simple et la dérivée ne s'annule pas.

Les racines multiples offrent seules quelque difficulté. Soit

u_0 une racine d'un degré n' de multiplicité; l'équation (10) devient

$$(12)\quad G(u-u_0)^{n'}+Sh+Th^2+.....=o;$$

la dérivée de l'ordre n' ne s'annulant pas aux environs de u_0, l'équation (10) admet au plus n' solutions voisines de u_0, et d'ailleurs ce nombre est pair ou impair, suivant que n' est pair ou impair. On emploiera le procédé déjà employé dans l'étude d'une racine double; on posera $h=i\varepsilon$ et $u=u_0+u\varepsilon^{p}$, ε désigne une quantité positive très-petite, i le nombre $+1$ pour la parallèle de droite et le nombre -1 pour celle de gauche, p un exposant entier ou fractionnaire que l'on déterminera après la substitution.

Par cette substitution, l'équation (12) devient

$$(G_0+iG'_0u'\varepsilon+G''_0u'^2\varepsilon^2+.....)u'^{n'}\varepsilon^{n'p}+iS_0\varepsilon+.....=o,$$

ou, en ordonnant,

$$(13)\quad G_0u'^{n'}\varepsilon^{n'p}+iS_0\varepsilon+.....=o.$$

Si S_0 n'est pas nulle, on disposera de p de manière à ce que les deux premiers termes aient même exposant; on posera donc $n'p=1$; l'équation divisée par ε prend la forme

$$(14)\quad (G_0u'^{n'}+iS_0)+V\varepsilon+.....=o.$$

Lorsque n' est un nombre impair, l'équation

$$G_0u'^{n'}+iS_0=o$$

admet une racine simple pour $i=+1$ et une de signe contraire pour $i=-1$. L'équation (14) est donc satisfaite par un seul point sur chaque parallèle, ce qui donne une branche simple sans inflexion. Lorsque n' est un nombre pair, l'équation

$$G_0u'^{n'}+iS_0=o$$

admet deux racines égales et de signes contraires, par exemple pour $i=+1$, et aucune pour $i=-1$; il en résulte un rebroussement de première espèce.

Si S_0 est nulle, l'équation (13) s'écrit

$$G_0u'^{n'}\varepsilon^{n'p}+(S'_0u'+T_0)\varepsilon^2+.....=o;$$

on posera $n'p=2$; d'où

$$(G_0 u'^{n'} + S'_0 u' + T_0) + \ldots\ldots = o,$$

et l'on cherchera les racines de l'équation

$$G_0 u'^{n'} + S'_0 u' + T_0 = o.$$

On continuera de cette manière jusqu'à ce que l'on ait reconnu nettement la forme de la courbe.

158 — Des asymptotes. — La méthode précédente peut servir à la détermination complète des branches infinies et de leurs asymptotes. Je reprends l'équation du n° 133; on a représenté l'ordonnée de la courbe par $y = cx + k$, et l'on a donné à c une valeur qui annule $\varphi(c)$. L'équation de la courbe est de la forme générale

$$(15)\quad (Ak^n + Bk^{n-1} + \ldots\ldots) + P\frac{1}{x} + Q\frac{1}{x^2} + \ldots\ldots = o.$$

Puisque x est très-grand et par conséquent $\frac{1}{x}$ très-petit numériquement, on ne peut satisfaire à cette équation qu'en donnant à k une valeur voisine d'une racine de l'équation

$$(16)\quad Ak^n + Bk^{n-1} + \ldots\ldots = o.$$

Toute racine simple donnera deux branches infinies asymptotiques aux deux extrémités de la même droite; l'une d'elles correspond aux valeurs positives de x, l'autre aux valeurs négatives. On verra facilement de quel côté de l'asymptote sont situées ces deux branches; elles sont en général du même côté comme les deux parties d'une branche de courbe ordinaire; mais elles peuvent être aussi situées l'une d'un côté, l'autre de l'autre, comme les deux parties d'une branche à inflexion.

On étudiera les racines multiples de l'équation (16) par la méthode employée pour les points singuliers. L'analogie se continue. Au lieu du rebroussement de première espèce, on trouvera deux branches infinies asymptotiques à la même droite, vers une même extrémité, et situées de part et d'autre; au lieu du rebroussement de première espèce, on a deux branches infinies asymptotiques à la même droite, vers une même extrémité et situées du même côté de la droite.

159—Exemples : I.—*Folium de Descartes* (nº 145).

$$f(x,y)=x^3+y^3-3axy,\quad f'_x=3(x^2-ay),\quad f'_y=3(y^2-ax).$$

Les coordonnées de l'origine satisfont à l'équation de la courbe et annulent à la fois les deux premières dérivées; l'origine peut être un point singulier. Pour étudier la courbe dans le voisinage de l'origine, j'ordonne l'équation par rapport aux coordonnées x et y d'un point voisin

$$3axy-x^3-y^3=0.$$

Si l'on pose $u=\frac{y}{x}$, cette équation devient

$$3au-(1+u^3)x=0.$$

La solution $u=o$ donne une branche simple sans inflexion tangente à l'axe des x et située au-dessus. Si l'on pose ensuite $v=\frac{x}{y}$, l'équation devient

$$3av-(1+v^3)y=0;$$

la solution $v=o$ donne une branche simple tangente à l'axe des y et située à droite.

II. *Courbe représentée par l'équation*

$$x^4y^4+(x^2-4)(x-y)^4=0.$$

Les coordonnées de l'origine satisfont à l'équation et annulent les deux premières dérivées. L'origine peut donc être un point singulier. Je cherche la forme de la courbe dans le voisinage de ce point. L'équation, ordonnée par rapport aux puissances croissantes de x et y, s'écrit

$$4(y^2-2xy+x^2)-x^2(y^2-2xy+x^2)-x^4y^4=0,$$

et si l'on pose $u=\frac{y}{x}$,

$$4(u-1)^2-(u-1)^2x^2-u^4x^6=o.$$

On a à considérer une racine double $u=1$. Pour $u=1$, le polygone a une valeur négative sur chaque parallèle; par conséquent il y a deux points sur chaque parallèle, l'un au-dessus de la tangente, l'autre au-dessous. A l'origine passent donc deux branches de courbe tangentes toutes deux à la bissectrice et situées l'une d'un côté de la tangente, l'autre de l'autre côté. L'origine est un point multiple.

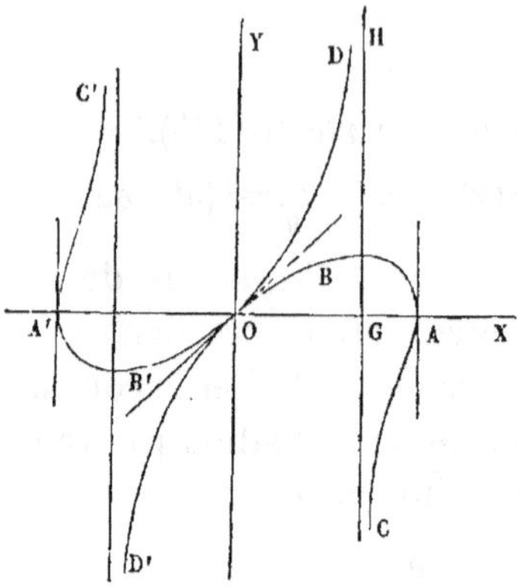

On voit à l'inspection de l'équation que l'origine est centre de la courbe. Comme il est impossible de résoudre cette équation par rapport à l'une des deux coordonnées, on ne peut construire la courbe par ce moyen; mais l'emploi d'une variable auxiliaire permet la construction.

Si l'on pose en effet $xy=t(y-x)$, on a les deux équations

$$x=\pm\sqrt{4-t^4}, \quad y=\frac{tx}{t-x},$$

dans lesquelles on regardera x et y comme des fonctions de la variable indépendante t. On voit que x n'est réelle que pour les valeurs de t comprises entre $-\sqrt{2}$ et $+\sqrt{2}$ et que x varie de -2 à $+2$. Je prends donc $OA=OA'=2$, la courbe sera située tout entière entre les parallèles à l'axe des y menées par les points A, A'. L'ordonnée y est infinie quand on a $x=t$, c'est-à-dire quand t est racine de l'équation bi-carrée

$$t^4+t^2-4=o.$$

Cette équation admet les deux racines réelles

$$t=\pm\sqrt{\frac{\sqrt{17}-1}{2}}=\pm 1,25.$$

Je me borne aux valeurs positives de x; quand t varie de $-\sqrt{2}$ à o, x croît de o à 2, y conserve une valeur finie positive et part de o pour revenir à o, ce qui donne l'arc OBA. Quand t varie de o à 1,25, x décroît de 2 à 1,25; la valeur x est plus grande que celle de t; y est donc négative et sa valeur numérique augmente de o à ∞; on a ainsi une branche infinie AC asymptotique à une parallèle GH à l'axe des y menée à la distance OG$=$1,25. Quand t varie de 1,25 à $\sqrt{2}$, x décroît de 1,25 à o, y redevient positive et diminue de ∞ à o, ce qui donne une seconde branche infinie OD asymptotique à la droite GH. Puisque l'origine est centre de la courbe, les valeurs négatives de x donneront des branches de courbe symétriques des précédentes par rapport au point O.

III. Je prends une courbe représentée au n° 154,

$$(y-x^2)^2-x^5=o.$$

Les coordonnées de l'origine satisfont à l'équation et annulent les deux premières dérivées. Si l'on pose $u=\frac{y}{x}$, l'équation devient

$$u^2-2ux+x^2-x^3=o.$$

On a à considérer une racine double $u=o$, et comme S_0 est nulle et T_0 positive, on se trouve dans le cas ambigu. Je pose $u=u'x$, ce qui réduit l'équation à

$$(u'-1)^2-x=o.$$

Cette dernière équation a deux solutions voisines de $u'=1$ pour $x>o$; elle n'en a aucune pour $x<o$. Ces deux solutions donnent pour u deux valeurs positives très-petites, et par conséquent deux branches de courbes tangentes à l'axe des x et situées toutes deux au-dessus de la tangente et à droite de l'origine, ce qui constitue un rebroussement de seconde espèce.

IV. $y^4-2y^3x^2-y^2x^3+y^2x^4+2yx^5-y^2x^5-x^7+3x^8=o$. J'étudie la courbe dans le voisinage de l'origine

$$u^4-iu^2(1+2u)\varepsilon+u(2+u)\varepsilon^2-i(1+u^2)\varepsilon^3+3\varepsilon^4=o.$$

On a ici une racine quadruple $u=o$; je pose $u=u'\varepsilon^{\alpha}$, l'équation précédente devient

$$u'^4\varepsilon^{4\alpha}-iu'^2\varepsilon^{1+2\alpha}-2iu'^3\varepsilon^{1+3\alpha}+2u'\varepsilon^{2+\alpha}+u'^2\varepsilon^{2+2\alpha}-i\varepsilon^3-iu'^2\varepsilon^{3+2\alpha}+3\varepsilon^4=o;$$

pour satisfaire à cette équation, il faut faire $\alpha=\frac{1}{2}$, d'où

$$u'^2(u'^2-i)+2u'(1-iu'^2)\varepsilon^{\frac{1}{2}}-(i-u'^2)\varepsilon+(3-iu'^2)\varepsilon^2=o.$$

L'équation $u'^2(u'^2-i)=o$, outre une racine double $u'=o$, admet deux racines simples, réelles pour $i=+1$, imaginaires pour $i=-1$. Ces deux racines simples donnent un rebroussement de première espèce, tangent à l'axe des x et situé à droite de l'origine. L'étude de la racine double nécessite une seconde transformation; je pose $u'=u''\varepsilon^{\alpha'}$, l'équation devient

$$iu''^2\varepsilon^{2\alpha'}-u''^4\varepsilon^{4\alpha'}-2u''\varepsilon^{\alpha'+\frac{1}{2}}+2iu''^3\varepsilon^{3\alpha'+\frac{1}{2}}+i\varepsilon-u''^2\varepsilon^{1+2\alpha'}-3\varepsilon^2+iu''^2\varepsilon^{2+\alpha'}=o.$$

Il faut donner à α' la valeur $\frac{1}{2}$, d'où

$$(u''^2-2iu''+1)-i(3+u''^2-2iu''^3+u''^4)\varepsilon+u''^2\varepsilon^2=o,$$

ou

$$(u''-i)^2-i(3+u''^2-2iu''^3+u''^4)\varepsilon+u''^2\varepsilon^2=o.$$

On a une racine double $u''=i$. Quand $i=+1$, le polynôme a le signe $-$ pour $u''=1$, et le signe $+$ pour des valeurs de u'' qui diffèrent sensiblement de 1, soit en plus, soit en moins; l'équation admet donc deux solutions dans le voisinage de 1.

Quand $i=-1$, le coefficient de ε est positif dans le voisinage de $u''=-1$, et par conséquent l'équation n'admet aucune solution. On a donc un rebroussement de deuxième espèce, tangent à l'axe des x, situé au-dessus de cet axe et à droite de l'origine.

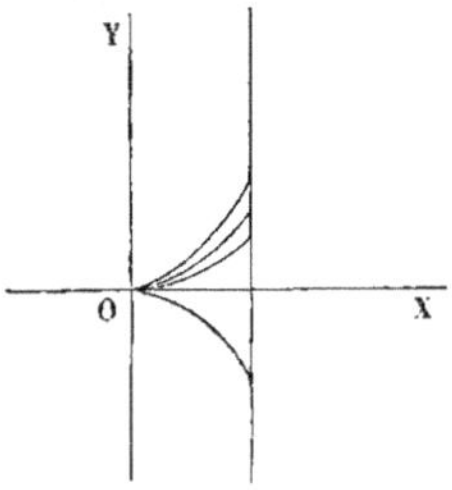

Ainsi la courbe offre à l'origine quatre branches tangentes à l'axe des x, situées toutes quatre à droite de l'origine, trois en dessus, une en dessous.

V. *Courbe du diable.* $y^4 - x^4 - 96a^2y^2 + 100a^2x^2 = 0.$

A l'inspection de l'équation, on voit que l'origine est centre et que les deux axes coordonnés sont axes de la courbe ; la courbe se compose donc de quatre parties égales ; il suffit d'étudier la partie située dans l'angle yox ; je ne donnerai à x et à y que des valeurs positives.

L'équation résolue donne

$$y = \sqrt{48a^2 \pm \sqrt{x^4 - 100a^2x^2 + \overline{48}^2 a^4}} = \sqrt{48a^2 \pm \sqrt{(x^2 - 6^2a^2)(x^2 - 8^2a^2)}},$$

$$y' = \sqrt{48a^2 + \sqrt{\ldots\ldots\ldots\ldots\ldots\ldots}}, \quad y'' = \sqrt{48a^2 - \sqrt{\ldots\ldots\ldots\ldots\ldots\ldots}}$$

Le second radical est réel pour les valeurs de x plus petites que $6a$ ou plus grandes que $8a$; je prends a pour unité de longueur, et je porte, à partir de l'origine, un certain nombre d'unités successives sur l'axe des x et sur l'axe des y ; l'ordonnée y' est réelle de 0 à 6 et de 8 à $+\infty$. Pour que y'' soit réelle, il

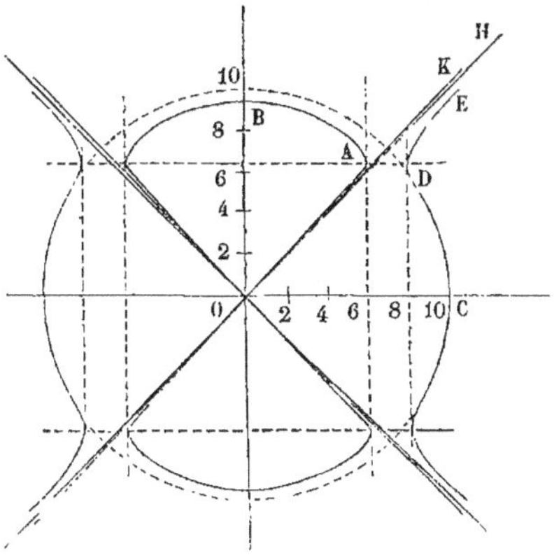

faut en outre que $\overline{48}^2 a^4 > x^4 - 100a^2x^2 + \overline{48}^2 a^4$, ou $x < 10a$; ainsi y'' est réelle de 0 à 6 et de 8 à 10.

Quand x varie de 0 à 6, y'' croît de 0 à $\sqrt{48}$, branche OA ; quand x varie de 8 à 10, y'' décroît de $\sqrt{48}$ à 0, branche DC.

Quand x varie de 0 à 6, y' décroît de $\sqrt{96}$ à $\sqrt{48}$, branche BA ; quand x varie de 8 à $+\infty$, y' croît de $\sqrt{48}$ à $+\infty$, branche infinie DE. Les portions de courbe se raccordent et forment deux branches continues OAB et CDE.

L'origine est un point multiple. Si l'on pose $\frac{y}{x} = u$, l'équation devient

$$\left(u^2-\frac{25}{24}\right)-\frac{1}{96a^2}(u^4-1)\,x^2=o;$$

le coefficient d'inclinaison de la tangente, égal à $\frac{5}{\sqrt{24}}$, est un peu plus grand que 1. Pour $u=\frac{5}{\sqrt{24}}$, le polynôme est négatif; donc la branche de courbe OA est située au-dessus de sa tangente OK.

ASYMPTOTES. $\varphi(c)=c^4-1=o$, $c=1$; d'où $d=o$; la branche infinie DE a pour asymptote la bissectrice OH de l'angle des axes. Si l'on représente par $cx+k$ l'ordonnée de la branche infinie DE, l'équation de la courbe devient

$$4k+(4a^2+6k^2)\frac{1}{x}+\ldots\ldots\ldots=o.$$

On a une racine simple $k=o$, pour laquelle le polynôme est positif; donc l'équation sera satisfaite pour une valeur négative de k; donc la branche DE est au-dessous de son asymptote OH.

EXERCICES.

1. Construction de l'équation $y^4-x^4+2ax^2y=o$.
2. $y^4+x^4-2ay^3-2bx^2y=o$.
3. $(y^2+x^2)^2-6axy^2-2ax^3+2a^2x^2=o$.
4. $y=a+b(x-c)^m$.
5. $y^2+x^4-3x^3-4x^2=o$.
6. $x^3y^3+y-x=o$.
7. $y^4-x^4-2bxy^2+2ax^3=o$.
8. $y^4-x^4-2x^2y^2+2x=o$.

CHAPITRE VIII.

Des conditions nécessaires pour la détermination d'une courbe d'espèce donnée.

160—On appelle équation générale d'une espèce de courbe définie géométriquement une équation rapportée à deux axes fixes des coordonnées et qui, lorsqu'on donne aux paramètres arbitraires qu'elle renferme diverses valeurs, peut représenter toutes les courbes de l'espèce, quelle que soit leur position dans le plan. Ainsi, lorsque les axes fixes sont rectangulaires, l'équation générale de l'espèce *cercle* est

$$(x-p)^2+(y-q)^2-r^2=o.$$

Cetté équation contient trois paramètres arbitraires, savoir le rayon r et les deux coordonnées p et q du centre. Il est clair que cette équation peut représenter un cercle quelconque, si l'on donne des valeurs convenables aux paramètres.

Ordinairement, on cherche d'abord l'équation de la courbe par rapport à des axes particuliers que l'on choisit de manière à simplifier le calcul; puis on la rapporte aux axes fixes par une transformation de coordonnées. Ainsi on a défini l'espèce *lemniscate*, le lieu des points tels que le produit des distances de chacun d'eux à deux points A et B soit égal au carré de la moitié de AB. Si l'on prend pour origine le milieu O′ de AB,

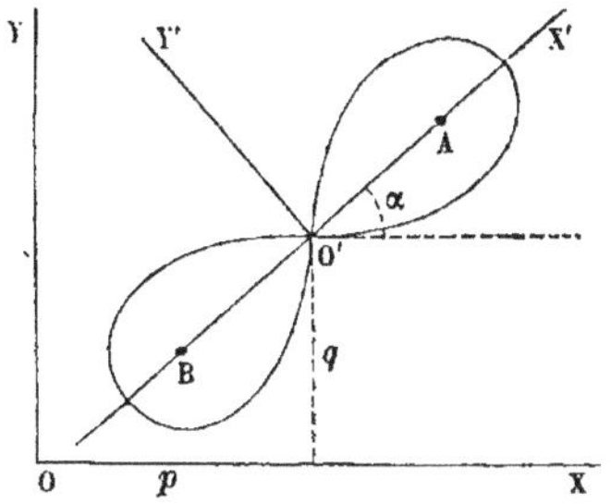

pour axe des coordonnées O'A et une perpendiculaire, et si l'on désigne par $2a$ la distance AB, la courbe, rapportée à ces axes particuliers, est représentée par l'équation (n° 5)

$$(x'^2+y'^2)+2a^2(y'^2-x'^2)=o.$$

Ensuite on rapporte la courbe aux axes fixes OX, OY, rectangulaires, au moyen des formules de transformation

$$x'=(x-p)\cos\alpha+(y-q)\sin\alpha,$$
$$y'=-(x-p)\sin\alpha+(y-q)\cos\alpha,$$

dans lesquelles p et q désignent les coordonnées du point O' et α l'angle de O'A avec OX. On arrivera ainsi à une équation

$$F(x, y, a, p, q, \alpha)=o,$$

renfermant quatre paramètres arbitraires, et qui peut représenter toutes les lemniscates; c'est l'équation générale de l'espèce.

THÉORÈME.

161—*Le nombre des points nécessaires à la détermination d'une courbe d'espèce donnée est égal au nombre des paramétres arbitraires que renferme l'équation générale de l'espèce.*

Soit

$$F(x, y, a, b, c, \ldots\ldots)=o$$

l'équation générale d'une espèce de courbe dans laquelle les lettres a, b, c,..... désignent n paramètres arbitraires. Si la courbe passe par un point donné (x', y'), on a l'équation de condition

$$F(x', y', a, b, c, \ldots\ldots)=o.$$

Si la courbe passe par n points donnés, on aura de la sorte n équations de condition qui détermineront les valeurs de n paramètres et par conséquent la courbe elle-même.

Corollaire I.—Une tangente équivaut à un point; car pour exprimer qu'une droite donnée est tangente à une courbe, on élimine y entre l'équation de la courbe et celle de la droite et on écrit que l'équation en x ainsi obtenue a deux racines égales, ce qui donne une équation de condition entre les paramètres.

On sait que l'équation générale de la lemniscate renferme quatre paramètres; une lemniscate sera donc déterminée ou par quatre points, ou par quatre tangentes, ou par trois points et une tangente, etc.

Corollaire II.—On pourrait donner des conditions plus complexes; par exemple, le centre de la courbe, un axe, un sommet, une asymptote,... si toutefois l'espèce que l'on considère en est susceptible. Si l'on donne les coordonnées du centre, en les substituant dans les deux équations du centre, on obtient deux équations de condition entre les paramètres. Si l'on donne l'axe ou l'asymptote, en égalant les deux coefficients de l'équation de l'axe ou de l'asymptote aux deux constantes qui déterminent sa position, on aura de même deux équations de condition. Les coordonnées du sommet doivent satisfaire à la fois à l'équation de la courbe et à celle de l'axe; encore deux équations de condition. Ainsi, les conditions complexes dont on vient de parler équivalent chacune à deux conditions simples. Par exemple, le centre et deux points déterminent la lemniscate.

Cependant, dans l'évaluation du nombre des conditions, il faut prendre garde de ne pas compter deux fois une même condition; par exemple, le centre et l'axe ne doivent être comptés que pour trois conditions, parce que l'axe, passant par le centre, n'exige plus qu'une seule constante pour sa détermination.

Remarque I.—Il importe d'examiner avec soin si les paramètres que renferme l'équation générale sont bien essentiellement distincts, c'est-à-dire ne peuvent être ramenés à un nombre moindre. Ainsi le cercle, considéré comme lieu des points tels que le rapport des distances de chacun d'eux à deux points donnés est constant, a pour équation générale

$$(x-a)^2+(y-b)^2-m^2[(x-a')^2+(y-b')^2]=0,$$

et paraît contenir cinq paramètres. Mais ces cinq paramètres peuvent être réduits à trois; en effet, l'équation peut s'écrire

$$x^2+y^2-\frac{2(a-m^2a')}{1-m^2}x-\frac{2(b-m^2b')}{1-m^2}y+\frac{a^2+b^2-m^2(a'^2+b'^2)}{1-m^2}=o.$$

Trois coefficients seulement renferment les paramètres. Si on les représente par A, B, C, l'équation

$$x^2+y^2+Ax+By+C=o$$

ne contient plus que trois paramètres arbitraires A, B, C.

Le cercle, considéré comme lieu des points tels que la somme des carrés des distances de chacun d'eux à n points donnés est constante, a pour équation générale

$$x^2+y^2-2\frac{a_1+a_2.....+a_n}{n}x-2\frac{b_1+b_2.....+b_n}{n}y$$
$$+\frac{a_1^2+b_1^2+a_2^2+b_2^2.....+a_n^2+b_n^2-K}{n}=o,$$

laquelle paraît contenir $2n+1$ paramètres arbitraires; mais elle n'en renferme réellement que trois distinctes; car on peut toujours poser

$$A=\frac{a_1+a_2.....+a_n}{n},\quad B=\frac{b_1+b_2.....+b_n}{n},$$
$$C=\frac{a_1^2+b_1^2.....+a_n^2+b_n^2-K}{n},$$

et l'équation devient

$$x^2+y^2+Ax+By+C=o.$$

Remarque II.—La définition géométrique d'une courbe indique elle-même le nombre des paramètres que renferme son équation générale. La définition du cercle exige la connaissance du centre, dont la position est déterminée par ses deux coordonnées et celle du rayon, en tout trois constantes ou paramètres. La définition de la lemniscate exige la connaissance de deux points fixes, ce qui fait quatre constantes. Dans la définition de la spirale d'Archimède, entrent un pôle (deux constantes), la position initiale de la droite mobile (une constante) et un rapport, en tout quatre constantes; ainsi, l'équation générale de la spirale d'Archimède contient quatre paramètres. La définition de la conchoïde renferme un point fixe, une droite fixe, une longueur constante, en tout cinq paramètres arbitraires.

Remarque III.—Dans ce qui précède, on a défini géométriquement les espèces de courbe, mais on peut aussi les définir analytiquement. On a appelé, par exemple, courbes du second degré les courbes représentées par l'équation générale du second degré

$$Ax^2+Bxy+Cy^2+Dx+Ey+F=o;$$

cette équation renferme cinq paramètres arbitraires, savoir les rapports de cinq des coefficients au sixième. Ainsi, il faut cinq points pour déterminer une ellipse ou une hyperbole. Quatre points suffisent pour une parabole, parce que dans ce cas il existe déjà entre les coefficients la relation $B^2-4AC=o$.

CHAPITRE IX.

De la Similitude.

162—Définition.—Soit un système de points A, B, C.... placés dans un plan; par un point quelconque O du plan, je mène aux différents points du système des rayons vecteurs OA, OB, OC,.... sur lesquels je prends des points A′, B′, C′,.... tels que

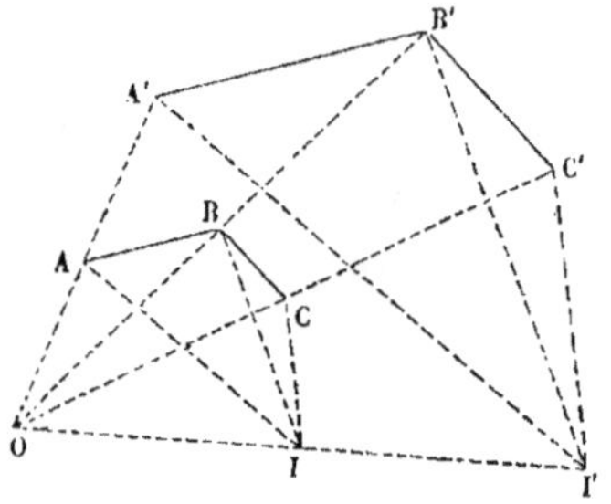

$$\frac{OA}{OA'}=\frac{OB}{OB'}=\frac{OC}{OC'}=....=k;$$

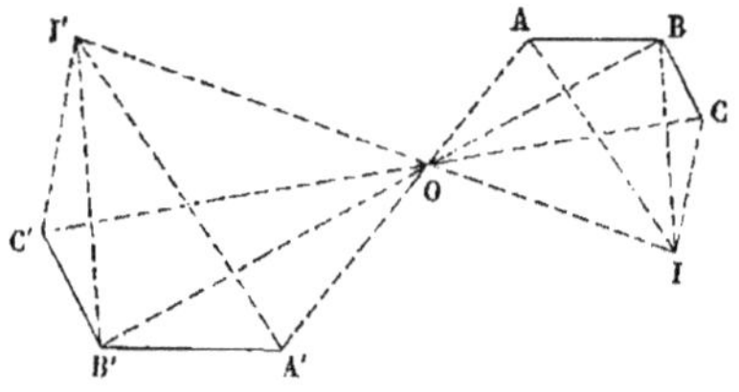

le système des points ainsi obtenus est dit *semblable* au système proposé et *semblablement placé*. Si les points A′, B′, C′,.... étaient pris sur les prolongements des rayons vecteurs en sens inverse, les deux systèmes seraient *semblables*, mais *inversement placés*.

Par une rotation de 180°, le second système devient semblable au premier, et semblablement placé.

Pour abréger le langage, M. Chasles a désigné cette similitude de forme et de position par le nom d'*homothétie*, directe dans le premier cas, inverse dans le second. Si l'on fait varier le *rapport* de similitude k de o à ∞, et aussi la position du *centre* O de similitude, on obtient tous les systèmes homothétiques au proposé. Les points A et A′, placés sur le même rayon vecteur, sont dits *homologues*.

Une courbe est *semblable* à une courbe donnée lorsqu'elle est égale à l'une des courbes homothétiques à la courbe donnée.

THÉORÈME I.

163—*Étant donnés deux systèmes homothétiques, la droite qui joint deux points* A, B *du premier système, et celle qui joint les deux points homologues* A′, B′ *du second système, sont parallèles et dans le rapport constant* k.

Puisque les lignes OA′, OB′, sont divisées dans le même rapport, les droites AB, A′B′ sont parallèles.

Corollaire I.—Quand trois points A, B, C sont en ligne droite, les homologues A′, B′, C′ sont aussi en ligne droite. Car les deux droites A′B′, A′C′, respectivement parallèles à AB, coïncident.

Corollaire II.—Quand plusieurs droites passent par un même point, les droites homologues passent par le point homologue.

Corollaire III.—L'angle de deux droites est égal à l'angle des droites homologues.

Corollaire IV.—Les tangentes à deux courbes homothétiques en deux points homologues sont parallèles. Car ces tangentes sont les limites de deux sécantes parallèles.

THÉORÈME II.

164—*Étant donnés deux systèmes homothétiques, si l'on joint un point* I *quelconque du plan aux points du premier système et le point homologue* I′ *aux points du second système, les droites ainsi obtenues sont respectivement parallèles et dans le rapport constant* k.

Réciproquement, *si deux systèmes sont tels que les droites menées d'un point* I *aux différents points du premier système, et celles menées d'un point* I′ *aux points du second, soient respectivement parallèles et dans le rapport constant* k, *ces deux systèmes sont homothétiques.*

La proposition directe se déduit immédiatement du théorème précédent. Pour démontrer la réciproque, je prends sur la droite I′I un point O tel que $\frac{OI}{OI'} = k$; les deux rayons OA, OA′ coïncident et sont entre eux dans le rapport k; donc O est centre d'homothétie.

Lorsque les parallèles IA, I′A′ sont dirigées dans le même sens, l'homothétie est directe et le centre O est placé sur le prolongement de la droite II′. Lorsque les parallèles sont dirigées en sens contraire, l'homothétie est inverse et le centre O est placé dans l'intervalle II′.

THÉORÈME III.

165—*Deux systèmes homothétiques à un troisième sont homothétiques entre eux.*

Avec le centre de similitude O et le rapport k je construis un premier système A′B′...I′ homothétique au système AB...I; avec le centre O′ et le rapport k' je construis un second système A″B″.... I″. Les droites I′A′, I″A″, respectivement parallèles à IA, sont parallèles entre elles On a d'ailleurs

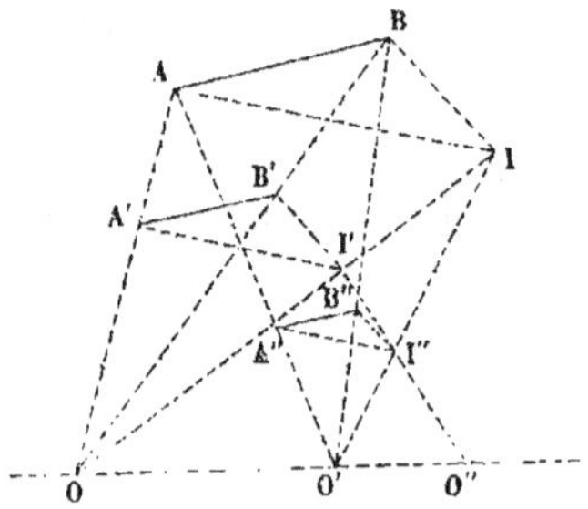

$$\frac{IA}{I'A'} = k, \quad \frac{IA}{I''A''} = k',$$

d'où

$$\frac{I'A'}{I''A''} = \frac{k'}{k}.$$

Ainsi les droites I′A′, I″A″ sont parallèles et dans un rapport constant; donc, en vertu du théorème II, les deux systèmes A′ et A″ sont homothétiques.

Corollaire.—Deux systèmes A′ et A″ homothétiques à un troisième A et construits avec le même rapport sont égaux entre eux; car si $k=k'$, les rayons parallèles I′A′ et I″A″ sont égaux et les deux systèmes peuvent être superposés. Il suit de là qu'au moyen d'un seul centre O, en faisant varier le rapport k de o à ∞, on peut construire tous les systèmes homothétiques au système donné.

Remarque.—Lorsque les deux systèmes A′ et A″ sont tous deux homothétiques directs ou homothétiques inverses, par rapport au système A, ils sont homothétiques directs entre eux; mais si l'un est homothétique direct, l'autre homothétique inverse, ils sont entre eux homothétiques inverses.

THÉORÈME IV.

Les centres de similitude de trois systèmes homothétiques deux à deux sont en ligne droite.

Il suffit, dans le raisonnement précédent, de placer le point I en O′; alors I″ coïncide aussi avec O′, et I′ se trouve sur la droite OO′; mais le centre de similitude O″ des deux systèmes A′ et A″ est placé sur la droite I′I″; donc il est sur OO′.

THÉORÈME V.

166 —*Lorsque deux figures à centre sont homothétiques directes, elles sont aussi homothétiques inverses, et réciproquement.*

Soient C et C′ les centres des figures, A et A′ deux points homologues; je prends sur le prolongement de C′A′ un point tel que $C'A'_1=C'A'$, le point A'_1 appartient aussi à la seconde figure; or $\frac{CA}{C'A'}=k$; donc $\frac{CA}{C'A'_1}=k$; puisque les rayons homologues CA et $C'A'_1$ sont dirigés en sens contraire, les deux courbes sont homothétiques inverses.

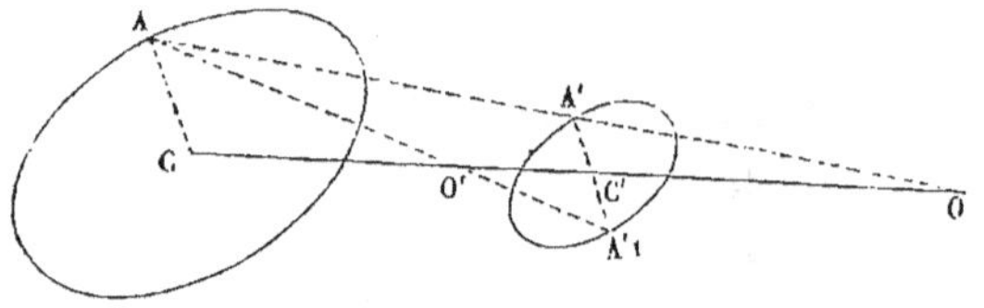

Il en résulte que les deux figures ont deux centres de similitude, l'un direct ou externe O placé sur le prolongement de la ligne des centres, l'autre inverse ou interne O' placé dans l'intervalle CC'.

Corollaire I.—Les deux centres de similitude O et O' de deux figures à centre divisent harmoniquement la ligne des centres.

Corollaire II.—Lorsque trois figures à centre sont homothétiques deux à deux, elles ont trois centres de similitude externes et trois internes. D'après le théorème IV, les trois centres de similitude externes sont en ligne droite; de même deux centres de similitude internes et le centre externe qui correspond au troisième interne sont aussi en ligne droite.

167— Équation des courbes homothétiques. — Soit

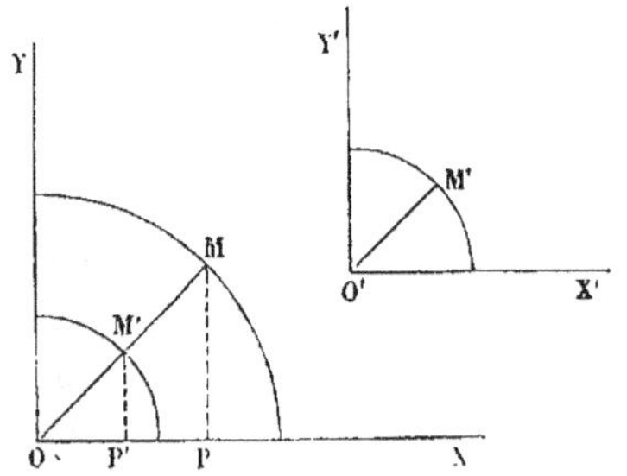

$$(1) \quad f(x, y) = 0$$

l'équation d'une courbe S. Je prends l'origine pour centre de similitude, et je construis avec le rapport k une courbe S' homothétique à la première. Si l'on désigne par x et y les coordonnées d'un point quelconque M de la première courbe, par x' et y' celles du point homologue M' de la seconde, les triangles semblables OPM, O′P′M′ donnent

$$\frac{x}{x'}=\frac{y}{y'}=\frac{\text{OM}}{\text{O'M'}}=k;$$

et, si l'on substitue dans l'équation (1), on a l'équation

$$(2)\quad f(kx', ky')=o,$$

qui représente toutes les courbes homothétiques à la proposée et ayant l'origine pour centre d'homothétie. Dans cette équation, on donnera à k une valeur positive lorsque l'homothétie sera directe, une valeur négative lorsque l'homothétie sera inverse.

Laissant fixe la courbe S, je transporte la courbe S′ dans le plan, de manière que l'origine O vienne en $O'(p, q)$, et que les axes restent parallèles à leur position primitive; la courbe S′ a pour équation, par rapport aux axes O′X′ et O′Y′, $f(kx', ky')=o$, et, par rapport aux axes fixes OX et OY,

$$(3)\quad f[k(x-p),\ k(y-q)]=o.$$

Dans cette nouvelle position, la courbe S′ est homothétique à S; car les rayons vecteurs menés de O et de O′ sont parallèles et dans le rapport constant k. L'équation (3) représente donc toutes les courbes homothétiques à la courbe proposée, quelle que soit la position du centre de similitude.

163—Équation des courbes semblables. — En même temps que je transporte l'origine en O′, je fais tourner les axes de l'angle α; la courbe S′ occupera alors une position quelconque dans le plan et sera simplement semblable à la proposée. La courbe S′, rapportée aux axes mobiles O′X′ et O′Y′, a pour équation

$$f(kx', ky')=o;$$

au moyen des formules de transformation, les axes étant supposés rectangulaires,

$$x'=(x-p)\cos\alpha+(y-q)\sin\alpha,$$
$$y'=-(x-p)\sin\alpha+(y-q)\cos\alpha,$$

on obtient l'équation de la courbe par rapport aux deux axes fixes OX et OY. Cette équation représente toutes les courbes semblables à la proposée.

169—APPLICATION.—Conditions pour que deux courbes du second degré

$$Ax^2+Bxy+Cy^2+Dx+Ey+F=0,$$
$$A'x^2+B'xy+C'y^2+D'x'+E'y'+F'=0,$$

soient homothétiques. L'équation générale des courbes homothétiques à la première est

$$Ak^2x^2+Bk^2xy+Ck^2y^2-(Bk^2q+2Ak^2p-Dk)x-(Bk^2p+2Ch^2q-Ek)y$$
$$+(Ak^2p^2+Bk^2pq+Ck^2q^2-Dkp-Ekq+F)=0.$$

En identifiant cette équation avec la seconde, on a

$$\frac{A}{A'}=\frac{B}{B'}=\frac{C}{C'}=\frac{-Bq-2Ap+\frac{D}{k}}{D'}=\frac{-Bp-2Cq+\frac{E}{k}}{E'}=\frac{Ap^2+Bpq+Cq^2-\frac{D}{k}p-\frac{E}{k}q+\frac{F}{k^2}}{F'};$$

l'élimination des trois paramètres p, q, k, entre ces cinq équations, donne deux équations de condition ; or, les deux premières équations $\frac{A}{A'}=\frac{B}{B'}=\frac{C}{C'}$, ne renfermant pas les paramètres à éliminer, sont précisément les deux équations de condition. Donc, *pour que deux courbes du second degré soient homothétiques, il faut que les coefficients des termes du second degré soient proportionnels.*

170—CONDITIONS DE SIMILITUDE DE DEUX FIGURES.

1° Lorsqu'une équation, $f(x, y, a)=0$, ne renferme qu'un paramètre linéaire a, elle est homogène par rapport à x, y, a, et toutes les courbes qu'elle représente sont homothétiques. En effet, je donne à a une valeur particulière a_0, les courbes semblables à la courbe $f(x, y, a_0)=0$ sont comprises dans l'équation $f(kx, ky, a_0)=0$, ou en posant $a=\frac{a_0}{k}$, $f(kx, ky, ka)=0$, et, à cause de l'homogénéité, $f(x, y, a)=0$; d'ailleurs a est quelconque, puisque k est arbitraire. Ainsi, en considérant les courbes homothétiques à la courbe a_0, on obtient toutes les courbes représentées par l'équation proposée.

2° Les n paramètres que renferme l'équation générale d'une espèce de courbe peuvent être remplacés par un système de n paramètres équivalents, dont trois p, q, α déterminent la position de la courbe dans le plan et les $n-3$ autres $a, b, \ldots e$, la forme et les dimensions de la courbe (n° 160), et l'on obtient ainsi une équation

$$(4) \quad f(x, y, a, b, \ldots e) = o,$$

renfermant $n-3$ paramètres arbitraires, qui représente toutes les courbes de l'espèce, seulement dans des positions particulières. Ordinairement on obtient cette équation directement et avant l'équation générale.

Je suppose que tous les paramètres $a, b, \ldots e$ soient des longueurs, l'équation (4) sera nécessairement homogène par rapport à $x, y, a, b, \ldots e$. Je considère la courbe particulière $f(x, y, a_0, b_0, \ldots e_0) = o$, qui correspond aux valeurs $a_0, b_0, \ldots e_0$ des paramètres; toutes les courbes homothétiques à celle-là sont comprises dans l'équation

$$f(kx, ky, a_0, b_0, \ldots e_0) = o$$

ou, en posant

$$\frac{a'}{a_0} = \frac{b'}{b_0} = \ldots \frac{e'}{e_0} = \frac{1}{k}, \qquad f(kx, ky, ka', kb', \ldots ke') = o,$$

et, à cause de l'homogénéité,

$$(5) \quad f(x, y, a', b', \ldots e') = o.$$

Les courbes données par l'équation (5) sont évidemment comprises dans l'équation (4). Ainsi, *une courbe semblable à une courbe quelconque est de la même espèce et a ses paramètres linéaires proportionnels à ceux de la première*. La réciproque est vraie. Cette condition, d'ailleurs, est nécessaire.

3° Quelquefois on détermine une figure, non-seulement par des longueurs, mais encore par des angles et des rapports; pour qu'il y ait similitude, ces derniers doivent être égaux. Ainsi, *les figures d'une espèce étant définies par un cer-*

tain nombre de paramètres, les uns linéaires, les autres angulaires ou numériques, pour que deux figures de l'espèce soient semblables il est nécessaire et il suffit que les premiers soient proportionnels, les autres égaux.

4° Lorsque la définition de la figure (en forme et en grandeur seulement, on fait abstraction de la position) n'exige qu'une longueur, toutes les courbes de l'espèce sont semblables. Ainsi le cercle est défini par son rayon, la parabole par son paramètre ou la distance du foyer à la directrice, la spirale d'Archimède par la longueur a que parcourt le mobile, pendant que la droite décrit l'unité d'angle; tous les cercles sont semblables, toutes les paraboles, toutes les spirales.

L'ellipse est déterminée par ses deux demi-axes; donc la condition de similitude de deux ellipses est que les axes soient proportionnels. Cette condition résulte, d'ailleurs, du n° 169. Il en est de même de l'hyperbole; mais cette condition se traduit par l'égalité de l'angle des asymptotes. Si, en conservant les mêmes asymptotes, on fait diminuer l'axe transverse jusqu'à o, on obtient comme limite des hyperboles semblables les deux asymptotes.

5° Soit $f(\rho, \omega) = o$ l'équation d'une courbe en coordonnées polaires, l'équation des courbes homothétiques ayant le pôle pour centre d'homothétie est $f(k\rho, \omega) = o$.

On peut reconnaître de cette manière que les cissoïdes (n° 114) sont toutes semblables.

Je considère la spirale logarithmique $\rho = a^\omega$ (a étant positive); les spirales semblables sont $k\rho = a^\omega$, ou $\rho = \frac{1}{k} a^\omega$; si l'on pose $k = a^\alpha$, cette équation devient $\rho = a^{\omega - \alpha}$. Cette dernière équation représente la spirale proposée elle-même, quand on fait tourner l'axe polaire de l'angle α. Ainsi, une spirale logarithmique n'a pour semblables que des courbes égales à elle-même; en d'autres termes, deux spirales logarithmiques ne peuvent être semblables.

CHAPITRE X.

Des Problèmes déterminés.

RÉSOLUTION ALGÉBRIQUE DES PROBLÈMES DÉTERMINÉS.

171—Pour mesurer les grandeurs d'une certaine espèce, on les compare à une grandeur de même espèce, prise pour unité, et on les représente ainsi par des nombres. On conçoit par là comment les questions d'un ordre quelconque, et en particulier les questions géométriques, peuvent se ramener à des questions de nombres, et comment une relation entre les grandeurs d'une figure n'est autre chose qu'une équation entre les nombres qui les mesurent.

Avant l'invention de Descartes, chaque problème de géométrie se résolvait par un procédé spécial ; la représentation des figures par des équations donne une méthode uniforme applicable à toutes les questions géométriques. En effet, si l'on suit pas à pas l'énoncé, on voit qu'il s'agit de mener des lignes d'après certaines conditions, comme, par exemple, de passer par des points déterminés, d'être perpendiculaires ou tangentes à d'autres lignes. Or si, au fur et à mesure, on cherche les équations de toutes ces lignes, la vérification du théorème ou la détermination des inconnues du problème sera évidemment ramenée à une simple question algébrique. C'est ainsi que l'on a opéré dans l'étude de la ligne droite et des courbes du second degré. Mais cette méthode n'est pas toujours la plus simple, et dans beaucoup de cas il vaut mieux recourir à des procédés particuliers.

Quelquefois les théorèmes de la géométrie élémentaire donnent immédiatement les équations nécessaires pour résoudre la question.

Exemple.—Trouver les trois côtés d'un triangle rectangle, connaissant la surface et le périmètre.

En représentant par a le périmètre, par S la surface, par x et y les deux côtés de l'angle droit, et par z l'hypothénuse, on a de suite, au moyen de deux théorèmes simples, les trois équations

$$(1)\quad \begin{cases} x+y+z=a, \\ x^2+y^2=z^2, \\ xy=2S, \end{cases}$$

suffisantes pour la détermination numérique des inconnues. Par une combinaison convenable, on trouve que $z=\frac{a^2-4S}{2a}$ et que x et y sont les racines de l'équation du second degré

$$(2)\quad u^2-\frac{a^2+4S}{2a}u+2S=0.$$

Pour que le problème soit possible, il faut 1° que l'on ait $a^2>4S$, 2° que les racines de l'équation (2) soient réelles et positives. Or, si la première condition est remplie, ces racines ne peuvent être réelles sans être positives, puisqu'elles sont de même signe et que leur somme est positive. Si donc on a en même temps

$$a^2>4S,\quad (a^2+4S)^2\geqq 32a^2S,$$

la question admet une solution et une seule. La dernière inégalité peut se mettre sous la forme

$$16\left[S-\frac{a^2}{4}(3+2\sqrt{2})\right]\left[S-\frac{a^2}{4}(3-2\sqrt{2})\right]>0,$$

et pour qu'elle soit compatible avec la première on doit avoir

$$S<\frac{a^2}{4}(3-2\sqrt{2}).$$

Ainsi parmi tous les triangles rectangles de même périmètre a le plus grand a une surface égale à

$$S=\frac{a^2}{4}(3-2\sqrt{2}).$$

172—Inconnues auxiliaires.—Souvent on ne connaît pas de relation immédiate entre les éléments de la figure qui entrent dans l'énoncé; on emploie alors une ou plusieurs inconnues auxiliaires que l'on choisit dans la figure, de manière qu'il existe des relations connues entre elles et les quantités proposées. Après avoir établi un nombre suffisant d'équations, on pourra, si l'on veut, éliminer les inconnues auxiliaires, et obtenir de la sorte des équations qui ne renferment plus que les données et les inconnues cherchées.

Exemple.—On demande la diagonale BD d'un quadrilatère inscrit ABCD dont on connaît les quatre côtés.

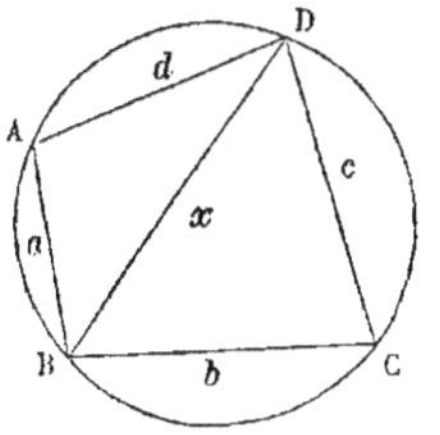

Je représente par a, b, c, d les quatre côtés, par x la diagonale cherchée, et je prends pour inconnues auxiliaires les deux angles opposés A et C, qui sont supplémentaires, on a les trois équations

$$x^2=a^2+d^2-2ad\cos A,$$
$$x^2=b^2+c^2-2bc\cos C,$$
$$A+C=\pi \text{ ou } \cos A=-\cos C,$$

qui, par l'élimination de A et de C, donnent

$$x^2(ad+bc)=ad(b^2+c^2)+bc(a^2+d^2)=(ac+bd)(cd+ab);$$

on trouverait pareillement pour l'autre diagonale

$$y^2(ab+cd)=(ac+bd)(ad+bc),$$

d'où

$$x^2y^2=(ac+bd)^2, \qquad xy=ac+bd$$

et

$$\frac{x^2}{y^2}=\frac{(cd+ab)^2}{(ad+bc)^2}, \qquad \frac{x}{y}=\frac{cd+ab}{ad+bc}.$$

Il en résulte que, dans un quadrilatère inscrit, le produit des diagonales est égal à la somme des produits des côtés opposés; que le rapport des diagonales est égal au rapport des sommes des produits des côtés qui aboutissent aux extrémités de chacune d'elles.

173—Des différents cas d'une même question.—Souvent une question géométrique présente plusieurs cas différents.

On considérera chacun d'eux comme une question particulière, et, faisant la figure qui s'y rapporte, on mettra le problème en équation. Ordinairement les divers systèmes d'équations obtenus de la sorte se ramèneront à un seul par l'emploi des quantités négatives.

Exemple I.—Par un point M mener une droite telle que la partie interceptée entre les deux droites données AA′, BB′ ait une longueur donnée.

J'appelle θ l'angle des deux droites dans lequel est situé le point M, a et b les coordonnées de ce point par rapport aux deux droites, x et y les coordonnées des points où la droite cherchée, qui peut avoir les diverses positions PMQ, MP″Q″, MQ‴P‴, rencontre les axes des coordonnées; l'équation de cette droite sera, en désignant par X et Y les coordonnées courantes,

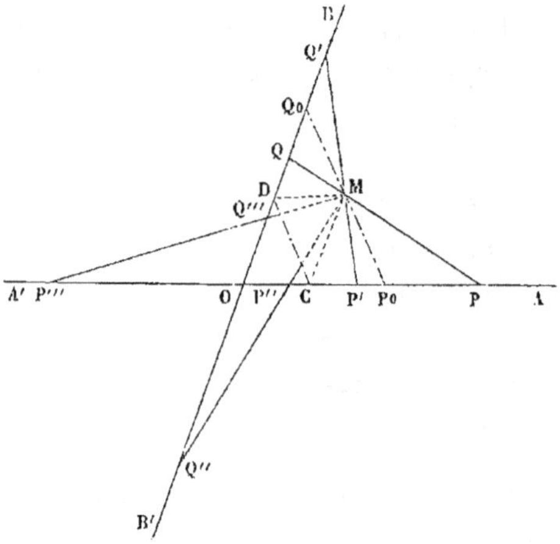

$$\frac{X}{x}+\frac{Y}{y}=1,$$

et puisqu'elle doit passer au point M on a la relation

$$\frac{a}{x}+\frac{b}{y}=1, \text{ ou } yx-ay-bx=0.$$

D'autre part la longueur l s'exprime par la formule

$$l^2=x^2+y^2-2xy\cos\theta.$$

Ainsi les deux équations

$$(1)\quad \begin{cases} xy-ay-bx=0, \\ x^2+y^2-2xy\cos\theta=l^2, \end{cases}$$

au moyen des conventions faites sur les signes des coordonnées, résolvent tous les cas du problème. L'élimination de l'une des inconnues conduit à une équation du quatrième degré.

Lorsque le point M est situé sur la bissectrice de l'angle AOB, c'est-à-dire lorsque ses coordonnées a et b sont égales, l'équation se ramène à une équation du second degré ; mais dans ce cas il vaut mieux opérer de la manière suivante : Les équations (1) deviennent

$$xy-a(x+y)=0,$$

$$(x+y)^2-4xy\cos^2\frac{\theta}{2}=l^2;$$

on en tire

$$(2)\quad \begin{cases} x+y=2a\cos^2\frac{\theta}{2}\pm\sqrt{4a^2\cos^4\frac{\theta}{2}+l^2}, \\ xy=2a^2\cos^2\frac{\theta}{2}\pm a\sqrt{4a^2\cos^4\frac{\theta}{2}+l^2}. \end{cases}$$

Les inconnues x et y sont donc les racines de deux équations du second degré. Celle que l'on obtient en prenant le radical avec le signe — dans les formules (2) a toujours ses racines réelles, puisque le produit xy est négatif, elle donne les deux solutions MP''Q'', MQ'''P''', qui existent toujours. Si l'on prend le même radical avec le signe +, on trouve pour condition de réalité des deux racines qui sont alors positives, $l>4a\sin\frac{\theta}{2}$. Comme la diagonale CD a une longueur égale à $2a\sin\frac{\theta}{2}$, cette condition est $l>2\text{CD}$. Il en résulte que la plus petite corde que l'on puisse tracer par le point M dans l'angle AOB est la corde P_0Q_0 parallèle à CD et égale à 2CD. Si la longueur l est plus grande que ce minimum, on aura deux solutions, PQ, P'Q', symétriquement placées par rapport à P_0Q_0.

Exemple II.—Par un point M mener une droite telle que le triangle formé par cette droite et deux droites fixes AA', BB' ait une surface donnée.

Je conserve les mêmes notations que dans le problème précédent et j'appelle S la surface donnée; on a dans tous les cas

$$xy-ay-bx=0.$$

Si la droite occupe la position PMQ, la surface S a pour valeur

$$S=\frac{xy\sin\theta}{2},$$

tandis que dans les deux autres cas on a

$$S=-\frac{xy\sin\theta}{2}.$$

Les solutions du premier cas sont donc données par le système

$$(1)\quad\begin{cases}xy-ay-bx=0,\\ S=\dfrac{xy\sin\theta}{2},\end{cases}$$

celles des deux autres cas par le système

$$(2)\quad\begin{cases}xy-ay-bx=0,\\ S=-\dfrac{xy\sin\theta}{2},\end{cases}$$

Les solutions du second système sont toujours réelles. Quant à celles du premier, la condition de réalité est $S\geqslant 2ab\sin\theta$, il en résulte que le triangle minimum formé dans l'angle AOB est isocèle. Si la surface S est plus grande que le minimum, on a deux solutions PQ, P'Q'.

174—Généralisation.—Souvent les équations du problème admettent plus de systèmes de solutions réelles que n'en comporte l'énoncé ; on cherche alors à modifier ce dernier, de telle sorte que chaque solution des équations corresponde à un cas du problème ; c'est ce qu'on appelle *généraliser* l'énoncé.

EXEMPLE I.—Partager une droite donnée AB en moyenne et extrême raison.

Soit a la longueur donnée AB, x le plus grand segment AM, on a

$$(1)\quad x^2 = a(a-x)$$

ou

$$x^2 + ax - a^2 = o.$$

Cette équation a deux racines réelles de signes contraires ; cependant le problème, tel qu'il est proposé, n'admet qu'une solution, qui correspond à la racine positive de l'équation. Si l'on désigne par $-x'$ la racine négative, l'équation (1) devient

$$x'^2 = a(a+x');$$

on voit que si l'on prend $AM' = x'$, la distance M'A est moyenne proportionnelle entre M'B et AB. Si donc on convient de porter la racine positive à partir de A dans la direction AB et la racine dans la direction opposée, l'équation (1) résout la question suivante : *Trouver sur la droite indéfinie* AB *un point tel que sa distance au point* A *soit moyenne proportionnelle entre sa distance au point* B *et la longueur* AB.

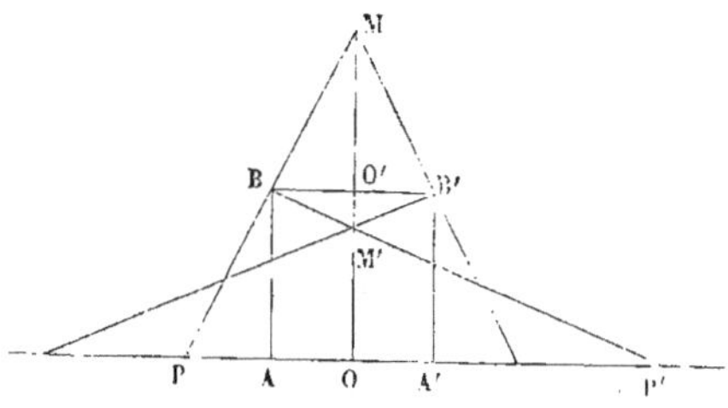

EXEMPLE II. — Circonscrire à un cylindre un cône dont le volume soit égal à un volume donné V.

Je désigne par r le rayon de la base, par

h la hauteur du cylindre donné, par x la hauteur OM, par y le rayon de la base du cône, on a

$$(1)\quad \begin{cases} y : x :: r : x-h \quad \text{ou} \quad y=\dfrac{rx}{x-h}, \\ V=\dfrac{1}{3}\pi y^2 x \end{cases}$$

d'où, par l'élimination de y,

$$(2)\quad x^3-\frac{3V}{\pi r^2}(x-h)^2=0.$$

Cette équation ne peut pas avoir de racines négatives; elle a toujours une racine positive comprise entre o et h, qui ne convient pas à la question proposée. La condition de réalité des trois racines est

$$V>\frac{9}{4}\pi r^2 h.$$

Lorsque le volume donné est plus grand que le volume minimum $\frac{9}{4}\pi r^2 h$, l'équation admet une racine comprise entre h et $3h$, une autre plus grande que $3h$; ces deux racines donnent deux solutions de la question. Lorsque le volume donné est minimum, les deux racines deviennent égales à $3h$ et les deux cônes se confondent.

Soit x' la racine comprise entre o et h, $-y'$ la valeur négative de y correspondante, les équations deviennent

$$y'=\frac{rx'}{h-x'},\qquad V=\frac{1}{3}\pi y'^2 x';$$

or si l'on prend $OM'=x'$ et que l'on mène la droite BM', on trouve $y'=OP'$, par suite $\frac{1}{3}\pi y'^2 x'$ est le volume engendré par la rotation du triangle rectangle M'OP' autour de OO'. Ainsi l'équation (2), par ses trois racines, résout la question suivante : *Étant donnés un cercle BB', un plan AA', parallèle au plan du cercle, et la ligne droite OM perpendiculaire aux deux plans et passant par le centre du cercle, trouver sur cette ligne droite un point tel qu'en le prenant pour sommet d'un cône dont la directrice serait la circonférence, le volume compris entre le sommet et le plan AA' soit égal à un volume donné.*

175—Impossibilité de généraliser.—En général les conditions d'un problème sont traduites algébriquement par un certain nombre d'équations et d'inégalités simultanées; tout système de valeurs réelles qui satisfont à la fois aux équations et aux inégalités donne une solution de la question. Dans les exemples qui précèdent, on a vu que l'on pouvait transformer l'énoncé de manière à lui donner toute l'étendue des équations, de manière, par conséquent, à supprimer les inégalités. Les équations sont de la sorte la traduction fidèle du nouvel énoncé, et tout système de valeurs réelles qui satisfont à ces équations donne une solution de la question ainsi transformée. Mais cette généralisation n'est pas toujours facile, et pour l'opérer, il faudrait souvent faire subir à l'énoncé des modifications très-considérables qui changeraient en quelque sorte la nature de la question.

Exemple I.—Couper une sphère par un plan, de manière que le volume du segment soit égal au volume du cône qui aurait pour base la base du segment et pour sommet le centre de la sphère.

Soit x la distance du centre au plan sécant: le volume du cône sera $\frac{1}{3}\pi x(r^2-x^2)$, celui du segment, qui doit être la moitié du secteur, $\frac{1}{3}\pi r^2(r-x)$; d'où l'équation

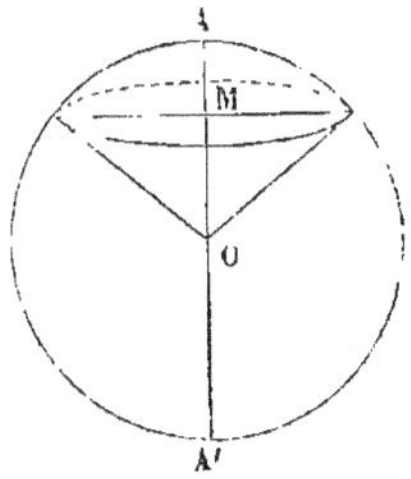

$$x(r^2-x^2)=r^3(r-x),$$

ou

$$(1)\quad (x-r)(x^2+rx-r^2)=0.$$

La longueur x doit être comprise entre o et r, c'est-à-dire qu'à l'équation précédente il faut joindre les inégalités

$$o<x<r.$$

L'équation (1) a d'abord une racine égale à r; elle donne un segment et un cône nuls; si on en fait abstraction, l'équation se réduit au second degré

$$(2) \quad x^2+rx-r^2=0.$$

Cette équation est celle que l'on obtient quand on veut partager le rayon en moyenne et extrême raison, de façon que le plus grand segment parte du centre. Elle a une racine positive plus petite que r et une racine négative numériquement plus grande que r; à la première correspond une solution de la question; quant à la seconde, elle donne un plan sécant qui ne rencontre pas la sphère; donc, en se bornant à ce corps, il n'y a pas lieu de chercher une généralisation de l'énoncé primitif.

Exemple II. — Couper une sphère de rayon r par un plan, de manière que le volume du segment obtenu soit égal à celui d'une sphère de rayon a.

Je suppose le plan sécant perpendiculaire au diamètre AA'; j'appelle x la distance OM du centre à ce plan, prise avec le signe + ou le signe —, suivant qu'elle est portée sur OA ou sur OA'. En évaluant le segment situé au-dessus du plan sécant, on a l'équation

$$\frac{4}{3}\pi a^3=\frac{2}{3}\pi r^2(r-x)-\frac{\pi}{3}x(r^2-x^2),$$

ou

$$(1) \quad x^3-3r^2x+2(r^3-2a^3)=0,$$

à laquelle il faut joindre les inégalités $-r<x<r$.

L'équation a une racine positive plus grande que r qui ne convient pas à la question. Comme a est plus petit que r, elle a une racine négative numériquement plus grande que r, qui ne convient pas non plus à la question. La troisième racine comprise entre $-r$ et $+r$, donne la solution de la question.

Pour avoir un énoncé tel qu'à toute racine réelle de l'équation corresponde une solution, il faudrait employer, concurremment avec la sphère, un autre corps, l'hyperboloïde de révolution à deux nappes.

Exemple III. — Trouver une circonférence telle, qu'en portant, à partir de l'un de ses points, trois cordes données à la suite l'une de l'autre, mais dans un sens quelconque, on arrive au point diamétralement opposé.

J'appelle x le rayon cherché, $2a$, $2b$, $2c$ les trois cordes rangées par ordre de grandeur, $a>b>c$; 2α, 2β, 2γ les angles au centre correspondants, angles positifs ou négatifs, suivant que les cordes sont portées dans un sens ou dans l'autre, on a

$$(1)\quad a=\mp x\sin\alpha,\qquad b=\pm x\sin\beta,\qquad c=\pm x\sin\gamma,$$

$$(2)\quad \alpha+\beta+\gamma=\frac{\pi}{2};$$

$$a<x<a+b+c.$$

L'équation (2) donne

$$\sin^2\alpha+\sin^2\beta+\sin^2\gamma+2\sin\alpha\sin\beta\sin\gamma-1=0;$$

d'où

$$x^3-(a^2+b^2+c^2)x\mp 2abc=0.$$

Cette dernière se décompose en deux équations qui ont leurs racines égales en valeur absolue et de signes contraires; il suffit de considérer l'une d'elles

$$(4)\quad x^3-(a^2+b^2+c^2)x-2abc=0.$$

L'équation (4) a 1° une racine positive comprise entre

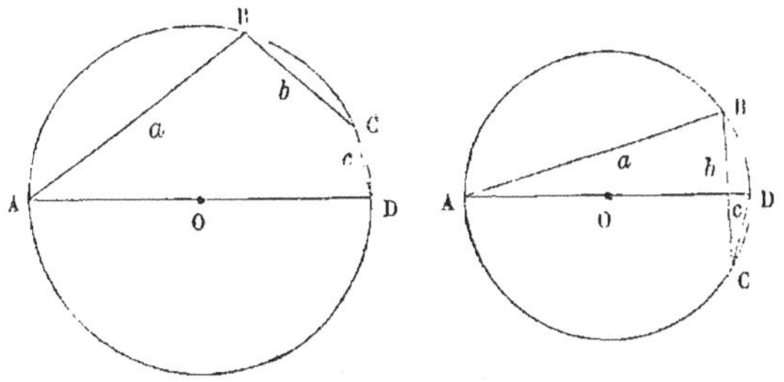

a et $a+b+c$; 2° une racine négative comprise entre $-a$ et $-(a+b+c)$; 3° une racine négative comprise entre o et c. Cette dernière doit être rejetée ; les valeurs absolues des deux premières racines donnent deux cercles satisfaisant à la question. Dans le cercle qui correspond à la première, les trois cordes sont portées dans le même sens, et dans celui qui correspond à la seconde, les deux plus grandes cordes sont portées dans le même sens, et la plus petite en sens contraire ; l'ordre dans lequel on porte les cordes est d'ailleurs indifférent, et il n'y a que ces deux combinaisons possibles.

176—SYMÉTRIE DES ÉQUATIONS.—Quelquefois la multiplicité des racines de l'équation finale provient, non pas de ce que la question admet plusieurs solutions, ou qu'il entre dans l'équation des racines étrangères à la question, mais de ce que les équations du problème renferment les inconnues symétriquement, c'est-à-dire ne changent pas lorsqu'on permute ces inconnues ; alors l'équation finale, étant la même pour ces diverses inconnues, les renferme toutes, et doit être par conséquent d'un degré au moins égal à leur nombre. Le problème du nº 171 présente cette circonstance, les équations sont symétriques par rapport à x et y, aussi on a trouvé que ces deux inconnues étaient racines d'une même équation du second degré.

EXEMPLE.—Déterminer les côtés x, y, z d'un triangle, connaissant sa surface S, le rayon r du cercle inscrit, et le rayon R du cercle circonscrit.

Les équations

$$x+y+z=2p,$$
$$p(p-x)(p-y)(p-z)=S^2,$$
$$pr=S,$$
$$xyz=4RS,$$
$$x<p,\quad y<p,\quad z<p,$$

obtenues au moyen de l'inconnue auxiliaire p qui désigne le demi-périmètre, étant symétriques par rapport à x, y, z, conduisent à une équation finale qui sera au moins du troisième degré, et qui, par ses diverses racines, donnera les valeurs des trois inconnues.

En effet, de la première et de la troisième, on déduit

$$x+y+z=\frac{2S}{r},$$

de la seconde, développée,

$$xy+yz+zx=r^2+4Rr+\frac{S^2}{r^2}.$$

On connaît ainsi la somme des produits des côtés combinés, un à un, deux à deux, trois à trois; ces côtés sont donc les racines de l'équation du troisième degré

$$(1)\quad u^3-\frac{2S}{r}u^2+\left(r^2+4Rr+\frac{S^2}{r^2}\right)u-4RS=o.$$

Cette équation n'a pas de racines négatives; en l'écrivant sous la forme

$$(2)\quad u\left(u-\frac{S}{r}\right)^2+4Rr\left(u-\frac{S}{r}\right)+r^2u=o,$$

on voit que $\frac{S}{r}$ est une limite supérieure des racines; or $\frac{S}{r}$ est la demi-somme des racines; donc, si la condition de réalité est satisfaite, chacune d'elles étant plus petite que la demi-somme des trois ou plus petite que la somme des deux autres, le triangle sera possible. Si l'on pose $u=u'+\frac{2S}{3r}$, le second terme disparaît, et l'équation devient

$$(3)\quad u'^3-\left(\frac{S^2}{3r^2}-r^2-4Rr\right)u'+\frac{2S}{3}\left(\frac{S^2}{9r^3}+r-2R\right)=o.$$

La condition de réalité est

$$(4)\quad S^4-r^2(4R^2+20Rr-2r^2)S^2+r^5(r+4R)^3<o.$$

Le premier membre étant un trinôme du second degré en S^2, les deux racines de l'équation obtenue, en égalant ce trinôme à zéro, doivent être réelles, sans quoi le trinôme serait constamment positif; je désigne ces deux racines par S'^2 et S''^2, on a

$$S'^2=r^2[2R^2+10Rr-r^2+2(R-2r)\sqrt{R(R-2r)}],$$
$$S''^2=r^2[2R^2+10Rr-r^2-2(R-2r)\sqrt{R(R-2r)}].$$

Quand ces quantités sont réelles, elles sont nécessairement positives. La condition (4) se transforme dans les suivantes

$$R>2r, \qquad S'>S>S''.$$

Ainsi, dans tout triangle, le rayon du cercle circonscrit est supérieur ou égal au double du rayon du cercle inscrit.

Lorsque $R=2r$, la condition de réalité devient

$$(S^2-27r^4)^2\leqq o,$$

ce qui exige que l'on ait

$$S=3r^2\sqrt{3};$$

si elle est satisfaite, l'équation (1) se réduit à

$$u^3-6\sqrt{3}ru^2+36r^2u-24\sqrt{3}r^3=o,$$

ses trois racines sont égales à $2\sqrt{3}r$, et le triangle est équilatéral.

CONSTRUCTION DES FORMULES.

177—En résolvant, si cela est possible, les équations d'un problème, on obtient des formules qui indiquent les opérations arithmétiques qu'il faut effectuer sur les nombres qui mesurent les grandeurs connues pour avoir les valeurs numériques des inconnues. Mais ne pourrait-on pas déduire de chaque formule, ou même de chaque équation, une construction graphique propre à donner, non plus la valeur numérique de l'inconnue, mais l'inconnue elle-même? En un mot, est-il possible de transformer les opérations numériques en opérations graphiques? Dans la géométrie élémentaire, on ne considère que les constructions qui peuvent être effectuées au moyen d'un nombre limité de lignes droites et de cercles, et qui, par conséquent, n'exigent que l'emploi de la règle et du compas. Comme le cercle est la plus simple des courbes et la plus facile à décrire, les anciens géomètres attachaient beaucoup de prix à ces sortes de constructions; d'un autre côté, ignorant l'analyse algébrique, ils manquaient de moyens pour décider si la question qu'ils avaient en vue est susceptible d'une solution de ce genre, et ce n'est qu'après avoir fait bien des efforts inutiles qu'ils se décidaient enfin à recourir à d'autres courbes. Leurs recherches ont rendu célèbres certains problèmes que l'on démontre aujourd'hui ne pouvoir être résolus par la ligne droite et le cercle. Tels sont les problèmes de la duplication du cube, de la trisection de l'angle, etc.

Je supposerai que l'inconnue est une ligne droite; quand l'inconnue est une surface ou un volume, on la représente par ax ou a^2x, a étant une ligne prise arbitrairement, la construction de la ligne x donne un rectangle ou un parallélipipède équivalents à la surface ou au volume cherché. La détermination d'un angle donné par une de ses lignes trigonométriques se ramène aussi à celle d'une droite. Je supposerai encore que toutes les lettres désignent, ainsi que x, des lignes droites.

La formule doit être homogène et du premier degré, elle peut d'ailleurs être entière, rationelle ou irrationnelle. Quand elle est entière, elle a la forme

$$x = a - b + c \ldots\ldots$$

et la longueur x s'obtient en portant à la suite l'une de l'autre, dans un sens ou dans l'autre, les longueurs a, b, c.

178—MONÔME RATIONNEL.—Soit d'abord

$$x = \frac{ab}{c} \text{ ou } c : a :: b : x.$$

L'inconnue est une quatrième proportionnelle que l'on construira par deux parallèles ou par un cercle.

Soit maintenant

$$x=\frac{abcd}{a'b'c'} \text{ ou } x=\frac{a}{a'}\times\frac{b}{b'}\times\frac{cd}{c'}.$$

L'inconnue x s'obtiendra par une série de quatrièmes proportionnelles,

$$\gamma=\frac{cd}{c'}, \quad \beta=\frac{b\gamma}{b'}, \quad x=\frac{a\beta}{a'}.$$

Par la construction précédente un monôme du degré m $\frac{abc.....ghi.....l}{a'b'c'.....g'}$ se ramèrera à la forme $\alpha i.....l$, ou encore à celle-ci $\lambda^{m-1}t$, λ étant une ligne quelconque et t une ligne déterminée par la formule

$$t=\frac{\alpha i.....l}{\lambda^{m-1}}.$$

179—Fonction rationnelle.—Je considère la formule

$$x=\frac{A-B+C}{A'+B'-C'},$$

dans laquelle A, B, C désignent des monômes du degré $m+1$, A', B', C' des monômes du degré m. On ramène d'abord chacun de ces monômes aux formes simples

$$\lambda^m a,\ \lambda^m b,\ \lambda^m c, ... \lambda^{m-1}a',\ \lambda^{m-1}b',\ \lambda^{m-1}c',$$

et l'on a

$$x=\frac{\lambda(a-b+c)}{a'+b'-c'}=\frac{\lambda\alpha}{\beta}.$$

L'inconnue x s'obtient par une quatrième proportionnelle à β, α, λ.

Si la fraction était du degré m, les opérations qui précèdent la ramèneraient à la forme

$$\lambda^{m-1}\frac{\lambda a}{\beta}=\lambda^{m-1}t.$$

180—Irrationnelle du second degré.—Soit d'abord

$$x=\sqrt{ab}, \quad \text{ou} \quad a : x :: x : b.$$

L'inconnue x est une moyenne proportionnelle entre les lignes a et b; on l'obtient par un triangle rectangle ou par une tangente au cercle.

Lorsque le radical porte sur une fonction rationnelle du degré m, on le ramène à la forme.

$$\sqrt{\lambda^{m-1}t}=\sqrt{\lambda^{m-2}\lambda t}=\lambda^{\frac{m-2}{2}}\sqrt{\lambda t}=\lambda^{\frac{m-2}{2}}u.$$

Des constructions qui précèdent, il résulte que *toute expression homogène du premier degré, composée d'une manière quelconque, au moyen des signes d'opérations simples, addition, soustraction, multiplication, division, élévation à une puissance entière, racine carrée; en un mot, toute expression irrationnelle du deuxième degré, peut être construite au moyen d'un nombre limité de lignes droites et de cercles.*

On démontre, d'ailleurs, que les expressions de cette nature sont seules susceptibles d'être construites de la façon indiquée; mais cette démonstration ne peut trouver place ici. Ainsi, par exemple, le côté x du cube double d'un autre dont le côté est a, côté donné par la formule

$$x=\sqrt[3]{2a^3}$$

ne peut pas s'obtenir par la règle et le compas; il en est de même, en général, des racines des équations du troisième et du quatrième degré, puisqu'il entre des radicaux cubiques dans l'expression de ces racines.

181—Remarques. — Le seules opérations élémentaires absolument indispensables pour la construction d'une irrationnelle du second degré sont celles qui déterminent les quatrièmes proportionnelles et les moyennes proportionnelles. Dans certains cas, on peut arriver plus rapidement au résultat. Ainsi, les formules

$$x=\sqrt{a^2+b^2},\qquad x=\sqrt{a^2-b^2}$$

se construisent directement au moyen du théorème du carré de l'hypoténuse ; la première représente l'hypothénuse d'un triangle rectangle dont les côtés de l'angle droit sont a et b; la seconde un côté de l'angle droit d'un triangle rectangle dont l'autre côté est b et l'hypothénuse a.

On obtiendrait de la même manière, par une suite de triangles rectangles, la valeur de l'expression

$$x=\sqrt{a^2-b^2+c^2+d^2\ldots..}$$

Soit encore la formule

$$x=\frac{2a^2b^2+2b^2c^2+2c^2a^2-a^4-b^4-c^4}{a^3+a^2b-ab^2-b^3}.$$

L'application du procédé général serait fort longue, mais si l'on observe que la valeur de x peut se mettre sous la forme

$$x=\frac{(a+b+c)(a+b-c)(a+c-b)(b+c-a)}{(a+b)^2(a-b)},$$

on arrivera très-promptement au résultat.

182—Lorsqu'on veut obtenir les inconnues d'un problème, il importe de combiner de la manière la plus simple les opérations graphiques élémentaires propres à conduire au résultat.

Exemple I.—Partager une droite en moyenne et extrême raison (n° 174).

Il faut construire les racines x' et $-x''$ de l'équation

$$x^2+ax-a^2=0,$$

d'où

$$x=-\frac{a}{2}\pm\sqrt{a^2+\frac{a^2}{4}}.$$

Au point B j'élève la perpendiculaire $BC=\frac{a}{2}$; il en résulte

$$AC=\sqrt{a^2+\frac{a^2}{4}},\quad x'=AC-BC,\quad x''=AC+BC.$$

Si du point C comme centre, avec CB pour rayon, on décrit une demi-circonférence DBD′, on a $x'=AD$, $x''=AD'$; si l'on prend

$$AM=AD,$$
$$AM'=AD',$$

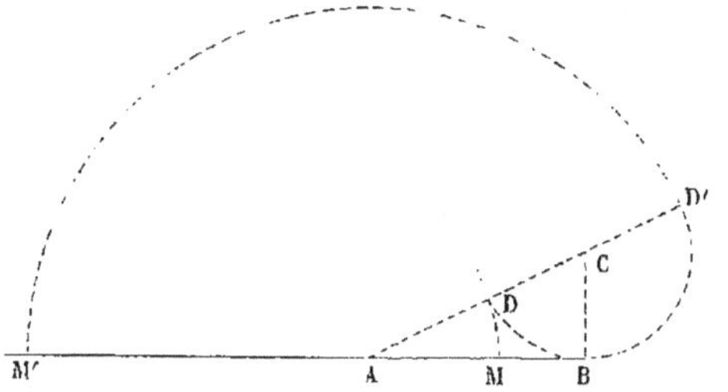

M et M′ sont les deux points cherchés. On retrouve ainsi la construction indiquée en géométrie élémentaire.

Exemple II.—Construire les axes d'une ellipse, connaissant deux diamètres conjugués et l'angle qu'ils font entre eux.

Soient a' et b', les longueurs de deux demi-diamètres conjuguées OC et OD, θ leur angle, a et b les demi-axes, on a pour déterminer les longueurs des axes les relations (nos 66 et 67).

$$a^2+b^2=a'^2+b'^2,\qquad ab=a'b'\sin\theta,$$

d'où

$$\left\{\begin{aligned} a+b&=\sqrt{a'^2+b'^2+2a'b'\sin\theta}=\sqrt{a'^2+b'^2-2a'b'\cos\left(\frac{\pi}{2}+\theta\right)},\\ a-b&=\sqrt{a'^2+b'^2-2a'b'\sin\theta}=\sqrt{a'^2+b'^2-2a'b'\cos\left(\frac{\pi}{2}-\theta\right)}.\end{aligned}\right.$$

Ainsi $a+b$ et $a-b$ sont les troisièmes côtés de deux triangles dont les deux autres sont a' et b' et les angles compris respectivement $\frac{\pi}{2}+\theta$ et $\frac{\pi}{2}-\theta$.

Par l'extrémité D du diamètre OD, je mène une perpen-

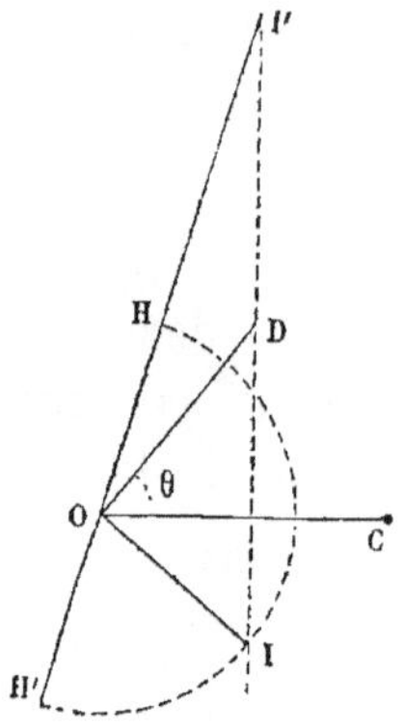

diculaire indéfinie sur le diamètre OC, je prends sur cette perpendiculaire les deux longueurs DI, DI' égales à a'; les angles ODI', ODI ont respectivement pour valeurs $\frac{\pi}{2}+\theta$ et $\frac{\pi}{2}-\theta$; donc les longueurs OI' et OI sont égales à $a+b$ et à $a-b$. Du point O comme centre, avec OI pour rayon, je décris la demi-circonférence H'IH; on a

$$I'H'=2a, \quad I'H=2b.$$

D'après le théorème du n° 71, on voit aisément que les axes de l'ellipse coïncident avec la bissectrice de l'angle IOI' et avec celle de l'angle supplémentaire.

Exemple III.—Je prends enfin le problème du n° 173 lorsque le point M est placé sur la bissectrice et que de plus l'angle θ est droit.

Les équations du problème, dans ce cas particulier, se réduisent à

$$x+y=a\pm\sqrt{a^2+l^2}, \qquad xy=a(x+y).$$

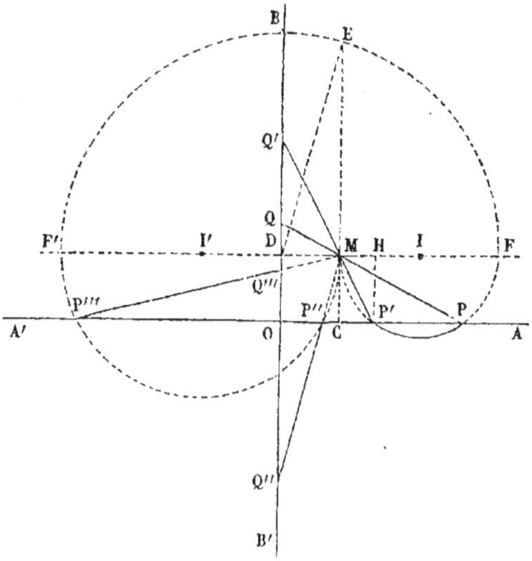

Je prolonge l'ordonnée du point M d'une longueur $ME=l$, je joins DE, puis du point D comme centre, avec DE pour rayon, je décris une demi-circonférence FEF'; les deux valeurs de $x+y$ sont MF' et —MF. Je considère la première valeur

$$x+y=MF'=2a+MF=2DI \text{ (I étant le milieu de MF).}$$

Soit $x = \mathrm{DI} + z, \quad y = \mathrm{DI} - z,$

on aura $xy = \mathrm{DI}^2 - z^2 = 2a\,\mathrm{DI},$

d'où $z^2 = \mathrm{DI}^2 - 2a\mathrm{DI} = (a+\mathrm{MI})^2 - 2a(a+\mathrm{MI}) = \mathrm{MI}^2 - a^2;$

Sur MF comme diamètre, je décris une demi-circonférence MP'PF, elle coupe la droite A'A en deux points P et P', et si l'on mène P'H perpendiculaire sur IH, on a $\mathrm{IH} = z$, ce qui donne les deux solutions PQ et P'Q'. La condition d'existence de ces solutions est

$$\mathrm{MI} \geqslant a, \quad \mathrm{DE} \geqslant 3a, \quad l \geqslant 2a\sqrt{2} \geqslant 2\mathrm{CD}.$$

On obtiendrait de même les deux autres solutions par la demi-circonférence décrite sur le diamètre MF'.

183 — Constructions synthétiques.— Quelquefois une simple remarque sur les équations d'un problème indique une construction synthétique.

Exemple.—Construire un triangle, connaissant les longueurs des trois médianes.

Je désigne par a, b, c les trois côtés inconnus, par a', b', c' les médianes correspondantes; on a entre ces six grandeurs les relations suivantes

$$3a^2+4a'^2 = 3b^2+4b'^2 = 3c^2+4c'^2 = 2(a^2+b^2+c^2) = \frac{8}{3}(a'^2+b'^2+c'^2),$$

ou

$$a'^2+\frac{3}{4}a^2 = b'^2+\frac{3}{4}b^2 = c'^2+\frac{3}{4}c^2 = \frac{1}{2}(a^2+b^2+c^2) = \frac{2}{3}(a'^2+b'^2+c'^2).$$

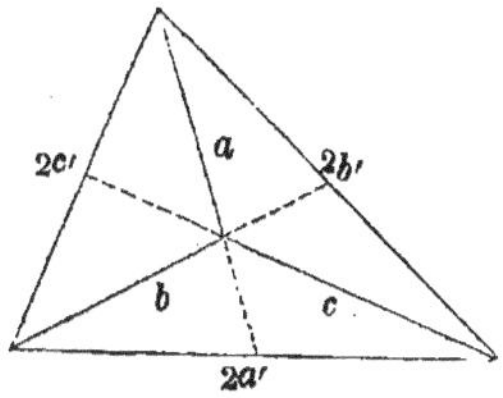

Soient a_1, b_1, c_1 les médianes du triangle dont a', b', c' seraient les côtés; on aura pareillement

$$3a'^2+4a_1^2 = 3b'^2+4b_1^2 = 3c'^2+4c_1^2 = 2(a'^2+b'^2+c'^2) = \frac{8}{3}(a_1^2+b_1^2+c_1^2),$$

ou

$$a'^2+\frac{4}{3}a_1^2 = b'^2+\frac{4}{3}b_1^2 = c'^2+\frac{4}{3}c_1^2 = \frac{8}{9}(a_1^2+b_1^2+c_1^2) = \frac{2}{3}(a'^2+b'^2+c'^2).$$

La comparaison de ces relations donne

$$a=\frac{4}{3}a_1,\quad b=\frac{4}{3}b_1,\quad c=\frac{4}{3}c_1;$$

Et comme les médianes d'un triangle se coupent en un point situé aux deux tiers de chacune d'elles à partir des sommets, il en résulte cette construction graphique très-simple :

Formez le triangle qui a pour côtés les doubles des médianes données; les lignes qui joignent les trois sommets de ce triangle au point de concours de ses trois médianes sont précisément les côtés du triangle cherché.

RÉSOLUTION GRAPHIQUE DES ÉQUATIONS.

184—DE L'ÉQUATION DU SECOND DEGRÉ ET DE L'ÉQUATION BICARRÉE.—L'équation du second degré à une seule inconnue se ramène à la forme $x^2+px+q=o$; pour qu'elle soit homogène, il faut que p soit une quantité de première dimension, et q une quantité de seconde dimension; si ces quantités sont rationnelles ou irrationnelles du second degré, on pourra construire une ligne a équivalente à la première et un carré b^2 équivalent à la seconde; et l'équation du second degré, en mettant en évidence les signes de ses divers termes, aura l'une des quatre formes suivantes

$$x^2+ax+b^2=o,$$
$$x^2+ax-b^2=o,$$
$$x^2\quad ax+b^2=o,$$
$$x^2-ax-b^2=o.$$

Les racines de la première et de la seconde sont celles de la troisième et de la quatrième, prises en signes contraires: il suffit donc de considérer celles-ci; or, si on les écrit

$$x(a-x)=b^2,\quad x(x-a)=b^2,$$

on voit qu'il s'agit de construire un rectangle équivalent à un carré b^2, et dont la somme ou la différence des côtés soit égale à une ligne donnée a, problèmes que l'on résout en géométrie élémentaire. La résolution des équations et la construction des formules feraient au besoin retrouver les solutions de la géométrie.

L'équation bi-carrée se ramène pareillement à l'un des types

$$x^4+abx^2-c^2d^2=o,$$
$$x^4-abx^2+c^2d^2=o,$$
$$x^4-abx^2-c^2d^2=o;$$

car il est inutile de considérer l'équation $x^4+abx^2+c^2d^2=o$, qui n'a que des racines imaginaires. Si l'on pose $x^2=cz$, ces équations deviennent

$$z^2+\frac{ab}{c}z-d^2=o,\quad z^2-\frac{ab}{c}z+d^2=o,\quad z^2-\frac{ab}{c}z-d^2=o,$$

On détermine, comme on vient de le dire, les racines z de celles-ci, puis on trouve x par une moyenne proportionnelle entre c et z.

185—Résolution de deux équations a deux inconnues, l'une du second degré et l'autre du premier degré.—Ces deux équations sont de la forme

$$(1)\quad Ax^2+Bxy+Cy^2+Dx+Ey+F=o,$$
$$(2)\quad Px+Qy+R=o.$$

L'élimination de l'une des inconnues, y par exemple, conduit à une équation homogène en x du second degré, dont les racines s'obtiennent d'après les constructions précédentes. Quand les deux valeurs de x sont connues, on détermine les deux valeurs correspondantes de y par la formule

$$y=-\frac{P}{Q}x-\frac{R}{Q},$$

l'équation (1) représente une courbe du second degré, l'équation (2) une ligne droite; donc *les points de rencontre d'une courbe du second degré et d'une ligne droite s'obtiennent par la règle et le compas, sans qu'il soit nécessaire de construire la courbe.*

Je suppose, par exemple, qu'il s'agisse de trouver les points de rencontre de la droite AB avec une ellipse dont on connaît les foyers F et F′ et la longueur $2a$ du grand axe, soit M l'un des points de rencontre inconnus, je le joins aux deux foyers et je prolonge F′M d'une longueur MI′=MF; du point F, j'abaisse sur AB une perpendiculaire FC que je prolonge d'une longueur CI=FC; je joins MI; les trois longueurs MF, MI, MI′ sont égales; donc le point cherché M est le centre d'une circonférence passant par F et I, et tangente à la circonférence décrite du foyer F′ comme centre avec le grand axe pour rayon.

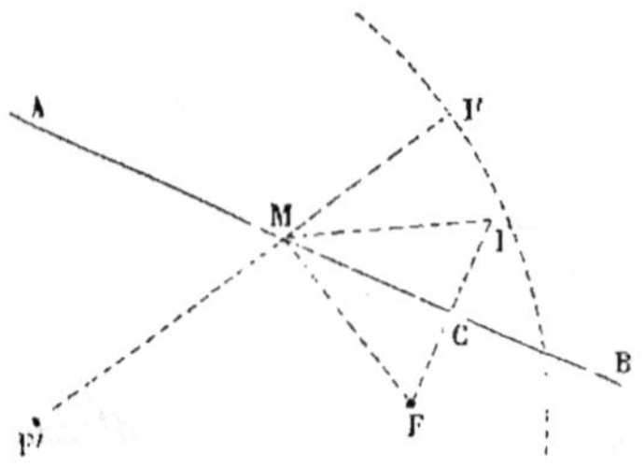

186—Résolution de deux équations du second degré a deux inconnues.— Soient

$$(1)\quad Ax^2+Bxy+Cy^2+Dx+Ey+F=0,$$
$$(2)\quad A'x^2+B'xy+C'y^2+D'x+E'y+F'=0,$$

les deux équations données; l'élimination de y entre ces deux équations conduit à une équation finale en x du quatrième degré, dont les racines ne peuvent pas, en général, s'obtenir par la règle et le compas; ainsi il est généralement impossible de construire, par des cercles et des droites, les solutions communes à deux équations du second degré à deux inconnues.

Certains cas particuliers font exception.

Le cercle suffit toutes les fois que les deux équations sont telles que l'on peut en déduire une équation du premier degré, ou encore, ce qui est la même chose, lorsque l'équation provenant de l'élimination de l'une des variables est du second degré, ou se décompose en deux équations du second degré, dont les coefficients sont des irrationnelles du second degré. Ceci a lieu, par exemple, lorsque les deux courbes sont homothétiques, lorsqu'elles ont un axe ou un foyer commun. Quand on connaît les foyers de deux ellipses, et que l'un des foyers est commun, la question se ramène immédiatement au problème de géométrie qui consiste à faire passer par un point un cercle tangent à deux cercles donnés.

Exemple I. Mener une normale à une parabole par un point donné P. Soit

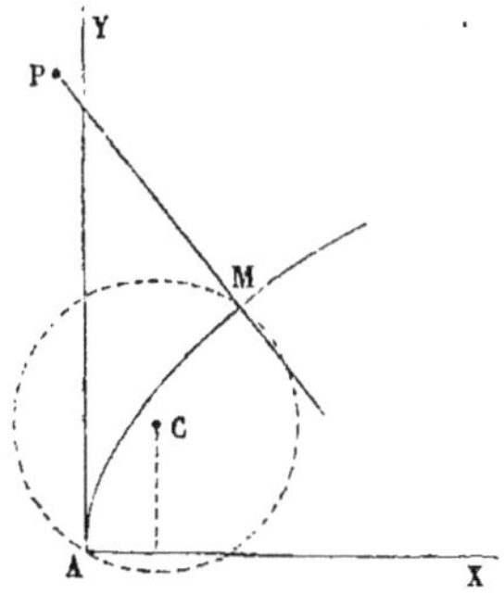

$$(1)\quad y^2=2px$$

l'équation de la parabole, x_1 et y_1 les coordonnées du point P; si l'on désigne par x et y les coordonnées du pied M de la normale, par X et Y les coordonnées courantes, cette normale a pour équation

$$Y-y=-\frac{y}{p}(X-x)$$

Comme elle doit passer par le point p, on a la relation

$$y_1-y=-\frac{y}{p}(x_1-x)$$

ou

$$(2)\quad xy=(x_1-p)y+py_1$$

qui, jointe à l'équation (1), détermine les inconnues x et y. On aurait donc à considérer l'intersection de la parabole par une hyperbole.

Si l'on multiplie cette équation par y, et si l'on remplace y^2 par $2px$, on obtient une autre parabole

$$x^2=(x_1-p)x+\frac{y_1}{2}y.$$

Cette dernière équation, ajoutée à la première, donne un cercle

$$(3)\quad x^2+y^2=(x_1+p)x+\frac{y_1}{2}y.$$

Ce cercle, par son intersection avec la parabole donnée, déterminera le point M.

EXEMPLE II.—Mener une normale à une ellipse par un point donné P. Soit

$$(1)\quad a^2y^2+b^2x^2-a^2b^2=0,$$

l'équation de l'ellipse; en conservant les mêmes notations que dans l'exemple précédent, on voit que le pied M de la normale est déterminé par l'intersection de l'ellipse et de l'hyperbole

$$(2)\quad c^2xy=a^2x_1y-b^2y_1x.$$

L'élimination de y conduit à l'équation

$$(3)\quad x^4-2\frac{a^2}{c^2}x_1x^3+\frac{a^2}{c^4}(a^2x_1^2+b^2y_1^2-c^4)x^2+2\frac{a^4}{c^2}x_1x-\frac{a^6}{c^4}x_1^2=0.$$

Si l'on élimine y entre l'équation (1) et celle du cercle

$$(4)\quad (x-\alpha)^2+(y-\beta)^2-r^2=0,$$

on trouve

$$(5)\quad x^4-4\frac{a^2}{c^2}\alpha x^3+\frac{a^2}{c^4}(4a^2\alpha^2+4b^2\beta^2+2c^2p^2)x^2-4\frac{a^4}{c^4}p^2\alpha x+\frac{a^4}{c^4}(p^4-4b^2\beta^2)=0$$

en posant pour abréger

$$(6)\quad p^2=\alpha^2+\beta^2-r^2+b^2.$$

On ne peut pas en général identifier les équations (3) et (5); car on aurait quatre équations entre les trois paramètres arbitraires α, β, r; mais si l'on remplace dans l'équation (3) x par mx, m étant un nouveau paramètre arbitraire, l'identification devient possible. On l'opère en posant

$$(7)\quad 2\alpha=\frac{x_1}{m},\quad 4a^2\alpha^2+4b^2\beta^2+2c^2p^2=\frac{1}{m^2}(a^2x_1^2+b^2y_1^2-c^4),$$

$$-2\frac{p^2\alpha}{c^2}=\frac{x_1}{m^3},\quad p^4-4b^2\beta^2=-\frac{a^2x_1^2}{m^4};$$

d'où l'on tire

$$m^2=\frac{a^2x_1^2+c^4}{b^2y_1^2+c^4},\quad \alpha=\frac{x_1}{2m},\quad \beta=\frac{1}{2bm^2}\sqrt{c^4+a^2x_1^2},$$

$$r^2=\alpha^2+\beta^2+b^2+\frac{c^2}{m^2}.$$

Si l'on pose

$$f=\frac{ax_1}{c},\quad g=\frac{by_1}{c},$$

la valeur de m^2 devient

$$m^2=\frac{f^2+c^2}{g^2+c^2},$$

et les formules précédentes se construisent facilement.

Les abcisses des pieds des normales ne sont pas les mêmes que celles de la rencontre de l'ellipse et du cercle, mais on les obtient en multipliant les dernières par m.

Si le point P vérifiait l'équation

$$a^2x_1^2=b^2y_1^2 \quad \text{ou} \quad y_1=\pm\frac{a}{b}x_1.$$

on aurait $m=1$; donc les points des deux droites $y_1=\pm\frac{a}{b}x_1$, jouissent de cette propriété que les pieds des normales menés par chacun d'eux sont situés sur une circonférence de cercle.

La méthode précédente est applicable à deux courbes quelconques du second degré; ainsi *lorsqu'il s'agit d'obtenir les intersections de deux courbes du second degré, on peut toujours remplacer l'une d'elles par un cercle.*

287 — Résolution de l'équation du troisième ou du quatrième degré a une inconnue.—L'équation du troisième ou du quatrième degré

$$x^3+px^2+qx+r=0 \quad \text{ou} \quad x^4+px^3+qx^2+rx+s=0$$

peut être considérée comme résultant de l'élimination de y, entre l'équation d'une parabole $y=x^2$ et l'une des suivantes

$$xy+py+qx+r=0 \quad \text{ou} \quad y^2+pxy+qy+rx+s=0$$

qui représentent chacune une hyperbole. On peut aussi se servir d'une parabole donnée et d'un cercle convenablement choisi.

Je considère d'abord l'équation du quatrième degré ramenée à la forme

$$x^4+px^2+qx+r=0.$$

L'élimination de y entre l'équation de la parabole $x^2=my$ et celle du cercle $(x-\alpha)^2+(y-\beta)^2-R^2=0$, conduit à l'équation

$$x^4+(m^2-2\beta m)x^2-2m^2\alpha x+m^2(\alpha^2+\beta^2-R^2)=o.$$

Pour identifier avec la proposée, on posera

$$\alpha=-\frac{q}{2m^2},\quad \beta=\frac{m}{2}-\frac{p}{2m},\quad R=\frac{1}{2m^2}\sqrt{q^2+m^2(m^2-p)^2-4m^2r};$$

les valeurs de α et de β sont toujours réelles; quand R est imaginaire, l'équation proposée ne peut avoir que des racines imaginaires.

L'équation du troisième degré

$$x^3+px+q=o$$

devient, en introduisant une racine égale à zéro,

$$x^4+px^2+qx=o;$$

on peut, pour la résoudre, se servir des courbes précédentes, seulement il faudra avoir soin d'écarter la racine étrangère $x=o$.

Comme on peut employer toujours la même parabole, on construira une parabole avec soin; avec cette seule parabole et un cercle déterminé convenablement dans chaque cas particulier, on pourra résoudre toutes les équations du troisième ou du quatrième degré.

Exemple I.—Résoudre l'équation

$$x^3-2x-5=o.$$

Au moyen d'une échelle bien faite, je construis une fois pour toutes la parabole $x^2=y$, dont je me servirai constamment. Je décris le cercle dont le centre C a pour coordonnées $\alpha=\frac{5}{2}$, $\beta=\frac{3}{2}$, et qui passe à l'origine; ce cercle coupe la parabole en un seul point M; donc l'équation proposée n'a qu'une racine

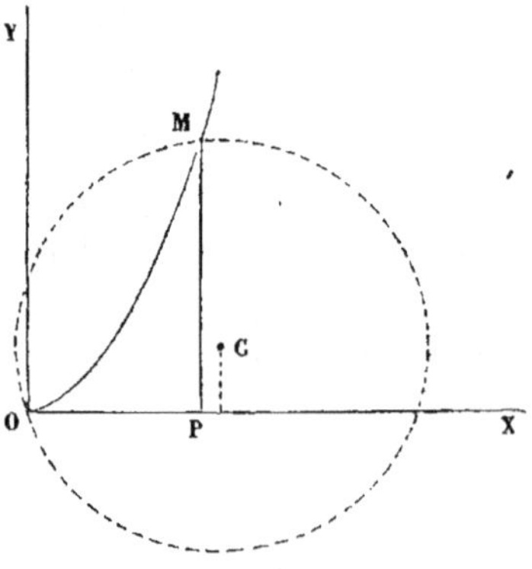

réelle, l'abscisse OP du point M. En mesurant cette longueur au moyen de l'échelle employée, on trouve $x=2,09$. Une bonne échelle permet d'évaluer les centièmes. On a de la sorte la racine de l'équation proposée à un centième près.

EXEMPLE II.—Résoudre l'équation

$$x^3-5x+1=0.$$

Je décris le cercle dont le centre C a pour coordonnées $\alpha=-\frac{1}{2}$, $\beta=3$, et qui passe par l'origine; ce cercle coupe la parabole en trois points; on en conclut que l'équation a ses trois racines réelles; en mesurant les abscisses, on trouve que les deux racines positives sont 0,20 et 2,13 à un centième près.

188—ÉQUATIONS TRANSCENDANTES.—Soit l'équation

$$x \, tang \, x=1.$$

Cette équation résulte de l'élimination de y entre les deux suivantes

$$y=tang \, x, \quad xy=1.$$

La première représente une courbe composée d'une infinité de branches égales qui ont des asymptotes perpendiculaires à l'axe des x; la seconde une hyperbole équilatère. Les racines de l'équation (1) sont les abscisses des points d'intersection. Il y a une

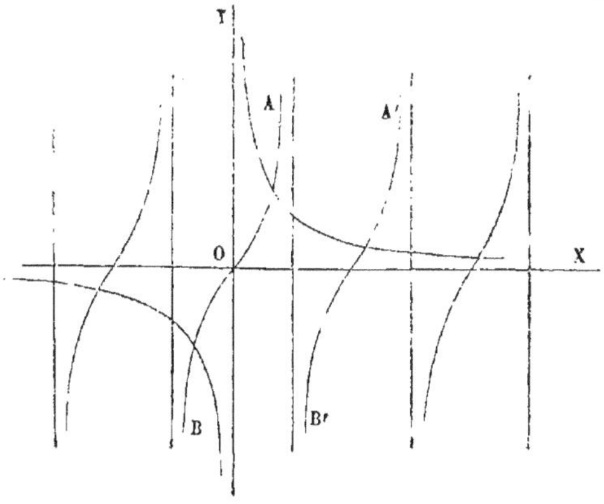

racine comprise entre o et $\frac{\pi}{2}$, une seconde entre π et $3\frac{\pi}{2}$, une troisième entre 2π et $5\frac{\pi}{2}$, etc.; le nombre des racines est infini et celles qui sont très-grandes diffèrent très-peu d'un multiple impair de π. La courbe donne pour la plus petite racine positive 0,86 à un centième près.

On pourrait aussi se servir des deux équations

$$y = tang\left(\frac{\pi}{2} - x\right), \quad y = x,$$

ou, en posant $\frac{\pi}{2} - x = x'$,

$$y = tang\,x', \quad y = \frac{\pi}{2} - x';$$

l'hyperbole serait remplacée par une ligne droite.

189 — Méthode d'approximation. — Lorsqu'on a trouvé une valeur approchée d'une racine d'une équation $f(x) = o$, il est aisé de calculer cette racine avec une plus grande approximation. Je suppose que la racine soit comprise entre deux nombres a et b peu différents. Les racines de l'équation sont les abcisses des points où la courbe $y = f(x)$ coupe l'axe des x; or, si l'on donne à x les valeurs a et b, comme le polynôme change de signe, on aura deux ordonnées AC, BD de signes contraires; il s'agit de déterminer le point M où la courbe CMD coupe l'axe des x. Je suppose que la seconde dérivée ne change pas de signe de a à b; le signe de cette seconde dérivée indiquera de quel côté la courbe tourne sa concavité (nº 124).

Soit $f(a) < o$, $f(b) > o$, $f''(a) < o$; je trace la corde CD qui coupe l'axe des x au point P; la tangente en C vient couper ce même axe au point Q; on voit que le point M est situé entre les points P et Q. Les triangles semblables CAP, CED donnent

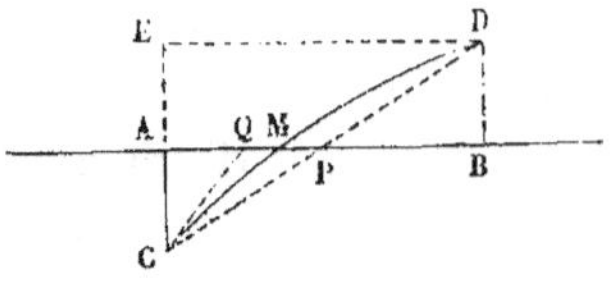

$$AP = -\frac{(b-a)f(a)}{f(b)-f(a)};$$

du triangle rectangle CAQ, on déduit

$$AQ = -\frac{f(a)}{f'(a)}.$$

La quantité AM, qu'il faudrait ajouter à la valeur approchée a pour avoir la racine exactement, est comprise entre AQ et AP ; en prenant l'une ou l'autre de ces quantités, on aura la racine avec une erreur moindre que la différence PQ.

Soit $f(a) < o$, $f(b) > o$, $f''(a) > o$; Je trace la corde CD et la tangente en D ; on voit que le point M est situé entre P et Q. La quantité BM, qu'il faudrait retrancher de la valeur approchée b pour avoir la racine exactement, est comprise entre les quantités BP et BQ, données par les formules

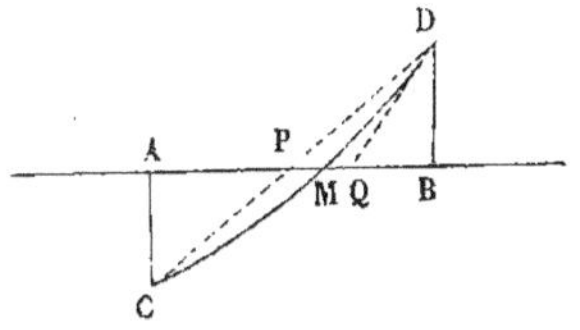

$$BP = \frac{(b-a)f(b)}{f(b)-f(a)}, \quad BQ = \frac{f(b)}{f'(b)}.$$

Par cette méthode, on comprend la racine entre deux nombres dont la différence PQ est beaucoup plus petite que la différence primitive AB. En appliquant la méthode aux deux nombres ainsi obtenus, on resserre encore davantage les limites ; et ainsi de suite. Si, par exemple, la différence AB est un dixième, il arrive ordinairement que la différence PQ est moindre qu'un centième, ce qui donne la racine à moins de 0,01 ; une seconde opération donnerait la racine à 0,0001. En général, chaque opération double le nombre des chiffres décimaux.

Exemple 1.—On sait que la racine positive de l'équation

$$x^3 - 2x - 5 = o$$

est comprise entre 2, 0 et 2, 1 ; on fera une figure en observant que la seconde dérivée est positive ; on trouve

$$BP = 0{,}0058,$$
$$BQ = 0{,}0054;$$

ce qui donne la racine avec trois décimales exactes $x = 2{,}094$.

EXEMPLE II.—On sait que la plus petite racine positive de l'équation

$$x^3 - 5x + 1 = o$$

est comprise entre 0,2 et 0,3. En faisant la figure convenable, on trouve

$$AP = 0{,}01642,$$
$$AQ = 0{,}01636,$$

ce qui donne la racine 0,20164 avec cinq décimales exactes.

EXEMPLE III.—On sait que la plus petite racine positive de l'équation

$$x \tan g x - 1 = o$$

est comprise entre 0,8 et 0,9. Comme $f(a)$ est négative, $f(b)$ positive, et que la dérivée seconde est positive, la figure a la seconde disposition. En faisant le calcul, on trouve

$$BP = 0{,}0357,$$
$$BQ = 0{,}0346;$$

on a ainsi la racine 0,865 à moins d'un millième.

DEUXIÈME PARTIE.

GÉOMÉTRIE DANS L'ESPACE

LIVRE V.

PRÉLIMINAIRES.

CHAPITRE I.

Des Coordonnées.

On détermine la position d'un point dans l'espace, au moyen de *trois* quantités que l'on nomme les *coordonnées* du point.

190 — Coordonnées rectilignes. — Soient XOY, YOZ, ZOX, trois plans fixes, qui se coupent deux à deux suivant les droites X'X, Y'Y, Z'Z; trois plans mobiles MD, ME, MF, parallèles à ces plans fixes, déterminent par leur intersection un point M de l'espace; la position de chaque plan mobile est déterminée par sa distance au plan fixe auquel il

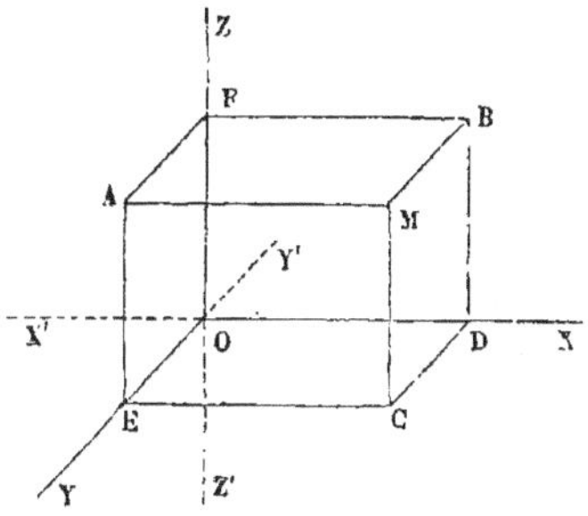

est parallèle, distance comptée parallèlement à l'intersection des deux autres plans fixes. Les trois distances OD, OE, OF, qui déterminent la position des plans mobiles, distances prises avec le signe + ou avec le signe —, suivant qu'elles sont portées dans les directions OX, OY, OZ, ou dans les directions opposées OX', OY', OZ', sont les trois coordonnées rectilignes du point M; on les désigne ordinairement par les lettres x, y, z. Par leur rencontre mutuelle, les trois plans fixes forment huit angles trièdres, et on obtient tous les points de l'espace en faisant varier x, y, z de $-\infty$ à $+\infty$.

Les plans mobiles forment avec les plans fixes un parallépipède ayant pour arêtes des longueurs égales aux valeurs absolues des coordonnées du point M; les points A, B, C sont les projections du point M sur chacun des plans fixes, parallèlement à l'intersection des deux autres; l'un d'eux, A par exemple, a pour coordonnées, relativement aux axes OY, OZ, deux des coordonnées y et z du point M. Les points D, E, F sont les projections du point M sur chacun des trois axes OX, OY, OZ, parallèlement au plan des deux autres; de sorte que les lettres x, y, z, désignent les projections du rayon OM sur les axes des coordonnées, pourvu que l'on regarde les projections comme positives lorsqu'elles sont comptées sur les directions OX, OY, OZ, comme négatives dans le cas contraire.

Ordinairement les trois plans fixes, et par suite les trois axes, sont rectangulaires deux à deux; alors le parallélipipède est rectangle, et les projections sont orthogonales.

191—Coordonnées polaires.—Soient encore trois axes rectangulaires OX, OY, OZ; la position du point M pourra être déterminée par la longuer ρ du rayon vecteur OM, l'angle θ que fait ce rayon vecteur avec l'axe OZ, et enfin l'angle ψ du plan ZOM avec le plan fixe ZOX. Si ON est la projection de OM sur le plan XOY, l'angle XON mesure l'angle dièdre ψ, on le compte habituellement en tournant de OX vers OY; c'est-à-dire, que pour un observateur placé sur l'axe OZ, les pieds en O, le mouvement

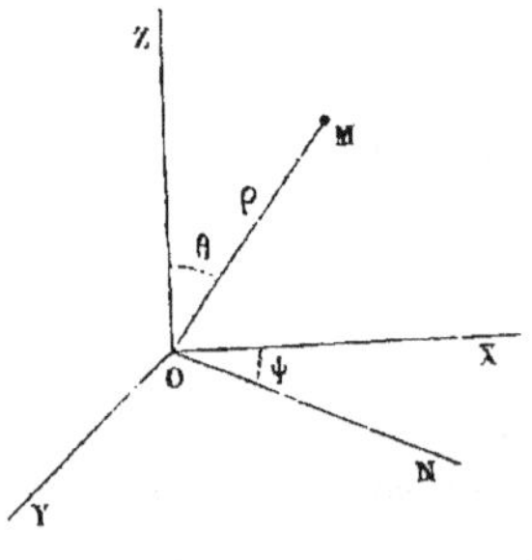

de OX vers ON s'opère de gauche à droite en passant devant lui. On obtient tous les points de l'espace en faisant varier ψ de o à 2π, θ de o à π, ρ de o à $+\infty$.

192—REPRÉSENTATION DES SURFACES PAR DES ÉQUATIONS.— Je considère une surface quelconque dans l'espace. Par un point O, je mène trois axes fixes OX, OY, OZ; dans le plan XOY je prends un point P arbitraire, et par ce point je mène une parallèle PM à l'axe OZ jusqu'à sa rencontre avec la surface au point M; la longueur de l'ordonnée PM est parfaitement déterminée. Quand le point P se déplace dans le plan XOY, l'ordonnée PM varie simultanément. Mais puisque le point P se déplace d'une manière arbitraire dans le plan, ses coordonnées OA, OB, sont deux variables indépendantes; il en résulte que l'ordonnée z d'un point M de la surface est une fonction des deux autres coordonnées x et y considérées comme deux variables indépendantes. En général, l'une des trois coordonnées est une fonction des deux autres, et l'on conçoit que l'on puisse de la définition géométrique déduire la relation qui existe entre les trois coordonnées. L'équation en x, y, z, que l'on trouve de cette manière, s'appelle l'équation de la surface.

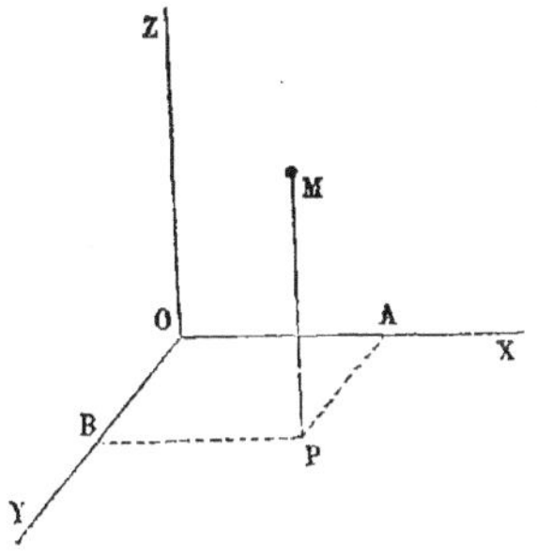

193—Je suppose réciproquement que l'on donne une équation

$$f(x, y, z) = o$$

entre les trois coordonnées; chaque système de valeurs réelles qui satisfont à cette équation détermine un point de l'espace; l'ensemble de toutes les solutions réelles constitue un système de points qui forme, en général, une surface.

En effet, je considère d'abord le cas où l'équation ne renfermant qu'une seule des coordonnées, z par exemple, est de la forme $z=c$. Puisque les coordonnées x et y sont arbitraires, par un point P quelconque du plan XOY on mènera une ordonnée constante PM; le lieu des points M est évidemment un plan parallèle au plan XOY et mené à la distance $OC=c$.

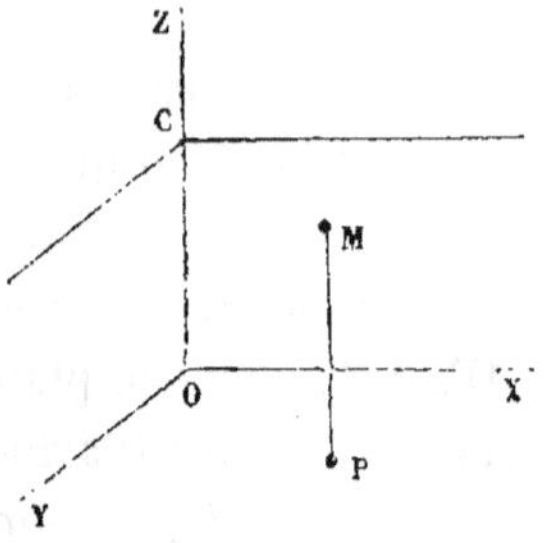

Je suppose maintenant que l'équation renferme deux coordonnées, x et y, par exemple. L'équation $f(x, y)=0$, dans le plan XOY, représente une ligne AB. Par un point quelconque de cette ligne, je mène une parallèle PM à l'axe OZ; puisque l'ordonnée z qui n'entre pas dans l'équation est arbitraire, les coordonnées de tous les points de la droite PM satisfont à l'équation. Donc l'équation $f(x, y)=0$ représente dans l'espace un cylindre parallèle à l'axe OZ.

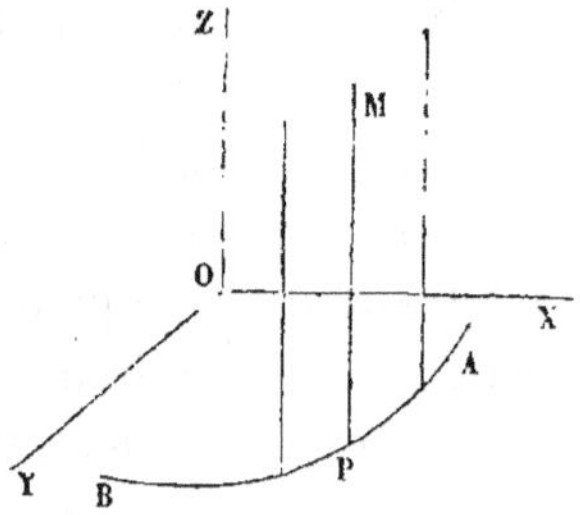

Je considère enfin une équation $f(x, y, z)=0$ entre les trois coordonnées. A une distance arbitraire $OC=c$, je mène un plan ACB parallèle au plan XOY; les coordonnées x et y de tous les points du lieu situés dans ce plan doivent satisfaire à l'équation $f(x, y, c)=0$; or, cette équation représente dans le plan ACB une ligne AB. Si l'on donne à z une valeur c' voisine de c, on aura dans le plan

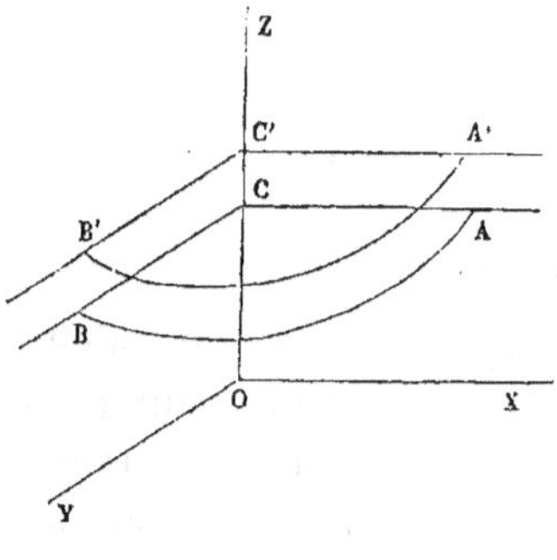

A′C′B′ une seconde courbe A′B′ qui différera très-peu de la précédente. En général, quand z varie d'une manière continue entre certaines limites, on a une série continue de courbes, lesquelles forment une surface.

194—Représentation des lignes.—Une ligne dans l'espace peut être regardée comme l'intersection de deux surfaces; on représentera donc cette ligne par un système de deux équations simultanées

$$(1)\quad f(x,\, y,\, z) = o, \quad f(x,\, y,\, z) = o.$$

Le système (1) peut être remplacé par une infinité d'autres équivalents, par exemple par le suivant,

$$f = o, \quad f + \lambda f_1 = o,$$

dans lequel λ désigne une constante quelconque, c'est-à-dire que la surface $f + \lambda f_1 = o$, passe, quelle que soit λ, par la ligne d'intersection des deux premières.

Si, entre les deux équations (1), on élimine successivement x et y, on aura deux équations

$$(2)\quad \begin{cases} \varphi(x,\, z) = o, \\ \psi(y,\, z) = o. \end{cases}$$

qui représentent les deux cylindres projetants de la ligne sur le plan des xz, et sur celui des yz. Ces deux cylindres, par leur intersection, déterminent la ligne.

La représentation des figures dans l'espace par des symboles algébriques permet d'étendre aux figures quelconques les méthodes analytiques employées dans l'étude des figures planes; et la grande analogie qui existe entre les théories déjà exposées et celles qui vont suivre nous permet une plus grande brièveté, à laquelle il sera d'ailleurs facile de suppléer.

CHAPITRE II.

Des Projections.

Nous avons exposé les principes de cette théorie, en ce qui concerne les lignes, dans notre Trigonométrie[1] : nous allons en faire l'application à la démonstration de quelques formules d'une grande utilité, puis nous nous occuperons des projections des surfaces.

195—Pour déterminer dans l'espace une direction OI, que l'on peut supposer appartenir à une droite passant à l'origine, on donne les angles α, β, γ de cette direction avec les trois directions OX, OY, OZ, des coordonnées positives. Deux de ces angles ne suffisent pas ; car si l'on décrit autour de OX et de OY deux demi-cônes dont les angles au sommet soient respectivement α et β, ces deux cônes se coupent suivant deux génératrices placées symétriquement par rapport au plan XOY, la connaissance de γ est donc indispensable. Il est évident d'ailleurs que ces trois angles ne sont pas tous arbitraires, et que lorsque deux d'entre eux sont connus, le troisième ne peut avoir au plus que deux valeurs distinctes. Au lieu des angles, on peut prendre leurs cosinus, puisque de o à π il n'y a qu'un seul angle ayant un

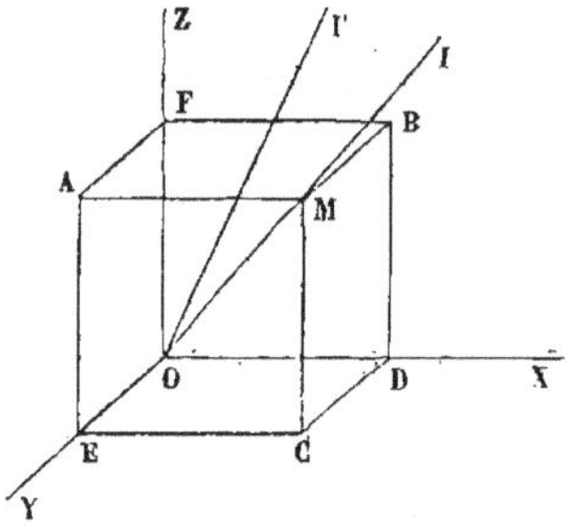

[1] *Leçons nouvelles de Trigonométrie,* 1 vol. in-8°, figures dans le texte. Prix : 2 fr. 50 c.

cosinus donné; les sinus, au contraire, laisseraient de l'ambiguïté.

196—Formules diverses.—Je prends sur OI une longueur $OM = l$; soient x, y, z, les coordonnées de son extrémité M; je forme le parallélipipède sur ces coordonnées. On peut aller de O en M, d'abord directement en suivant la droite OM, et, en second lieu, en marchant le long de trois des arêtes du parallélipipède, par exemple, OD, DC, CM. Je projette les deux chemins OM, ODCM, successivement, sur les directions OX, OY, OZ, OI, et sur une direction OI' déterminée par les angles α', β', γ'; on aura, si les axes sont rectangulaires,

$$(1)\quad \left\{\begin{array}{l} x = l\cos\alpha, \\ y = l\cos\beta, \\ z = l\cos\gamma, \\ l = x\cos\alpha + y\cos\beta + z\cos\gamma, \\ l\cos V = x\cos\alpha' + y\cos\beta' + z\cos\gamma'. \end{array}\right.$$

La lettre V désigne l'angle des deux directions OI et OI'.

Si entre les quatre premières relations on élimine x, y, z, l disparaît aussi, et l'on trouve

$$(2)\quad \cos^2\alpha + \cos^2\beta + \cos^2\gamma = 1.$$

C'est la relation qui lie les cosinus des angles formés par une direction avec trois directions rectangulaires. En éliminant, au contraire, α, β, γ, on obtient

$$(3)\quad l^2 = x^2 + y^2 + z^2,$$

formule qui donne la distance de l'origine au point dont les coordonnées sont x, y, z; on peut l'obtenir immédiatement en remarquant que OM est la diagonale d'un parallélipipède rectangle.

Enfin, si l'on substitue dans la cinquième les valeurs de x, y, z, données par les trois premières, il vient

$$(4)\quad \cos V = \cos\alpha\cos\alpha' + \cos\beta\cos\beta' + \cos\gamma\cos\gamma'.$$

Cette formule, d'un usage très-fréquent, exprime le cosinus de l'angle de deux directions par les cosinus des angles de chacune d'elles avec trois axes rectangulaires.

Pour que les deux directions OI et OI' soient perpendiculaires entre elles, il est nécessaire et il suffit que l'on ait

$$(5) \quad \cos\alpha\cos\alpha' + \cos\beta\cos\beta' + \cos\gamma\cos\gamma' = 0.$$

197—Lorsque les axes sont obliques, les équations analogues aux précédentes sont beaucoup plus compliquées, quoiqu'elles s'obtiennent de la même manière. Si l'on appelle λ, μ, ν les angles YOZ, ZOX, XOY, on a

$$(6) \quad \left\{ \begin{aligned} & x + y\cos\nu + z\cos\mu = l\cos\alpha, \\ & x\cos\nu + y + z\cos\lambda = l\cos\beta, \\ & x\cos\mu + y\cos\lambda + z = l\cos\gamma, \\ & l = x\cos\alpha + y\cos\beta + z\cos\gamma, \\ & l\cos V = x\cos\alpha' + y\cos\beta' + z\cos\gamma'. \end{aligned} \right.$$

L'élimination des rapports $\frac{x}{l}, \frac{y}{l}, \frac{z}{l}$ entre les quatre premières relations donne la relation qui existe entre les cosinus des angles α, β, γ ; cette relation est de la forme

$$(7) \quad A\cos^2\alpha + B\cos^2\beta + C\cos^2\gamma + D\cos\beta\cos\gamma + E\cos\gamma\cos\alpha + F\cos\alpha\cos\beta = H.$$

L'élimination des angles α, β, γ, conduit à la formule

$$(8) \quad l^2 = x^2 + y^2 + z^2 + 2yz\cos\lambda + 2zx\cos\mu + 2xy\cos\nu,$$

qui donne la distance de l'origine au point M. Enfin en substituant dans la cinquième, à la place des rapports $\frac{x}{l}, \frac{y}{l}, \frac{z}{l}$, leurs valeurs tirées des trois premières, on trouve $\cos V$.

198—On a quelquefois besoin de déterminer une direction qui fasse avec les axes des angles α, β, γ, dont les cosinus soient proportionnels à trois quantités données, M, N, P. Si l'on désigne par k le rapport des cosinus aux trois quantités données, on a

$$\frac{\cos\alpha}{M} = \frac{\cos\beta}{N} = \frac{\cos\gamma}{P} = k;$$

ou $\cos\alpha = kM$, $\cos\beta = kN$, $\cos\gamma = kP$.

La substitution dans l'une des équations (2) ou (7), selon que les axes sont rectangulaires ou obliques, donne pour k deux valeurs égales et de signes contraires. Lorsque les axes sont rectangulaires, on a

$$(M^2+N^2+P^2)k^2 = 1, \quad \text{d'où} \quad k = \pm\frac{1}{\sqrt{M^2+N^2+P^2}}.$$

Les deux directions qui correspondent au double signe sont deux directions opposées. Dans le cas particulier ou $M^2+N^2+P^2=1$, on a simplement

$$\cos\alpha = \pm M, \quad \cos\beta = \pm N, \quad \cos\gamma = \pm P;$$

il existe alors une direction telle, que les cosinus de ses angles avec les axes, sont précisément les quantités M, N, P.

THÉORÈME I.

199—*La projection sur un plan d'une aire plane quelconque est égale à l'aire projetée multipliée par le cosinus de l'angle des deux plans.*

Soit S l'aire d'une surface plane terminée par un contour quelconque ; si de tous les points de ce contour on abaisse des perpendiculaires sur un plan P, la surface S', terminée par le lieu des pieds de ces perpendiculaires, est la projection orthogonale de la surface S sur le plan P. Les projections sur les plans parallèles sont évidemment égales.

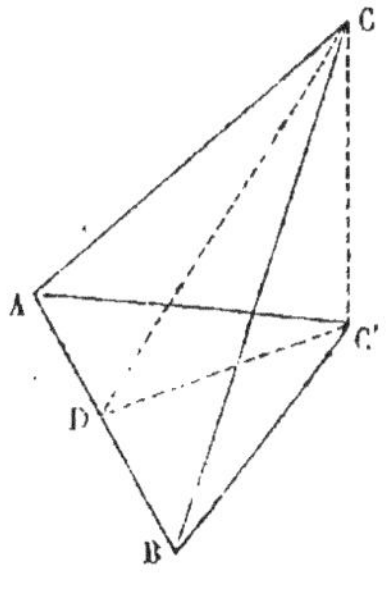

Je considère d'abord un triangle, dont un côté AB soit parallèle au plan P ; je fais passer le plan de projection par AB ; du point C j'abaisse une perpendiculaire CC' sur le plan P, et du point C' je trace C'D perpendiculaire à AB, la droite CD est aussi perpendiculaire à AB, et l'angle C'DC mesure l'angle θ des deux plans. Or, on a

$$C'D = CD\cos\theta,\quad \frac{1}{2}AB \times C'D = \frac{1}{2}AB \times CD \times \cos\theta;$$

donc

$$S' = S\cos\theta.$$

Si aucun des côtés n'est parallèle au plan P, je fais passer le plan de projection par le sommet A, et je prolonge le côté opposé BC jusqu'à sa rencontre en I avec le plan de projection ; les triangles AIB, AIC, ont pour projections AIB', AIC', et d'après ce qui précède, on a

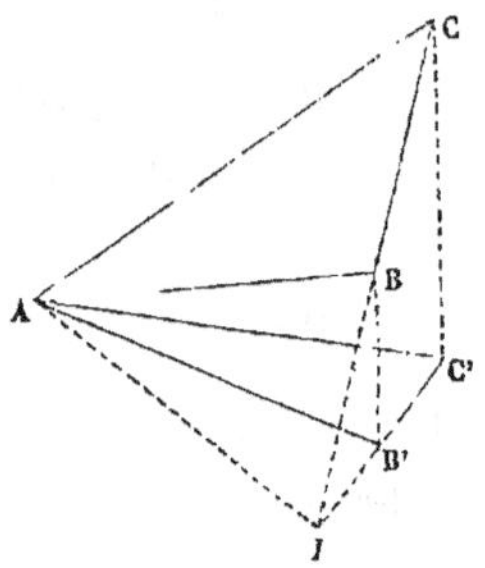

$$AIB' = AIB\cos\theta,$$
$$AIC' = AIC\cos\theta,$$

d'où, par la soustraction,

$$AB'C' = ABC\cos\theta.$$

Soit actuellement un polygone quelconque; je le décompose en divers triangles $T, T_1, T_2, \ldots$ j'appelle $T', T'_1, T'_2, \ldots.$ leurs projections sur un même plan P; d'après ce qui précède, on a

$$T' = T\cos\theta,\quad T'_1 = T_1\cos\theta,\quad T'_2 = T_2\cos\theta, \ldots..$$

et, par l'addition,

$$S' = S\cos\theta.$$

Par la considération des limites, le théorème s'étend à une aire plane terminée par un contour curviligne quelconque.

THÉORÈME II.

200—*Le carré d'une aire plane est égal à la somme des carrés de ses projections sur trois plans rectangulaires.*

L'angle que fait le plan de l'aire S avec le plan de projection est égal à l'angle que font entre elles deux droites perpendiculaires sur ces deux plans. Si donc on désigne par α, β, γ, les angles que fait avec les axes des coordonnées rectangulaires la perpendiculaire au plan de l'aire S, la projection S′ de l'aire S sur le plan YOZ sera égale à $S \cos \alpha$; de même les projections S″ et S‴ sur les plans ZOX, XOY, seront égales à $S \cos \beta$, $S \cos \gamma$. Si l'on ajoute les relations

$$S' = S \cos \alpha, \quad S'' = S \cos \beta, \quad S''' = S \cos \gamma,$$

après les avoir élevées au carré, on trouve

$$S'^2 + S''^2 + S'''^2 = S^2.$$

Corollaire.—Lorsqu'un tétraèdre a un angle trièdre tri-rectangle, le carré de la face opposée est égal à la somme des carrés des trois autres faces.

CHAPITRE III.

Transformation des Coordonnées.

201—Déplacement de l'origine. — On veut remplacer les trois axes OX, OY, OZ par trois autres axes O'X', O'Y', O'Z', respectivement parallèles aux premiers et dirigés dans le même sens. La position des nouveaux axes sera déterminée par les coordonnées a, b, c de la nouvelle origine O', relativement aux anciens axes.

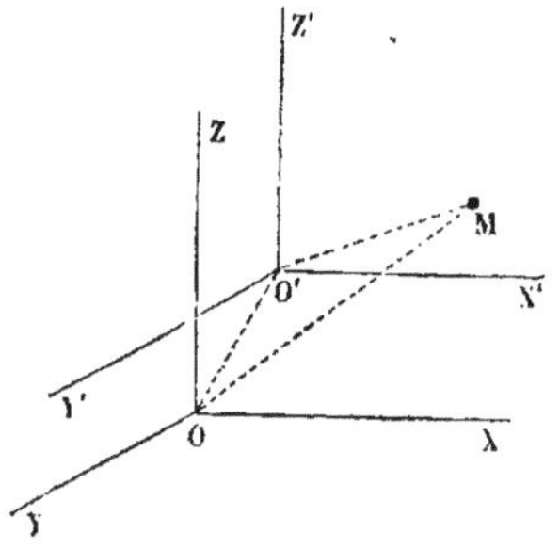

J'appelle x, y, z les coordonnées d'un point quelconque M de l'espace par rapport aux anciens axes, x', y', z' les coordonnées du même point par rapport aux nouveaux axes; en projetant successivement sur chacun des trois axes primitifs, parallèlement au plan des deux autres, le chemin droit OM et le chemin brisé OO'M, on a les relations

$$(1)\quad \begin{cases} x = a + x', \\ y = b + y', \\ z = c + z'. \end{cases}$$

202—Changement de la direction des axes. — Je considère maintenant le cas où l'on change la direction des axes, l'origine demeurant la même; je désigne par a, a', a'', les cosinus des angles que fait l'axe OX' avec les trois axes

OX, OY, OZ, par b, b', b'' et c, c', c'' les quantités analogues pour OY′ et OZ′, et enfin par λ, μ, ν les cosinus des angles YOZ, ZOX, XOY.

Soit M, un point quelconque de l'espace; par le point M, je mène une parallèle MC à l'axe OZ, et par le point C où cette droite perce le plan XOY une parallèle CD à l'axe OY; les trois longueurs OD, DC, CM, prises avec les signes convenables, sont les coordonnées x, y, z du point M, par rapport aux anciens axes. Par le point M, je mène une parallèle MC′ à l'axe OZ′, et par le point C′ où elle perce le plan X′OY′, une parallèle C′D′ à l'axe OY′; les trois longueurs OD′, D′C′, C′M, prises avec les signes convenables, sont les coordonnées x', y', z' du point M, par rapport aux nouveaux axes. En projetant les deux lignes brisées ODCM, OD′C′M, successivement sur chacun des trois axes OX, OY, OZ, on obtient les trois relations

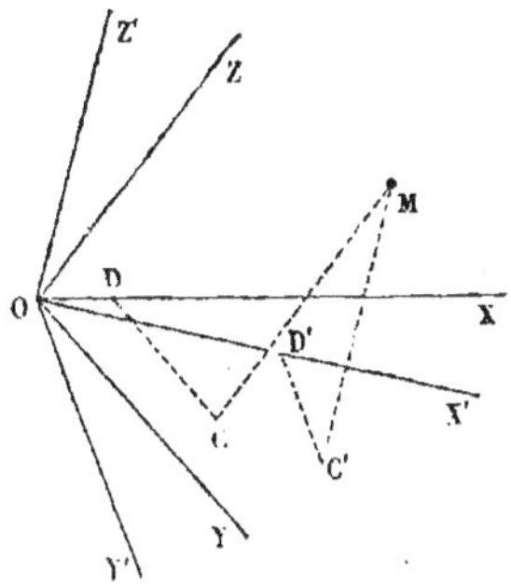

$$(2)\quad \left\{ \begin{aligned} x+\nu y+\mu z &= ax'+by'+cz', \\ \nu x+y+\lambda z &= a'x'+b'y'+c'z', \\ \mu x+\lambda y+z &= a''x'+b''y'+c''z', \end{aligned} \right.$$

desquelles on peut déduire pour x, y, z, des expressions du premier degré en x', y', z', et réciproquement.

Il faut se rappeler que a, a', a'' ne sont pas arbitraires, mais liées par une équation de condition; il en est de même de b, b', b'' et de c, c', c''. Il y aurait entre ces mêmes quantités trois nouvelles relations, si l'on voulait que les nouveaux axes fussent rectangulaires, ou plus généralement, qu'ils fissent deux à deux des angles donnés.

203—Quand les axes primitifs sont rectangulaires, $\lambda = \mu = \nu = o$, les équations (2) se réduisent à

$$(3)\quad \begin{cases} x = ax' + by' + cz', \\ y = a'x' + b'y' + c'z', \\ z = a''x' + b''y' + c''z'. \end{cases}$$

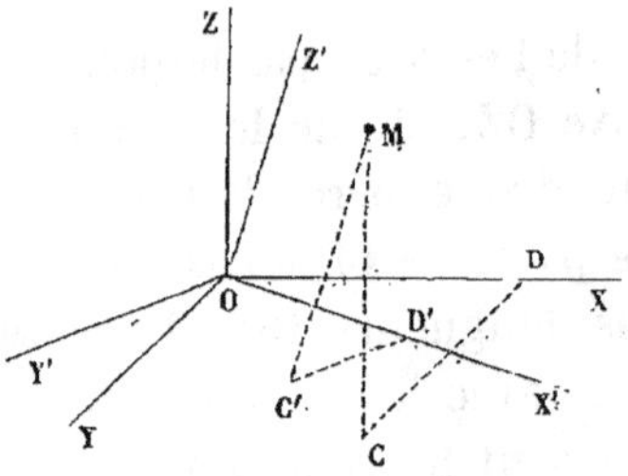

Alors, les relations entre les cosinus sont

$$(4)\quad \begin{cases} a^2 + a'^2 + a''^2 = 1, \\ b^2 + b'^2 + b''^2 = 1, \\ c^2 + c'^2 + c''^2 = 1. \end{cases}$$

Si les nouveaux axes sont aussi rectangulaires, on a en outre les relations

$$(5)\quad \begin{cases} ab + a'b' + a''b'' = o, \\ bc + b'c' + b''c'' = o, \\ ca + c'a' + c''a'' = o. \end{cases}$$

Si l'on multiplie les deux membres des équations (3) par a, a', a'', puis par b, b', b'', et c, c', c'', et qu'on ajoute, il vient, en ayant égard aux relations (4) et (5),

$$(6)\quad \begin{cases} x' = ax + a'y + a''z, \\ y' = bx + b'y + b''z, \\ z' = cx + c'y + c''z \end{cases}$$

Ces formules s'obtiennent directement en projetant les lignes brisées ODCM, OD'C'M sur les axes OX', OY', OZ'.

Puisque les nouveaux axes sont rectangulaires, les quantités (a, b, c), (a', b', c'), (a'', b'', c''), qui désignent les cosinus des angles des directions OX, OY, OZ avec les nouveaux axes, doivent satisfaire aux relations

$$(7)\quad \begin{cases} a^2 + b^2 + c^2 = 1, \\ a'^2 + b'^2 + c'^2 = 1, \\ a''^2 + b''^2 + c''^2 = 1; \end{cases} \qquad (8)\quad \begin{cases} aa' + bb' + cc' = o, \\ a'a'' + b'b'' + c'c'' = o, \\ a''a + b''b + c''c = o; \end{cases}$$

analogues aux relations (4) et (5).

204—Formules d'Euler. — Les formules précédentes, pour passer d'un système rectangulaire à un autre également rectangulaire, offrent l'avantage d'être symétriques par rapport aux angles; mais, quoique les angles soient au nombre de neuf, il n'y en a réellement que trois arbitraires, c'est pourquoi il ne faut jamais perdre de vue les relations qui les lient. Cette dépendance des neuf cosinus est, dans certains cas, un obstacle à constater l'identité de deux expressions. On a donc cherché des formules, dans lesquelles n'entrent que trois constantes; le choix de celles-ci était naturellement indiqué dans plusieurs questions de mécanique et d'astronomie, où l'on emploie de préférence les nouvelles formules.

On peut déterminer la position des nouveaux axes par l'angle ψ que fait avec OX la trace OA du plan X'OY' sur le plan XOY, l'inclinaison θ du plan X'OY' sur le plan XOY, inclinaison mesurée par l'angle ZOZ', enfin l'angle φ de l'axe OX' avec la trace OA.

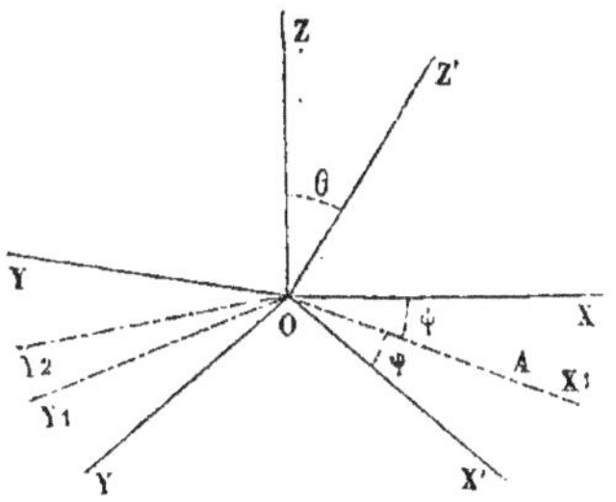

Or, il est possible d'amener le premier système sur le second, par trois rotations successives. Je fais tourner d'abord les axes primitifs de l'angle ψ autour de OZ; tandis que l'axe OZ reste immobile, les axes OX et OY tournent dans leur plan de l'angle ψ; l'axe OX vient donc occuper la position OA ou OX_1, et OY une certaine position OY_1. Je remarque que l'axe OZ', perpendiculaire sur le plan X'OY', et par suite sur la trace OA, est contenu dans le plan Y_1OZ perpendiculaire sur OA. Actuellement, je fais tourner de l'angle θ autour de OA; tandis que l'axe OX_1 reste immobile, les deux axes OY_1, OZ tournent dans leur plan de l'angle θ; donc OZ vient occuper la position OZ', et OY_1 une certaine position OY_2. Je remarque que les plans X_1OY_2 et X'OY', tous deux perpendiculaires sur OZ′, coïncident. Enfin, je fais tourner de l'angle φ autour de OZ′; puisque les deux axes OX_1, OY_2 tournent dans leur plan de l'angle φ, il en résulte que OX_1 vient se placer sur OX′, et OY_2 sur OY′. Après ces trois rotations successives, les axes primitifs coïncident avec les axes nouveaux.

On a, de cette manière, quatre systèmes d'axes à considérer, savoir : OXYZ, OX_1Y_1Z, OX_1Y_2Z', OX′Y′Z′.

Puisque deux systèmes consécutifs ont un axe commun, on passera de l'un à l'autre par les formules de transformation employées dans la géométrie plane. On a ainsi, pour les transformations successives

$$x = x_1 \cos\psi - y_1 \sin\psi, \quad y_1 = y_2 \cos\theta - z' \sin\theta, \quad x_1 = x' \cos\varphi - y' \sin\varphi,$$
$$y = x_1 \sin\psi + y_1 \cos\psi, \quad z = y_2 \sin\theta + z' \cos\theta, \quad y_2 = x' \sin\varphi + y' \cos\varphi.$$

L'élimination des auxiliaires x_1, y_1, y_2 donne

$$(10)\begin{cases} x = x'(\cos\varphi\cos\psi - \sin\varphi\sin\psi\cos\theta) + y'(-\sin\varphi\cos\psi - \cos\varphi\sin\psi\sin\theta) + z'\sin\psi\sin\theta, \\ y = x'(\cos\varphi\sin\psi + \sin\varphi\cos\psi\cos\theta) + y'(-\sin\varphi\sin\psi + \cos\varphi\cos\psi\cos\theta) + z'(-\cos\psi\sin \\ z = x'\sin\varphi\sin\theta + y'\cos\varphi\sin\theta + z'\cos\theta. \end{cases}$$

Telles sont les formules connues sous le nom de formules d'Euler.

La comparaison de ces formules, avec celles du n° 203, conduit aux relations suivantes :

$$(11)\begin{cases} a = \cos\varphi\cos\psi - \sin\varphi\sin\psi\cos\theta, \\ a' = \cos\varphi\sin\psi + \sin\varphi\cos\psi\cos\theta, \\ a'' = \sin\varphi\sin\theta; \\ b = -\sin\varphi\cos\psi - \cos\varphi\sin\psi\sin\theta, \\ b' = -\sin\varphi\sin\psi + \cos\varphi\cos\psi\cos\theta, \\ b'' = \cos\varphi\sin\theta; \\ c = \sin\psi\sin\theta, \\ c' = -\cos\psi\sin\theta, \\ c'' = \cos\theta; \end{cases}$$

d'où

$$\tan g\,\varphi = \frac{a''}{b''}, \quad \tan g\,\psi = -\frac{c}{c'}.$$

205—Remarques.—Lorsqu'un corps tourne autour d'un axe fixe, la rotation peut s'effectuer dans deux sens différents qu'il importe de distinguer. Je considère, par exemple, une rotation autour de l'axe OZ; en vertu de cette rotation, un rayon OA, mobile autour du point O, tournera dans le plan XOY. J'imagine qu'un observateur soit placé sur l'axe OZ, les pieds en O, la tête en Z; cet observateur verra le rayon mobile OA tourner, soit de gauche à droite, soit de droite à gauche en passant devant lui; on dira que la rotation est directe pour l'observateur dans le premier cas, inverse dans le second cas. Dans la figure, la rotation est directe, si OA tourne de OX vers OY dans le sens indiqué par la flèche; elle est inverse, si OA tourne en sens contraire.

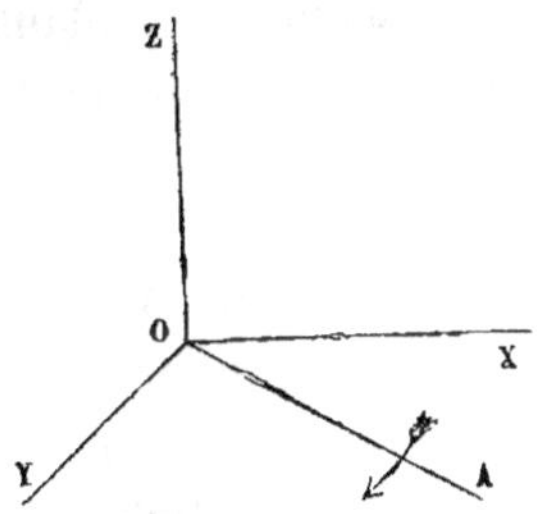

Deux systèmes d'axes rectangulaires OXYZ, OX′Y′Z′, ne sont pas toujours susceptibles de coïncider. Pour le reconnaître, j'imagine deux observateurs placés l'un sur OZ, l'autre sur OZ′; le premier observant la rotation de OX vers OY, le second celle de OX′ vers OY′; si les deux rotations s'effectuent dans le même sens, par exemple dans le sens direct, comme cela a lieu dans la figure du numéro précédent, les deux systèmes d'axes peuvent coïncider. En effet, si l'on place OZ sur OZ′, et si l'on fait tourner autour de l'axe commun, de manière à amener OX sur OX′, nécessairement OY coïncidera avec OY′; car OY et OY′ forment tous deux un angle droit avec OX ou OX′ dans le même sens. Mais si les deux rotations étaient de sens contraire, après avoir fait coïncider OZ avec OZ′, OX avec OX′, on verrait OY se placer, non plus sur OY′, mais sur son prolongement.

Dans les formules d'Euler, on suppose que les deux systèmes d'axes rectangulaires offrent la même disposition, c'est-à-dire sont susceptibles de coïncider. On a amené le système primitif sur le système nouveau, par trois rotations directes. L'angle ψ de la rotation autour de OZ varie de o à 2π; l'angle θ de la rotation autour de OA est compris entre o et π, pourvu que sur l'intersection des plans XOY et X'OY' on choisisse convenablement la direction OA; la rotation φ autour de OZ' varie de o à 2π.

206—Formules générales.—Lorsqu'on change à la fois l'origine et la direction des axes, en menant par la nouvelle origine O', dont les coordonnées relativement à l'ancien système sont a, b, c, trois axes OX_1, OY_1, OZ_1, parallèles aux premiers, et de même direction, on a $x=a+x_1$, $y=b+y_1$, $z=c+z_1$; ensuite, x_1, y_1, z_1 s'expriment en x', y', z' par l'un des groupes d'équations écrites précédemment; il suffit donc, pour avoir les formules générales, de remplacer dans ces équations x, y, z, respectivement par $x-a$, $y-b$, $z-c$.

207—Classification des surfaces.—On distingue les surfaces, comme les lignes, en algébriques et transcendantes, suivant que leurs équations sont elles-mêmes algébriques ou transcendantes. Quand l'équation est algébrique, elle peut toujours se ramener à la forme entière, et une transformation d'axes rectilignes ne change pas son degré. Le nombre qui exprime ce degré sert à classer les surfaces en ordres; ainsi, on dit qu'une surface est du premier, du second, du troisième ordre, etc., lorsque son équation est du premier, du second, du troisième degré, etc.

Pour que l'équation algébrique entière du degré m

$$f(x, y, z)=o,$$

représente réellement une surface de l'ordre m, il faut que son premier membre ne puisse pas se décomposer en un produit de deux fonctions entières, ou qu'elle soit irréductible. Deux équations irréductibles distinctes représentent deux surfaces qui peuvent avoir une ou plusieurs lignes communes, mais ces surfaces n'ont jamais d'éléments superficiels communs; car pour avoir des systèmes communs de solutions des deux équations, on ne peut pas prendre arbitrairement, même entre des limites très-resserrés, deux des variables.

Un plan coupe une surface algébrique de l'ordre m suivant une ligne algébrique dont l'ordre ne peut dépasser m; en effet, si l'on rapporte cette surface à un système de trois plans coordonnés, dont fasse partie celui que l'on considère, l'équation de la ligne d'intersection, par rapport à deux des axes coordonnés, s'obtient en remplaçant dans l'équation de la surface l'une des coordonnées par zéro; le polynôme à deux variables qui en résulte ne peut évidemment être d'un degré supérieur à m. Si la surface avait dans un plan plus de points qu'il n'en faut pour déterminer une ligne de l'ordre m, le plan tout entier ferait partie de la surface, et l'équation se décomposerait en deux facteurs. Une ligne droite rencontre une surface de l'ordre m en m points au plus, ou bien elle est comprise entièrement sur la surface.

208—Section d'une surface par un plan.—Je suppose d'abord que le plan passe par l'origine, sa position se détermine comme au n° 204, par les deux angles θ et ψ, tandis que la position des axes OX′, OY′, auxquels en rapporte la courbe, est donnée par l'angle φ. Ordinairement, on fait coïncider l'axe OX′ avec la trace du plan sécant sur le plan XOY, alors on a $\varphi = o$. Dans l'équation de la surface $f(x, y, z) = o$, il faut donc mettre à la place de x, y, z les seconds membres des formules (10), puis faire $\varphi = o$ et $z = o$, ce qui revient à remplacer simplement x, y, z par les expressions

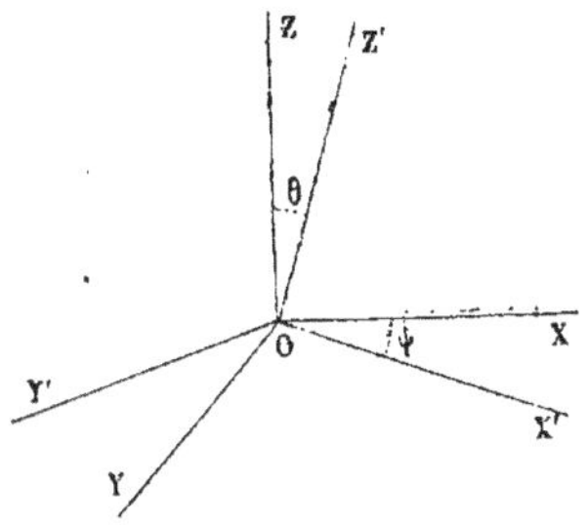

$$(12)\quad \begin{cases} x = x'\cos\psi - y'\sin\psi\cos\theta, \\ y = x'\sin\psi + y'\cos\psi\cos\theta, \\ z = y'\sin\theta, \end{cases}$$

obtenues en faisant $\varphi = o$ et $z = o$ dans les formules (10).

Ces formules s'obtiennent directement par deux rotations, l'une ψ autour de OZ, l'autre θ autour de OX'.

Si le plan sécant défini de la même manière, quant à sa direction, au lieu d'être mené par l'origine, passait en un point ayant pour coordonnées a, b, c, dans les formules précédentes on mettrait $x-a$, $y-b$, $z-c$ à la place de x, y, z.

209— TRANSFORMATION DES COORDONNÉES RECTILIGNES EN COORDONNÉES POLAIRES.—Le système polaire défini au nº 191 étant assez fréquemment employé, il est bon d'indiquer comment on passe du système rectiligne rectangulaire au système polaire, et réciproquement. Je considère le cas où l'axe fixe est OZ, le plan ZOX le plan fixe à partir duquel se comptent les angles ψ. La projection de OM sur OZ est $\rho\cos\theta$, la projection OP de la même ligne sur le plan XOY est $\rho\sin\theta$, enfin les projections de OP sur les axes OX, OY sont $\rho\sin\theta\cos\psi$, $\rho\sin\theta\sin\psi$. Si donc on projette sur chacun des trois axes la droite OM et la ligne brisée OPM, on obtient les relations

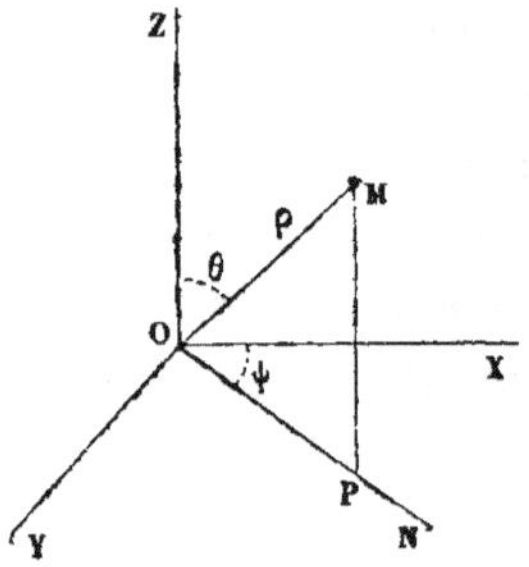

$$(13)\quad \begin{cases} x=\rho\cos\psi\sin\theta, \\ y=\rho\sin\psi\sin\theta, \\ z=\rho\cos\theta. \end{cases}$$

On en déduit les formules inverses

$$(14)\quad \rho=\sqrt{x^2+y^2+z^2},\quad tang\,\psi=\frac{y}{x},\quad \cos\theta=\frac{z}{\sqrt{x^2+y^2+z^2}}.$$

Si les deux systèmes occupaient des positions relatives différentes, il faudrait se servir d'un système rectiligne auxiliaire.

Dans le système polaire, une direction OM est complétement déterminée par les deux angles θ et ψ; on s'en sert fréquemment sous ce point de vue. En astronomie, si la droite OZ est la verticale d'un lieu, le plan ZOX le plan méridien du lieu, et que le rayon OM soit le rayon visuel d'un astre, l'angle θ sera la *distance zénithale* de cet astre et l'angle ψ son *azimuth*. En géographie, on prend pour OZ la ligne des pôles, alors θ est le complément de la *latitude* et ψ la *longitude*.

210 — Distance de deux points. — Soient (x', y', z'), (x'', y'', z'') les coordonnées de deux points M' et M'', l la distance M' M'' de ces deux points. Je transporte les axes, parallèlement à eux-mêmes, en M'. Si les axes sont rectangulaires, on a (n° 196, formule 3);

$$l=\sqrt{(x''-x')^2+(y''-y')^2+(z''-z')^2}.$$

Si les axes sont obliques, on a (n° 196, formule 8)

$$l=\sqrt{(x''-x')^2+(y''-y')^2+(z''-z')^2+2(y''-y')(z''-z')\cos\lambda+2(z''-z')(x''-x')\cos\mu+2(x''-x')(y''-y')\cos\nu}.$$

LIVRE VI.

SURFACES DU PREMIER DEGRÉ.

CHAPITRE I.

Du Plan et de la Ligne droite.

DU PLAN.

211—Construction de l'équation du premier degré. —L'équation générale du premier degré entre les variables x, y, z est

$$(1) \quad Ax+By+Cz+D=o;$$

elle renferme trois paramètres arbitraires qui sont les rapports de trois des quantités A, B, C, D à la quatrième. D'abord, si deux des coefficients A, B, C sont nuls, elle se réduit à la forme

$$Cz+D=o \text{ ou } z=-\frac{D}{C};$$

elle représente un plan parallèle au plan XOY, lequel coupe l'axe des z à une distance $-\frac{D}{C}$ de l'origine. Si un seul des mêmes coefficients est nul, on a l'équation

$$Ax+By+D=o,$$

qui représente, dans le plan XOY une droite, et dans l'espace un plan parallèle à OZ mené par cette droite.

Je suppose enfin qu'aucun des coefficients A, B, C ne soit nul; les traces de la surface sur les plans coordonnés sont trois droites qui coupent deux à deux les axes aux points P, Q, R. La trace PQ sur le plan XOY a pour équation

$$Ax+By+D=o.$$

Je coupe la surface par un plan $z=\gamma$, parallèle à XOY; la projection de l'intersection sur le plan XOY a pour équation

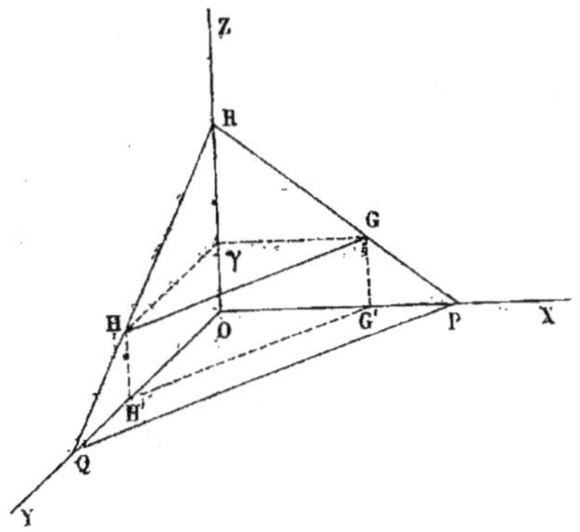

$$Ax+By+C\gamma+D=o;$$

c'est une droite G'H' parallèle à PQ. L'intersection elle-même, étant la ligne suivant laquelle le plan $z=\gamma$, parallèle à XOY, rencontre le plan projetant mené par G'H', est une droite GH, parallèle à G'H', et par conséquent à PQ. D'ailleurs la droite GH rencontre la droite PR au point G. On peut donc regarder la surface comme décrite par une droite GH, qui se meut parallèlement à la droite PQ, en s'appuyant constamment sur une autre droite PR; donc la surface est un plan.

212—Équation du plan. — Réciproquement, tout plan est représenté par une équation du premier degré entre les variables x, y, z. Car lorsque le plan est parallèle à l'un des plans coordonnés, XOY, par exemple, si l'on appelle γ la coordonnée z du point où il rencontre l'axe OZ, son équation est $z=\gamma$. En second lieu, si le plan est seulement parallèle à l'un des axes, OZ, par exemple, sa trace sur le plan XOY a une équation de la forme $Ax+By+D=o$; celle-ci représente, dans l'espace, le plan donné.

Enfin, je suppose que le plan coupe les trois axes, et que ses traces sur les plans XOY, XOZ, soient PQ et PR. On peut disposer des coefficients A, B, D de l'équation $Ax+By+Cz+D=o$, de telle sorte que l'équation $Ax+By+D=o$ représente dans le plan XOY la droite PQ. La trace $Ax+Cz+D=o$ du plan sur le plan ZOX passe en P, quel que soit le coefficient C; or, on peut disposer de ce coefficient, de manière à ce que cette trace ait pour direction PR; alors l'équation

$$Ax+By+Cz+D=o$$

représente un plan qui passe par les deux droites PQ, PR; c'est donc l'équation du plan donné.

213—Autres formes de l'équation du plan.—Pour avoir la position du plan $Ax+By+Cz+D=o$, il suffit de connaître les points P, Q, R, où il coupe les axes; j'appelle a, b, c, les distances de l'origine à ces trois points; a est la valeur de x qui correspond à $y=z=o$; b, c, celles de y et z, qui correspondent respectivement à $z=x=o$ et $x=y=o$, donc

$$a=-\frac{D}{A},\quad b=-\frac{D}{B},\quad c=-\frac{D}{C}.$$

Réciproquement, si a, b, c sont connus, les relations précédentes donnent

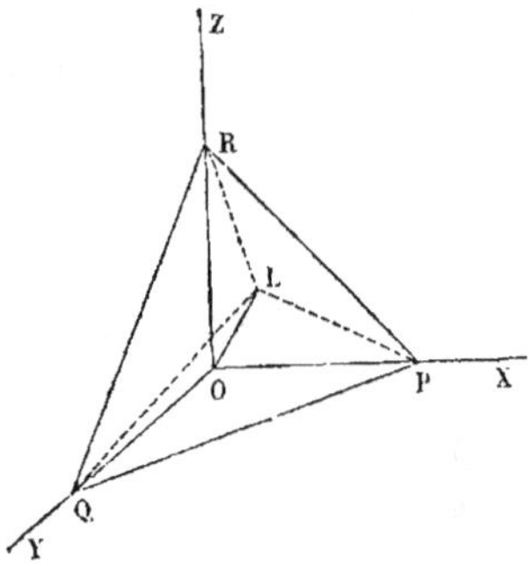

$$A=-\frac{D}{a},\quad B=-\frac{D}{b},\quad C=-\frac{D}{c},$$

et l'équation du plan prend la forme simple

$$(2)\quad \frac{x}{a}+\frac{y}{b}+\frac{z}{c}=1.$$

De l'origine O j'abaisse une perpendiculaire OL sur le plan; soit l sa longueur, et α, β, γ les angles qu'elle fait avec les directions des coordonnées positives; les triangles rectangles OLP, OLQ, OLR donnent

$$(3)\quad l=a\cos\alpha=b\cos\beta=c\cos\gamma,$$

ou

$$\frac{1}{a}=\frac{\cos\alpha}{l},\quad \frac{1}{b}=\frac{\cos\beta}{l},\quad \frac{1}{c}=\frac{\cos\gamma}{l},$$

et l'équation du plan prend la nouvelle forme

$$(4)\quad x\cos\alpha+y\cos\beta+z\cos\gamma=l.$$

On l'obtient immédiatement, en projetant sur la perpendiculaire OL le rayon OM mené de l'origine à un point quelconque M du plan, et exprimant que cette projection a une longueur constante l.

214—Angles d'un plan avec les plans coordonnés.—Soit

$$(1)\quad Ax+By+Cz+D=o$$

l'équation d'un plan. Lorsque les axes sont rectangulaires, les angles que fait ce plan avec les plans coordonnés sont égaux aux angles que fait la perpendiculaire OL au plan donné avec les axes des coordonnées. Si l'on compare l'équation (1) avec l'équation (4), on a les relations

$$\frac{\cos\alpha}{A}=\frac{\cos\beta}{B}=\frac{\cos\gamma}{C}=-\frac{l}{D};$$

comme on a d'ailleurs

$$\cos^2\alpha+\cos^2\beta+\cos^2\gamma=1,$$

il en résulte

$$(5)\quad \frac{\cos\alpha}{A}=\frac{\cos\beta}{B}=\frac{\cos\gamma}{C}=-\frac{l}{D}=\pm\frac{1}{\sqrt{A^2+B^2+C^2}};$$

On prendra le signe + ou le signe — de manière que la valeur de l soit positive.

215—Distance d'un point a un plan.—Soient x', y', z' les coordonnées du point donné M, $Ax+By+Cz+D=o$ l'équation du plan donné. Si l'on transporte l'origine des coordonnées au point M, l'équation du plan devient

$$Ax+By+Cz+D_1=o,$$

dans laquelle D_1 représente la quantité $Ax'+By'+Cz'+D$. Or la distance de la nouvelle origine M au plan, en vertu des formules (5), est

$$l=\pm\frac{D_1}{\sqrt{A^2+B^2+C^2}};$$

en remplaçant D_1 par sa valeur, on a donc

$$(6)\quad l=\pm\frac{Ax'+By'+Cz'+D}{\sqrt{A^2+B^2+C^2}}.$$

Cette formule souvent employée s'énonce ainsi : *la distance d'un point à un plan en coordonnées rectangulaires s'exprime par une fraction qui a pour numérateur le premier membre de l'équation du plan dans lequel on remplace* x, y, z *par les coordonnées du point, et pour dénominateur la racine carrée de la somme des carrés des coefficients de* x, y, z.

216—Parallélisme de deux plans.—Lorsque deux plans

$$Ax+By+Cz+D=o, \quad A'x+B'y+C'z+D'=o$$

sont parallèles, leurs traces sur les plans coordonnés sont aussi parallèles. Pour cela il est nécessaire que les coefficients des coordonnées soient proportionnels, c'est-à-dire que l'on ait

$$\frac{A}{A'}=\frac{B}{B'}=\frac{C}{C'}.$$

217—Angle de deux plans.—Soient

$$Ax+By+Cz+D=o, \quad A'x+B'y+C'z+D'=o$$

les équations des deux plans. L'angle cherché est égal à l'angle des perpendiculaires abaissées de l'origine sur les deux plans donnés. Je désigne par α, β, γ les angles que fait avec les axes la perpendiculaire au premier plan, par α', β', γ' les angles que fait avec les axes la perpendiculaire au second plan, par V l'angle cherché. Si les axes sont rectangulaires, on a

$$\cos V=\cos\alpha\cos\alpha'+\cos\beta\cos\beta'+\cos\gamma\cos\gamma',$$

d'où, en vertu des formules (5),

$$(7)\quad \cos V=\pm\frac{AA'+BB'+CC'}{\sqrt{A^2+B^2+C^2}\sqrt{A'^2+B'^2+C'^2}}.$$

Pour que les deux plans soient perpendiculaires entre eux, il est nécessaire et il suffit que l'on ait

$$(8)\quad AA'+BB'+CC'=o.$$

218—Plan mené par un point parallèlement a un plan

DONNÉ.—L'équation de tout plan peut se mettre sous la forme

$$Ax+By+Cz+D=o;$$

si l'on veut qu'il passe par un point donné x', y', z', il faut que les coordonnées du point vérifient l'équation du plan, ce qui donne l'équation de condition

$$Ax'+By'+Cz'+D=o.$$

En retranchant de l'équation du plan, on élimine D et l'on obtient l'équation

$$A(x-x')+B(y-y')+C(z-z')=o,$$

qui représente tous les plans qui passent par le point donné. Si l'on veut en outre que le plan soit parallèle à un plan donné

$$A'x+B'y+C'z+D'=o,$$

dans l'équation précédente on remplacera A, B, C par les quantités proportionnelles A', B', C'.

219—PLAN QUI PASSE PAR TROIS POINTS DONNÉS.—Soient (x', y', z'), (x'', y'', z''), (x''', y''', z''') les coordonnées des trois points donnés M', M'', M'''. Je représente par $Ax+By+Cz=1$ l'équation du plan cherché; les relations, auxquelles doivent satisfaire les paramètres inconnus A, B, C pour que le plan contienne les trois points, sont

$$Ax'+By'+Cz'=1,$$
$$Ax''+By''+Cz''=1,$$
$$Ax'''+By'''+Cz'''=1;$$

elles donnent

$$(9)\quad \frac{A}{(y''-y')(z'''-z')-(z''-z')(y'''-y')}=\frac{B}{(z''-z')(x'''-x')-(x''-x')(z'''-z')}$$
$$=\frac{C}{(x''-x')(y'''-y')-(y''-y')(x'''-x')}$$
$$=\frac{1}{x'y''z'''-x'z''y'''+z'x''y'''-y'x''z'''+y'z''x'''-z'y''x'''}.$$

Si, pour abréger, on désigne les quatre dénominateurs, qui sont des quantités connues, par G, H, K, L, on a

$$\frac{A}{G}=\frac{B}{H}=\frac{C}{K}=\frac{1}{L},$$

et l'équation du plan s'écrit

$$Gx+Hy+Kz=L.$$

220—Aire d'un triangle en fonction des coordonnées des sommets.—Je considère d'abord un triangle OM′M″ situé dans le plan XOY; j'appelle (x', y'), (x'', y'') les coordonnées rectangulaires des deux points M′ et M″, h la perpendiculaire OP abaissée du point O sur la base M′M″, S l'aire du triangle. L'équation de la droite M′M″ peut se mettre sous la forme

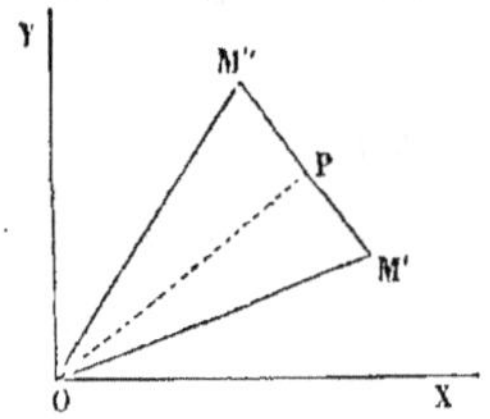

$$(y-y')(x''-x')-(x-x')(y''-y')=0;$$

on en déduit

$$h=\pm\frac{x'(y''-y')-y'(x''-x')}{\sqrt{(x''-x')^2+(y''-y')^2}}=\pm\frac{x'y''-y'x''}{M'M''},$$

$$(10)\quad 2S=M'M''\times h=\pm(x'y''-y'x'').$$

Pour avoir l'aire du triangle M′M″M‴ situé dans le plan XOY, on imagine l'origine transportée au point M′; la formule précédente donne

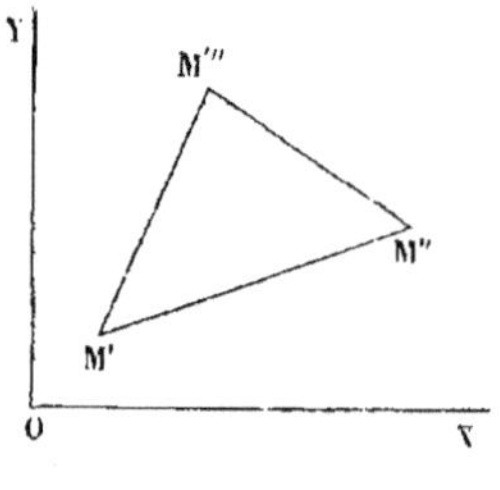

$$(11)\quad 2S=\pm[(x''-x')(y'''-y')-(y''-y')(x'''-x')].$$

Je considère maintenant un triangle placé d'une manière quelconque dans l'espace. La formule (11) donne immédiatement les projections de l'aire S sur les trois plans coordonnés rectangulaires

$$(12)\quad \begin{cases} 2S'''=\pm[(x''-x')(y'''-y')-(y''-y')(x'''-x')=\pm K, \\ 2S' =\pm[(y''-y')(z'''-z')-(z''-z')(y'''-y')=\pm G, \\ 2S'' =\pm[(z''-z')(x'''-x')-(x''-x')(z'''-z')=\pm H. \end{cases}$$

Quand on connaît les trois projections, on détermine S par la relation

$$S=\sqrt{S'^2+S''^2+S'''^2}=\frac{1}{2}\sqrt{G^2+H^2+K^2}.$$

Je remarque, sur les formules (9), que les valeurs numériques des coefficients A, B, C de l'équation du plan du triangle sont proportionnelles aux projections de l'aire du triangle sur les plans coordonnés; ce qui, d'ailleurs, est évident à priori.

221—Volume du tétraèdre en fonction des coordonnées des sommets.—Je joins l'origine aux trois sommets du triangle M'M''M'''; j'appelle V le volume du tétraèdre ainsi formé, h la perpendiculaire abaissée du sommet O sur la base. Puisque le plan du triangle a pour équation

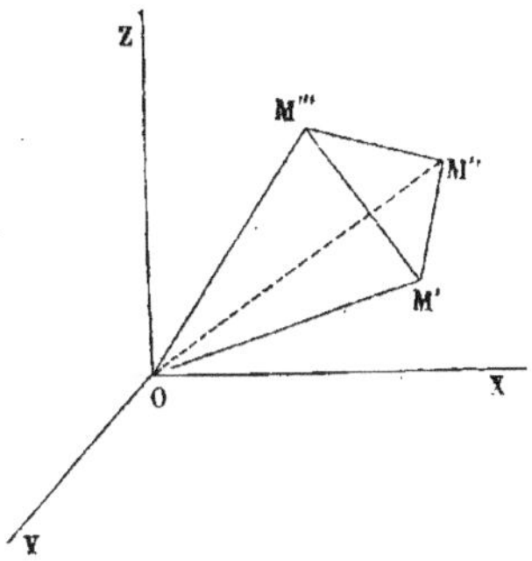

$$Gx+Hy+Kz=L,$$

on a, pour la perpendiculaire,

$$h=\pm\frac{L}{\sqrt{G^2+H^2+K^2}}=\pm\frac{L}{2S};$$

d'où

$$(13)\quad 6V=2S\times h=\pm L=\pm(x'y''z'''-x'z''y'''+z'x''y'''-y'x''z'''+y'z''x'''-z'y''x''').$$

On déduirait facilement de cette formule le volume d'un tétraèdre placé d'une manière quelconque dans l'espace.

DE LA LIGNE DROITE.

222—Équations d'une droite.—Je considère les deux équations simultanées

$$Ax+By+Cz+D=0,\qquad A'x+B'y+C'z+D'=0.$$

Chacune d'elles, prise isolément, représente un plan; donc

les points dont les coordonnées vérifient à la fois les deux équations forment une ligne droite ; en éliminant tour à tour chacune des variables x, y, z on aurait les équations des projections de cette droite sur les plans coordonnés, ou les équations de ses plans projetants.

Réciproquement, toute droite peut être représentée par deux équations du premier degré. Car les projections de cette droite sur deux des plans coordonnés, ZOX et ZOY par exemple, ont des équations de la forme

$$(1) \quad x=az+p, \qquad y=bz+q;$$

ces équations, dans l'espace, représentent deux plans projetants de la droite et par conséquent la droite elle-même. On peut, d'une infinité de manières, les remplacer par d'autres équations du premier degré contenant les trois variables.

Pour que deux droites soient parallèles, il est nécessaire et il suffit que leurs projections sur deux des plans coordonnés soient elles-mêmes parallèles.

223—Point de rencontre d'une droite et d'un plan.— Les coordonnées du point de rencontre d'une droite et d'un plan s'obtiennent, comme celles du point rencontre de trois plans, par la résolution de trois équations du premier degré à trois inconnues. Si les équations de la droite sont

$$x=az+p, \qquad y=bz+q,$$

et celle du plan

$$Ax+By+Cz+D=o,$$

en éliminant x et y, on obtient de suite la coordonnée z du point d'intersection

$$(2) \quad z=-\frac{Ap+Bq+D}{Aa+Bb+C}.$$

224—Droite parallèle a un plan.—Si l'on a

$$(3) \quad Aa+Bb+C=o,$$

la valeur de z devenant infinie, le point de rencontre s'éloigne à l'infini et la droite est parallèle au plan.

225—Droite située dans un plan.—Si l'on a en même temps

$$(4)\quad \begin{cases} Aa+Bb+C=o, \\ Ap+Bq+D=o, \end{cases}$$

la valeur de z est indéterminée, la droite a une infinité de points communs avec le plan, c'est-à-dire qu'elle est située dans le plan.

La première condition exprime que la droite est parallèle au plan; la seconde que la trace de la droite sur le plan des xy, trace qui a pour coordonnées (p, q, o), est située dans le plan.

226—Condition d'intersection de deux droites.—Deux droites placées dans l'espace ne se rencontrent pas en général; pour qu'elles se rencontrent, il faut que leurs équations

$$\begin{cases} x=az+p, \\ y=bz+q, \end{cases} \qquad \begin{cases} x=a'z+p', \\ y=b'z+q', \end{cases}$$

soient satisfaites par un même système de valeurs de x, y, z. Ceci n'aura lieu que si la condition

$$(5)\quad (a-a')(q-q')-(b-b')(p-p')=o,$$

obtenue en éliminant x, y, z, est remplie.

227—Droite passant par deux points donnés.—Je considère une droite quelconque passant par le point M, dont je désigne les coordonnées par x', y', z'. Les projections de cette droite sur les plans XOZ, YOZ passent par les projections du point M; d'après ce qu'on a vu en géométrie plane, les équations de ces projections ou les équations de la droite sont

$$(6)\quad x-x'=a(z-z'), \qquad y-y'=b(z-z'),$$

a et b étant deux paramètres arbitraires.

Pour que la droite passe par un second point M'(x'', y'', z''), il faut prendre

$$a=\frac{x''-x'}{z''-z'}, \qquad b=\frac{y''-y'}{z''-z'};$$

et les équations précédentes deviennent

$$(7)\quad x-x'=\frac{x''-x'}{z''-z'}(z-z'),\quad y-y'=\frac{y''-y'}{z''-z'}(z-z').$$

Un troisième point (x''', y''', z''') sera situé sur la droite qui joint les deux premiers, si ses coordonnées vérifient les équations de la droite, c'est-à-dire si l'on a

$$\frac{x'''-x'}{x''-x'}=\frac{y'''-y'}{y''-y'}=\frac{z'''-z'}{z''-z'}.$$

228—Par un point, mener une parallèle a une droite donnée.—Les projections de deux droites parallèles sur un des plans coordonnés sont des droites parallèles; donc les équations de la parallèle à la droite

$$y=az+p,\quad y=bz+q,$$

menée par le point (x', y', z'), sont

$$x-x'=a(z-z'),\quad y-y'=b(z-z').$$

Lorsque la première droite est déterminée par deux plans

$$Ax+By+Cz+D=o,\quad A'x+B'y+C'z+D'=o$$

qui ne sont parallèles à aucun des axes, on mène par le point (x', y', z') des plans respectivement parallèles aux deux premiers, et la parallèle est représentée par les équations

$$A(x-x')+B(y-y')+C(z-z')=o,$$
$$A'(x-x')+B'(y-y')+C'(z-z')=o.$$

229—Angle d'une droite avec les axes.—Je suppose les axes rectangulaires, et je me propose d'abord de trouver les équations d'une droite qui passe à l'origine et qui fasse avec les axes des angles α, β, γ. Soit M un point quelconque de cette droite, ρ la distance OM, distance positive ou négative, selon que le point M se trouve sur la direction α, β, γ ou sur la direction opposée ; on a, (n° 196),

$$(8)\quad \frac{x}{\cos\alpha}=\frac{y}{\cos\beta}=\frac{z}{\cos\gamma}=\rho.$$

Dans ces équations on regardera les coordonnées comme des fonctions de la distance variable ρ.

Lorsque la droite, au lieu d'être menée par l'origine, passe par le point (x', y', z'), les équations prennent la forme

$$(9)\quad \frac{x-x'}{\cos\alpha}=\frac{y-y'}{\cos\beta}=\frac{z-z'}{\cos\gamma}=\rho.$$

Réciproquement, quand on donne les équations d'une droite,

$$x=az+p,\quad y=bz+q,$$

celles de la parallèle menée par l'origine sont

$$(10)\quad x=az,\quad y=bz$$

ou

$$\frac{x}{a}=\frac{y}{b}=\frac{z}{1}.$$

Les angles qu'elle fait avec les axes s'obtiennent en identifiant les équations (8) et (10), ce qui donne les relations

$$\frac{\cos\alpha}{a}=\frac{\cos\beta}{b}=\frac{\cos\gamma}{1},$$

auxquelles il faut joindre celle qui lie les trois cosinus,

$$\cos^2\alpha+\cos^2\beta+\cos^2\gamma.$$

On en déduit

$$(11)\quad \frac{\cos\alpha}{a}=\frac{\cos\beta}{b}=\frac{\cos\gamma}{1}=\pm\frac{1}{\sqrt{a^2+b^2+1}}.$$

Le double signe correspond aux deux directions opposées que l'on peut considérer sur la droite.

230—Je suppose maintenant les axes obliques, et j'appelle λ, μ, ν les angles YOZ, ZOX, XOY. Quand la droite passe à l'origine, on a (n° 198)

$$(12)\quad \frac{x+y\cos\nu+z\cos\mu}{\cos\alpha}=\frac{x\cos\nu+y+z\cos\lambda}{\cos\beta}=\frac{x\cos\mu+y\cos\lambda+z}{\cos\gamma}=\rho.$$

Quand la droite est menée par le point (x', y', z'), il suffit de remplacer x, y, z par $x-x'$, $y-y'$, $z-z'$.

Réciproquement, si la droite est donnée par ses équations

$$x=az+p,\quad y=bz+q,$$

les angles qu'elle fait avec les axes sont déterminés par les relations

$$(13)\quad \frac{\cos\alpha}{a+b\cos\nu+\cos\mu}=\frac{\cos\beta}{a\cos\nu+b+\cos\lambda}=\frac{\cos\gamma}{a\cos\mu+b\cos\lambda+1},$$

jointes à celle qui existe entre les trois cosinus.

231—Angle de deux droites.—Soient

$$\begin{cases}x=az+p,\\ y=bz+q,\end{cases}\qquad \begin{cases}x=a'z+p',\\ y=b'z+q'\end{cases}$$

les équations de deux droites. On détermine les angles (α, β, γ), $(\alpha', \beta', \gamma')$ de chacune d'elles avec les axes, puis on exprime l'angle V qu'elles font entre elles par une formule connue. Si les axes sont rectangulaires, on a

$$\frac{\cos\alpha}{a}=\frac{\cos\beta}{b}=\frac{\cos\gamma}{1}=\pm\frac{1}{\sqrt{a^2+b^2+1}},$$

$$\frac{\cos\alpha'}{a'}=\frac{\cos\beta'}{b'}=\frac{\cos\gamma'}{1}=\pm\frac{1}{\sqrt{a'^2+b'^2+1}},$$

d'où

$$(14)\quad \cos V=\pm\frac{aa'+bb'+1}{\sqrt{a^2+b^2+1}\,\sqrt{a'^2+b'^2+1}}.$$

Les droites sont perpendiculaires entre elles lorsque la relation

$$(15)\quad aa'+bb'+1=o$$

est satisfaite.

232—Angle d'une droite et d'un plan.—Soient

$$x=az+p,\quad y=bz+q$$

les équations de la droite,

$$Ax+By+Cz+D=o$$

celle du plan. L'angle U de la droite et du plan est complémentaire de l'angle V que forme la droite avec la perpendiculaire au plan. Lorsque les axes sont rectangulaires, on a, en vertu des formules du n° 214,

$$(16)\quad \cos V=\sin U=\pm\frac{Aa+Bb+C}{\sqrt{A^2+B^2+C^2}\,\sqrt{a^2+b^2+1}}.$$

Pour que la droite soit parallèle au plan, il faut que l'on

ait $Aa+Bb+C=o$, condition obtenue déjà d'une autre manière; mais la nouvelle démonstration suppose les axes rectangulaires.

233—Par un point donné, mener une droite perpendiculaire sur un plan.—Soit

$$Ax+By+Cz+D=o$$

l'équation du plan. Les angles α, β, γ que fait la perpendiculaire au plan avec les axes des coordonnées rectangulaires sont donnés par les formules

$$\frac{\cos\alpha}{A}=\frac{\cos\beta}{B}=\frac{\cos\gamma}{C}=\pm\frac{1}{\sqrt{A^2+B^2+C^2}}.$$

La perpendiculaire abaissée du point (x', y', z') sur le plan aura donc pour équations

$$(17)\quad \frac{x-x'}{A}=\frac{y-y'}{B}=\frac{z-z'}{C}.$$

Si l'on combine ces équations avec celles du plan, on trouve les relations

$$\frac{x-x'}{A}=\frac{y-y'}{B}=\frac{z-z'}{C}=\frac{-(Ax'+By'+Cz'+D)}{A^2+B^2+C^2}=\pm\frac{l}{\sqrt{A^2+B^2+C^2}},$$

lesquelles déterminent le pied et la longueur l de la perpendiculaire.

Les équations (17) montrent que les traces de la droite sont perpendiculaires sur les traces du plan.

234—Par un point donné, mener un plan perpendiculaire a une droite donnée.—Soient

$$x=az+p,\qquad y=bz+q$$

les équations de la droite. L'équation du plan perpendiculaire sera de la forme

$$Ax+By+Cz+D=o.$$

Si l'on appelle α, β, γ les angles que fait la droite avec les axes, on a d'une part

$$\frac{\cos\alpha}{a}=\frac{\cos\beta}{b}=\frac{\cos\gamma}{1},$$

d'autre part

$$\frac{\cos\alpha}{A}=\frac{\cos\beta}{B}=\frac{\cos\gamma}{C};$$

donc

$$(18)\quad \frac{A}{a}=\frac{B}{b}=\frac{C}{1}.$$

Telles sont les relations qui expriment qu'une droite et un plan sont perpendiculaires. Donc le plan perpendiculaire mené par le point $(x'\,y',\,z')$ a pour équation

$$(19)\quad a(x-x')+b(y-y')+(z-z')=0.$$

235—D'un point donné, abaisser une perpendiculaire sur une droite donnée.—La perpendiculaire cherchée est l'intersection du plan mené par le point donné perpendiculairement sur la droite donnée et du plan qui passe par le point et la droite. Si l'on conserve les mêmes notations que dans le numéro précédent, le plan perpendiculaire est donné par l'équation (19). Je représente le second plan par l'équation

$$A(x-x')+B(y-y')+(z-z')=0;$$

on exprime que ce plan contient la droite par les relations

$$Aa+Bb+1=0,$$
$$A(x'-p)+B(y'-q)+z'=0;$$

d'où l'on déduit

$$A=\frac{y'-bz'-q}{b(x'-p)-a(y'-q)},$$

$$B=-\frac{x'-az'-p}{b(x'-p)-a(y'-q)}.$$

La perpendiculaire cherchée est ainsi représentée par l'équation (19) jointe à l'équation

$$(20)\quad (x-x')(y'-bz'-q)-(y-y')(x'-az'-p)+(z-z')[b(x'-p)-a(y'-q)]=0.$$

On déterminera le pied de la perpendiculaire en combinant les équations de la droite donnée avec celle du plan perpendiculaire ; ce qui donne

$$z=\frac{a(x'-p)+b(y'-q)+z'}{a^2+b^2+1}.$$

236—Distance d'un point M a une droite.—Je suppose que la droite donnée OA passe à l'origine et que l'on connaisse les angles α, β, γ qu'elle fait avec les axes des coordonnées rectangulaires. La distance MP est un côté de l'angle droit du triangle rectangle OMP qui a pour hypothénuse OM, et pour autre côté de l'angle droit la projection de OM sur la droite OA, c'est-à-dire $x'\cos\alpha+y'\cos\beta+z'\cos\gamma$ (n° 196); on a donc

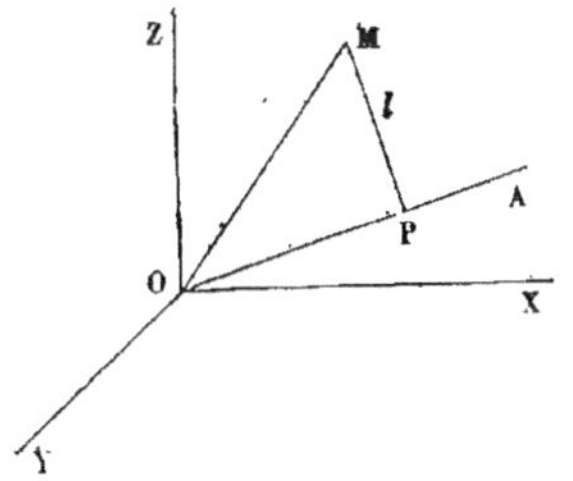

$$l^2=x'^2+y'^2+z'^2-(x'\cos\alpha+y'\cos\beta+z'\cos\gamma)^2$$

ou

(21) $l^2=(x'\cos\beta-y'\cos\alpha)^2+(y'\cos\gamma-z'\cos\beta)^2+(z'\cos\alpha-x'\cos\gamma)^2.$

Si la ligne était déterminée par les équations

$$x=az,\quad y=bz,$$

on remplacerait dans la formule précédente les cosinus par leurs valeurs (n° 229).

Lorsque la droite ne passe pas à l'origine, ses équations ont la forme

$$x=az+p,\quad y=bz+q;$$

on transporte les axes parallèlement à eux-mêmes au point (p, q) où elle perce le plan XOY ; les coordonnées du point M, relativement aux nouveaux axes, deviennent $x'-p$, $y'-q$, z'; il suffit donc, dans la valeur de l, de mettre $x'-p$, $y'-q$ à la place de x' et de y'.

237—Plus courte distance de deux droites AB, CD.— Soient

$$x=az+p,\quad y=bz+q$$

les équations de la première droite,

$$x = a'z + p', \quad y = b'z + q'$$

celles de la seconde droite. On sait que la plus courte distance de ces deux droites se mesure par la perpendiculaire commune MN à ces deux droites. On sait aussi que la longueur l de cette perpendiculaire commune est égale à la distance d'un point de la droite CD au plan P mené par AB parallèlement à CD.

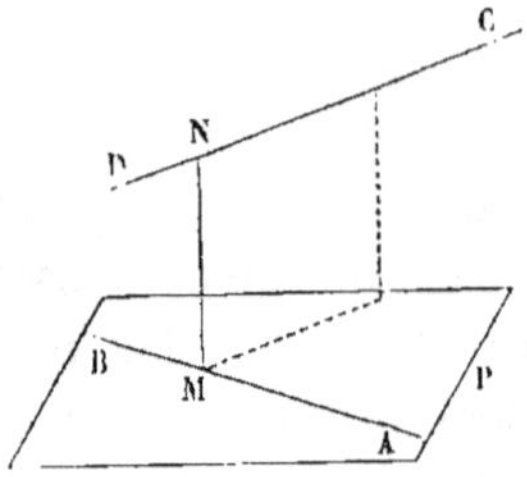

Soit
$$Ax + By + Cz + D = 0$$
l'équation du plan P; ses coefficients doivent satisfaire aux relations

$$\begin{cases} Aa + Bb + C = 0, \\ Ap + Bq + D = 0, \\ Aa' + Bb' + C = 0; \end{cases}$$

d'où

$$\frac{A}{b - b'} = \frac{B}{a' - a} = \frac{C}{ab' - ba'} = \frac{D}{p(b' - b) + q(a - a')};$$

l'équation du plan P est

$$(b - b')x + (a' - a)y + (ab' - ba')z + p(b' - b) + q(a - a') = 0.$$

J'abaisse sur ce plan une perpendiculaire du point (p', q') où la droite CD perce le plan XOY; on a

$$l = \pm \frac{Ax' + By' + Cz' + D}{\sqrt{A^2 + B^2 + C^2}} = \pm \frac{(a - a')(q - q') - (b - b')(p - p')}{\sqrt{(a - a')^2 + (b - b')^2 + (ab' - ba')^2}}.$$

Si l'on veut obtenir les équations de la droite MN, sur laquelle se mesure la plus courte distance, par chacune des lignes données on fera passer un plan perpendiculaire à P; le système des équations de ces deux plans représentera leur intersection, c'est-à-dire la perpendiculaire commune MN.

CHAPITRE II.

Génération des Surfaces.

238—Lorsqu'une surface est définie immédiatement par une propriété commune à tous ses points, son équation s'obtient par les procédés qui ont été employés dans la recherche de l'équation d'une courbe en géométrie plane.

Exemple I.—*Sphère.*—Je désigne par a, b, c les coordonnées du centre, par r le rayon, et j'appelle x, y, z les coordonnées d'un point quelconque de la surface. Si les axes sont rectangulaires, la sphère a pour équation

$$(x-a)^2+(y-b)^2+(z-c)^2=r^2;$$

cette équation, développée, prend la forme

$$x^2+y^2+z^2+fx+gy+hz+k=o.$$

Réciproquement, toute équation de cette forme ne peut représenter qu'une sphère, car on peut l'écrire

$$\left(x+\frac{f}{2}\right)^2+\left(y+\frac{g}{2}\right)^2+\left(z+\frac{h}{2}\right)^2=\frac{f^2+g^2+h^2}{4}-k.$$

Le premier membre est le carré de la distance du point C $\left(-\frac{f}{2}, -\frac{g}{2}, -\frac{h}{2}\right)$ au point (x, y, z); donc si le second membre est positif, l'équation est celle d'une sphère de rayon $\sqrt{\frac{f^2+g^2+h^2}{4}-k}$, qui a son centre en C. Si le second membre est négatif, l'équation n'admet pas de solutions réelles.

Un cercle dans l'espace est représenté par l'équation d'une sphère jointe à celle d'un plan

EXEMPLE II.—Lieu des points tels que les distances de ce point à deux points fixes A et B soient entre elles dans le rapport de deux quantités données m et n.

Je prends pour origine le point O, milieu de AB, pour axe des x la droite OB, puis deux axes OY et OZ perpendiculaires sur le premier; j'appelle $2a$ la longueur AB, x, y, z les coordonnées d'un point quelconque M du lieu. On a

$$\frac{y^2+z^2+(a+x)^2}{y^2+z^2+(a-x)^2}=\frac{m^2}{n^2};$$

d'où

$$x^2+y^2+z^2-2ax\frac{m^2+n^2}{m^2-n^2}+a^2=o.$$

Cette équation représente une sphère dont le centre est situé sur l'axe des x. Les extrémités du diamètre DE divisent harmoniquement la droite AB dans le rapport de m à n.

EXEMPLE III.—Étant donnés deux plans fixes P, P' et un point fixe F, quel est le lieu des points tels que le carré de la distance de l'un d'eux au point F soit au produit des distances du même point aux deux plans dans un rapport constant k?

Je représente par a, b, c les coordonnées rectangulaires du point F, par

$$Ax+By+Cz+D=o, \qquad A'x+A'y+C'z+D'=o$$

les équations des deux plans P, P'; le lieu a pour équation

$$(x-a)^2+(y-b)^2+(z-c)^2=\frac{k^2(Ax+By+Cz+D)(A'x+B'y+C'z+D')}{\sqrt{A^2+B^2+C^2}\,\sqrt{A'^2+B'^2+C'^2}};$$

c'est une surface du second ordre.

239—GÉNÉRATION DES SURFACES.—Ordinairement on définit une surface par le mouvement d'une ligne qu'on appelle *génératrice* de la surface. Cette ligne, en se déplaçant dans l'espace, ne change pas ou se déforme suivant des lois connues.

Le mouvement de la génératrice provient de la variation

de certains paramètres contenus dans ses équations. Je suppose d'abord que les équations de la génératrice

$$(1)\quad F(x, y, z, a)=o, \quad F_1(x, y, z, a)=o$$

ne renferment qu'un seul paramètre variable a. A chaque valeur de a correspond une ligne complétement déterminée; si l'on fait varier a d'une manière continue, les lignes formeront elles-mêmes une surface continue dont l'équation s'obtient par l'élimination de a entre les deux précédentes.

Je suppose maintenant que les équations de la génératrice

$$(2)\quad F(x, y, z, a, b)=o, \quad F_1(x, y, z, a, b)=o$$

renferment deux paramètres variables a et b. Si les paramètres étaient indépendants l'un de l'autre, en donnant à b une valeur fixe, puis faisant varier a, les lignes obtenues formeraient, comme dans le cas précédent, une surface; pour une autre valeur de b, on aurait une autre surface. Mais si les deux paramètres a et b sont liés par une relation

$$(3)\quad \varphi(a, b)=o,$$

à chaque valeur de b correspond une valeur déterminée de a, et, par suite, une ligne; quand on fait varier b, cette ligne décrit une surface. On obtient l'équation de cette surface en éliminant les paramètres a et b entre les équations (2) de la génératrice et la relation (3).

240—Directrices.—En général, la relation qui lie les paramètres n'est pas donnée directement, mais la génératrice est assujettie, dans son mouvement, à certaines conditions qui servent à la trouver. On l'astreint habituellement à glisser sur une ligne donnée, que l'on nomme, pour cette raison, *directrice*. Soient

$$(4)\quad f(x, y, z)=o, \quad f_1(x, y, z)=o$$

les équations de la directrice. Pour que la génératrice rencontre la directrice, il est nécessaire que les quatre équations (2) et (4) admettent un système de solutions communes; si donc on élimine x, y, z entre ces équations, on aura la relation à laquelle doivent satisfaire a et b, puis le calcul s'achèvera comme on vient de l'indiquer.

On peut encore faire le calcul d'un autre manière : Si l'on désigne par x_1, y_1, z_1 les coordonnées du point où la génératrice rencontre la directrice, on a simultanément

$$(5)\quad \begin{cases} f(x_1, y_1, z_1)=o, & f_1(x_1, y_1, z_1)=o, \\ F(x_1, y_1, z_1\, a, b)=o, & F_1(x_1, y_1, z_1, a, b)=o; \end{cases}$$

l'équation de la surface résulte de l'élimination des cinq quantités x_1, y_1, z_1, a, b entre les six équations (2) et (5).

Lorsque les équations de la génératrice ont la forme

$$(6)\quad F(x, y, z)=a, \quad F_1(x, y, z)=b,$$

le système (5) devient

$$(7)\quad \begin{cases} f(x_1, y_1, z_1)=o, & f_1(x_1, y_1, z_1)=o, \\ F(x_1, y_1, z_1)=a, & F_1(x_1, y_1, z_1)=b; \end{cases}$$

l'élimination de a et b entre les équations (6) et (7) donne

$$(8)\quad \begin{cases} f(x_1, y_1, z_1)=o, & f_1(x_1, y_1, z_1)=o; \\ F(x, y, z)=F(x_1, y_1, z_1), & F_1(x, y, z)=F_1(x_1, y_1, z_1); \end{cases}$$

pour obtenir l'équation de la surface, il n'y a plus qu'à éliminer x_1, y_1, z_1, entre les quatre derniers équations.

En général, lorsque les équations de la génératrice renferment n paramètres variables, il est nécessaire que ces paramètres soient liés entre eux par $n-1$ relations, afin qu'il en reste un seul arbitraire ; c'est ce qui aura lieu si la génératrice est assujettie à glisser sur $n-1$ lignes directrices.

Les surfaces engendrées par une même génératrice ont entre elles, sous certains points de vue, des rapports très intimes qui ont donné l'idée de les réunir en une même famille. L'une des familles les plus importantes est celle des surfaces *réglées*, c'est-à-dire des surfaces engendrées par le mouvement d'une ligne droite ; cette famille se subdivise en plusieurs genres : cylindres, cônes, etc.

241—Surfaces cylindriques.—On appelle surface cylindrique une surface engendrée par une droite qui se meut en restant constamment parallèle à une droite fixe. Pour définir le mouvement de la génératrice, il suffit de l'assujettir à glisser sur une directrice donnée.

Soient a et b les constantes qui déterminent la direction dans l'espace de la droite fixe; les équations de la génératrice sont de la forme

$$x-az=p, \quad y-bz=q.$$

Pour que la génératrice décrive une surface, il faut qu'il existe entre les paramètres variables p et q une relation

$$\varphi(p, q)=0.$$

Si l'on élimine ces deux paramètres entre cette équation et celles de la génératrice, on obtient l'équation générale des surfaces sylindriques

$$(9) \quad \varphi(x-az, y-bz)=0,$$

ou

$$x-az=\psi(y-bz).$$

Remarque.—Le système des deux équations

$$ax+by+cz=p, \quad a'x+b'y+c'z=q,$$

dans lequel a, b, c, a', b', c' désignent des constantes, p et q des paramètres variables, représente aussi des droites parallèles entre elles; on peut donc prendre pour équation générale des surfaces cylindriques l'équation suivante

$$(10) \quad \varphi(ax+by+cz, a'x+b'y+c'z)=0.$$

On l'obtient en égalant à zéro une fonction quelconque de deux fonctions linéaires des variables x, y, z.

Exemple I.—*Cylindre circulaire.*—Je suppose que la directrice soit un cercle de rayon r; je prends le centre pour origine des coordonnées et le plan du cercle pour plan des xy. Soient

$$x=az, \quad y=bz$$

les équations de la droite OA à laquelle la génératrice GH

reste constamment parallèle; cette génératrice aura pour équation

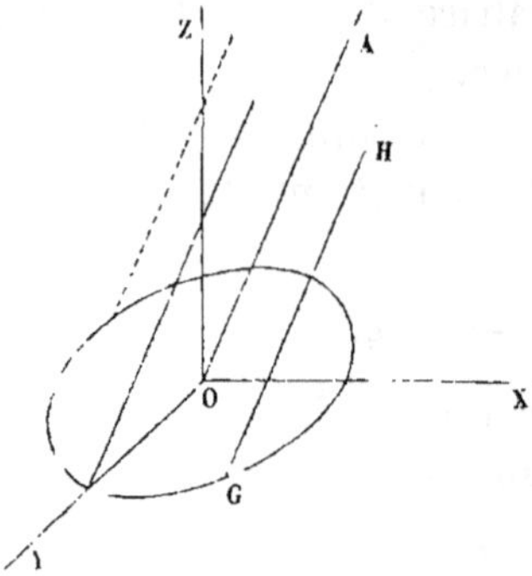

$$x-az=p, \quad y-bz=q;$$

comme sa trace G (p, q, o) sur le plan XOY doit être sur la circonférence

$$x^2+y^2=r^2,$$

on a entre les paramètres variables p et q la relation

$$p^2+q^2=r^2.$$

En éliminant p et q entre cette relation et les équations de la génératrice, on obtient l'équation du cylindre circulaire

$$(x-az)^2+(y-bz)^2=r^2.$$

Exemple II.—Je considère le cas plus général où la directrice est un courbe plane du degré m; si l'on prend pour plan des xy le plan de cette courbe, ses équations seront

$$z=o, \quad \varphi(x, y)=o,$$

et l'on aura entre p et q la relation

$$\varphi(p, q)=o.$$

La surface cylindrique aura donc pour équation

$$\varphi(x-az, \ y-b) \ o \quad .$$

C'est une équation de degré m.

242—Surfaces coniques.— On appelle surface conique une surface engendrée par une ligne droite, qui se meut en passant constamment par un point fixe que l'on nomme le *sommet* du cône. Une directrice suffit pour définir le mouvement de la génératrice.

Soient x_0, y_0, z_0 les coordonnées du sommet, les équations de la génératrice auront la forme

$$\frac{x-x_0}{z-z_0}=a, \quad \frac{y-y_0}{z-z_0}=b.$$

Pour que cette génératrice décrive une surface, il faut qu'il existe entre les paramètres variables a et b une relation

$$\varphi(a, b)=0.$$

L'élimination de a et b entre cette relation et celles de la génératrice conduit à l'équation générale des surfaces coniques

$$(11) \quad \varphi\left(\frac{x-x_0}{z-z_0}, \frac{y-y_0}{z-z_0}\right)=0,$$

ou

$$\frac{x-x_0}{z-z_0}=\psi\left(\frac{y-y_0}{z-z_0}\right).$$

On l'obtient en égalant à zéro une fonction quelconque des deux rapports

$$\frac{x-x_0}{z-z_0}, \quad \frac{y-y_0}{z-z_0}.$$

Lorsque le sommet est pris pour origine des coordonnées, l'équation de la surface conique se réduit à

$$(12) \quad \varphi\left(\frac{x}{z}, \frac{y}{z}\right)=0, \quad \text{ou} \quad \frac{x}{z}=\psi\left(\frac{y}{z}\right).$$

Dans le cas où la fonction φ est algébrique et entière par rapport à a et b, le premier membre de l'équation (11), après que l'on a fait disparaître les dénominateurs, est un polynôme entier et homogène par rapport aux coordonnées x, y, z.

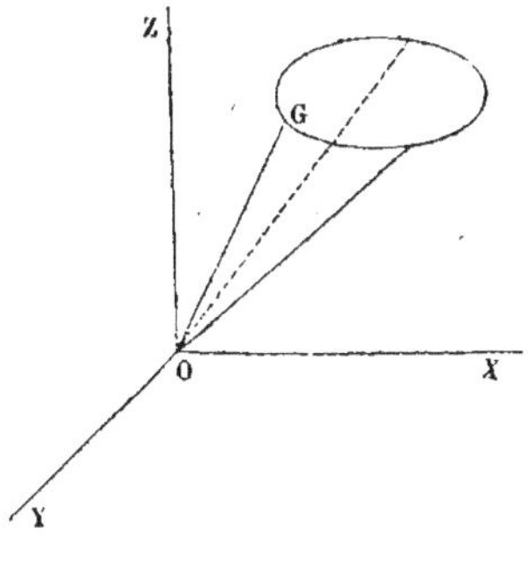

Exemple I.—*Cône circulaire.* —Je suppose que la directrice soit un cercle de rayon r; je prends le sommet pour origine et un plan parallèle au plan du cercle pour plan des xy. Le cercle a pour équations

$$z=\gamma, \quad (x-\alpha)^2+(y-\beta)^2=r^2.$$

Pour que la génératrice OG

$$\frac{x}{z}=a,\quad \frac{y}{z}=b$$

rencontre la directrice, il faut que les deux paramètres variables a et b satisfassent à la relation

$$(a\gamma-\alpha)^2+(b\gamma-\beta)^2=r^2.$$

En éliminant a et b entre cette relation et celles de la génératrice, on obtient l'équation du cône circulaire

$$(\gamma x-\alpha z)^2+(\gamma y-\beta z)^2-r^2z^2=0.$$

Exemple II.—Je considère le cas plus général où la directrice est une courbe plane du degré m ; je prends le sommet pour origine et pour plan des xy un plan parallèle au plan de la courbe. Les équations de la directrice seront de la forme

$$z=\gamma,\quad \varphi(x, y)=0.$$

Les deux paramètres variables sont liés par la relation

$$\varphi(a\gamma, b\gamma)=0.$$

L'équation de la surface

$$\varphi\left(\gamma\frac{x}{z},\quad \gamma\frac{y}{z}\right)=0$$

est aussi de degré m.

Ainsi les cylindres et les cônes sont représentés par des équations de même degré que leurs directrices planes.

243—Surfaces conoïdes.—Le conoïde est engendré par une droite, qui se meut parallèlement à un plan fixe ou *plan directeur*, en s'appuyant sur une droite fixe que l'on nomme *axe* du conoïde. Pour définir le mouvement de la génératrice, il suffit de l'assujettir à glisser sur une seconde directrice.

Je prends l'axe du conoïde pour axe des z, et le plan directeur pour plan des xy ; les équations de la génératrice sont de la forme

$$z=a,\quad \frac{y}{x}=b.$$

Si l'on élimine les deux paramètres variables a et b entre les équations de la génératrice et la relation $\varphi(a, b)=o$ qui doit exister entre ces paramètres, on trouve pour l'équation du conoïde

$$(13)\quad \varphi\left(z, \frac{y}{x}\right)=o, \quad \text{ou} \quad \frac{y}{x}=\psi(z).$$

Exemple.—Je suppose que l'axe du conoïde soit perpendiculaire sur le plan directeur, et que la directrice soit un cercle dont le plan soit aussi perpendiculaire sur le plan directeur. Je prends l'axe du conoïde pour axe des z et je fais passer l'axe des x par le centre C du cercle; ce cercle parallèle au plan des yz aura des équations de la forme

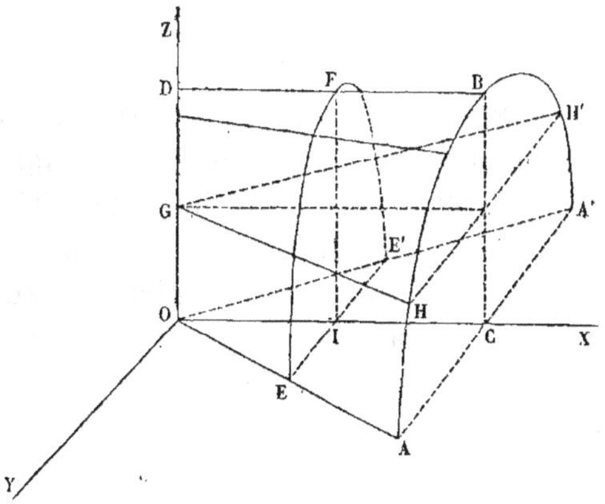

$$x=\beta, \quad y^2+z^2=r^2.$$

Pour que la génératrice GH s'appuie sur le cercle, il faut que les paramètres a et b satisfassent à la relation

$$b^2\beta^2+a^2=r^2.$$

Le conoïde est donc représenté par l'équation du quatrième degré

$$x^2z^2+\beta^2y^2-r^2x^2=o.$$

Si l'on coupe la surface par un plan parallèle au plan directeur, on obtient évidemment deux génératrices GH, GH';

l'angle de ces deux génératrices diminue à mesure que le plan sécant s'élève ; enfin, le conoïde se termine par une arête DB.

Je coupe la surface par un plan EFE' parallèle au plan du cercle ; ce plan a pour équation $x=\beta'$; la courbe d'intersection

$$\frac{z^2}{r^2}+\frac{y^2}{\left(\frac{\beta' r}{\beta}\right)^2}=1$$

est une ellipse dont le demi-grand axe IF est constamment égal à r et dont le petit axe EE' diminue jusqu'à zéro, quand le plan sécant se rapproche de l'axe du conoïde.

244—Surfaces de révolution.—On appelle surface de révolution une surface engendrée par la rotation d'une ligne autour d'un axe fixe auquel elle est invariablement liée. Chaque point M de la génératrice décrit un cercle dont le plan est perpendiculaire sur l'axe et qui a pour centre le pied P de la perpendiculaire abaissée du point M sur l'axe. Les cercles décrits par les différents points de la génératrice ont été nommés les *parallèles* de la surface. Les sections faites par des plans qui passent par l'axe sont égales entre elles; ce sont les *méridiens* de la surface. Ordinairement on choisit pour génératrice de la surface une courbe méridienne.

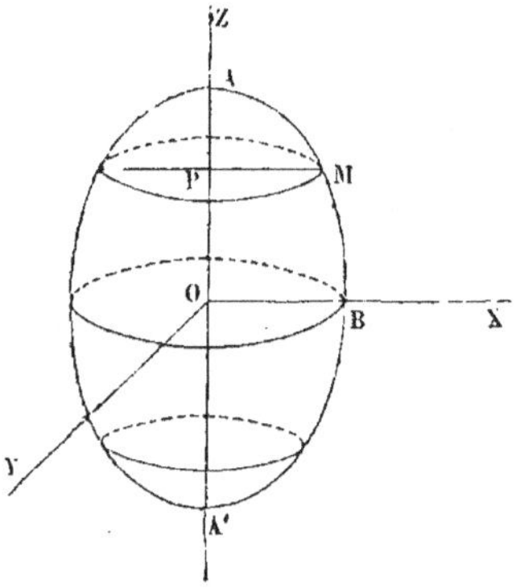

On peut aussi concevoir une surface de révolution comme engendrée par le mouvement d'un cercle, de rayon variable, dont le centre parcourt une ligne droite, et dont le plan reste constamment perpendiculaire à la droite.

Je suppose les axes rectangulaires, et je prends pour axe

des z l'axe de la surface. Les équations de l'un des cercles parallèles sont

$$z=\gamma, \quad x^2+y^2=\alpha^2.$$

Si entre ces deux équations et la relation $\varphi(\gamma, \alpha^2)=o$, qui existe entre les deux paramètres variables γ et α, on élimine ces deux paramètres, on obtient l'équation de la surface de révolution

$$\varphi(z, x^2+y^2)=o \quad \text{ou} \quad x^2+y^2=\psi(z).$$

Exemple.—*Ellipsoïde de révolution.*—Je suppose que la génératrice soit une demi-ellipse ABA′ dont je représente par a et b les demi-axes OA et OB. Je place l'origine au centre O de l'ellipse; je prends pour axe des z l'axe de rotation et pour plan des ZX le plan de l'ellipse dans sa position initiale. Dans son plan, l'ellipse a pour équation

$$\frac{z^2}{a^2}+\frac{x^2}{b^2}=1;$$

mais les deux paramètres variables γ et α, dont le premier désigne la distance OP, le second le rayon correspondant PM, sont précisément les deux coordonnées z et x d'un point quelconque M de l'ellipse; donc la relation qui existe entre les deux paramètres est ici

$$\frac{\gamma^2}{a^2}+\frac{\alpha^2}{b^2}=1.$$

En éliminant γ et α entre cette équation et celles du cercle parallèle

$$z=\gamma, \quad x^2+y^2=\alpha^2,$$

on obtient l'équation de l'ellipsoïde de révolution.

$$\frac{z^2}{a^2}+\frac{x^2+y^2}{b^2}=1.$$

L'ellipsoïde est *allongé* ou *aplati*, suivant que l'ellipse tourne autour de son grand axe ou autour de son petit axe.

CHAPITRE III.

Du Plan tangent.

THÉORÈME I.

245—*Les tangentes à toutes les courbes tracées sur une surface par un même point* M *sont dans un même plan.*

Je considère la surface courbe représentée par l'équation algébrique entière

$$(1)\quad f(x, y, z) = o.$$

Par le point M, je trace, sur cette surface, une courbe quelconque MA, plane ou à double courbure. J'appelle x, y, z les coordonnées du point M, $x+h$, $y+k$, $z+l$ les coordonnées d'un point voisin M′ de la courbe ; si l'on désigne par X, Y, Z les coordonnées courantes, la sécante MM′ a pour équation

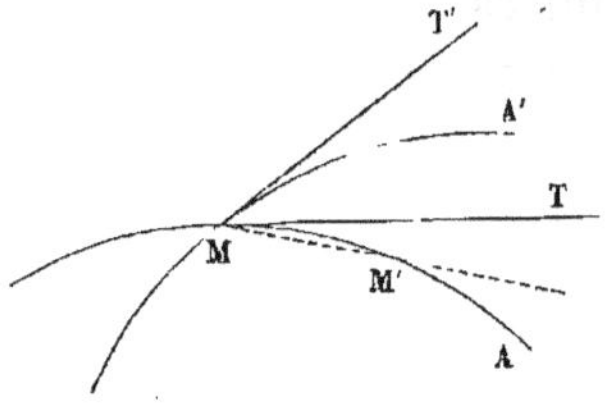

$$X-x = \frac{h}{l}(X-z), \qquad Y-y = \frac{k}{l}(Z-z).$$

Si donc on représente par a et b les limites des rapports $\frac{h}{l}, \frac{k}{l}$, la tangente MT aura pour équations

$$(2)\quad X-x = a(Z-z), \qquad Y-y = b(Z-z).$$

Puisque les deux points M, M′ appartiennent a la surface, on a

$$f(x, y, z) = o, \qquad f(x+h, y+k, z+l) = o;$$

je développe la dernière; elle devient, en supprimant le premier terme qui est nul,

$$f'_x h+f'_y k+f'_z l+\frac{1}{1.2}(f''_{x^2}h^2+f''_{y^2}k^2+f''_{z^2}l^2+2f''_{yz}kl+2f''_{zx}lh+2f''_{xy}hk)+\ldots=o,$$

ou, en divisant par l,

$$f'_x\frac{h}{l}+f'_y\frac{k}{l}+f'_z+\frac{l}{1..2}\left[f''_{x^2}\left(\frac{h}{l}\right)^2+f''_{y^2}\left(\frac{k}{l}\right)^2+\ldots\right]+\ldots=o.$$

Quand l diminue jusqu'à zéro, tous les termes, à l'exception des trois premiers, tendent vers zéro; cette équation à la limite se réduit donc à la suivante :

$$(3)\quad f'_x a+f'_y b+f'_z=o.$$

Quelle que soit la courbe tracée sur la surface par le point M, les paramètres a et b qui déterminent la tangente au point M doivent vérifier l'équation précédente ; si l'on élimine a et b entre les équations (2) et (3), on obtient le lieu des tangentes

$$(X-x)f'_x+(Y-y)f'_y+(Z-z)f'_z=o.$$

Ce lieu est un plan. Ce plan s'appelle le *plan tangent* à la surface au point M.

La même démonstration s'applique lorsque $f(x, y, z)$ est en fonction continue quelconque des variables x, y, z dans le voisinage du point M; car, dans ce cas, le développement s'effectue suivant une série convergente. Au reste, on démontre ce théorème pour toutes les surfaces par des considérations géométriques très-simples.

Corollaire.—Pour déterminer le plan tangent à la surface au point M, il suffit de connaître les tangentes à deux lignes tracées sur la surface et passant en ce point.

Si la surface est une surface réglée, comme une droite est à elle-même sa propre tangente, le plan trangent contient la génératrice qui passe au point de contact.

THÉORÈME II.

246—*Le plan tangent au cylindre ou au cône est tangent tout le long d'une génératrice.*

Soient MA, NB deux lignes quelconques tracées sur une surface cylindrique ou conique, MN et M'N' deux génératrices voisines; ces deux génératrices sont dans un même plan, qui contient aussi les deux sécantes MM', NN'. Si l'on fait tourner ce plan autour de la génératrice MN de manière que M'N' se rapproche indéfiniment de MN, les deux sécantes à la limite deviennent les tangentes MS, MT des courbes MA, NB; donc ces tangentes sont situées dans un même plan avec la génératrice MN, et par conséquent les plans tangents en M et en N coïncident. Ainsi le plan NMS est tangent en tous les points de la génératrice MN.

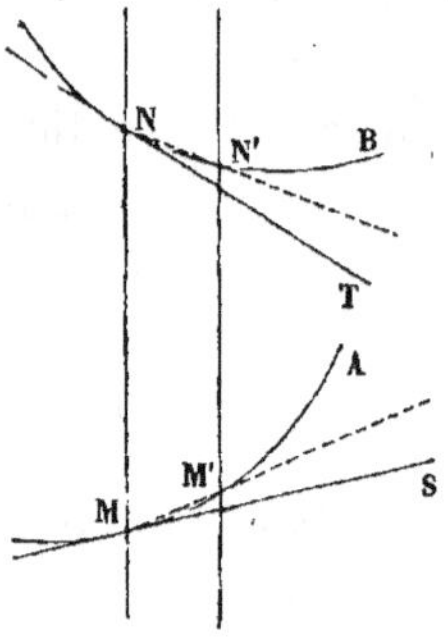

Remarque.—Cette propriété n'appartient qu'aux surfaces réglées développables; elle n'a pas lieu dans les autres surfaces réglées. On voit bien, par exemple, que le plan tangent au conoïde (n° 243) n'est pas le même aux différents points de la génératrice GH. En G il est perpendiculaire au plan directeur : quand le point de contact s'éloigne du point G sur la génératrice GH, le plan tangent tourne autour de cette génératrice.

THÉORÈME III.

247—*Le plan tangent à une surface de révolution est perpendiculaire au plan méridien qui passe au point de contact.*

Soit ZZ' l'axe de révolution, on déterminera le plan tan-

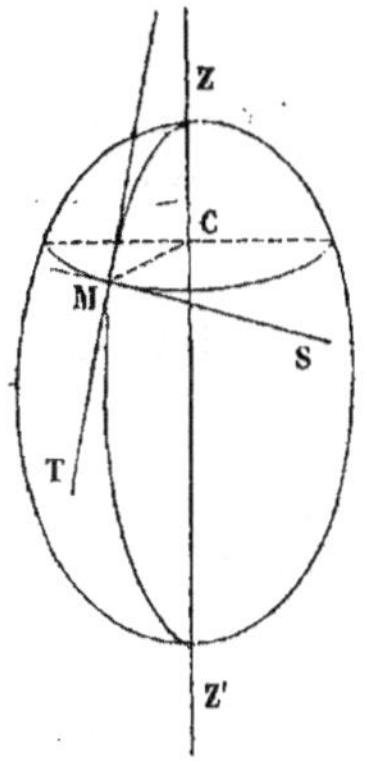

gent au point M par les tangentes MS, MT au parallèle et à la méridienne qui passent en ce point. La tangente MS au cercle parallèle est perpendiculaire au rayon MC, et parsuite au plan méridien ZMZ′ qui est perpendiculaire sur le parallèle; donc le plan tangent SMT qui passe par MS est lui-même perpendiculaire au plan méridien.

248—Normale.—La normale en un point M d'une surface est la perpendiculaire élevée en ce point sur le plan tangent. Lorsque les axes sont rectangulaires, les équations de la normale sont

$$(4)\quad \frac{X-x}{f'_x}=\frac{Y-y}{f'_y}=\frac{Z-z}{f'_z}.$$

249—Points singuliers.—J'ai supposé dans la démonstration du théorème du n° 245 qu'une, au moins, des dérivées partielles f'_x, f'_y, f'_z n'était pas nulle. Si les trois dérivées partielles étaient nulles, l'équation (3) serait remplacée par la suivante

$$(5)\quad f''_{x^2}a^2+f''_{y^2}b^2+f''_{z^2}+2f''_{yz}b+2f''_{zx}a+2f''_{xy}ab=o,$$

et le lieu des tangentes serait un cône du second degré

$$(X-x)^2f''_{x^2}+(Y-y)^2f''_{y^2}+(Z-z)^2f''_{z^2}+2(Y-y)(Z-z)f''_{yz}+\ldots=o.$$

Quand les six dérivées partielles du second ordre sont nulles, le lieu des tangentes est un cône du troisième degré, etc.

250—Tangente d'une ligne courbe.—Lorsqu'une courbe est donnée par la rencontre de deux surfaces

$$f(x, y, z)=o, \qquad \varphi(x, y, z)=o,$$

la tangente en l'un de ses points est déterminée par l'intersection des plans tangents aux deux surfaces au même point; elle a donc pour équations

$$(X-x)f'_x+(Y-y)f'_y+(Z-z)f'_z=o, \quad (X-x)\varphi'_x+(Y-y)\varphi'_y+(Z-z)\varphi'_z=o,$$

ou

$$(6) \quad \frac{X-x}{f'_y\varphi'_z-f'_z\varphi'_y}=\frac{Y-y}{f'_z\varphi'_x-f'_x\varphi'_z}=\frac{Z-z}{f'_x\varphi'_y-f'_y\varphi'_x}.$$

251—Plans tangents menés par un point extérieur.— Par un point extérieur P on peut mener en général une infinité de plans tangents à une surface; soient x, y, z les coordonnées inconnues du point de contact de l'un d'eux; ce plan tangent a pour équation

$$(X-x)f'_x+(Y-y)f'_y+(Z-z)f'_z=o.$$

Comme il passe au point $P(x_0, y_0, z_0)$, on a

$$(7) \quad (x_0-x)f'_x+(y_0-y)f'_y+(z_0-z)f'_z=o.$$

Cette équation, jointe à l'équation de la surface $f(x, y, z)=o$, détermine les coordonnées de tous les points de contact, ou la ligne de contact de tous les plans tangents menés à la surface par le point donné P. On peut, comme au n° 125, remplacer l'équation (7) par la suivante

$$(8) \quad x_0f'_x+y_0f'_y+z_0f'_z=xf'_x+yf'_y+zf'_z=\varphi+2\chi+\ldots\ldots;$$

alors la ligne de contact résulte de l'intersection de la surface proposée par une autre d'un degré inférieur d'une unité. Si la surface est du second degré, la ligne de contact est plane.

J'imagine un cône qui ait pour sommet le point P et pour directrice la ligne de contact S; ce cône et la surface ont les mêmes plans tangents en tous les points de la ligne S; car chacun des plans tangents à la surface, contenant la génératrice du cône et la tangente à la courbe S, est tangent au cône. Donc *la ligne de contact de tout cône circonscrit à une surface du second degré est plane*

252—Plans tangents parallèles à une droite donnée. —Soient a et b les paramètres qui déterminent la direction de la droite dans l'espace, x, y, z les coordonnées du point de contact d'un plan tangent parallèle à cette droite; puisque le plan tangent

$$(X-x)f'_x+(Y-y)f'_y+(Z-z)f'_z=o,$$

est parallèle à la droite donnée, on a la relation

$$(9)\quad af'_x+bf'_y+f'_z=o.$$

Cette équation, jointe à celle de la surface, détermine la ligne de contact du cylindre circonscrit à la surface, cylindre dont les génératrices sont parallèles à la droite donnée.

De ce que le degré de l'équation (9) est inférieur d'une unité au degré de la surface, il résulte que *la ligne de contact de tout cylindre circonscrit à une surface du second degré est plane.*

THÉORÈME IV.

253—*Si l'intersection des deux surfaces du second degré se compose de deux courbes distinctes et que l'une d'elles soit plane, l'autre est aussi plane.*

Je prends pour plan des xy le plan de la première courbe, que je représente par l'équation $f(x, y)=o$. Les équations des deux surfaces pourront se mettre sous la forme

$$f(x, y)+z(Ax+By+Cz+D)=o,$$
$$f(x, y)+z(A'x+B'y+C'z+D')=o;$$

car, lorsqu'on fait $z=o$, ces deux équations doivent donner toutes deux la même courbe. En retranchant ces deux équations l'une de l'autre, outre le plan $z=o$, on obtient un second plan

$$(A-A')x+(B-B')y+(C-C')z+D-D'=o.$$

Donc la seconde courbe est aussi plane.

LIVRE VII.

DES SURFACES DU SECOND ORDRE.

CHAPITRE I.

Du Centre et des Plans diamétraux.

L'équation générale du second degré entre les trois variables x, y, z est de la forme

$$(1)\quad Ax^2+A'y^2+A''z^2+2Byz+2B'zx+2B''xy+2Cx+2C'y+2C''z+F=0;$$

elle renferme dix termes ou neuf paramètres arbitraires. On pourrait la construire comme celle du second degré à deux variables dans la géométrie plane, mais la discussion serait longue et pénible; il est préférable de la simplifier pour ne s'occuper que des équations réduites. Cette réduction repose sur les propriétés du centre et des plans diamétraux dont je vais m'occuper d'abord.

254—Centre.—Un point I est le centre d'une surface, lorsque les points de la surface sont symétriques deux à deux par rapport à ce point. Comme une ligne droite ne rencontre une surface du second degré qu'en deux points, toutes les cordes menées par le centre sont divisées par ce point en deux parties égales.

Soient x_0, y_0, z_0 les coordonnées du centre I de la surface, a et b les paramètres qui déterminent la direction d'une droite quelconque passant en ce point; les équations de cette droite sont

$$(2)\quad \frac{x-x_0}{a}=\frac{y-y_0}{b}=\frac{z-z_0}{1}=l,$$

dans lesquelles l désigne une variable auxiliaire positive ou négative, suivant que le point (x, y, z) se trouve, relativement au point I, sur l'une ou l'autre des deux directions de la droite.

Les équations (1) et (2) combinées donnent les coordonnées du point de rencontre de la droite et de la surface. Si dans l'équation (1) je substitue les valeurs de x, y, z tirées des équations (2), il vient

$$f(x_0+al,\ y_0+bl,\ z_0+l)=o,$$

ou

$$(3)\quad f(x_0, y_0, z_0)+l(af'_{x_0}+bf'_{y_0}+f'_{z_0})+l^2(Aa^2+.....)=o.$$

Puisque le point I est le milieu de la corde, l'équation précédente doit donner pour l deux valeurs égales et de signes contraires. On doit donc avoir la relation

$$af'_{x_0}+bf'_{y_0}+f'_{z_0}=o,$$

quelles que soient les valeurs des paramètres a et b, et, par conséquent, les coordonnées du centre vérifieront les trois équations

$$f'_{x_0}=o,\quad f'_{y_0}=o,\quad f'_{z_0}=o,$$

ou, si l'on remplace x_0, y_0, z_0 par x, y, z,

$$f'_x=o,\quad f'_y=o,\quad f'_z=o,$$

ou encore

$$(4)\quad \begin{cases} Ax+B''y+B'z+C=o, \\ B''x+A'y+Bz+C'=o, \\ B'x+By+A''z+C''=o. \end{cases}$$

Les équations qui déterminent le centre s'obtiennent en égalant à zéro les trois dérivées premières de l'équation de la courbe.

255—Discussion.—Chacune des équations (4) représente un plan; les centres sont les points communs aux trois plans; il peut se présenter plusieurs cas :

1° Les trois plans se coupent en un seul point : centre unique.

2° Les plans n'ont pas de point commun; la surface n'admet pas de centre.

3° Les trois plans passent par une même droite; tous les point de cette droite sont des centres.

4° Les plans se confondent en un seul; tous les points de ce plan sont des centres.

En résolvant les équations (4), on trouve pour dénominateur commun D,

$$(5)\quad D = AA'A'' - AB^2 - A'B'^2 - A''B''^2 + 2BB'B''.$$

Lorsque le dénominateur D n'est pas nul, les équations (4) sont satisfaites par un système de valeurs finies et par un seul; la surface admet un centre et un seul.

Lorsque le dénominateur D est nul, il y a impossibilité ou indétermination. Si l'un des trois numérateurs n'est pas nul, il y a impossibilité, le surface n'a pas de centre. Si les trois numérateurs sont nuls en même temps, il y a indétermination; les trois équations se réduisent à deux ou à une seule. Dans le premier cas, tous les points d'une ligne droite sont des centres; dans le second cas, tous les points d'un plan.

Je suppose que tous les points de la droite GH soient des centres. Si l'on joint un point M de la surface à un point quelconque I de GH, et si l'on prolonge d'une longueur égale, on obtient un second point M' de la surface; si l'on joint ainsi le point M à tous les points de GH, on obtient une droite A'B' parallèle à GH. En joignant le point M' à tous les points de GH, on forme de même une seconde droite AB parallèle à GH. La surface, se composant ainsi de droites AB, A'B', parallèles à GH, est un cylindre. Si l'on coupe la surface par un plan perpendiculaire à GH, l'intersection est une courbe du second degré qui a son

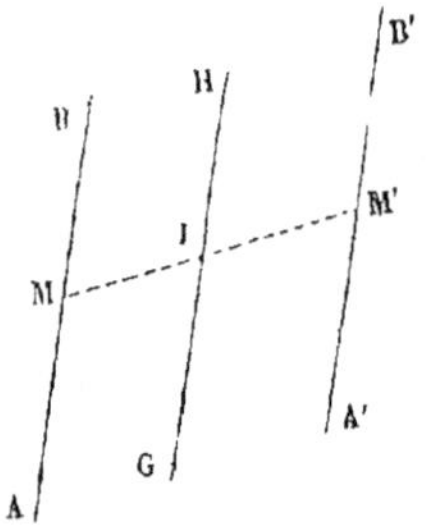

centre sur GH; donc la surface est un cylindre elliptique ou hyperbolique.

On démontre de la même manière que lorsque tous les points d'un plan sont des centres, la surface se réduit à deux plans parallèles.

En résumé, on voit que l'équation générale du second degré comprend deux classes de surfaces : 1° une classe des surfaces à centre unique caractérisée par la condition $D \gtrless o$; 2° une classe de surfaces, dépourvues du centre, ou ayant une infinité de centres, caractérisée par la condition $D = o$. Les surfaces du second degré qui ont une infinité de centres sont des cylindres elliptiques ou hyperboliques.

256—DES PLANS DIAMÉTRAUX.—Une ligne droite ne perce une surface du second degré qu'en deux points ; la surface qui partage en deux parties égales toutes les cordes parallèles à une même direction porte le nom de surface diamétrale.

Soient a et b les paramètres constants qui déterminent la direction des cordes ; x_0, y_0, z_0 les coordonnées du point milieu I de l'une d'elles; les équations de cette corde seront

$$\frac{x-x_0}{a} = \frac{y-y_0}{b} = \frac{z-z_0}{1} = l;$$

et l'on démontrera, comme précédemment, que les coordonnées du point I doivent satisfaire à la relation

$$af'_{x_0} + bf'_{y_0} + f'_{z_0} = o;$$

Si l'on remplace x_0, y_0, z_0 par x, y, z, cette équation s'écrit

$$(6)\quad af'_x + bf'_y + f'_z = o;$$

elle est du premier degré et représente le lieu des milieux des cordes parallèles. Ainsi, dans les surfaces du second degré, les surfaces diamétrales sont planes.

L'équation (6) est vérifiée, quels que soient a et b, par les valeurs de x, y, z qui satisfont aux trois équations du centre

$$f'_x = o, \quad f'_y = o, \quad f'_z = o;$$

il en résulte que tous les plans diamétraux passent par le

centre de la surface, ou par le lieu des centres, lorsqu'il y en a plusieurs.

257 — PLANS DIAMÉTRAUX PRINCIPAUX. — On appelle ainsi les plans diamétraux perpendiculaires sur les cordes qu'ils partagent en deux parties égales. Ce sont donc des plans de symétrie de la figure.

Dans la recherche de ces plans, je supposerai les axes rectangulaires. Si l'on désigne par $\alpha, \alpha', \alpha''$ les cosinus des angles que fait la direction des cordes avec les axes coordonnés, les équations des cordes prennent la forme

$$\frac{x-x_0}{\alpha}=\frac{y-y_0}{\alpha'}=\frac{z-z_0}{\alpha''}=\rho,$$

et l'équation (3) s'écrit

$$(7)\quad S\rho^2+2T\rho+R=o;$$

quand on pose, pour abréger,

$$(8)\quad \begin{cases} S=A\alpha^2+A'\alpha'^2+A''\alpha''^2+2B\alpha'\alpha''+2B'\alpha''\alpha+2B''\alpha'\alpha, \\ 2T=\alpha f'_{x_0}+\alpha' f'_{y_0}+\alpha'' f'_{z_0}, \\ R=f(x_0, y_0, z_0). \end{cases}$$

La lettre ρ désigne ici la distance du point milieu I à l'extrémité M de la corde. Le plan diamétral a pour équation

$$\alpha f'_x+\alpha' f'_y+\alpha'' f'_z=o,$$

c'est-à-dire

$$(A\alpha+B''\alpha'+B'\alpha'')x+(B''\alpha+A'\alpha'+B\alpha'')y+(B'\alpha+B\alpha'+A''\alpha'')z \\ +(C\alpha+C'\alpha'+C''\alpha'')=o.$$

Soient λ, μ, ν les cosinus des angles que fait avec les axes des coordonnées la normale au plan diamétral, θ l'angle que cette normale fait avec la direction des cordes; on a

$$\frac{\lambda}{A\alpha+B''\alpha'+B'\alpha''}=\frac{\mu}{B''\alpha+A'\alpha'+B\alpha''}=\frac{\nu}{B'\alpha+B\alpha'+A''\alpha''} \\ =\frac{\alpha\lambda+\alpha'\mu+\alpha''\nu}{\alpha(A\alpha+B''\alpha'+B'\alpha'')+\ldots\ldots\ldots}=\frac{\cos\theta}{S}.$$

Pour que le plan diamétral soit un plan principal, il faut

que la normale à ce plan coïncide avec la direction des cordes; on doit donc avoir les relations

$$(9)\quad \frac{\alpha}{A\alpha+B''\alpha'+B'\alpha''}=\frac{\alpha'}{B''\alpha+A'\alpha'+B\alpha''}=\frac{\alpha''}{B'\alpha+B\alpha'+A''\alpha''}=\frac{1}{S},$$

et l'équation du plan principal se met sous la forme

$$(10)\quad S(\alpha x+\alpha' y+\alpha'' z)+(C\alpha+C'\alpha'+C''\alpha'')=o.$$

Les équations (9) donnent les suivantes

$$(11)\quad \begin{cases} (A-S)\alpha+B''\alpha'+B'\alpha''=o, \\ B''\alpha+(A'-S)\alpha'+B\alpha''=o, \\ B'\alpha+B\alpha'+(A''-S)\alpha''=o, \end{cases}$$

auxquelles il faut joindre la relation

$$(12)\quad \alpha^2+\alpha'^2+\alpha''^2=1.$$

Si entre les trois équations (11) on élimine les rapports $\frac{\alpha}{\alpha''}$, $\frac{\alpha'}{\alpha''}$, on trouve une équation qui détermine S; une fois la quantité S connue, deux des mêmes équations donnent les rapports des cosinus, et au moyen de la relation (12) on a ces cosinus eux-mêmes. La question revient donc à la détermination de S.

Je remarque que l'on obtient l'équation en S en égalant à zéro le dénominateur commun des formules de résolution des équations (11), considérées comme trois équations à trois inconnues α, α', α''. En effet, puisque ces équations ne déterminent que le rapport des inconnues, il doit y avoir indétermination dans les formules, et par conséquent le dénominateur doit être nul. On trouve ainsi l'équation du troisième degré

$$(13)\quad (S-A)(S-A')(S-A'')-(S-A)B^2-(S-A')B'^2 \\ -(S-A'')B''^2-2BB'B''=o,$$

ou

$$S^3-S^2(A+A'+A'')+S(AA'+A'A''+A''A-B^2-B'^2-B''^2) \\ -(AA'A''-AB^2-A'B'^2-A''B''^2+2BB'B'')=o.$$

J'observe que le terme constant est précisément la quantité qui a été désignée par D (n° 255).

258—Afin d'arriver à une forme d'équation plus commode à discuter, je fais l'élimination d'une autre manière : Je multiplie les équations (11) respectivement par B, B', B'', et je retranche les résultats deux à deux; il vient

$$(14)\quad [(S-A)B+B'B'']\alpha=[(S-A')B'+BB'']\alpha'=[(S-A'')B''+BB']\alpha'',$$

ou

$$\frac{\alpha}{\dfrac{1}{(S-A)B+B'B''}}=\frac{\alpha'}{\dfrac{1}{(S-A')B'+BB''}}=\frac{\alpha''}{\dfrac{1}{(S-A'')B''+BB'}}.$$

Si l'on substitue dans l'une des mêmes équations la première, par exemple, à la place de α, α', α'' les quantités proportionnelles, on trouve

$$\frac{(A-S)}{(S-A)B+B'B''}+\frac{B''}{(S-A')B'+B''B}+\frac{B'}{(S-A'')B''+BB'}=0,$$

ou

$$\frac{B'B''}{(S-A)B+B'B''}+\frac{B''B}{(S-A')B'+B''B}+\frac{BB'}{(S-A'')B''+BB'}-1=0,$$

ou encore

$$(15)\quad \frac{\dfrac{B'B''}{B}}{S-A+\dfrac{B'B''}{B}}+\frac{\dfrac{B''B}{B'}}{S-A'+\dfrac{B''B}{B'}}+\frac{\dfrac{BB'}{B''}}{S-A''+\dfrac{BB'}{B''}}-1=0.$$

259—Discussion de l'équation du troisième degré.— Je considére d'abord le cas le plus général, celui où aucun des coefficients B, B', B'' n'est nul. Je prends l'équation en S sous la forme (15).

I.—Je suppose que les trois nombres

$$A-\frac{B'B''}{B},\quad A'-\frac{B''B}{B'},\quad A''-\frac{BB'}{B''}$$

que, pour abréger, je désigne par a, b, c, soient différents; je les range par ordre de grandeur,

$$a<b<c.$$

Je substitue successivement à la place de S, dans le premier membre de l'équation (15), les nombres

$$a \pm \varepsilon, \quad b \pm \varepsilon', \quad c \pm \varepsilon'',$$

(ε, ε', ε'' désignant de très-petites quantités positives). Par la première substitution, le premier terme de l'équation prend la valeur $\pm \frac{B'B''}{B\varepsilon}$, très-grande numériquement, tandis que les autres termes conservent des valeurs finies; ce premier terme donne donc son signe au polynôme. De même, par la seconde substitution, le second terme prend la valeur très-grande $\pm \frac{B''B}{B'\varepsilon'}$, tandis que les autres termes conservent des valeurs finies; ce second terme donne donc son signe au polynôme. De même, par la troisième substitution, le troisième terme $\pm \frac{BB'}{B''\varepsilon''}$ donne son signe au polynôme. Ainsi les résultats des substitutions ont respectivement les mêmes signes que les quantités

$$\pm \frac{B'B''}{B\varepsilon}, \quad \pm \frac{B''B}{B'\varepsilon'}, \quad \pm \frac{BB'}{B''\varepsilon''},$$

ou que les quantités

$$\pm BB'B''\varepsilon, \quad \pm BB'B''\varepsilon', \quad \pm BB'B''\varepsilon'',$$

obtenues en multipliant les précédentes respectivement par les quantités positives $B^2\varepsilon^2$, $B'^2\varepsilon'^2$, $B''^2\varepsilon''^2$.

Quand S varie de $a+\varepsilon$ à $b-\varepsilon'$, le premier membre reste fini et varie d'une manière continue; puisque ces deux nombres donnent des résultats de signes contraires, ils comprennent entre eux une racine réelle de l'équation; ainsi il y a une racine réelle de l'équation comprise entre a et b. On reconnaît de la même manière qu'il y en a une seconde entre b et c. Il y en a une troisième plus petite que a ou plus grande que c, suivant que $BB'B''$ est positif ou négatif; en effet, quand on donne à S une valeur très-grande numériquement, le premier membre de l'équation (15) se réduit à -1; donc si la quantité $BB'B''$ est négative, le premier membre change de signe quand S varie de $c+\varepsilon''$ à $+\infty$, et, par suite, il existe une racine réelle plus grande que c; lorsque la quantité $BB'B''$ est positive, le premier membre change de signe quand S varie de $a-\varepsilon$ à $-\infty$; dans ce cas, la troisième racine est plus petite que a.

Ainsi, dans le cas que je considère, les trois racines de l'équation sont réelles et inégales. A chacune de ces racines correspond une direction des cordes unique et déterminée. En effet, aucune des quantités a, b, c ne satisfait à l'équation (15), car chacune de ces quantités rend infini un seul terme; si donc on substitue l'une des racines à la place de S, dans les relations (14), les trois parenthèses seront différentes de zéro, ce qui donne pour les trois cosinus des valeurs finies et déterminées.

II—Je suppose que deux des trois quantités a, b, c par exemple a, b, soient égales. Les trois racines sont encore réelles et inégales; mais l'une d'elles devient égale à a. L'équation (15), dans laquelle les deux premiers dénominateurs sont égaux, se réduit, abstraction faite de cette racine, à une équation du second degré

$$\frac{B''\left(\dfrac{B}{B'}+\dfrac{B'}{B}\right)}{S-A+\dfrac{B'B''}{B}}+\frac{\dfrac{BB'}{B''}}{S-A''+\dfrac{BB'}{B''}}-1=o.$$

Pour chacune des deux racines de cette équation, aucune des trois parenthèses n'étant nulle, les relations (14) donnent une direction unique et déterminée. Pour la première racine a, les deux premières parenthèses sont nulles, sans que la dernière le soit; il en résulte $\alpha''=o$; les trois équations (11) se réduisent à

$$B\alpha+B\alpha'=o,$$

ce qui détermine encore une direction unique parallèle au plan des xy.

III.—Enfin si les trois quantités a, b, c sont égales, deux racines deviennent égales à a, et l'équation (15), dans laquelle les trois dénominateurs sont égaux, se réduit, abstraction faite de cette racine double, à une équation du premier degré

$$\frac{\frac{B'B''}{B}+\frac{B''B}{B'}+\frac{BB'}{B''}}{S-A+\frac{B'B''}{B}}-1=0.$$

A cette racine simple correspond une direction unique. Pour la racine double, les trois équations (11) se réduisent à une seule

$$B'B''\alpha+B''B\alpha'+BB'\alpha''=o;$$

il y a indétermination; toutes les directions parallèles au plan

$$B'B''x+B''By+BB'z=o$$

conviennent à cette racine double.

260—Je considère maintenant le cas où les trois coefficients B, B', B'' ne sont pas différents de zéro.

I.—Un seul coefficient est nul, par exemple B''. L'équation du troisième degré devient

$$(S-A)(S-A')(S-A'')-(S-A)B'^2-(S-A')B^2=o.$$

Soit $A<A'$; la substitution de $-\infty$, A, A', $+\infty$ dans le premier membre donne des résultats affectés respectivement des signes —, +, —, +; donc l'équation a ses trois racines réelles et inégales, et les équations (11) donnent pour chacune d'elles une direction déterminée.

II.—Deux coefficients sont nuls, par exemple B' et B''. L'équation du troisième degré se réduit à

$$(S-A)[(S-A')(S-A'')-B^2]=o;$$

les trois racines sont encore réelles et inégales, et les équations (11) donnent pour chacune d'elles une direction déterminée.

Cependant si la racine A annule la parenthèse, c'est-à-dire si la relation

$$(A-A')(A-A'')-B^2=o$$

est satisfaite, cette racine A est racine double. Pour cette racine double, les équations (11) se réduisent à une seule

$$(A'-A)\alpha'+B\alpha''=o;$$

il en résulte qu'à cette racine double correspondent toutes les directions parallèles au plan

$$(A'-A)y+Bz=o.$$

III.—Lorsque les trois coefficients B, B', B'' sont nuls à la fois, l'équation en S prend la forme

$$(S-A)(S-A')(S-A'')=o,$$

et admet pour racines A, A', A''. Quand ces trois racines sont inégales, les équations (11) montrent qu'à ces racines correspondent des directions respectivement parallèles à chacun des trois axes coordonnés. Si $A=A'$, à cette racine double correspondent toutes les directions parallèles au plan des xy. Enfin si $A=A'=A''$, à cette racine triple correspondent toutes les directions de l'espace ; il y a ici indétermination absolue ; car les équations (11) deviennent alors des identités.

Ainsi, en résumé, *l'équation du troisième degré en* S *a toujours ses trois racines réelles. A une racine simple correspond une direction déterminée; à une racine double toutes les directions d'un plan; à une racine triple toutes celles de l'espace.*

261—Soient $(\alpha, \alpha', \alpha'')$, (β, β', β'') les cosinus des angles que font avec les axes des coordonnées les directions qui correspondent à deux racines différentes S et S'. On a, en vertu des équations (11),

$$\begin{cases} A\alpha+B''\alpha'+B'\alpha''=S\alpha, \\ B''\alpha+A'\alpha'+B\alpha''=S\alpha', \\ B'\alpha+B\alpha'+A''\alpha''=S\alpha'', \end{cases} \qquad \begin{cases} A\beta+B''\beta'+B'\beta''=S'\beta, \\ B''\beta+A'\beta'+B\beta''=S'\beta', \\ B'\beta+B\beta'+A''\beta''=S'\beta''. \end{cases}$$

Je multiplie les premières équations respectivement par

β, β' β'', les secondes par α, α', α'', et de la somme des premières je retranche celle des secondes; il vient

$$(S-S')(\alpha\beta+\alpha'\beta'+\alpha''\beta'')=o,$$

ou

$$\alpha\beta+\alpha'\beta'+\alpha''\beta''=o.$$

Donc *les directions qui correspondent à deux racines différentes sont perpendiculaires entre elles.*

Il en résulte que les directions qui correspondent à une racine double sont toutes perpendiculaires à celle qui correspond à la troisième racine.

262—Nombre des plans principaux.—Le plan diamétral des cordes parallèles à la direction (α, α', α'') est donné par l'équation (n° 257)

$$(10)\quad S(\alpha x+\alpha' y+\alpha'' z)+(C\alpha+C'\alpha'+C''\alpha'')=o.$$

Il en résulte qu'à *chaque direction des cordes donnée par une racine* S *différente de zéro correspond un plan diamétral.*

Si une racine S est nulle, le plan principal s'éloigne à l'infini et n'existe plus. Cependant si l'on a

$$C\alpha+C'\alpha'+C''\alpha''=o,$$

l'équation (10) devient une identité, et la position du plan principal est indéterminée; tout plan perpendiculaire à la direction des cordes est un plan principal. Dans ce cas, la surface est cylindrique.

D'après l'équation (n° 257)

$$(7)\quad S\rho^2+2T\rho+R=o,$$

si une racine S est nulle, l'une des valeurs de ρ devient infinie, et par conséquent les cordes ne rencontrent la surface qu'en un seul point.

CHAPITRE II.

Réduction de l'Équation générale du second degré.

La théorie des plans principaux développée au chapitre précédent conduit naturellement à la réduction de l'équation générale du second degré $f(x,y,z)=0$, que je suppose rapportée à des axes rectangulaires. En effet, chaque plan principal est un plan de symétrie de la surface; si l'on prend ce plan pour l'un des plans coordonnés, l'équation de la surface ne devra contenir aucun terme de degré impair par rapport à la variable qui représente les coordonnées perpendiculaires à ce plan.

263—Première classe.— $D \gtrless o$. La surface admet un centre unique. Puisque le terme constant de l'équation du troisième degré en S n'est pas nul, les trois racines sont différentes de zéro.

I.—Lorsque les trois racines sont inégales, la surface admet trois plans de symétrie perpendiculaires entre eux; ces trois plans passent par le centre de la surface. Si on les prend pour nouveaux plans coordonnés, l'équation de la surface prend la forme.

$$(1) \quad Lx'^2+My'^2+Nz'^2+U=o.$$

L'équation

$$S\rho^2+2T\rho+R=o$$

détermine les distances d'un point quelconque (x_0, y_0, z_0) d'une corde à ceux où elle perce la surface.

Je suppose que (x_0, y_0, z_0) soient les coordonnées du centre et que la corde devienne successivement perpendiculaire à chacun des plans principaux, c'est-à-dire coïncide successivement avec chacun des nouveaux axes des coordonnées, on a les trois valeurs

$$\rho^2 = -\frac{R}{S}, \quad \rho'^2 = -\frac{R}{S'}, \quad \rho''^2 = -\frac{R}{S''}.$$

Ces valeurs doivent être les mêmes que celles fournies par l'équation (1), ce qui exige que l'on ait

$$\frac{R}{S} = \frac{U}{L}, \quad \frac{R}{S'} = \frac{U}{M}, \quad \frac{R}{S''} = \frac{U}{N}.$$

Il en résulte que l'équation (1) peut s'écrire

$$(2) \quad Sx'^2 + S'y'^2 + S''z'^2 + f(x_0, y_0, z_0) = 0.$$

II.—Quand deux racines S et S' sont égales, on sait qu'à cette racine double correspondent une infinité de plans principaux passant par une même droite normale au plan principal donné par la racine simple. Si l'on prend cette normale pour axe des z', le plan principal correspondant pour plan des $x'y'$ et deux plans rectangulaires quelconques passant par l'axe des z' pour les deux autres plans coordonnés, l'équation prend la forme

$$(3) \quad S(x'^2 + y'^2) + S''z'^2 + f(x_0, y_0, z_0) = 0.$$

La surface est de révolution autour de l'axe des z.

III.—Quand les trois racines sont égales, ce qui arrive lorsque $B = B' = B'' = 0$, $A = A' = A''$, tout plan diamétral est un plan principal, et l'équation représente une sphère. Rapportée à trois plans quelconques perpendiculaires menés par le centre, l'équation se réduit à

$$(4) \quad x'^2 + y'^2 + z'^2 + \frac{f(x_0, y_0, z_0)}{A} = 0.$$

Les équations (3) et (4) sont comprises dans l'équation (2) comme cas particuliers.

264—Seconde classe.—$D = 0$. La surface est dépourvue

de centre ou en admet une infinité. L'équation du troisième degré en S a au moins une de ses racines nulle.

I.—Lorsque l'équation a une seule racine nulle S, la surface admet deux plans de symétrie qui correspondent aux deux autres racines; je les prends pour plans des $x'y'$ et des $x'z'$, le troisième plan coordonné étant un plan quelconque perpendiculaire aux deux premiers. Comme les droites parallèles à l'axe des x' ne rencontrent la surface qu'en un seul point (n° 262), le terme en x'^2 disparaît; l'équation de la surface prend donc la forme

$$(5)\quad S'y'^2+S''z'^2+Px'+f(x_0, y_0, z_0)=0\,;$$

par un simple déplacement de l'origine sur l'axe des x', on fera disparaître le terme constant; ce qui réduit l'équation à la forme

$$(6)\quad S'y'^2+S''z'^2+Px'=0.$$

J'ai supposé que le coefficient P n'est pas nul; dans le cas où $P=0$, l'équation (5) représente un cylindre elliptique ou hyperbolique parallèle à l'axe des x'.

II.—Lorsque l'équation du troisième degré a deux racines nulles S, S', la surface admet un plan principal qui correspond à la troisième racine; aux deux racines nulles correspondent une infinité de directions comprises dans un même plan : l'une d'elles au moins vérifie la relation

$$C\alpha+C'\alpha'+C''\alpha''=0,$$

et donne une infinité de plans de symétrie parallèles entre eux (n° 262). Si l'on prend pour plan des $x'y'$ le premier plan de symétrie, pour plan des $y'z'$ l'un des plans principaux parallèles, pour plan de $x'z'$ un troisième plan perpendiculaire aux deux premiers, l'équation se réduit à la forme

$$S''z'^2+Py'+f(x_0, y_0, z_0)=0.$$

Par un déplacement de l'origine sur l'axe des y', cette équation devient

$$(7)\quad S''z'^2+Py'=0.$$

Elle représente un cylindre parabolique parallèle à l'axe des x'.

Ainsi, lorsqu'on excepte les cylindres, l'équation générale du second degré comprend deux classes de surfaces : 1° une classe de surfaces à centre unique représentées par l'équation

$$Sx^2+S'y^2+S''z^2=H;$$

2° une classe de surfaces dépourvues de centre représentées par l'équation

$$S'y^2+S''z^2+Px=0.$$

265—Réduction par la transformation des coordonnées.—Il est facile de s'assurer, sans aucune considération de symétrie, que l'équation du second degré peut toujours se ramener à l'un des types que je viens de trouver.

Je change d'abord les axes en d'autres également rectangulaires, l'origine restant la même, au moyen des formules de transformation

$$x=\alpha x'+\beta y'+\gamma z',$$
$$y=\alpha' x'+\beta' y'+\gamma' z',$$
$$z=\alpha'' x'+\beta'' y'+\gamma'' z',$$

l'équation de la surface devient

$$(8)\quad A_1x'^2+A'_1y'^2+A''_1z'^2+2B_1y'z'+2B'_1z'x'+2B''_1x'y'+2C_1x' +2C'_1y'+2C''_1z'+F=0.$$

Les coefficients des termes du second degré ont pour valeurs

$$A_1=A\alpha^2+A'\alpha'^2+A''\alpha''^2+2B\alpha'\alpha''+2B'\alpha''\alpha+2B''\alpha\alpha',$$
$$A'_1=A\beta^2+A'\beta'^2+A''\beta''^2+2B\beta'\beta''+2A'\beta''\beta+2B''\beta\beta',$$
$$A''_1=A\gamma^2+\ldots\ldots\ldots\ldots$$
$$B_1=A\beta\gamma+A'\beta'\gamma'+A''\beta''\gamma''+B(\beta'\gamma''+\gamma'\beta'')+B'(\beta''\gamma+\gamma''\beta) +B''(\beta\gamma'+\gamma\beta'),$$
$$B'_1=A\gamma\alpha+\ldots\ldots\ldots\ldots$$
$$B''_1=A\alpha\beta+\ldots\ldots\ldots\ldots$$

On a vu que les équations (11) du chapitre précédent, équations que l'on peut écrire sous la forme

$$(9)\quad \begin{cases} A\alpha + B''\alpha' + B'\alpha'' = \alpha S, \\ B''\alpha + A'\alpha' + B\alpha'' = \alpha' S' \\ B'\alpha + B\alpha' + A''\alpha'' = \alpha'' S' \end{cases}$$

sont satisfaites au moins par trois directions perpendiculaires entre elles. Je prends les nouveaux axes des coordonnées parallèles à ces trois directions. Les équations (9), multipliées respectivement par β, β', β'' et ajoutées, donnent

$$B''_1 = S(\alpha\beta + \alpha'\beta' + \alpha''\beta'').$$

Puisque les directions sont rectangulaires, on a $B''_1 = 0$. On a de même $B_1 = 0$, $B'_1 = 0$.

En comparant les valeurs des coefficients A_1, A'_1, A''_1 à la formule par laquelle on a défini la quantité S (n° 257), on voit que les valeurs de ces coefficients sont les racines de l'équation du troisième degré en S. Donc, par rapport au nouveau système d'axes, l'équation générale devient

$$(10)\quad Sx^2 + S'y^2 + S''z^2 + 2C_1x + 2C'_1y + 2C''_1z + F = 0.$$

266—Cela posé, il y a plusieurs cas à distinguer.

I.—Les trois racines S, S′, S″ sont différentes de zéro; alors, par un simple déplacement d'origine, on fait disparaître les termes du premier degré, et l'équation (10) devient

$$Sx^2 + S'y^2 + S''z^2 = H.$$

II.—Une seule racine S est nulle. Dans ce cas, par le déplacement de l'origine, on peut faire disparaître les termes du premier degré en y et z, et même le terme constant si C_1 n'est pas nulle, ce qui conduit à la forme

$$S'y^2 + S''z^2 + Px = 0.$$

Quand $C_1 = 0$, l'équation se réduit à

$$S'y^2 + S''z^2 = H$$

et représente un cylindre elliptique ou hyperbolique.

III.—Deux des racines S et S′ sont nulles. On peut d'abord faire disparaître le terme en z en déplaçant l'origine sur l'axe des z. Si les coefficients C_1 et C'_1 ne sont pas nuls, on peut en faire disparaître un par une rotation des axes autour de OZ; puis un déplacement d'origine débarrasse du terme constant; on a ainsi la forme

$$S''z^2+Px=o,$$

qui représente un cylindre parabolique.

En faisant abstraction des cylindres, on retrouve de cette manière les deux types

$$Sx^2+S'y^2+S''z^2=H,$$
$$S'y^2+S''z^2+Px=o,$$

obtenus précédemment.

267—Enfin, on peut démontrer directement que les axes rectangulaires donnés par les équations (9) sont les seuls pour lesquels l'équation de la surface ne contient aucun des rectangles des variables. En effet, pour que ces rectangles disparaissent, il faut que l'on ait

$$A\beta\gamma+\ldots\ldots\ldots=o,$$
$$A\gamma\alpha+\ldots\ldots\ldots=o,$$
$$A\alpha\beta+\ldots\ldots\ldots=o.$$

Je multiplie les deux membres de la seconde équation par γ, ceux de la troisième par β, et enfin ceux de l'équation

$$A_1=A\alpha^2+A'\alpha'^2+\ldots\ldots$$

par α; puis j'ajoute les résultats; j'ai

$$(A-A_1)\alpha+B''\alpha'+B'\alpha''=o;$$

de même

$$B''\alpha+(A'-A_1)\alpha'+B\alpha''=o,$$
$$B'\alpha+B\alpha'+(A''-A_1)\alpha''=o;$$

c'est-à-dire que A_1, α, α', α'' doivent être l'un des systèmes de solutions des équations (11) du n° 257.

Le principal avantage du calcul précédent est d'indiquer la marche qu'il faudrait suivre pour réduire l'équation du second degré sans faire usage de la considération géométrique des plans de symétrie; mais quel que soit le mode que l'on adopte, il est impossible d'éviter la discussion d'une équation du troisième degré.

CHAPITRE III.

De l'Ellipsoïde.

La classe des surfaces du second degré qui ont un centre unique, surfaces représentées par l'équation

$$Sx^2+S'y^2+S''z^2=H,$$

se subdivise en deux genres, suivant que les trois racines de l'équation du troisième degré sont ou ne sont pas de même signe.

268—Je suppose d'abord que les trois racines aient le même signe, par exemple le signe +. Si le terme constant H est négatif, l'équation n'admet aucun système de solutions réelles. Si $H=o$, l'équation n'est satisfaite que pour $x=y=z=o$; elle représente un seul point, l'origine. Soit enfin $H>o$, je pose

$$a=\sqrt{\frac{H}{S}},\quad b=\sqrt{\frac{H}{S'}},\quad c=\sqrt{\frac{H}{S''}};$$

l'équation se met sous la forme

$$(1)\quad \frac{x^2}{a^2}+\frac{y^2}{b^2}+\frac{z^2}{c^2}-1=o.$$

La coordonnée x ne peut varier que de $-a$ à $+a$, y de $-b$ à $+b$, z de $-c$ à $+c$; je prends donc sur l'axe des x, de part et d'autre de l'origine, des longueurs OA et OA' égales à a; sur l'axe des y deux longueurs OB et OB' égales à b, sur l'axe des z deux longueurs OC et OC' égales à c. Par les points A et A', B et B', C et C' j'imagine des plans respectivement parallèles aux plans YOZ, ZOX, XOY, la surface sera entièrement comprise dans le parallélipipède rectangle ainsi formé. On a donné à cette surface le nom d'*ellipsoïde*.

269—L'origine est *centre* de l'ellipsoïde. Les plans coordonnés, qui sont les trois *plans principaux* de l'ellipsoïde, coupent la surface suivant trois ellipses ABA′, BCB′, CAC′, que l'on appelle *sections principales* de l'ellipsoïde.

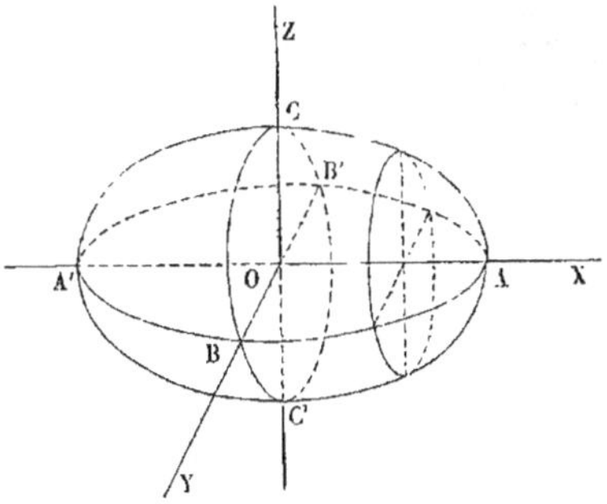

Si l'on coupe la surface par un plan parallèle au plan YOZ, on obtient pour section l'ellipse

$$\frac{y^2}{b^2}+\frac{z^2}{c^2}=1-\frac{x^2}{a^2},$$

dont le centre est sur l'axe des x. A mesure que le plan sécant s'éloigne du plan principal YOZ, c'est-à-dire quand x varie de o à a, cette ellipse reste toujours semblable à l'ellipse CBC′, mais diminue jusqu'à se réduire à un point. Il en est de même des sections parallèles à chacun des deux autres plans coordonnés.

Les axes des coordonnées, intersections des plans principaux deux à deux, sont *axes* de l'ellipsoïde. Les extrémités des axes sont les *sommets* de l'ellipsoïde. Si l'on suppose $a>b>c$, $2a$ est l'axe majeur, $2b$ l'axe moyen, $2c$ l'axe mineur.

J'appelle α, β, γ les cosinus des angles que fait avec les axes le rayon mené du centre à un point M de l'ellipsoïde, ρ sa longueur; l'équation (1) devient

$$(2)\quad \frac{1}{\rho^2}=\frac{\alpha^2}{a^2}+\frac{\beta^2}{b^2}+\frac{\gamma^2}{c^2}.$$

On en déduit, en vertu de la relation $\alpha^2+\beta^2+\gamma^2=1$,

$$\frac{1}{\rho^2}=\frac{1}{a^2}+\left(\frac{1}{b^2}-\frac{1}{a^2}\right)\beta^2+\left(\frac{1}{c^2}-\frac{1}{a^2}\right)\gamma^2,$$

ou

$$\frac{1}{\rho^2}=\frac{1}{c^2}-\left(\frac{1}{c^2}-\frac{1}{a^2}\right)\alpha^2-\left(\frac{1}{c^2}-\frac{1}{b^2}\right)\beta^2.$$

Il résulte de là que le plus grand rayon est le demi-axe majeur OA, le plus petit le demi-axe mineur c.

270—Ellipsoïde de révolution.—Quand deux demi-axes a et b sont égaux entre eux, l'équation (1) se réduit à la forme

$$\frac{x^2+y^2}{a^2}+\frac{z^2}{c^2}=1.$$

Toutes les sections parallèles au plan XOY sont des cercles; donc l'ellipsoïde est une surface de révolution autour de l'axe OZ; elle est engendrée par la rotation de l'ellipse méridienne CAC′ autour de CC′.

Lorsque l'ellipse tourne autour de son grand axe, l'ellipsoïde de révolution est allongé; lorsque l'ellipse tourne autour de son petit axe, l'ellipsoïde est aplati.

Quand les trois demi-axes sont égaux entre eux, l'ellipsoïde devient semblable à une sphère.

La déformation du cercle par le changement de ses ordonnées dans un rapport constant donne l'ellipse; la déformation analogue de la sphère produit l'ellipsoïde de révolution, duquel on déduit par le même procédé l'ellipsoïde à trois axes inégaux. La propriété caractéristique de ces déformations consiste en ce que les droites qui joignent deux couples de points correspondants se coupent dans le plan fixe; les considérations précédentes permettent de ramener les constructions à effectuer sur l'ellipsoïde à d'autres du même genre faites sur la sphère.

THÉORÈME I.

271—*Les sections parallèles d'une surface du second degré sont des courbes semblables et semblablement placées.*

Soient α, β, γ les cosinus des angles que fait avec les axes la perpendiculaire abaissée de l'origine sur le plan sécant, l la longueur de cette perpendiculaire; l'équation du plan sécant sera

$$\alpha x+\beta y+\gamma z-l=0.$$

Si entre cette équation et une équation quelconque du second degré on élimine une des variables, z par exemple, on aura la projection de l'intersection sur le plan des xy. Or, dans l'équation qui résulte de cette élimination, les termes du second degré ne dépendent pas de la distance l; donc, si l varie, les projections des sections restent homothétiques. Mais on voit aisément que si deux courbes, situées dans des plans parallèles, se projettent suivant des courbes homothétiques, elles sont elles-mêmes homothétiques. Toute section plane de l'ellipsoïde, étant une courbe fermée, est nécessairement une ellipse.

THÉORÈME II.

272—*Le lieu des centres des sections parallèles est une ligne droite.*

L'élimination de z entre l'équation de l'ellipsoïde et celle du plan sécant donne

$$\frac{x^2}{a^2}+\frac{y^2}{b^2}+\frac{(\alpha x+\beta y-l)^2}{\gamma^2 c^2}=1.$$

Le centre de la projection est la projection du centre de la section; ce dernier point est donc déterminé par les équations

$$\frac{x}{a^2}+\frac{\alpha(\alpha x+\beta y-l)}{\gamma^2 c^2}=o,$$

$$\frac{y}{b^2}+\frac{\beta(\alpha x+\beta y-l)}{\gamma^2 c^2}=o,$$

$$\alpha x+\beta y+\gamma z-l=0.$$

L'élimination de l donne pour le lieu des centres

$$\frac{x}{a^2\alpha}=\frac{y}{b^2\beta}=\frac{z}{c^2\gamma}.$$

C'est une droite qui passe par le centre de l'ellipsoïde et dont la direction est conjuguée du plan

$$\alpha x+\beta y+\gamma z=0,$$

c'est-à-dire que le plan divise en deux parties égales les cordes parallèles à la droite.

La droite, lieu des centres d'une série de sections parallèles, a été appelée *diamètre* de ces sections.

Chacun des axes de l'ellipsoïde est un diamètre perpendiculaire sur le plan conjugué.

COROLLAIRE.—*Le plan tangent à l'ellipsoïde est parallèle au plan diamétral conjugué du diamètre qui passe par le point de contact.* En effet, le diamètre qui passe au point (x', y', z') fait avec les axes des angles dont les cosinus sont proportionnels aux coordonnés x', y', z'; le plan diamétral conjugué a pour équation

$$\frac{x'x}{a^2}+\frac{y'y}{b^2}+\frac{z'z}{c^2}=0.$$

Or le plan tangent à l'ellipsoïde au point (x', y', z') a pour équation

$$\frac{x'x}{a^2}+\frac{y'y}{b^2}+\frac{z'z}{c^2}=1.$$

Donc ces deux plans sont parallèles.

273—ELLIPSOÏDE RAPPORTÉ A DES DIAMÈTRES CONJUGUÉS. —Je suppose que l'on rapporte l'ellipsoïde à un système de trois droites, dont l'une OX' soit un diamètre OD, et les deux autres deux diamètres conjugués OE, OF de l'ellipse suivant laquelle la surface est coupée par le plan diamétral des cordes parallèles à OD. Puisque l'origine des coordonnées

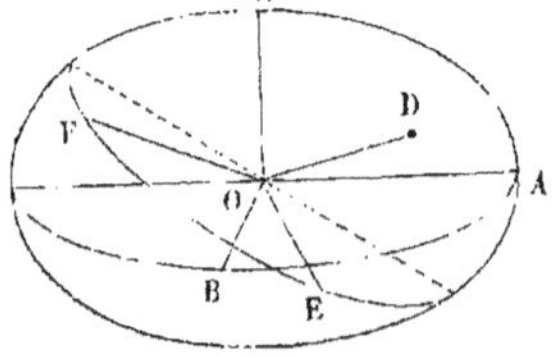

est au centre de la surface, l'équation ne doit pas contenir les termes du premier degré; puisque le plan $Y'OZ'$ est le plan diamétral des cordes parallèles à OX', à chaque système de valeurs des variables y' et z' doivent correspondre deux valeurs de x' égales et de signes contraires, ce qui exige que l'équation soit privée des termes en $x'y'$ et $x'z'$. Enfin, puisque les droites OY', OZ' sont deux diamètres conjugués de la section faite par le plan $Y'OZ'$, l'équation de la section, et par conséquent celle de la surface, ne doit pas renfermer le terme en $y'z'$. L'équation de l'ellipsoïde prendra donc la forme

$$Ax'^2+By'^2+Cz'^2=1$$

de l'équation rapportée aux axes.

Cette équation montre que les cordes parallèles à chacun des diamètres OE, OD, OF sont divisées en deux parties égales par le plan des deux autres. Ces trois diamètres ont été nommés pour cette raison *diamètres conjugués*. Si l'on désigne par $2a'$, $2b'$, $2c'$ leurs longueurs, l'ellipsoïde rapporté à trois diamètres conjugués aura pour équation

$$\frac{x'^2}{a'^2}+\frac{y'^2}{b'^2}+\frac{z'^2}{c'^2}=1.$$

Le diamètre OE a été pris arbitrairement dans le plan diamétral conjugué de OD; il en résulte que les plans diamétraux qui correspondent aux différents diamètres situés dans un même plan diamétral passent tous par le diamètre conjugué de ce plan.

En coupant l'ellipsoïde par un plan quelconque parallèle au plan EOF, on obtient une ellipse qui admet pour diamètres conjugués les traces des plans diamétraux DOE, DOF sur le plan de la section.

274—J'appelle $(\alpha, \alpha', \alpha'')$, (β, β', β''), $(\gamma, \gamma', \gamma'')$ les cosinus des angles que font respectivement avec les axes de l'ellipsoïde trois diamètres conjugués OD, OE, OF. L'équation (2) donne les longueurs de ces diamètres

$$(3)\quad\begin{cases}\dfrac{1}{a'^2}=\dfrac{\alpha^2}{a^2}+\dfrac{\alpha'^2}{b^2}+\dfrac{\alpha''^2}{c^2},\\[2mm]\dfrac{1}{b'^2}=\dfrac{\beta^2}{a^2}+\dfrac{\beta'^2}{b^2}+\dfrac{\beta''^2}{c^2},\\[2mm]\dfrac{1}{c'^2}=\dfrac{\gamma^2}{a^2}+\dfrac{\gamma'^2}{b^2}+\dfrac{\gamma''^2}{c^2}.\end{cases}$$

Puisque le diamètre OE est situé dans le plan conjugué de OD, lequel est représenté par l'équation

$$\frac{\alpha x}{a^2}+\frac{\alpha' y}{b^2}+\frac{\alpha'' z}{c^2}=o,$$

on a

$$\frac{\alpha\beta}{a^2}+\frac{\alpha'\beta'}{b^2}+\frac{\alpha''\beta''}{c^2}=o;$$

on trouverait de même deux équations analogues. Ainsi aux équations (3) on joindra les suivantes

$$(4)\quad\begin{cases}\dfrac{\alpha\beta}{a^2}+\dfrac{\alpha'\beta'}{b^2}+\dfrac{\alpha''\beta''}{c^2}=o,\\[2mm]\dfrac{\beta\gamma}{a^2}+\dfrac{\beta'\gamma'}{b^2}+\dfrac{\beta''\gamma''}{c^2}=o,\\[2mm]\dfrac{\gamma\alpha}{a^2}+\dfrac{\gamma'\alpha'}{b^2}+\dfrac{\gamma''\alpha''}{c^2}=o.\end{cases}$$

THÉORÈME III.

275—*La somme des carrés de trois diamètres conjugués de l'ellipsoïde est égale à la somme des carrés des axes.*

Je considère deux systèmes de diamètres conjugués ODEF, OD'E'F'. Soit OG le diamètre suivant lequel se coupent les deux plans EOF, E'OF', OH et OH' les diamètres conjugués de OG dans ces deux plans. Si, conservant OD, on remplace les diamètres conjugués OE, OF par deux autres diamètres conjugués OG, OH de la même ellipse, la somme des carrés ne change pas (n° 67); de même, si, conservant OD', on remplace les deux diamètres conjugués OE', OF' par deux autres diamètres conjugués OG, OH' de la même ellipse, la somme des carrés ne change pas. On a alors deux systèmes de diamètres conjugués OGHD, OGH'D' qui ont un diamètre commun OG; les deux autres, étant situés dans le plan diamétral conjugué de OG, appartiennent à la même ellipse. Donc la somme des carrés est la même. Ainsi la somme des carrés de trois diamètres conjugués est constante et par conséquent égale à la somme des carrés des axes.

THÉORÈME IV.

276—*Le volume du parallélipipède construit sur trois diamètres conjugués est constant.*

On démontre ce théorème comme le précédent. Lorsqu'on remplace le système ODEF par le système ODGH, le volume ne change pas; car les deux parallélipipèdes ont des bases équivalentes, les parallélogrammes EOF, GOH (n° 66), et même hauteur, la perpendiculaire abaissée du point D sur le plan des bases.

On peut démontrer ces théorèmes par le calcul au moyen des relations du n° 274.

277—Sections circulaires de l'ellipsoïde.—Parmi les sections planes de l'ellipsoïde, il importe d'examiner surtout les sections circulaires. J'imagine un plan diamétral qui coupe l'ellipse suivant un cercle; soit OD le diamètre correspondant, si dans le plan du cercle je prends la projection OF de OD et un diamètre perpendiculaire OE, j'aurai un système de trois diamètres conjugués; or, le diamètre OE est perpendiculaire sur le plan diamétral correspondant DOF; donc ce plan est un plan principal et OE coïncide avec l'un des axes de la surface.

Lorsqu'un plan sécant passe par un axe de l'ellipsoïde, par OB, par exemple, il coupe la surface suivant une ellipse dont l'un des axes est OB, l'autre la trace OD du plan sécant sur le plan principal perpendiculaire à l'axe OB; mais la longueur de OD est moyenne entre les longueurs

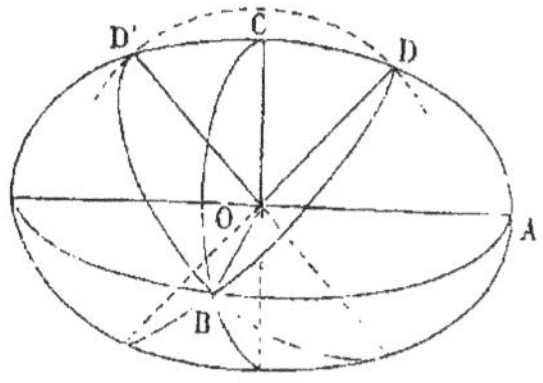

des deux autres axes OA, OC; pour que la section soit un cercle, c'est-à-dire pour que l'on ait $OD = OB$, il est nécessaire que le plan sécant passe par l'axe moyen OB de l'ellipsoïde. Du point O comme centre, je décris dans le plan perpendiculaire AOC un cercle avec un rayon égal à b, ce cercle coupe l'ellipse ACA' en deux points D, D'; les deux plans BOD, BOD' coupent l'ellipsoïde suivant des cercles.

Ainsi *l'ellipsoïde à trois axes inégaux admet deux séries de sections circulaires, lesquelles sont perpendiculaires au plan principal qui correspond à l'axe moyen.*

J'appelle θ l'angle AOD que fait le plan BOD avec le plan principal BOA; les coordonnées du point D sont $b\cos\theta$, $b\sin\theta$; si on les substitue dans l'équation

$$\frac{x^2}{a^2}+\frac{z^2}{c^2}=1,$$

on trouve

$$\tang^2\theta=\frac{c^2(a^2-b^2)}{a^2(b^2-c^2)}.$$

Quand l'ellipsoïde est de révolution, quand par exemple $b=c$, les deux séries des sections circulaires se confondent en une seule série de sections perpendiculaires sur l'axe de révolution OA.

CHAPITRE IV.

Des Hyperboloïdes.

Le second genre des surfaces du second degré à centre correspond au cas où les trois racines de l'équation du troisième degré en S ne sont pas de même signe. Ce second genre se subdivise en deux espèces, suivant que deux racines ou une seule ont même signe que le terme constant H.

278—Hyperboloïde a une nappe.—Je suppose que les deux coefficients S, S' aient le signe de H, S'' le signe contraire; je pose

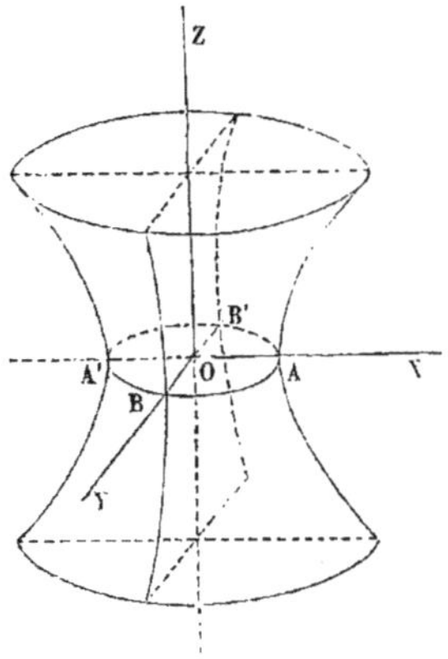

$$a=\sqrt{\frac{H}{S}},\quad b=\sqrt{\frac{H}{S'}},$$

$$c=\sqrt{\frac{H}{-S''}},$$

l'équation s'écrit sous la forme

$$\frac{x^2}{a^2}+\frac{y^2}{b^2}-\frac{z^2}{c^2}=1.$$

Les axes OX, OY percent la surface à des distances a et b de l'origine, l'axe OZ ne rencontre pas la surface.

Le plan principal XOY coupe la surface suivant une ellipse ABA', les plans parallèles suivant des ellipses qui vont en grandissant indéfiniment à mesure que le plan sécant s'éloigne de XOY. L'ellipse minimum ABA' s'appelle *ellipse de gorge*.

Le plan XOZ coupe la surface suivant une hyperbole dont

l'axe transverse est AA′, les plans parallèles, menés à une distance plus petite que b, suivant des hyperboles semblables qui ont leurs axes transverses parallèles à AA′, mais plus petits que AA′. Quand le plan parallèle est mené par le point B ou par le point B′, la section se réduit à deux droites. Enfin, quand la distance du plan sécant au plan XOZ est plus grande que b, l'hyperbole devient semblable à l'hyperbole conjuguée de l'hyperbole principale; l'axe transverse est alors parallèle à OZ.

Les plans parallèles au plan YOZ donnent des résultats analogues.

On a donné à cette surface le nom d'*hyperboloïde à une nappe.* Elle a deux axes réels AA′, BB′, dont les longueurs sont égales à $2a$ et $2b$. On dit, par analogie, que $2c$ est la longueur de l'axe imaginaire.

Lorsque les deux axes réels sont égaux, les sections parallèle au plan XOY sont des cercles qui vont en augmentant indéfiniment à partir du cercle de gorge. La surface est de révolution ; elle est engendrée par la rotation d'une hyperbole autour de son axe imaginaire OZ. On a ainsi l'hyperboloïde de révolution à une nappe.

279—Hyperboloïde à deux nappes. — Je suppose que deux coefficients S, S′ aient un signe contraire à celui de H, S″ le même signe ; si l'on pose

$$a=\sqrt{\frac{H}{-S}},\quad b=\sqrt{\frac{H}{-S'}},\quad c=\sqrt{\frac{H}{S''}},$$

l'équation devient

$$\frac{x^2}{a^2}+\frac{y^2}{b^2}-\frac{z^2}{c^2}=-1.$$

Un seul axe OZ perce la surface en deux points C, C′, à une distance c de l'origine. L'équation n'est satisfaite que pour des valeurs de z plus grandes que c; la surface n'a aucun point compris entre deux plans parallèles à XOY menés par les points C et C′. Les plans parallèles à XOY, menés à une distance plus grande de l'origine, donnent des ellipses semblables qui augmentent indéfiniment à mesure que le plan sécant s'éloigne de l'origine.

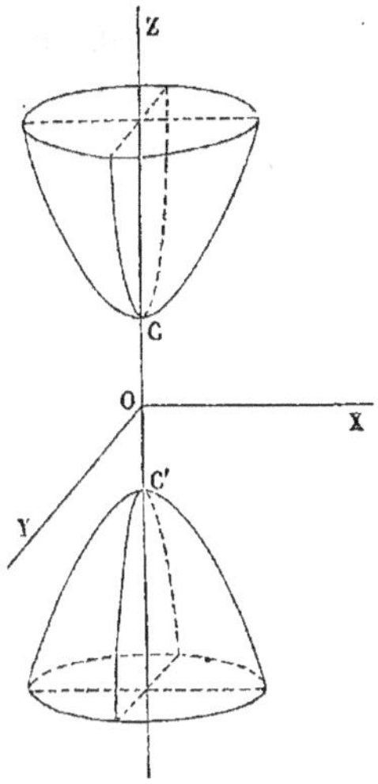

Les plans parallèles aux deux autres plans coordonnés donnent des hyperboles semblables, et dont les axes transverses, parallèles à CC', augmentent à mesure qu'on s'éloigne de l'origine.

Cette surface, qui se compose de deux parties séparées, a reçu le nom d'*hyperboloïde à deux nappes.*

Quand les deux axes imaginaires $2a$ et $2b$ sont égaux, la surface est de révolution ; elle est engendrée par la rotation d'une hyperbole autour de son axe réel CC'. On a ainsi l'hyperboloïde de révolution à deux nappes.

280—Cône.—Lorsque le terme constant H est nul, l'équation représente un cône qui a son sommet à l'origine. Les plans ZOX, ZOY coupent le cône chacun suivant deux génératrices, qui sont les sections principales du cône; la troisième est réduite à un point, le sommet. Si l'on désigne par 2α et 2β les angles des sections principales, on a

$$tang\,\alpha=\sqrt{\frac{-S''}{S}}, \quad tang\,\beta=\sqrt{\frac{-S''}{S'}},$$

et l'équation du cône s'écrit

$$\frac{x^2}{tang^2\alpha}+\frac{y^2}{tang^2\beta}-z^2=0.$$

Les sections faites par des plans parallèles au plan XOY sont des ellipses semblables qui augmentent indéfiniment à partir d'un point. Les plans parallèles à XOZ et à YOZ donnent des hyperboles semblables. Les trois axes des coordonnées sont axes du cône; cependant on appelle plus spécialement *axe* du cône la droite OZ, lieu des centres des sections elliptiques qui lui sont perpendiculaires.

Comme l'équation précédente est la seule des équations réduites qui représente un cône, il en résulte que tout cône du second degré peut être regardé comme un cône droit à base elliptique.

281—Cône asymptote.—Si l'on coupe les deux hyperboloïdes

$$\frac{x^2}{a^2}+\frac{y^2}{b^2}-\frac{z^2}{c^2}=1.$$

$$\frac{x^2}{a^2}+\frac{y^2}{b^2}-\frac{z^2}{c^2}=-1.$$

et le cône

$$\frac{x^2}{a^2}+\frac{y^2}{b^2}-\frac{z^2}{c^2}=0$$

par un même plan parallèle au plan XOY, on obtient trois ellipses semblables et concentriques

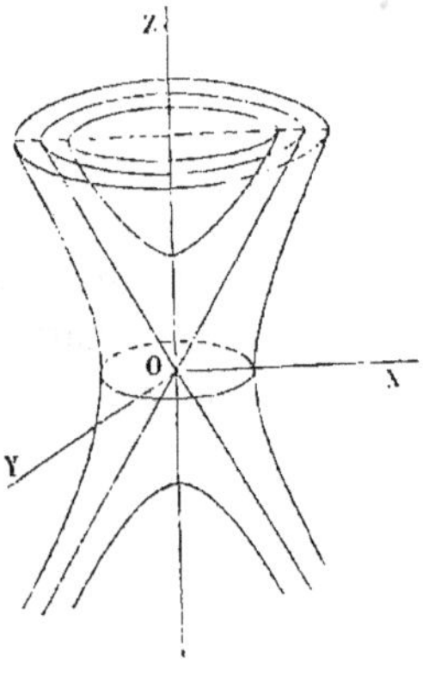

$$\frac{x^2}{a^2}+\frac{y^2}{b^2}=\frac{z^2}{c^2}+1,$$

$$\frac{x^2}{a^2}+\frac{y^2}{b^2}=\frac{z^2}{c^2}-1,$$

$$\frac{x^2}{a^2}+\frac{y^2}{b^2}=\frac{z^2}{c^2}$$

Les demi-axes de ces ellipses parallèles à OX ont respectivement pour longueurs

$$\frac{ac}{\sqrt{z^2+c^2}},\quad \frac{ac}{\sqrt{z^2-c^2}},\quad \frac{ac}{z}.$$

On voit que les différences de ces demi-axes tendent vers zéro quand z augmente indéfiniment. Il en est de même des axes parallèles à OY. Les ellipses diffèrent donc entre elles aussi peu que l'on veut, et, par conséquent, le cône est asypmtote des deux hyperboloïdes. Le cône enveloppe l'hyperboloïde à deux nappes; il est, au contraire, enveloppé par l'hyperboloïde à une nappe.

282—Sections planes.—Si l'on coupe par un même plan les diverses hyperboloïdes représentées par l'équation

$$\frac{x^2}{a^2}+\frac{y^2}{b^2}-\frac{z^2}{c^2}=\lambda,$$

dans laquelle λ désigne une constante arbitraire, on obtient des courbes du second degré homothétiques et concentriques. Parmi ces hyperboloïdes, se trouve le cône

$$\frac{x^2}{a^2}+\frac{y^2}{b^2}-\frac{z^2}{c^2}=0,$$

limite des hyperboloïdes de l'une et l'autre espèce. Pour reconnaître la nature de la section d'une hyperboloïde par un plan, il suffit donc de mener par le centre un plan parallèle au plan sécant; selon que le plan diamétral parallèle coupe le cône asymptote en un point, suivant deux droites, ou qu'il touche le cône le long d'une génératrice, la section de l'hyperboloïde ou du cône est une ellipse, une hyperbole ou une parabole.

Lorsque des plans parallèles coupent un cône suivant des hyperboles, les asymptotes de ces hyperboles homothétiques sont parallèles entre elles; elles sont donc parallèles aux génératrices suivant lesquelles le cône est coupé par un plan diamétral parallèle aux plans sécants.

Lorsqu'un plan coupe une hyperboloïde suivant une hyperbole, les asymptotes de cette hyperbole coïncident avec celles de l'hyperbole déterminée par le même plan sur le cône asymptote.

283—Sections circulaires.—Je considère d'abord l'hyperboloïde à une nappe. D'après les raisonnements qui ont été faits sur l'ellipsoïde (n° 277), on reconnaît qu'un plan diamétral qui coupe l'hyperboloïde suivant un cercle doit passer par l'un des axes de la surface; or tout plan mené par l'axe imaginaire OZ coupe la surface suivant une hyperbole; le plan passera donc par l'un des axes réels.

Le plan BOD, mené par l'axe OB, coupe la surface suivant une ellipse dont l'un des axes est OB, l'autre la trace OD du plan sécant sur le plan XOZ; mais la longueur de OD est plus grande que OA; pour que OD=OB, il est nécessaire que OB soit plus grand que OA. Ainsi, le plan sécant passera par le plus grand axe de l'ellipse de gorge. Du point O comme centre avec OB pour rayon, je décris dans le plan XOZ un cercle qui coupe l'hyperbole en deux points D, D'; les deux plans BOD, BOD' couperont l'hyperboloïde suivant des cercles.

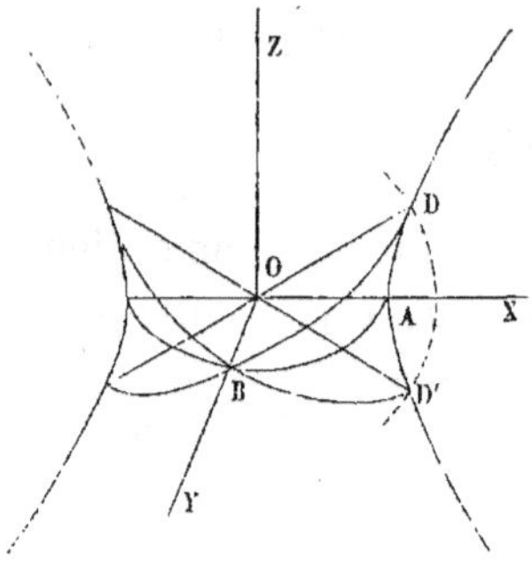

Deux séries de plans parallèles à ces deux plans couperont suivant des cercles l'hyperboloïde proposée, le cône asymptote, et l'hyperboloïde à deux nappes conjuguée.

284—Sections anti-parallèles du cône.—On démontre, par des considérations géométriques très-simples, que, dans tout cône oblique à base circulaire, il y a une seconde série de plans, différents des plans parallèles à la base, qui coupent le cône suivant des cercles. En effet, par la droite SO qui joint le sommet du cône au centre de la base, j'imagine un plan ASB perpendiculaire à cette base; ce plan partagera la surface en deux parties symétriques; dans le plan principal ASB je mène la ligne B'A' anti-parallèle à AB, c'est-à-dire telle que les angles SB'A', SA'B' soient respectivement égaux à SBA, SAB; puis, par la droite A'B', je fais passer un plan

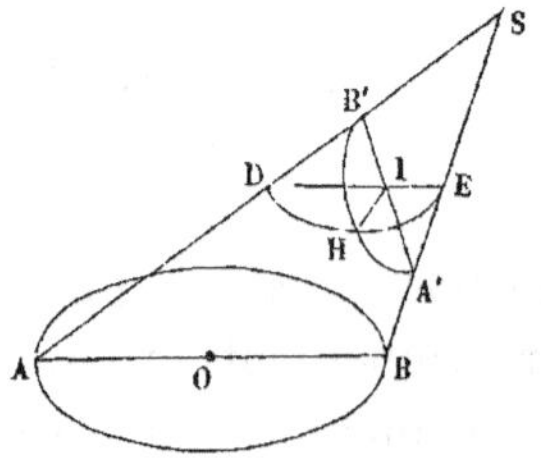

perpendiculaire au plan principal ASB; je dis que la section du cône par ce plan sera un cercle B'HA'. En effet, par un point quelconque H de la courbe B'HA' je mène un plan parallèle à la base; ce plan coupe le cône suivant un cercle DHE, et le plan B'HA' suivant une droite HI, perpendiculaire à la section principale. Dans le cercle DHE on a

$$\overline{HI}^2 = DI \times IE.$$

D'autre part, les triangles semblables DIB', EIA' donnent

$$DI \times IE = B'I \times IA';$$

donc

$$\overline{HI}^2 = B'I \times IA',$$

propriété caractéristique du cercle. Les sections parallèles à B'HA' sont dites *anti-parallèles* à la base.

Lorsque la surface est de révolution, les deux séries de sections circulaires se confondent en une seule série de sections perpendiculaires à l'axe de révolution.

Génératrices rectilignes de l'Hyperboloïde à une nappe.

THÉORÈME I.

285—*Chacune des tangentes de l'ellipse de gorge est la projection de deux lignes droites situées sur l'hyperboloïde à une nappe.*

Conservant l'axe OZ, je remplace les deux axes OA, OB par deux diamètres conjugués quelconques OD, OE de l'ellipse de gorge; ce changement de coordonnées s'effectue au moyen des formules de la géométrie plane (nº 65). L'équation de la surface dans

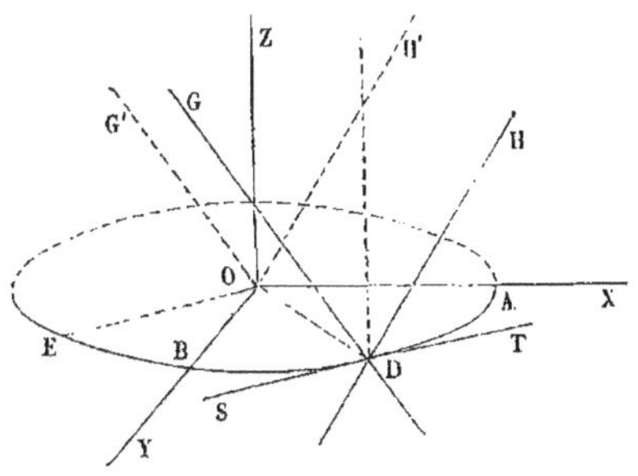

le nouveau système de coordonnées devient

$$\frac{x'^2}{a'^2}+\frac{y'^2}{b'^2}-\frac{z^2}{c^2}=1,$$

celle du cône asymptote

$$\frac{x'^2}{a'^2}+\frac{y'^2}{b'^2}-\frac{z^2}{c^2}=0.$$

Le plan ZOE coupe le cône suivant deux génératrices OG', OH' qui ont pour équations

$$\frac{y'}{z}=\pm\frac{b'}{c}.$$

Le plan mené par le point D parallèlement à ZOE a pour trace sur le plan XOY la tangente ST à l'ellipse de gorge. La section de l'hyperboloïde par ce plan $x'=a'$ est donnée par l'équation

$$\frac{y'^2}{b'^2}-\frac{z^2}{c^2}=0,$$

ou

$$\frac{y'}{z}=\pm\frac{b'}{c}.$$

La section se compose donc de deux droites DG, DH, qui se projettent sur le plan XOY suivant la tangente ST, et sur le plan ZOE suivant les deux génératrices OG', OH' du cône asymptote. Ces deux droites sont donc respectivement parallèles aux génératrices du cône.

Ces deux droites font des angles égaux GDS, HDT avec le plan de l'ellipse de gorge. Si l'on appelle α cet angle, on a

$$\operatorname{tang}\alpha=\frac{c}{b'}.$$

Corollaire I.—Par chaque point de l'ellipse de gorge passent ainsi deux droites situées sur l'hyperboloïde. Il est aisé de voir que ces droites forment deux systèmes distincts. En effet, si on parcourt l'ellipse de gorge, dans le sens AB, on forme un premier système de celles dont les parties supérieures au plan XOY se projettent sur les tangentes prises dans le sens du mouvement; les autres forment un second système. Ainsi la droite DG appartient au premier système, DH au second.

Corollaire II.— Réciproquement toute droite, tracée sur la surface, doit se projeter sur le plan XOY suivant une tangente à l'ellipse de gorge. En effet, cette droite étant oblique au plan XOY, puisque les sections parallèles sont des ellipses, elle rencontre l'ellipse de gorge en un point D; comme les projections de tous les points de l'hyperboloïde sur le plan XOY sont extérieures à l'ellipse de gorge, la projection de la droite est une tangente MT à l'ellipse. Puisque le plan projetant, mené suivant la tangente MT, ne coupe la surface que suivant deux droites DG, GH, il s'ensuit que la droite considérée se confond avec l'une d'elles.

THÉORÈME II.

286 — *Par chaque point* M *de l'hyperboloïde passe une droite de chaque système.*

En effet, tout point M de la surface se projette sur le plan XOY en un point P extérieur à l'ellipse; par le point P on peut mener deux tangentes à l'ellipse; je considère la droite DG du premier système et la droite EL du second. Ces droites, situées dans les plans projetants MPD, MPE, rencontrent la perpendiculaire PM au-dessus du plan XOY et au même point M; car la partie supérieure de cette perpendiculaire ne perce la surface qu'en un point. Ainsi par le point M passent deux droites MD, ME situées sur la surface.

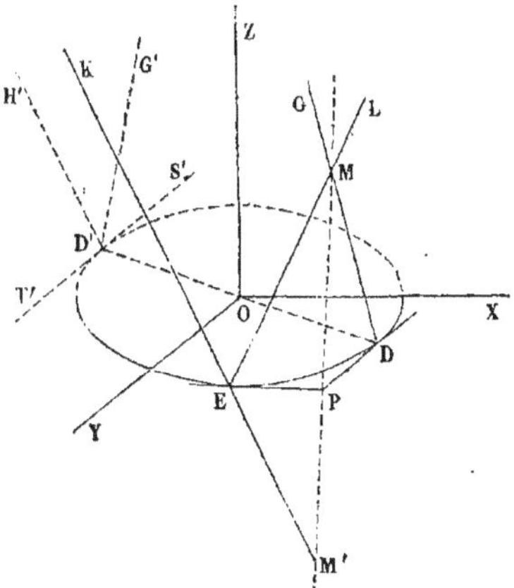

Corollaire I. —Puisque par chacun des points de la surface passe une droite de chaque système, l'hyperboloïde peut être engendrée de deux manières par une ligne droite qui se meut sur l'ellipse de gorge, de telle sorte que sa projection reste tangente à cette ellipse, tandis que l'angle α qu'elle fait avec le plan de l'ellipse varie d'après la loi $tang\,\alpha = \frac{c}{b'}$. ($b'$ étant le demi-diamètre parallèle à la tangente.)

En un mot, l'*hyperboloïde à une nappe admet deux systèmes de génératrices rectilignes*, parallèles deux à deux aux génératrices du cône asymptote. Le plan tangent en un point de la surface sera déterminé par les deux génératrices qui passent en ce point.

Il est impossible de tracer une ligne droite ou une portion de droite sur un ellipsoïde ou sur une hyperboloïde à deux nappes; car lorsqu'une droite a plus de deux points communs avec une surface du second degré, elle est tout entière située sur la surface. Or, l'ellipsoïde, surface finie, ne peut évidemment contenir une ligne droite; la seconde hyperboloïde, se composant de deux nappes séparées, ne peut pas non plus contenir une ligne droite.

Corollaire II.—Lorsque l'hyperboloïde est de révolution, comme le rayon b' du cercle de gorge ne change pas, l'angle α est constant; donc l'hyperboloïde de révolution peut être engendrée de deux manières par une droite qui tourne autour d'un axe auquel elle est invariablement liée.

THÉORÈME III.

287—*Les projections d'une génératrice rectiligne sur les plans principaux de l'hyperboloïde sont tangentes aux sections principales.*

Ce théorème est déjà démontré pour l'ellipse de gorge. Le plan tangent en un point M de l'hyperbole située dans le plan principal ZOX contient la tangente à l'hyperbole et les deux génératrices rectilignes qui passent par le point M; mais, à cause de la symétrie, ce plan tangent est évidemment perpendiculaire sur le plan principal; donc les deux génératrices qui passent par le point M se projettent sur le plan ZOX suivant une tangente à l'hyperbole principale. Les deux asymptotes de cette hyperbole sont les projections des génératrices qui passent en B et en B'.

THÉORÈME IV.

288—*Deux génératrices quelconques de systèmes différents se rencontrent ou sont parallèles.*

Soient DG, EL deux génératrices de systèmes différents; les plans qui projettent ces droites sur le plan de l'ellipse de gorge se coupent suivant une perpendiculaire MM' à ce plan. Les deux génératrices de systèmes différents, rencontrant cette perpendiculaire d'un même côté, se coupent au point M.

Lorsque deux génératrices DG, D'H', de systèmes différents, rencontrent l'ellipse de gorge en deux points D, D' diamétralement opposés, elles sont parallèles à une même génératrice du cône asymptote et par conséquent elles sont parallèles entre elles.

THÉORÈME V.

289—*Deux génératrices du même système ne se rencontrent pas et ne sont pas parallèles.*

Soient DG, EK deux génératrices du premier système, MM' l'intersection des plans projetants; la premiere rencontre l'intersection en M, la seconde en M' de l'autre côté du plan XOY; donc ces deux génératrices ne peuvent se rencontrer.

Deux génératrices DG, D'G', qui passent par deux points diamétralement opposés de l'ellipse de gorge, sont situées dans deux plans parallèles, et par conséquent ne se rencontrent pas; comme elles sont parallèles à deux génératrices différentes du cône asymptote, elles ne sont pas parallèles entre elles.

COROLLAIRE I. — *Trois génératrices d'un même système ne peuvent être parallèles à un même plan;* car il y aurait trois génératrices du cône asymptote situées dans le même plan, ce qui est impossible.

COROLLAIRE II. — *L'hyperboloïde à une nappe peut être engendrée par une droite qui se meut en glissant sur trois droites fixes non parallèles à un même plan.* En effet, si une droite du premier système glisse sur trois droites fixes du second, elle coïncide successivement avec toutes les droites du premier système, et par conséquent engendre toute l'hyperboloïde. De même, si une droite du second système glisse sur trois droites du premier, elle engendre l'hyperboloïde. Dans les deux cas, les droites directrices ne sont pas parallèles à un même plan.

THÉORÈME VI.

290 — Réciproquement, *lorsqu'une droite glisse sur trois droites non parallèles à un même plan, elle engendre une hyperboloïde à une nappe.*

Soient A, B, C les trois directrices données. Si par chacune d'elles je fais passer un plan parallèle aux deux autres, j'ai six plans qui forment un parallélipipède; je prends pour origine le centre du parallélipipède et pour axes des coordonnées des parallèles aux arêtes, dont je désigne les longueurs par $2a$, $2b$, $2c$. Les équations des trois directrices sont, pour la disposition adoptée dans la figure,

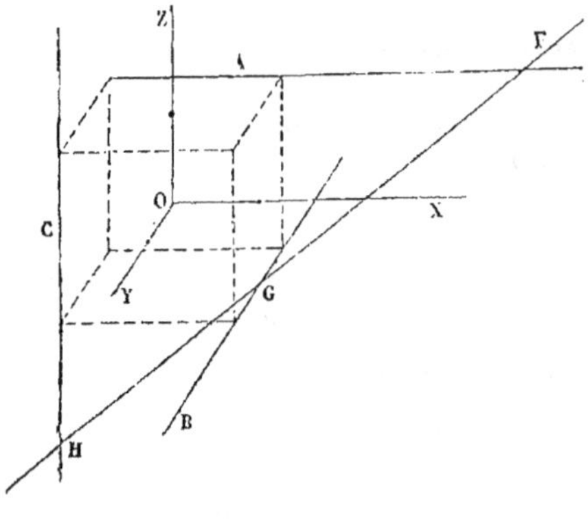

$$A \begin{cases} y = -b, \\ z = c, \end{cases} \qquad B \begin{cases} z = -c, \\ x = a, \end{cases} \qquad H \begin{cases} x = -a, \\ y = b, \end{cases}$$

Je représente les équations de la génératrice mobile par

$$x = mz + p, \qquad y = nz + q.$$

Puisque cette génératrice doit rencontrer les directrices en trois points F, G, H, on a les trois équations de condition

$$b + nc + q = o,$$
$$a + mc - p = o,$$
$$mb + na - mq + np = o$$

L'élimination des quatre paramètres variables m, n, p, q entre les trois équations précédentes et celles de la directrice donne l'équation de la surface

$$ayz + bzx + cxy + abc = o.$$

La surface décrite est du second degré; son équation indique qu'elle a un centre unique; c'est une hyperboloïde à une nappe, puisque, parmi les surfaces qui ont un centre unique, l'hyperboloïde à une nappe est la seule qui admette des génératrices rectilignes. Les axes des coordonnées, auxquels est rapportée l'équation précédente, coïncident avec trois génératrices du cône asymptote; car si dans l'équation on fait par exemple, $y = o$, $z = o$, on trouve pour x deux valeurs infinies.

Corollaire.—Quand une droite glisse sur trois autres non parallèles à un même plan, trois positions quelconques de la génératrice ne peuvent être parallèles à un même plan. Si l'on assujettit une autre droite à glisser sur ces trois génératrices, elle engendrera la même hyperboloïde.

CHAPITRE V.

Des Paraboloïdes.

Les surfaces du second degré dépourvues de centre sont représentées par l'équation

$$S'y^2+S''z^2+Px=o.$$

Cette seconde classe se subdivise en deux genres, suivant que les coefficients S', S'' ont le même signe ou des signes contraires.

291—PARABOLOÏDE ELLIPTIQUE.—Je considère le cas où les deux racines S' et S'' ont le même signe, par exemple le signe +. On peut supposer P négatif; le cas de P positif se ramène immédiatement au premier par un simple changement dans la manière de compter les x positifs. Si l'on pose

$$2p=-\frac{P}{S'},\quad 2q=-\frac{P}{S''},$$

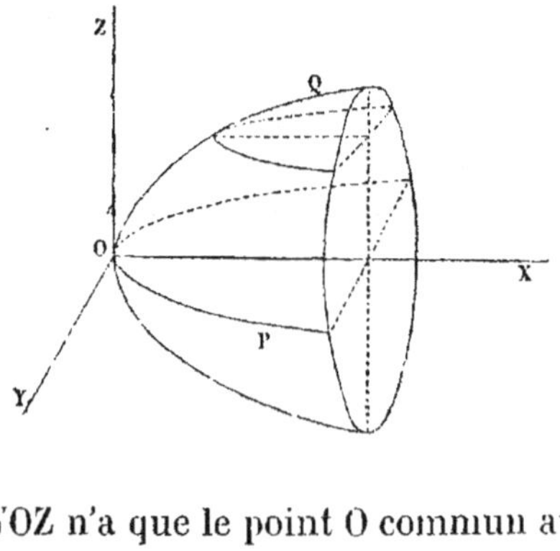

l'équation devient

$$\frac{y^2}{2p}+\frac{z^2}{2q}=x.$$

La surface passe à l'origine, les sections faites par les plans principaux YOX, ZOX sont deux paraboles P et Q; le plan YOZ n'a que le point O commun avec la surface qui est tout entière du côté des x positifs.

Les sections faites par les plans parallèles à YOZ sont des ellipses semblables qui augmentent indéfiniment à mesure que le plan s'éloigne de YOZ. Les sections parallèles au plan XOY sont des paraboles égales à P qui ont leurs sommets sur la parabole Q et leurs axes parallèles à OX; de même les sections parallèles au plan XOZ sont des parallèles égales à Q qui ont leurs sommets sur P et leurs axes parallèles à OX. Il en résulte que la surface peut être engendrée de deux manières par le mouvement d'une parabole dont le sommet glisse sur une autre parabole.

Cette surface, composée d'une seule nappe infinie, a été nommée *paraboloïde elliptique.* La droite OX est l'axe de la paraboloïde, O le sommet.

292—Paraboloïde hyperbolique.—Je considère maintenant le cas où S′ et S″ sont de signes contraires. Je suppose que P ait même signe que S″; si l'on pose

$$2p = -\frac{P}{S'},$$

$$2q = \frac{P}{S''},$$

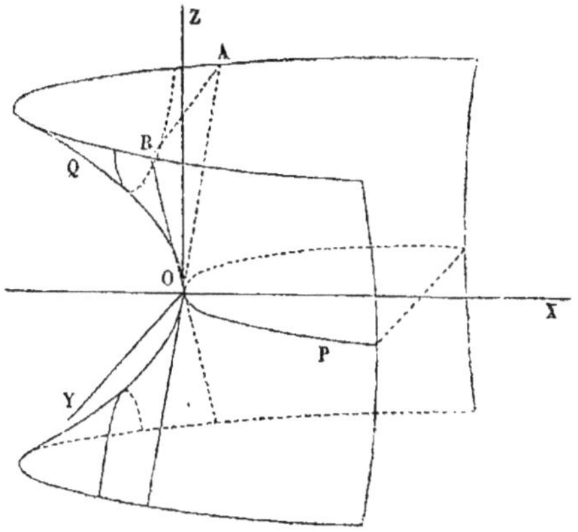

l'équation devient

$$\frac{y^2}{2p} - \frac{z^2}{2q} = x.$$

Les sections faites par les plans principaux XOY, XOZ sont deux paraboles P et Q dont les axes sont dirigés en sens contraire. Le plan ZOY coupe la surface suivant deux droites OA, OB qui font avec OZ un angle dont la tangente a pour valeur $\sqrt{\frac{p}{q}}$. Les sections faites par des plans parallèles à YOZ sont des hyperboles semblables ou conjuguées d'hyperboles semblables; si le plan est du côté des x positifs, l'axe réel de l'hyperbole est parallèle à OY; s'il est du côté des x négatifs, il est parallèle à OZ. Les sections parallèles à XOY sont des paraboles égales à la parabole P, celles parallèles à YOZ des paraboles égales à Q. La surface peut, comme la précédente, être engendrée de deux manières par le mouvement d'une parabole. On lui a donné le nom de *paraboloïde hyperbolique;* la droite OX est l'*axe* de la paraboloïde.

293—SECTIONS PLANES.—Je coupe les paraboloïdes

$$(1)\ \frac{y^2}{2p} \pm \frac{z^2}{2q} = x$$

par un plan

$$\alpha x + \beta y + \gamma z = l.$$

Lorsque α n'est pas nul, l'élimination de x entre ces deux équations donne

$$(2)\ \alpha\left(\frac{y^2}{2p} \pm \frac{z^2}{2q}\right) + (\beta y + \gamma z - l) = 0.$$

Il en résulte que *toutes les sections planes non parallèles à l'axe sont des ellipses dans la paraboloïde elliptique, des hyperboles dans la paraboloïde hyperbolique.*

Lorsque α est nul, on élimine y ou z et l'on trouve que *toutes les sections parallèles à l'axe sont des paraboles qui ont leurs axes parallèles à l'axe de la paraboloïde.*

THÉORÈME I.

294—*Les diamètres d'une paraboloïde sont tous parallèles à l'axe.*

En effet, le centre de la section (2) a pour coordonnées

$$\frac{\alpha y}{p} = -\beta, \quad \pm\frac{\alpha z}{q} = -\gamma,$$

ou

$$\frac{y}{\beta p} = \pm\frac{z}{\gamma q} = -\frac{1}{\alpha}.$$

Comme ces équations ne contiennent pas la variable l, elles représentent le lieu des centres des sections parallèles. Donc ce lieu est une droite parallèle à l'axe OX.

295—SECTIONS CIRCULAIRES DE LA PARABOLOÏDE ELLIPTIQUE.

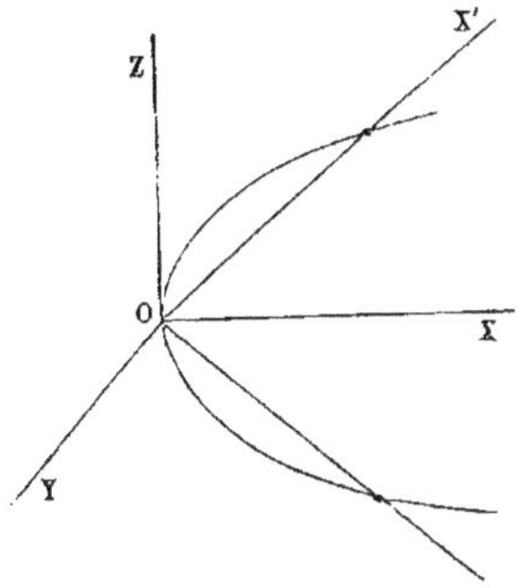

—La paraboloïde elliptique est évidemment la seule qui admette des sections circulaires. Le plan sécant mené par le sommet, devant être perpendiculaire à l'un des plans principaux, passera par l'une ou l'autre des tangentes OY, OZ aux sections principales de la paraboloïde. Je suppose qu'il passe par OY; soit OX' sa trace sur le plan XOZ, θ l'angle XOX'. Je cherche l'équation de la courbe d'intersection par rapport aux axes des coordonnées OX', OY; il suffit, dans l'équation de la surface, de remplacer x et z par $x' cos\theta$, $x' sin\theta$; la courbe a donc pour équation

$$\frac{y^2}{2p}+\frac{x'^2 sin^2\theta}{2q}=x' cos\theta.$$

Cette courbe sera un cercle si l'on a

$$sin\theta=\pm\sqrt{\frac{q}{p}}.$$

Le paramètre q doit être plus petit que p. Ainsi *la paraboloïde elliptique admet deux séries de sections circulaires perpendiculaires sur la section principale de moindre paramètre et également inclinées de part et d'autre sur l'autre section principale.*

Génératrices rectilignes de la Paraboloïde hyperbolique.

THÉORÈME II.

296—*Toute tangente à l'une des paraboles principales est la projection de deux droites situées sur la surface.*

Je fais un changement de coordonnées et je prends pour nouvelle origine un point D de la parabole P, pour axe des x' le diamètre DX', pour axe des y' la tangente DT à la parabole, pour axe des z' la perpendiculaire au plan XOY.

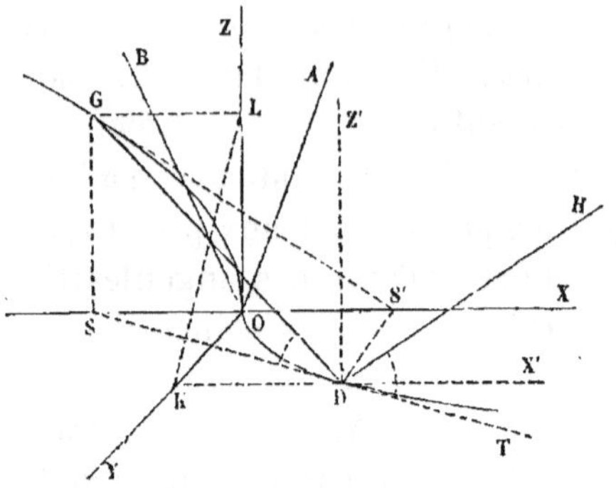

Puisque la coordonnée z ne change pas, il suffit de changer les coordonnées dans le plan XOY (n° 90); l'équation de la surface devient

$$\frac{y'^2}{2p'}-\frac{z^2}{2q}=x'.$$

La section de la surface par le plan Z'DT a pour équation

$$\frac{y'^2}{2p'}=\frac{z^2}{2q}, \quad \frac{y'}{z}=\pm\sqrt{\frac{p'}{q}}.$$

Cette section se compose de deux droites DG, DH qui se projettent sur le plan XOY suivant la tangente ST à la parabole P, et qui font avec ce plan des angles égaux. Si l'on appelle α cet angle, on a

$$tang\,\alpha=\sqrt{\frac{q}{p'}}.$$

A mesure que le point D s'éloigne, l'angle diminue.

Corollaire.—Par chaque point de la parabole principale P passent ainsi deux droites tracées sur la surface. Ces droites forment deux systèmes distincts. Si on parcourt la parabole dans le sens PO, on forme un premier système de celles dont les parties supérieures se projettent sur les tangentes prises dans le sens du mouvement; les autres forment un second système.

On démontre comme précédemment que par chaque point de la surface passe une droite de chaque système; donc *la paraboloïde hyperbolique admet deux systèmes de génératrices rectilignes.*

On démontre aussi qu'une génératrice rencontre toutes celles de l'autre système, et que deux génératrices d'un même système ne se rencontrent pas.

La génératrice DG rencontre en G l'autre parabole principale Q, et se projette sur le plan XOZ suivant une tangente GS′ à cette parabole.

THÉORÈME III.

297—*Les génératrices d'un même système sont parallèles à un même plan.*

Soient x' et y' les deux coordonnées OS′, OK du point D; on a

$$y' = \sqrt{2px'};$$

les génératrices qui passent en D se projettent sur le plan XOZ suivant les tangentes à la parabole Q menées par le point S′. Les coordonnées OS, OL du point G où la génératrice DG rencontre la parabole Q, sont $-x'$ et $\sqrt{2qx'}$, puisque OS=OS′. Donc le rapport $\frac{OK}{OL} = \sqrt{\frac{p}{q}}$ est constant, et par suite la projection KL de la génératrice DG reste constamment parallèle à la génératrice OA; en d'autres termes, la génératrice DG reste constamment parallèle au plan AOX. De même la génératrice DH reste toujours parallèle au plan BOX.

A cause du parallélogramme DKGL, je remarque que la portion DG de la génératrice, comprise entre les deux plans principaux, est divisée en deux parties égales par le plan YOZ.

Corollaire.—*La paraboloïde hyperbolique peut être engendrée par une droite qui se meut en glissant sur trois droites fixes, parallèles à un même plan.* Car si une droite de l'un des systèmes glisse sur trois droites fixes de l'autre système, lesquelles sont parallèles à un même plan, elle engendre la paraboloïde.

La paraboloïde hyperbolique peut aussi être engendrée par une droite qui se meut en glissant sux deux droites fixes et en restant parallèle à un même plan.

THÉORÈME IV.

298—Réciproquement, *lorsqu'une droite glisse sur deux droites fixes en restant toujours parallèle à un plan donné, elle décrit une paraboloïde hyperbolique.*

Je prends la première directrice pour axe des z, pour axe des y une position particulière de la génératrice, c'est-à-dire une droite qui rencontre les deux directrices, un plan parallèle à la seconde directrice pour plan des zx, un plan parallèle au plan directeur pour plan des xy. La seconde directrice AB est représentée par les équations

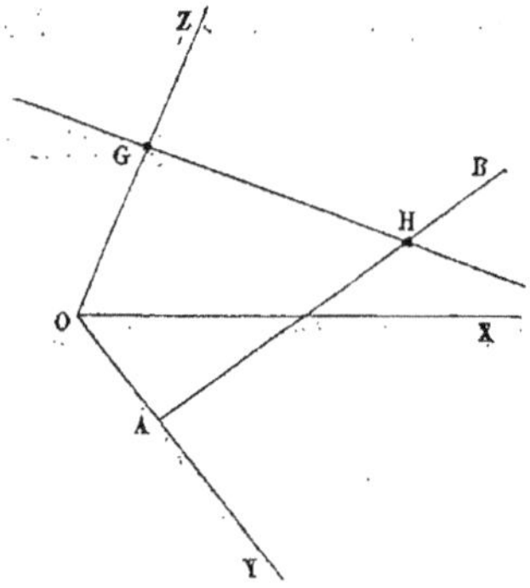

$$y=b, \qquad z=ax.$$

Puisque la génératrice GH rencontre la droite OZ et qu'elle est parallèle au plan XOY, ses équations sont de la forme

$$z=h, \quad y=mx.$$

Pour qu'elle rencontre AB, on doit avoir la condition

$$mh=ab.$$

L'élimination des deux paramètres variables m et h entre cette relation et les équations de la génératrice donne l'équation de la surface

$$yz=abx.$$

C'est une surface du second degré dépourvue de centre; c'est donc une paraboloïde hyperbolique.

THÉORÈME V.

299—*Lorsqu'une droite glisse sur trois droites parallèles à un même plan, elle décrit une paraboloïde hyperbolique.*

Je prends pour axe des z une position particulière de la génératrice, c'est-à-dire une droite qui rencontre les trois directrices, pour axe des x l'une des directrices, pour plan des yz le plan qui passe par la seconde directrice AB, enfin pour plan des xy un plan parallèle aux trois directrices. La directrice AB a pour équations

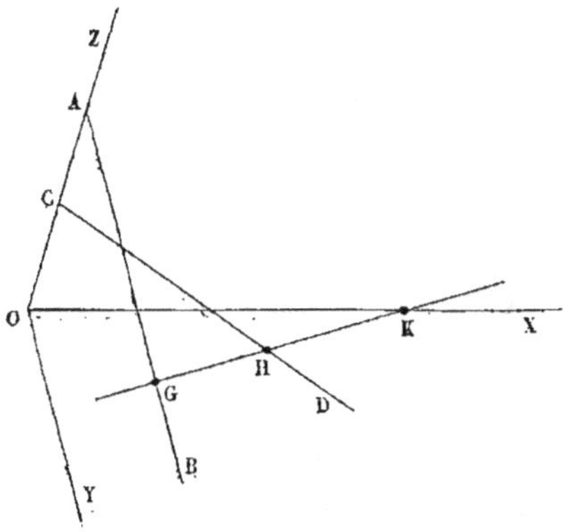

$$x=o, \quad z=c,$$

la directrice CD

$$y=ax, \quad z=d;$$

la génératrice GH, qui rencontre en K la directrice OX et en G la directrice AB, aura des équations de la forme

$$z=mx+c, \qquad z=ny.$$

Pour qu'elle rencontre la troisième directrice CD, on doit avoir la relation

$$md=na(d-c).$$

L'élimination des deux paramètres variables m et n entre cette relation et les équations de la génératrice donne l'équation de la surface

$$dyz+a(c-d)xz-cdy=o;$$

c'est une surface du second degré dépourvue de centre ; c'est donc une paraboloïde hyperbolique.

300—CYLINDRES.—La seconde classe des surfaces du second degré, outre les paraboloïdes, comprend les cylindres,

Lorsqu'une racine S de l'équation du troisième degré est nulle et qu'en même temps le coefficient de x dans l'équation rapportée aux deux plans principaux est nul (n° 264), l'équation prend la forme

$$S'y^2 + S''z^2 = H.$$

Elle représente un cylindre dont la base est une ellipse ou une hyperbole, suivant que S' et S'' sont de même signe ou de signes contraires.

L'axe des x est axe du cylindre; tous les points de cet axe sont des centres de la surface. Le cylindre elliptique admet deux séries de sections circulaires perpendiculaires sur le plan principal qui contient le plus petit axe de la base; les traces des plans sécants sur ce plan principal sont anti-parallèles.

Lorsque deux racines S et S' sont nulles, l'équation prend la forme

$$S''z^2 + Py = o;$$

Elle représente un cylindre parallèle à l'axe des x et dont la base située dans le plan des yz est une parabole. La surface, outre les plans perpendiculaires aux arêtes, n'a qu'un plan principal, le plan des xy. Cette surface est dépourvue de centre.

301 — Remarque. — On peut concevoir la paraboloïde elliptique comme la limite d'un ellipsoïde dans lequel, un sommet restant fixe, le centre s'éloigne à l'infini, de manière que les deux ellipses principales qui passent au sommet fixe se changent en paraboles. Le paraboloïde elliptique peut aussi se déduire de l'hyperboloïde à deux nappes, dans lequel, un sommet restant fixe, le centre s'éloigne à l'infini, de manière que les deux hyperboles principales se changent en paraboles.

La paraboloïde hyperbolique est la limite d'une hyperboloïde à une nappe dans laquelle un sommet restant fixe, le centre s'éloigne à l'infini, de manière que l'ellipse de gorge se change en une parabole, ainsi que l'hyperbole principale qui passe au sommet fixe.

Le cylindre elliptique dérive de la paraboloïde elliptique, dont une section perpendiculaire à l'axe reste fixe, tandis que le sommet s'éloigne à l'infini. Le cylindre hyperbolique dérive de la même manière de la paraboloïde hyperbolique. Enfin, l'un de ces cylindres, dans lequel la base se change en parabole, donne le cylindre parabolique.

CHAPITRE VI.

Discussion des Équations numériques.

302—Tableau résumé des surfaces du second ordre.

1re CLASSE. L'équation du 3e degré n'a pas de racine nulle. — Surfaces ayant un centre unique.	Les trois racines de même signe. Genre ELLIPSOÏDE.	H de même signe que les racines.	*Ellipsoïde.*
		$H = o$.	*Un point.*
		H de signe contraire.	*Rien.*
	Deux racines de même signe, une de signe contraire. Genre HYPERBOLOÏDE.	H de même signe que les deux premières racines	*Hyperboloïde à une nappe.*
		$H = o$.	*Cône.*
		H de signe contraire.	*Hyperboloïde à deux nappes.*
2e CLASSE. L'équation du 3e degré a une ou deux racines nulles. — Surfaces n'ayant pas de centre ou une infinité de centres.	Une seule racine nulle et pas de centre. Genre PARABOLOÏDE.	Les deux autres racines de même signe.	*Paraboloïde elliptique.*
		De signes contraires.	*Paraboloïde hyperbolique.*
	Une seule racine nulle et une infinité de centres en ligne droite.	Les deux autres racines de même signe.	*Cylindre elliptique.* *Une droite.* *Rien.*
		De signes contraires.	*Cylindre hyperbolique.* *Deux plans qui se coupent.*
	Deux racines nulles.	*Cylindre parabolique* *Deux plans parallèles.* *Un plan.* *Rien.*	

303—Quand on donne une équation numérique, il est facile de reconnaître à quel type du tableau précédent elle appartient. On forme l'équation du troisième degré ; si elle n'a pas de racine nulle, l'équation proposée correspond à la première classe; on transporte l'origine au centre, les termes du premier degré disparaissent, ceux du second degré ne changent pas, et l'équation prend la forme

$$Ax^2+A'y^2+A''z^2+2Byz+2B'zx+2B''xy=H.$$

On abrége le calcul de H en remarquant que les équations, qui déterminent le centre, donnent

$$x_0 f'_{x_0}+y_0 f'_{y_0}+z_0 f'_{z_0}=0,$$

d'où

$$H=-(Cx_0+C'y_0+C''z_0+F).$$

La règle de Descartes indique les signes des racines de l'équation en S; la comparaison de ces signes avec celui de H indique le genre de la surface.

Les calculs pour réduire l'équation ne peuvent, en général, s'effectuer que par approximation, puisqu'ils dépendent d'une équation du troisième degré; on n'obtient donc que d'une manière approchée et la position des axes de la surface et leurs grandeurs. Un cas important fait exception : c'est celui où deux racines sont égales; alors la surface est de révolution.

Si une racine de l'équation en S est nulle, l'équation se résout complétement, et l'on peut effectuer d'une manière rigoureuse tous les calculs de réduction; mais cela n'est pas nécessaire si l'on veut seulement connaître la nature de la surface. On prendra les équations qui déterminent le centre, et l'on verra si elles sont incompatibles ou si elles admettent une infinité de solutions. Dans le premier cas la surface est une paraboloïde, elliptique si les deux racines différentes de zéro ont le même signe, hyperbolique si elles ont des signes contraires. Dans le second cas la surface est un cylindre dont on détermine l'espèce par son intersection avec l'un des plans coordonnés.

Lorsque deux racines sont nulles, la surface est un cylindre parabolique.

304—EXEMPLES.—I.— $2x^2+y^2+3z^2-4xz+2y+F=o$.
L'équation en S

$$S^3-6S^2+7S-2=o$$

a ses trois racines positives; la surface est de la première classe.

Les équations qui déterminent le centre sont

$$4x-4z=o,\quad 2y+2=o,\quad 6z-4x=o,$$

d'où

$$x=o,\quad z=o,\quad y=-1,\quad H=1-F.$$

Si la valeur de F est plus petite que 1, la surface est un ellipsoïde. Si F=1, le lieu se réduit à un point. Si F est plus grande que 1, l'équation proposée ne représente rien. Ces divers résultats s'aperçoivent immédiatement quand on écrit l'équation sous la forme

$$2(x-z)^2+z^2+(y-1)^2+F-1=o.$$

II.— $x^2+3y^2+2z^2-5yz+3x+F=o$.
L'équation en S

$$S^3-6S^2+\frac{23}{4}S+\frac{1}{4}=o$$

a deux racines positives et une racine négative. Les coordonnées du centre sont

$$x=-\frac{3}{2},\quad y=o,\quad z=o,\quad H=\frac{9}{4}-F.$$

$$F<\frac{9}{4},\ \text{Hyperboloïde à une nappe.}$$

$$F=\frac{9}{4},\ \text{Cône.}$$

$$F>\frac{9}{4},\ \text{Hyperboloïde à deux nappes.}$$

III.— $ax^2+y^2+z^2+2yz-2y+4z+F=o$.
L'équation en S

$$S^3-S^2+(a+1)S=o$$

a une seule racine nulle, si a est différent de -1. Les équations

$$ax=o, \quad 2y+2z-2=o, \quad 2z+2y+4=o,$$

qui déterminent le centre, étant incompatibles, l'équation proposée représente une paraboloïde, elliptique si $a>-1$, hyperbolique si $a<-1$. Quand $a=-1$, l'équation en S a deux racines nulles, et, comme il n'y a pas de centre, la surface est un cylindre parabolique.

IV. — $$x^2+y^2+2z^2(1-a)+2yz(1-a)+2zx(a-1)$$
$$+2axy+2x-2z-F=o.$$

L'équation en S

$$S^3-2S^2(2-a)+3S(1-a^2)=o$$

a une seule racine nulle quand la valeur absolue de a est différente de l'unité. Les équations du centre sont

$$x+(a-1)z+ay+1=o, \quad ax+y+(1-a)z=o,$$
$$x(a-1)+y(1-a)+2z(1-a)-1=o.$$

On obtient la seconde en ajoutant la première et la troisième. Si a est différent de ±1, il y a une infinité de centres en ligne droite; la surface est un cylindre dont la trace sur le plan des xy a pour équation

$$x^2+y^2+2axy+2x-F=o.$$

$a^2>1$ $\begin{cases}(a^2-1)F<1 \text{ ou} >1, \text{ cylindre hyperbolique,}\\ (a^2-1)F=1, \text{ deux plans qui se coupent.}\end{cases}$

$a^2<1$ $\begin{cases}(a^2-1)F>1, \text{ cylindre elliptique,}\\ (a^2-1)F=1, \text{ une droite,}\\ (a^2-1)F<1, \text{ rien.}\end{cases}$

$a^2=1$, cylindre parabolique.

TROISIÈME PARTIE.

DES

MÉTHODES EN GÉOMÉTRIE

LIVRE VIII.

PROPRIÉTÉS GÉNÉRALES DES COURBES DU SECOND DEGRÉ.

CHAPITRE I.

Théorie des Pôles et des Polaires.

On dit qu'une droite CD est divisée harmoniquement par les deux points P, M, lorsqu'on a la proportion (n° 29).

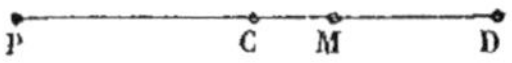

$$PC : PD :: MC : MD.$$

Si l'on appelle r, r' les distances du point P aux deux extrémités C, D de la droite CD, R la distance de ce même point à son conjugué M, distances positives ou négatives suivant qu'elles sont comptées dans un sens ou dans l'autre, la proportion s'écrit

$$r : r' :: R-r : r'-R,$$

d'où

$$\frac{2}{R}=\frac{1}{r}+\frac{1}{r'}.$$

THÉORÈME I.

305—*Si par un point* P *on trace diverses sécantes à une courbe du second degré, le lieu du point* M, *conjugué harmoni-*

que de P, *par rapport aux deux points* C, D *d'intersection de chaque sécante et de la courbe, est une ligne droite.*

Soient
$$f(x, y) = ax^2 + bxy + cy^2 + dx + ey + h = 0$$
l'équation de la courbe, x_0 et y_0 les coordonnées du point P,
$$\frac{x - x_0}{\alpha} = \frac{y - y_0}{\beta} = \rho$$

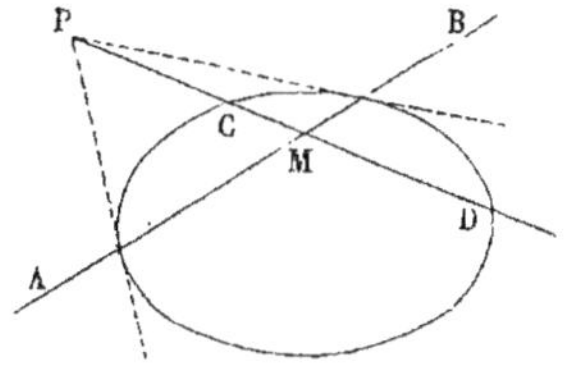

l'équation d'une sécante quelconque, dans laquelle ρ désigne la distance du point P à un point quelconque de la sécante, α et β des paramètres qui dépendent de la direction de la sécante. Les points où cette sécante perce la courbe sont donnés par l'équation
$$f(x_0 + \alpha\rho, y_0 + \beta\rho) = 0,$$
ou
$$f(x_0, y_0) + (\alpha f'_{x_0} + \beta f'_{y_0})\rho + (a\alpha^2 + b\alpha\beta + c\beta^2)\rho^2 = 0.$$
La somme des inverses des racines de cette équation est
$$\frac{1}{r} + \frac{1}{r'} = -\frac{\alpha f'_{x_0} + \beta f'_{y_0}}{f(x_0, y_0)}.$$
Si l'on appelle x et y les coordonnées du point M, R la distance de ce point au point P, on a
$$\frac{x - x_0}{\alpha} = \frac{y - y_0}{\beta} = \mathrm{R},$$
$$\frac{2}{\mathrm{R}} = -\frac{\alpha f'_{x_0} + \beta f'_{y_0}}{f(x_0, y_0)}.$$
L'élimination de α et β entre ces trois équations conduit à l'équation du lieu
$$(x - x_0) f'_{x_0} + (y - y_0) f'_{y_0} + 2f(x_0, y_0) = 0,$$
ou
$$x f'_{x_0} + y f'_{y_0} + 2f(x_0, y_0) - x_0 f'_{x_0} - y_0 f'_{y_0} = 0,$$
ou
$$(1) \quad x f'_{x_0} + y f'_{y_0} + dx_0 + ey_0 + 2h = 0.$$
Donc le lieu est une droite AB.

Le point P a été appelé le *pôle* de la droite AB, et réciproquement la droite AB est la *polaire* du point P, par rapport à la courbe du second degré que l'on considère.

L'équation (1) détermine la polaire d'un point donné (x_0, y_0). Réciproquement le pôle d'une droite donnée

$$mx+ny+p=o$$

sera déterminé par les relations

$$\frac{f'_{x_0}}{m}=\frac{f'_{y_0}}{n}=\frac{dx_0+ey_0+2h}{p}.$$

car la polaire du point (x_0, y_0) ainsi déterminé coïncide avec la droite donnée.

Remarques.—Lorsque le point P est situé à l'extérieur de la courbe, la polaire coïncide avec la ligne de contact des tangentes menées par ce point; car les points de contact des deux tangentes appartiennent évidemment à la polaire.

Lorsque le point P est situé sur la courbe, la polaire coïncide avec la tangente en ce point. Il en résulte que l'équation (1) représente la tangente au point (x_0, y_0).

Lorsque le point P est situé à l'intérieur de la courbe, la polaire ne rencontre pas la courbe, car tous les points de cette droite sont à l'extérieur.

Si le pôle P s'éloigne à l'infini, le conjugué M devient le milieu de la corde CD, et la polaire devient un diamètre.

Le théorème précédent s'applique au système de deux droites qui est une variété d'hyperbole. La polaire passe par le point d'intersection des deux droites; car, lorsque la sécante passe en ce point, les deux points C et D s'y confondent, ainsi que le point M.

THÉORÈME II.

306—*Si par un point* P *on mène deux sécantes quelconques* CD, EF *à une courbe du second degré, et qu'on joigne deux à deux les extrémités de ces sécantes, les points d'intersection* M *et* N *des droites ainsi obtenues appartiennent à la polaire du point* P.

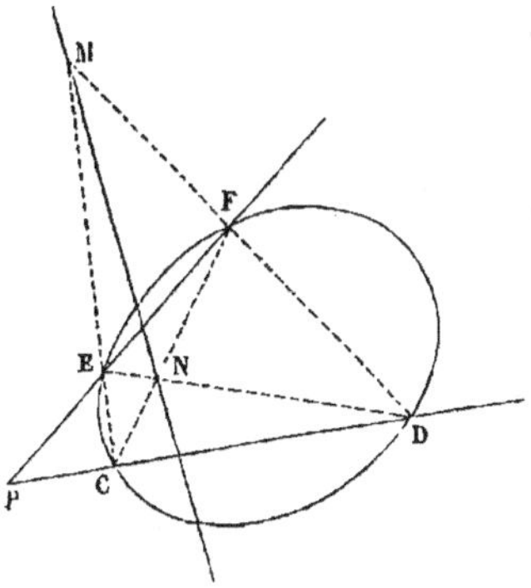

Les polaires du point P par rapport à la courbe et par rapport au système des deux droites CE, DF, coïncident ; car les points harmoniques, situés sur les deux sécantes communes CD, EF, sont les mêmes de part et d'autre ; donc la polaire passe par le point d'intersection M des deux droites.

THÉORÈME III.

307—*La polaire est parallèle aux cordes que le diamètre mené par le pôle divise en deux parties égales.*

En effet, si l'on prend pour origine le pôle, pour axe des x le diamètre mené par ce point, pour axe des y une parallèle aux cordes que ce diamètre divise en deux parties égales, comme l'équation ne doit contenir que des puissances paires de y, on a $b=o$, $e=o$, ce qui réduit l'équation de la polaire à $dx+f=o$.

THÉORÈME IV.

308—*Les polaires de tous les points d'une même droite* AB *passent par le pôle* P *de cette droite.*

Soient toujours x_0, y_0 les coordonnées du pôle P de la droite AB; les coordonnées x', y' d'un point quelconque Q de cette droite satisfont à la relation

$$(2ax_0+by_0+d)x'+(2cy_0+bx_0+e)y'+(dx_0+ey_0+2h)=o,$$

ou, par la transposition des termes,

$$(2ax'+by'+d)x_0+(2cy'+bx'+e)y_0+(dx'+ey'+2h)=o.$$

Cette relation exprime que la polaire CD du point Q passe par le point P.

THÉORÈME V.

309—*Les pôles de toutes les droites menées par le même point* P *sont situées sur la polaire* AB *de ce point.*

Par le point P dont j'appelle x_0, y_0 les coordonnées, je trace une droite quelconque CD dont j'appelle x', y' le pôle Q. Puisque la polaire CD du point Q passe en P, on a

$$(2ax'+by'+d)x_0+(2cy'+bx'+e)y_0+(dx'+ey'+2f)=o,$$

ou, par la transposition des termes,

$$(2ax_0+by_0+d)x'+(2cy_0+bx_0+e)y'+(dx_0+ey_0+2f)=o.$$

Cette relation exprime que le point Q est situé sur la polaire du point P.

Corollaire I.—*Si par un point* P *on mène des sécantes à une courbe du second degré, les points de rencontre des couples de tangentes tracées par les intersections de chaque sécante sont situés sur la polaire* AB *du point* P.

Par le point P je trace une sécante quelconque CD; le point de concours Q des tangentes à la courbe aux points C et D est le pôle de la ligne de contact CD; donc ce point Q est sur la polaire AB du point P.

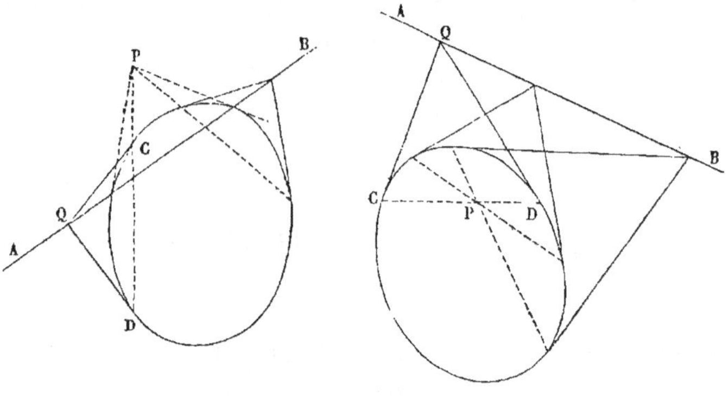

Réciproquement, *si des différents points d'une droite* AB *on trace des couples de tangentes à une courbe du second degré, les lignes de contact passent toutes par le pôle* P *de la droite* AB.

Corollaire II.—Le point d'intersection de deux droites a pour polaire la droite qui passe par les pôles de ces droites.

THÉORÈME VI.

310—*Dans une courbe du second degré, la directrice est la polaire du foyer; et la polaire d'un point quelconque de la* *directrice est perpendiculaire sur la droite qui va du foyer à ce point.*

Puisque la directrice est perpendiculaire sur le diamètre OF et que les points F et D divisent harmoniquement le grand axe AA′, il est clair que la directrice est la polaire du foyer.

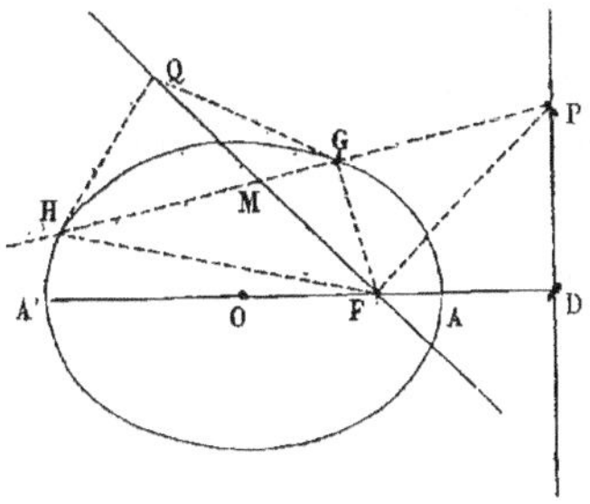

Je prends un point P sur la directrice, sa polaire passe par le foyer; pour la déterminer, je trace par le point P une sécante quelconque GH, et je joins le foyer au point de concours des tangentes en G et H; cette droite FQ est la polaire du point P. Puisque la sécante GH est divisée harmoniquement par les points P et M, les quatre droites FP, FG, FQ, FH forment un faisceau harmonique; mais on sait (nº 111) que la droite FQ est bissectrice de l'angle GFH; donc les deux droites conjuguées harmoniquement FP, FQ sont rectangulaires.

311—Figures corrélatives.—Un polygone plan, dans son acception la plus générale, est un système de droites indéfinies A, B, C,.... tracées dans un plan; les points d'intersection (A, B), (B, C), (C, A),......... de ces droites deux à deux, sont les sommets du polygone. Par rapport à une courbe

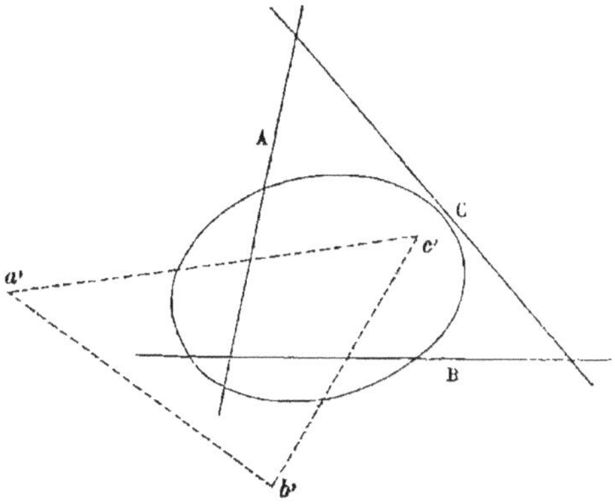

donnée du second degré, que je nommerai courbe directrice, je construis les pôles a', b', c',..... des droites proposées, et je joints ces points deux à deux de manière à former un second polygone. D'après la construction même, chaque sommet du second polygone est pôle du côté correspondant dans le premier ; réciproquement chaque sommet (A, B) du premier est pôle du côté correspondant $a'b'$ dans le second. Ces deux polygones, tels que les sommets de l'un sont pôles des côtés de l'autre, ont été nommés, pour cette raison, *polygones polaires réciproques* ou *polygones corrélatifs*.

Il est clair que si dans une figure trois points sont en ligne droite, on aura dans la figure corrélative trois droites passant par un même point, et réciproquement.

Je suppose que les droites A, B, C,..... soient les tangentes successives d'une courbe S, les pôles a', b', c',... formeront une seconde courbe S'. Si B converge vers A, le point (A, B) devient le point de contact a de A ; b' converge en même temps vers a', et la droite $a'b'$ devient la tangente A' en a'; donc les points a et a' ont pour polaires A' et A. Les deux courbes S et S', telles que les points de chacune d'elles sont pôles des tangentes à l'autre sont dites *polaires réciproques*. Les points se correspondent deux à deux comme a et a', de manière que chacun d'eux est pôle de la tangente menée par l'autre point.

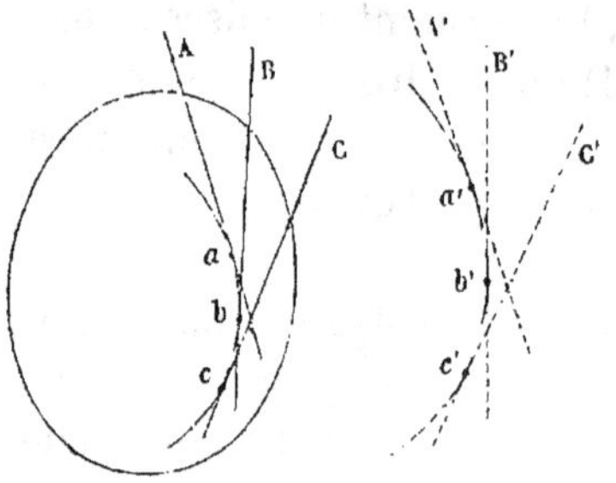

THÉORÈME VII.

312—*Une courbe du second degré a pour polaire réciproque une courbe de second degré.*

Je suppose que la courbe S soit une courbe à centre, ellipse ou hyperbole ; si on prend les axes de cette courbe pour axes des coordonnées, son équation est de la forme

$$mx^2+ny^2+h=o.$$

Soit

$$ax^2+bxy+cy^2+dx+ey+f=o$$

l'équation de la courbe directrice par rapport à laquelle on prend les polaires. Je désigne par x', y' les coordonnées d'un point quelconque a de la courbe S, par x_1, y_1 celles du point correspondant a' de la courbe S'. Puisque la tangente en a à la courbe S coïncide avec la polaire du point a', les équations de ces deux droites

$$mx'x+ny'y+1=o,$$
$$(2ax_1+by_1+d)x+(2cy_1+bx_1+e)x+dx_1+ey_1+2f=o,$$

ont leurs coefficients proportionnels :

$$\frac{mx'}{2ax_1+by_1+d}=\frac{ny'}{2cy_1+bx_1+e}=\frac{h}{dx_1+ey_1+2h}.$$

Mais comme le point a est sur la courbe S, on a aussi

$$mx'^2+ny'^2+h=o.$$

Si donc on substitue dans cette dernière équation les valeurs de x' et y' tirées des rapports précédents, on obtient une équation du second degré en x_1 et y_1. Cette équation est celle du lieu des points a', c'est-à-dire celle de la courbe S'. Donc la polaire réciproque d'une courbe du second degré est aussi une courbe du second degré.

Si la courbe S était une parabole, le calcul serait encore plus simple.

Exemple.—Si la courbe directrice est un cercle $x^2+y^2=1$, l'ellipse

$$\frac{x^2}{a^2}+\frac{y^2}{b^2}=1$$

admet pour polaire réciproque une autre ellipse

$$a^2x^2+b^2y^2=1,$$

dont les axes sont inverses de ceux de l'ellipse proposée.

313—La méthode des polaires réciproques est d'une grande utilité en géométrie ; lorsqu'un théorème est démontré sur une figure, on en conclut immédiatement un autre théorème sur la figure corrélative, et pour obtenir ce nouveau théorème, on remplace dans le théorème primitif les points par des droites, et les droites par des points.

Cette corrélation ou *dualité* des propriétés de l'étendue a été surtout mise en lumière par MM. Gergonne et Poncelet.

314—Remarque.—La définition que j'ai donnée des polaires peut être étendue aux courbes algébriques d'un degré quelconque. Soient r, r', r'',.... les distances d'un point fixe P à m points C, D, E,..... placés sur une ligne droite passant par le point P, R la distance de ce point à un point M placé sur cette même droite ; si l'on a la relation

$$\frac{m}{R}=\frac{1}{r}+\frac{1}{r'}+\frac{1}{r''}+\dots\dots,$$

on dit que le point M est conjugué harmonique du point P par rapport aux m points C, D, E.....

Cela posé, on démontre aisément que si par le point P on mène diverses sécantes à une courbe algébrique du degré m, le lieu du point M, conjugué harmonique du point P par rapport aux m points d'intersection de chaque sécante et de la courbe, est une ligne droite. En effet, soit

$$A+Bx+Cy+\dots\dots\dots=o,$$

l'équation de la courbe, quand on prend le point P pour origine des coordonnées ; les abscisses des points d'intersection de la courbe et d'une sécante quelconque

$$y=ax$$

menée par le point P, sont données par l'équation

$$A+(B+Ca)x+\dots\dots\dots=o,$$

ou

$$A\frac{1}{x^m}+(B+Ca)\frac{1}{x^{m-1}}+\dots\dots\dots=o.$$

Si l'on appelle x_1, y_1 les coordonnées du point M, on aura

$$y_1 = ax_1,$$

$$\frac{m}{x_1} = -\frac{B+Ca}{A},$$

d'où

$$Bx_1 + Cy_1 + mA = o.$$

Ainsi le lieu du point M est une ligne droite, que l'on nommera *polaire* du point P.

Ce théorème comprend comme cas particulier le théorème du n° 153; car si le point P s'éloigne à l'infini, le point M devient le centre des moyennes distances des points d'intersection.

CHAPITRE II.

Théorèmes généraux.

THÉORÈME I.

315—*Lorsque les trois côtés d'un triangle tournent autour de trois points fixes, tandis que deux sommets glissent sur deux droites fixes, le troisième sommet décrit une courbe du second degré.*

Soit MPQ le triangle dont les trois côtés tournent autour des points A, B, C et dont deux sommets P, Q glissent sur deux droites OX, OY; je cherche le lieu décrit par le troisième sommet M. Je prends pour axes des coordonnées

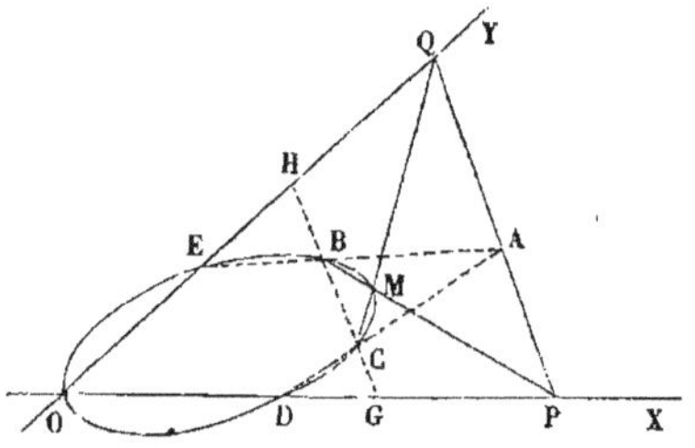

les deux droites fixes; j'appelle x' et y', x'' et y'', x''' et y''' les coordonnées des points A, B, C et je désigne par p et q les longueurs variables OP, OQ. Les deux droites BP, CQ ont pour équations

$$y = \frac{y''}{x''-p}(x-p),$$

$$y-q = \frac{y'''-q}{x'''}x;$$

si l'on considère ces deux équations simultanément, x et y seront les coordonnées du point d'intersection M.

Puisque le point A est sur la droite PQ, on a

$$\frac{x'}{p}+\frac{y'}{q}=1.$$

Si entre ces trois équations on élimine les deux quantités variables p et q, on obtiendra une équation en x et y qui sera l'équation du lieu. Or, des deux premières, on déduit

$$\frac{1}{p}=\frac{y-y''}{x''y-y''x}, \quad \frac{1}{q}=\frac{x-x'''}{y'''x-x'''y};$$

ces valeurs, substituées dans la troisième, donnent une équation du second degré en x et y. Donc le lieu décrit par le point M est une courbe du second degré.

On peut même sur la figure reconnaître cinq points de cette courbe, ce qui la détermine complétement. Je trace les droites AB, AC, BC que je prolonge jusqu'à la rencontre des droites fixes en E, D, G, H. Je fais tourner le côté PQ autour du point A jusqu'à ce que le point P arrive en G; le point M, intersection de BP et CQ, viendra en C; donc le point C appartient au lieu. Je continue le mouvement de la droite PQ jusqu'à ce que le point P arrive en D; alors le côté BP occupera la position BD, le côté CQ coïncidera avec CD prolongée, et par conséquent le point M sera venu en D; donc le point D appartient au lieu. Je continue le mouvement jusqu'à ce que le point P arrive en O; alors BP, CQ occupent les positions BO, CO et le point M est venu en O; donc le point O appartient aussi au lieu. Si revenant à la position primitive, on fait tourner la droite PQ jusqu'à ce que le point Q passe en H, puis en E, on voit de la même manière que le point M vient en B, puis en E. Ainsi le lieu décrit par le point M est la courbe du second degré qui passe par les cinq points O, D, C, B, E.

THÉORÈME II.

316—*Lorsqu'un hexagone est inscrit dans une courbe du second degré, les trois points de concours des côtés opposés sont en ligne droite.*

Soit dans la figure précédente l'hexagone inscrit ODCMBE dans une courbe du second degré; les côtés opposés DC, EB prolongés se coupent en A, les côtés opposés OD, BM se coupent en P; je veux démontrer que le point de concours des deux côtés opposés OE, CM est situé sur la droite PA. Pour cela, je prolonge PA jusqu'à sa rencontre en Q avec OE, et je dis que la droite CQ coïncide avec le côté CM prolongé. En effet, si la droite CQ ne coïncidait pas avec CM, elle déterminerait sur BP un point M' différent de M, et ce point M', d'après le théorème précédent, serait situé sur la courbe du second degré qui passe par les cinq points O, D, C, B, E et par conséquent sur la courbe proposée; alors la droite BP couperait cette courbe en trois points B, M, M', ce qui est impossible. Ainsi les trois points de concours A, P, Q sont en ligne droite.

Remarque.—Ce théorème ne s'applique pas seulement à l'hexagone convexe, mais encore à l'hexagone fermé quelconque. On forme un hexagone inscrit en traçant six cordes consécutives dans un sens ou dans l'autre, de manière à revenir finalement au point de départ. Si l'on numérote les côtés dans l'ordre suivant lequel on les a obtenues, les trois points d'intersection (1, 4), (2, 5), (3, 6) sont en ligne droite.

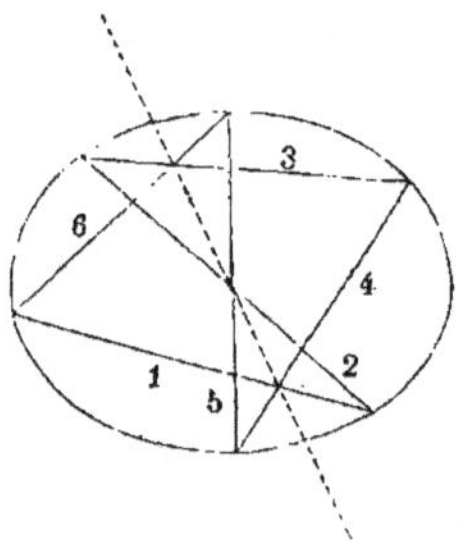

Ce théorème très-important est dû à Pascal.

Théorème III.

317—*Les trois diagonales qui joignent les sommets opposés d'un hexagone circonscrit à une courbe du second degré passent par un même point.*

Soit ABCDEF un hexagone circonscrit à une courbe du second degré; je joins les points de contact de manière à former un hexagone inscrit *abcdef*. Le point d'intersection *p* des deux côtés opposés *ab*, *ed* de l'hexagone inscrit a pour polaire la diagonale BE de l'hexagone circonscrit; car par le point *p* sont tracées deux sécantes *ab*, *ed*, et les tangentes aux extrémités de chacune d'elles concourent en B et en E. De même les points *q*, *r* ont pour polaires les diagonales AD, CF. Or les trois points de concours *p*, *q*, *r* des côtés

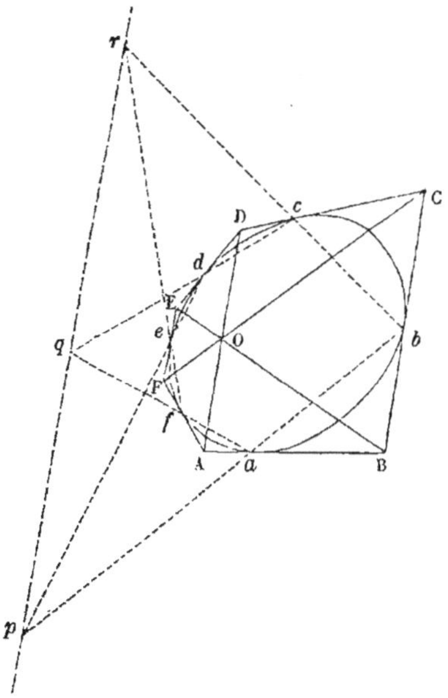

de l'hexagone inscrit sont en ligne droite; donc les polaires de ces trois points, c'est-à-dire les diagonales BE, AD, CF de l'hexagone circonscrit passent par un même point O, pôle de la droite *pqr*. En résumé, l'hexagone inscrit et l'hexagone circonscrit sont polaires réciproques par rapport à la courbe du second degré; puisque dans le premier trois points sont en ligne droite, dans le second trois droites passent par un même point.

Je fais ici une remarque analogue à celle qui a été faite dans le théorème précédent. Il n'est pas nécessaire que l'hexagone circonscrit soit convexe, il suffit qu'il soit fermé. Je suppose qu'on ait tracé six tangentes à une courbe du second degré; pour former l'hexagone, partant du point d'intersection de deux tangentes, je m'avance sur l'une d'elles jusqu'à la rencontre d'une autre tangente; je m'avance sur cette seconde tangente, dans un sens ou dans l'autre, jusqu'à la rencontre d'une troisième tangente, et ainsi de suite, de manière à revenir au point de départ après avoir marché sur toutes les tangentes sans discontinuité. La ligne brisée ainsi formée est un hexagone circonscrit. Si l'on numérote les sommets dans l'ordre suivant lequel on les a obtenus, les trois

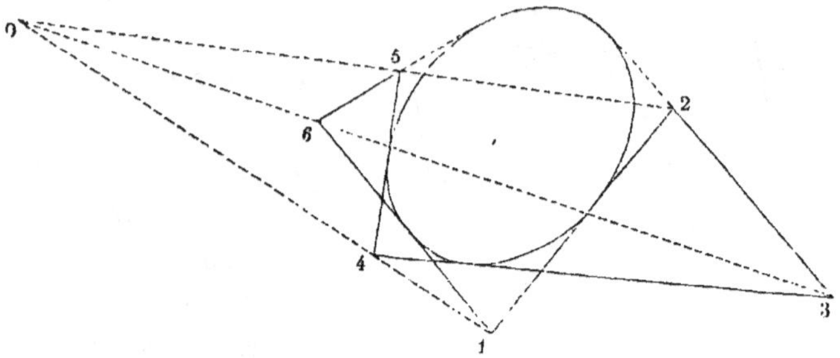

diagonales qui joignent les sommets (1, 4), (2, 5), (3, 6) passent par un même point.

On doit à M. Brianchon cette première application de la théorie des polaires.

318—Corollaires.—Lorsque deux sommets consécutifs de l'hexagone inscrit se confondent, le côté intermédiaire devient une tangente à la courbe; ainsi un pentagone, un quadrilatère, un triangle, inscrits dans une courbe du second degré, jouissent des propriétés de l'hexagone, en ayant soin de compléter le nombre des côtés par des tangentes.

En même temps que deux sommets de l'hexagone inscrit se confondent, les deux côtés correspondants de l'hexagone circonscrit se placent en ligne droite, et le sommet intermédiaire devient le point de contact du côté double; ainsi un pentagone, un quadrilatère, un triangle, circonscrits à une courbe du second degré, jouissent des propriétés de l'hexagone, en ayant soin de compléter le nombre des sommets par des points de contact. Parmi les corollaires qu'on déduit de la sorte des deux théorèmes généraux, je citerai les suivants :

Dans un triangle inscrit à une courbe du second degré, les trois points d'intersection des côtés et des tangentes aux sommets opposés sont en ligne droite.

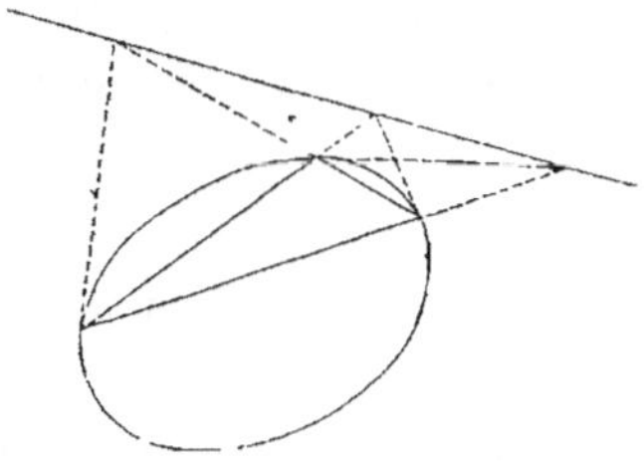

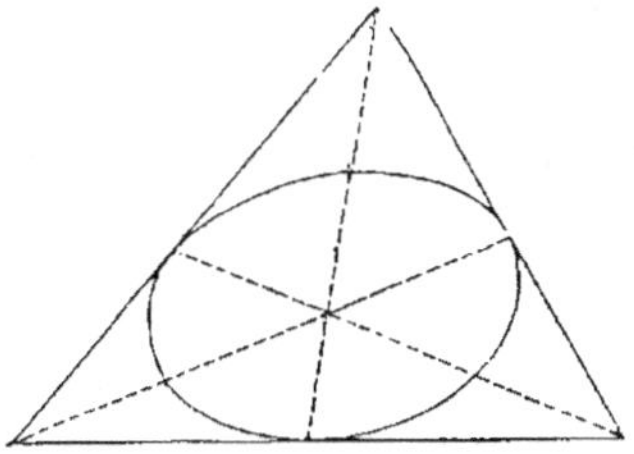

Dans un triangle circonscrit, les trois droites qui joignent les sommets aux points de contact des côtés opposés passent par un même point.

359 — CONSTRUCTION DES COURBES DU SECOND DEGRÉ. — L'équation générale d'une courbe du second degré renferme cinq constantes ou paramètres arbitraires; on déterminera la courbe en donnant les valeurs de ces paramètres soit immédiatement, soit au moyen de cinq relations ou équations de condition auxquelles ils doivent satisfaire.

On exprime que la courbe passe par un point donné en écrivant que les coordonnées du point satisfont à l'équation de la courbe, ce qui fait une équation de condition entre les constantes. Cinq points donneront donc cinq équations de condition et par conséquent détermineront la courbe.

Pour exprimer qu'une droite est tangente à une courbe, on élimine l'une des variables, y par exemple, entre l'équation de la droite et celle de la courbe, et l'on écrit que l'équation du second degré en x ainsi obtenue a ses deux racines égales, ce qui fait une équation de condition entre les constantes. On peut donc déterminer une courbe du second degré soit par cinq tangentes, soit par quatre tangentes et un point, soit par trois tangentes et deux points, etc.

Le centre équivaut à deux points; car si l'on prend pour

24

origine le centre donné, l'équation de la courbe se met sous la forme

$$Ax^2+Bxy+Cy^2+H=0$$

et ne renferme plus que trois constantes.

Le foyer équivaut aussi à deux points; car l'équation d'une courbe du second degré, comme on l'a vu, peut toujours être mise sous la forme

$$(x-\alpha)^2+(y-\beta)^2-(mx+ny+t)^2=0.$$

Si l'on donne les coordonnées α, β du foyer, cette équation ne renferme plus que trois constantes arbitraires. La directrice équivaut de même à deux points; car si l'on donne l'équation de la directrice, deux des trois constantes m, n, t seront connues, et il ne restera plus que trois constantes arbitraires dans l'équation de la courbe. Un sommet de la courbe équivaut également à deux points; car, d'une part, le sommet est un point de la courbe, ce qui donne une première équation de condition; d'autre part, comme il est situé sur la perpendiculaire abaissée du foyer sur la directrice, c'est-à-dire sur l'axe principal de la courbe, ses coordonnées satisfont à l'équation de cet axe

$$\frac{x-\alpha}{m}=\frac{y-\beta}{n},$$

ce qui donne une seconde équation de condition.

Pour déterminer une parabole, quatre points suffisent; car on a déjà entre les constantes la relation $B^2-4AC=0$.

I.—On donne le centre O et trois points A, B, C.—Je prends le milieu I de AB; la droite OI est conjuguée de AB, CA et CB déterminent sur cette droite deux points P et Q, tels que la polaire de P passe en Q; je prends $OG=\sqrt{OP.OQ}$. On déterminera de même le demi-diamètre conjugué OH. Connaissant deux diamètres conjugués, on sait trouver les axes (n° 71).

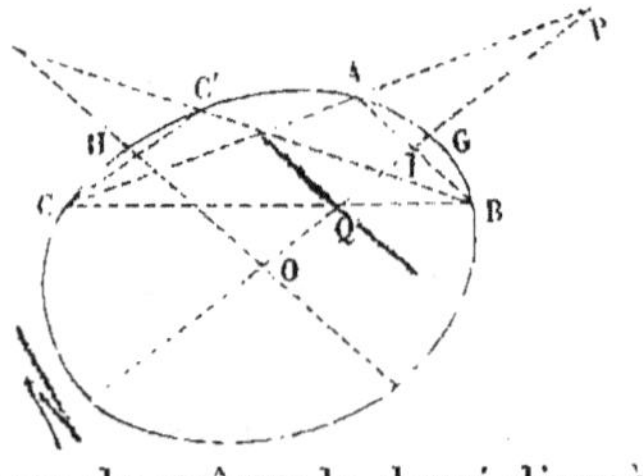

Le rayon est réel ou imaginaire, suivant que les deux longueurs OP et OQ sont portées dans le même sens à partir du centre, ou en sens contraire. Lorsque les constructions précédentes conduisent à deux diamètres conjugués réels, la courbe est une ellipse; lorsqu'elles conduisent à un diamètre réel et à un diamètre imaginaire, la courbe est une hyperbole.

II.—On donne le centre et trois tangentes.—Ces trois tangentes forment un triangle circonscrit ABC; les diamètres OA, OB, OC, menés du centre aux sommets, sont conjugués des cordes de contact. Je mène trois droites MM′, NN′, PP′,

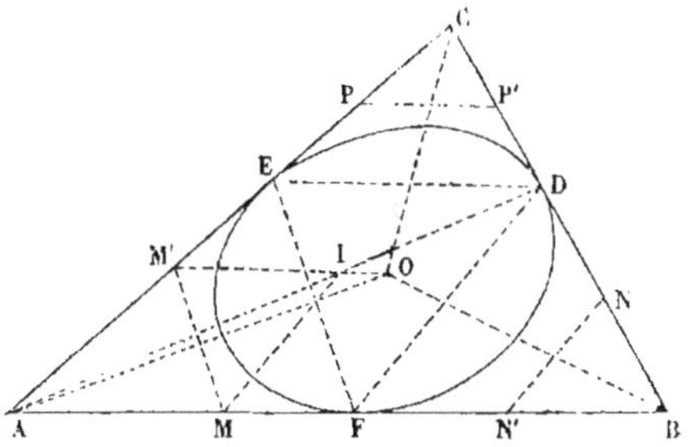

divisées chacune en deux parties égales par le diamètre correspondant, puis des points M et M′ deux parallèles MI et M′I à NN′ et PP′; AI rencontre BC au point de contact D; les parallèles DE et DF à PP′ et NN′ déterminent les deux autres points de contact E et F. Il sera aisé alors de trouver deux diamètres conjugués.

III.—On donne trois tangentes et les points de contact de deux d'entre elles.—On a un triangle circonscrit; on joindra les deux points de contact connus aux deux sommets opposés; la droite menée par le troisième sommet et le point d'intersection déterminera le troisième point de contact. Les droites menées des sommets aux milieux des cordes de contact détermineront le centre par leur intersection. Lorsque ces deux droites sont parallèles, la courbe est une parabole.

IV.—On donne trois points et les tangentes de deux de ces points.—Le théorème sur le triangle inscrit déterminera la troisième tangente.

V. — On donne quatre tangentes et un point de contact. — On a un quadrilatère circonscrit; complétant le nombre des sommets par le point de contact donné, et l'un des points de contact inconnus, et appliquant le théorème de l'hexagone circonscrit, on obtiendra le point de contact inconnu.

VI. — On donne quatre points et la tangente de l'un d'eux. — Complétant l'hexagone inscrit par la tangente donnée et l'une des tangentes inconnues, le théorème déterminera cette dernière.

VII. — On donne cinq points A, B, C, D, E. — 1° Décrire la courbe par points. Par les quatre points A, B, C, D je mène trois couples de sécantes; l'un des points d'intersection P est pôle de la droite QR qui passe par les deux autres. La droite BE coupe cette polaire en S; je trace CS et PE; le point de rencontre F est un sixième point de la courbe. On déterminera de cette manière autant de points de la courbe que l'on voudra, puis on fera passer un trait continu par tous ces points.

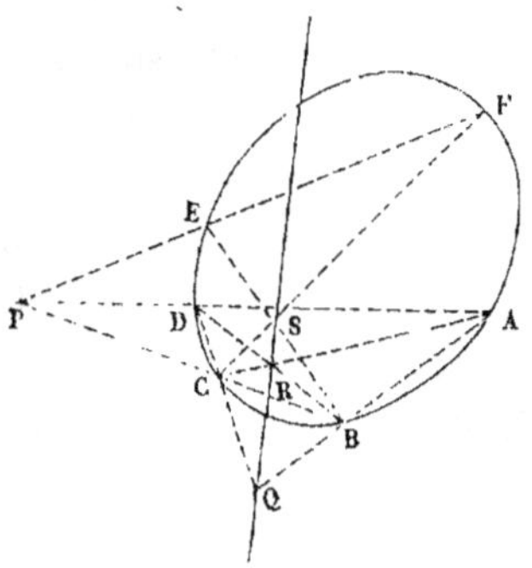

On peut aussi résoudre la question au moyen de l'hexagone inscrit. Par le point E je trace une droite quelconque EM et je me propose de déterminer l'autre point d'intersection de cette droite avec la courbe : je prolonge AB et DE, BC et EM, je joins les points de concours P et Q ainsi obte-

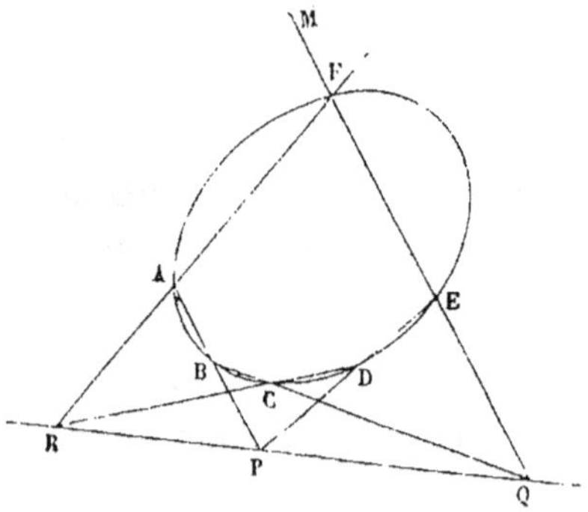

nus; je prolonge CD jusqu'à sa rencontre en R avec la droite PQ; je trace RA; le point F où les droites RA, EM se coupent est un sixième point de la courbe. On construira de cette manière autant de points qu'on voudra.

2° Construire la tangente en l'un des cinq points donnés, par exemple au point A : Je prolonge AE et BC, AB et DE, je trace PQ, je prolonge CD jusqu'à sa rencontre en R avec PQ, je joins AR. Cette droite AR est la tangente à la courbe en A; car cette tangente, jointe au pentagone ABCDE, forme un hexagone inscrit. On peut construire de la sorte autant de tangentes que l'on voudra.

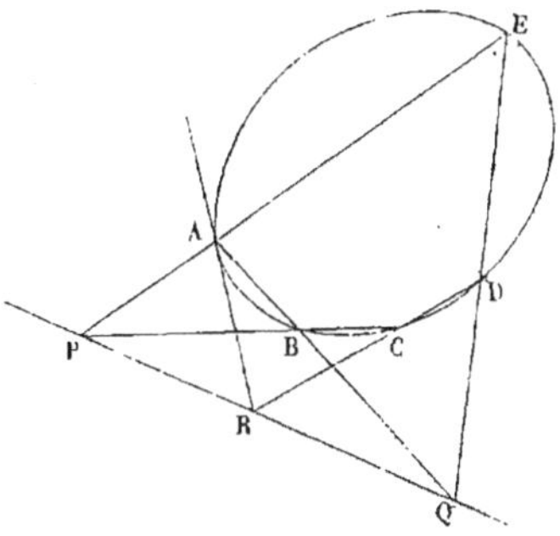

Quand on aura construit les tangentes en trois points A, B, C, on déterminera facilement le centre, etc.

VIII.—On donne cinq tangentes A, B, C, D, E.—1° Construire une nouvelle tangente. Je prends un point quelconque M sur la tangente AE et je me propose de construire l'autre tangente que l'on peut mener du point M à la courbe. Je trace les diagonales AD, MC qui se coupent en O, je trace BO qui vient couper DE en un point N, je joins MN. Cette droite MN est la tangente demandée; car elle forme avec les cinq tangentes données un hexagone circonscrit. Quand on en aura circonscrit de cette manière un nombre suffisant de tangentes, on tracera une courbe tangente à toutes ces droites.

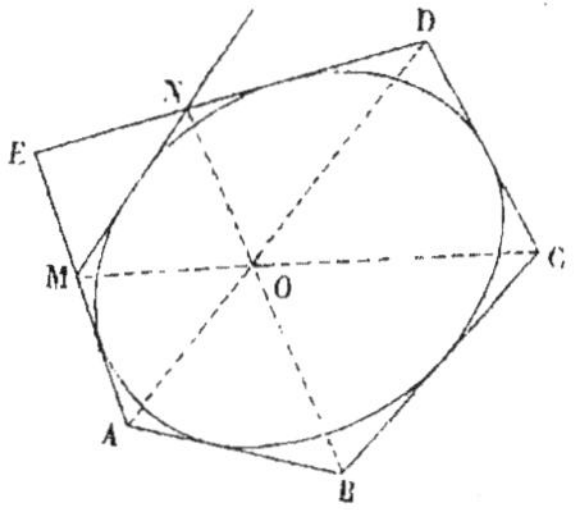

2° Déterminer le point de contact de l'une des cinq tangentes données, par exemple la tangente AB. Je trace les diagonales AC, BE qui se coupent en O, je trace la droite DO qui

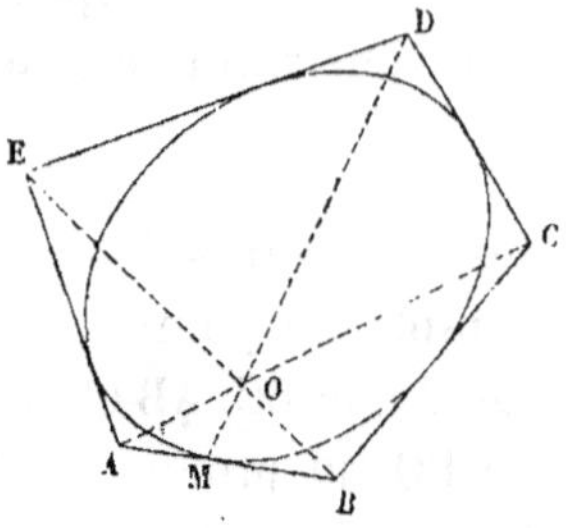

vient rencontrer la tangente AB au point de contact M. Car si l'on considère la tangente AB comme la réunion de deux tangentes AM, MB, on a un hexagone circonscrit.

Quand on aura déterminé les points de contact de trois tangentes, on trouvera facilement le centre, etc.

THÉORÈME IV.

320—*Lorsque les* n *côtés d'un polygone tournent autour de* n *points fixes, tandis que* n—1 *sommets glissent sur des droites données, le* n^e *sommet décrit une courbe du second degré.*

Soient (α_1, β_1), (α_2, β_2),..... (α_n, β_n) les coordonnées des n points fixes; $a_1x+b_1y=1$, $a_2x+b_2y=1$,.... $a_{n-1}x+b_{n-1}y=1$ les équations des $n-1$ droites fixes; je représente par $p_1x+q_1y=1$, $p_2x+q_2y=1$,..... $p_nx+q_ny=1$ les n côtés du polygone. Puisque le sommet (1, 2) glisse sur la droite 1, le sommet (2, 3) sur la droite 2,..... le sommet $(n-1, n)$ sur la droite $n-1$, et qu'enfin le sommet $(n, 1)$, dont je désigne les coordonnées par x et y, décrit le lieu, on a

$$xp_1+yq_1=1,\quad \alpha_1p_1+\beta_1q_1=1,$$
$$(q_1-b_1)p_2-(p_1-a_1)q_2+b_1p_1-a_1q_1=o,\quad \alpha_2p_2+\beta_2q_1=1,$$
$$(q_2-b_2)p_3-(p_2-a_2)q_3+b_2p_2-a_2q_2=o,\quad \alpha_3p_3+\beta_3q_3=1,$$
$$\cdots\cdots\cdots\cdots\cdots\cdots\cdots\cdots$$
$$\cdots\cdots\cdots\cdots\cdots\cdots\cdots\cdots$$
$$(q_{n-1}-b_{n-1})p_n-(p_{n-1}-a_{n-1})q_n+b_{n-1}p_{n-1}-a_{n-1}q_{n-1}=o,\quad \alpha_nq_n+\beta_nq_n=1,$$
$$xp_n+yq_n=1;$$

en tout $2n+1$ équations entre $2n+2$ variables, $p_1, q_1 . p_2, q_2,\ldots$ p_n, q_n, x, y. On éliminera les $2n$ premières variables et on obtiendra ainsi l'équation du lieu. Le premier groupe d'équations donne p_1 et q_1, exprimées par des fractions dont les deux termes sont des polynômes du premier degré en x et

y; les deux équations suivantes, après qu'on a remplacé p_1 et q_1 par leurs valeurs, prennent la forme

$$B_1p_2+B_1q_2+C_1=o, \quad \alpha_2p_2+\beta_2q_2=1,$$

A_1, B_1 et C_1 étant des polynômes entiers du premier degré en x et y. Ces deux équations donnent de même pour p_2 et q_2 des fractions du premier degré en x et y; on les substituera dans le troisième groupe, et ainsi de suite jusqu'au dernier groupe, duquel on déduira p_n et q_n exprimées de la même manière; en substituant ces valeurs de p_n et q_n dans la dernière équation, on aura finalement une équation du second degré en x et y. Le lieu est donc une courbe du second degré.

Le théorème I, duquel j'ai déduit le théorème de Pascal, est un cas particulier du théorème précédent.

THÉORÈME V.

321—*Les* n *sommets d'un polygone glissent sur les* n *droites données, tandis que* n—1 *côtés tournent autour de* n—1 *points fixes, le* n^e *côté enveloppe une courbe du second degré, c'est-à-dire reste toujours tangent à une courbe du second degré.*

Ce théorème se déduit du précédent par la méthode des polaires réciproques. En effet, si au moyen d'une courbe du second degré prise pour courbe directrice on construit la figure corrélative, on aura un second polygone dont les n côtés tourneront autour de n points fixes, tandis que n—1 sommets glisseront sur n—1 droites fixes. En vertu du théorème précédent, le n^e sommet de ce second polygone décrit une courbe du second degré S. Le n^e côté du premier polygone, polaire du n^e sommet du second, est tangent à la courbe S', polaire réciproque de la courbe S; mais on sait qu'une courbe du second degré a pour polaire réciproque une courbe du second degré; donc le théorème est démontré.

THÉORÈME VI.

322—*Si par les différents points du plan on mène des couples de sécantes parallèles à travers une courbe du second* *degré, le produit des segments de l'une est au produit des segments de l'autre dans un rapport constant.*

Par le point P je trace deux sécantes CD, EF, que je prends pour axes des coordonnées; j'appelle x', x'' les abscisses des points C et D, y' et y'' les ordonnées des points E et F, et je représente la courbe par l'équation

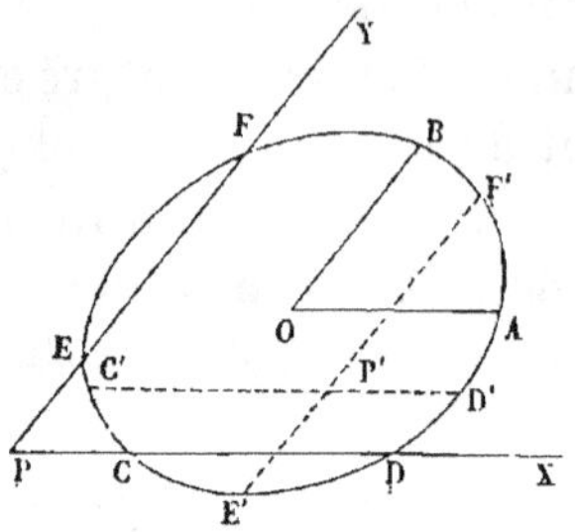

$$ax^2+bxy+cy^2+dx+ey+f=o.$$

Si dans cette équation on fait $y=o$, on obtient une équation du second degré

$$ax^2+dx+f=o,$$

qui détermine les points C et D; donc

$$x'x''=\frac{f}{a}.$$

De même si l'on fait $x=o$, on obtient une équation du second degré

$$cy^2+ey+f=o,$$

qui détermine les points E et F; donc

$$y'y''=\frac{f}{c}.$$

On déduit de là

$$\frac{x'x''}{y'y''}=\frac{c}{a}.$$

Je trace maintenant par un autre point P' deux sécantes C'D', E'F' respectivement parallèles aux précédentes; si l'on transporte l'origine des coordonnées en P', et il suffit pour cela de remplacer x et y dans l'équation de la courbe par des expressions de la forme $p+x$, $q+y$, les coefficients des termes du second degré ne changent pas; il en résulte que le rapport $\frac{x'x''}{y'y''}=\frac{c}{a}$ reste constant; donc

$$\frac{PC.PD}{PE.PF}=\frac{P'C'.P'D'}{P'E'.P'F'}.$$

Corollaire I.—Lorsque la courbe est une ellipse ou une hyperbole, si l'on mène par le centre deux rayons OA, OB parallèles aux sécantes, on a

$$\frac{PC.PD}{PE.PF}=\frac{\overline{OA}^2}{\overline{OB}^2},$$

ou

$$\frac{PC.PD}{\overline{OA}^2}=\frac{PE.PF}{\overline{OB}^2}.$$

Donc *si par un point P on mène diverses sécantes à une ellipse ou à une hyperbole, les produits des deux segments de chacune des sécantes est au carré du rayon parallèle dans un rapport constant.*

Corollaire II.—*Lorsqu'un cercle coupe une courbe du second degré en quatre points, les bissectrices des cordes communes sont parallèles aux axes de la courbe.*

Je suppose d'abord qu'il s'agisse d'une ellipse; par le centre de l'ellipse je mène deux rayons OA, OB parallèles aux cordes; on a

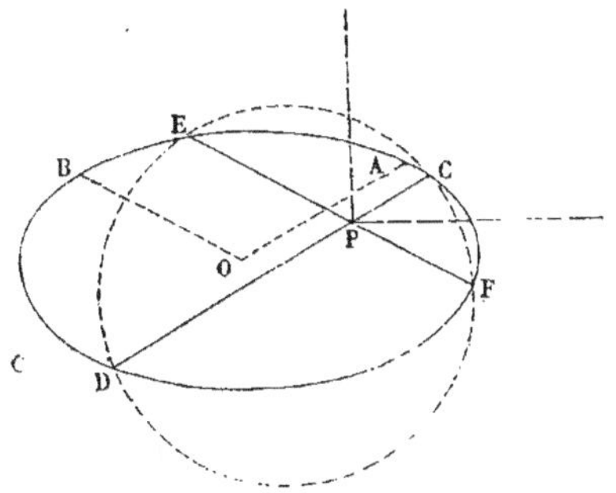

$$\frac{PC.PD}{PE.PF}=\frac{\overline{OA}^2}{\overline{OB}^2};$$

mais, puisque les deux cordes appartiennent au cercle, on a aussi

$$\frac{PC.PD}{PE.PF}=1;$$

donc

$$OA=OB.$$

Ainsi les cordes CD, EF sont parallèles aux rayons égaux de

l'ellipse et par conséquent les bissectrices sont parallèles aux axes.

Dans l'hyperbole, il n'y a pas de rayons égaux à proprement parler, mais les rayons infinis dirigés suivant les asymptotes en tiennent lieu; car on démontre que la limite du rapport de deux rayons de l'hyperbole est l'unité, quand les rayons tendent vers les asymptotes. Ainsi dans l'hyperbole les cordes CD, EF sont parallèles aux asymptotes, et par conséquent les bissectrices aux axes.

Cette propriété existe aussi dans la parabole, puisque la parabole est la limite d'une ellipse.

Corollaire III.—Lorsque trois des points d'intersection du cercle avec la courbe viennent à se confondre en un seul, le cercle prend le nom de *cercle osculateur*. Je suppose que les deux points E, F viennent se confondre avec le point C, la corde EF devient la tangente CT au point C; donc la bissectrice de l'angle DCT est parallèle à l'un des axes de la courbe.

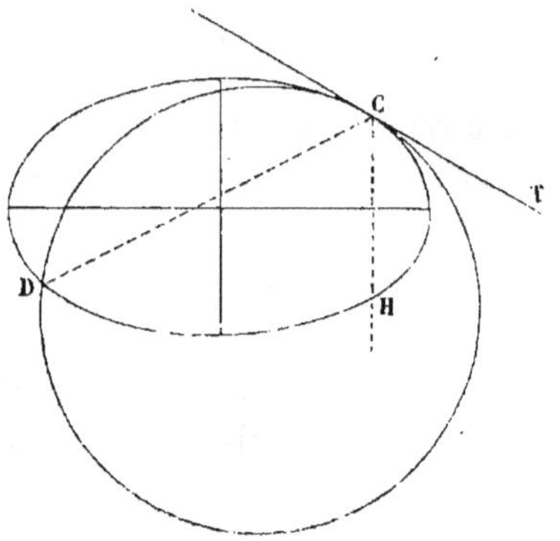

Ainsi, pour construire le cercle osculateur au point C, je trace la tangente en C; par ce point je mène une parallèle CH à un axe de la courbe, et je trace une droite CD qui fasse l'angle HCD égal à HCT, puis je décris un cercle qui passe en D et qui soit tangent à la droite CT au point C; ce cercle est le cercle osculateur cherché.

THÉORÈME VII.

323—*Les polaires d'un point* P *du plan, par rapport aux* *différentes courbes du second degré circonscrites à un quadrilatère donné* ABCD, *passent toutes par un même point.*

Si l'on prend pour axes des coordonnées les deux sécantes AB, CD, toutes les courbes circonscrites au quadrilatère ABCD seront représentées par l'équation

$$ax^2+bxy+cy^2+dx+ey+1=o,$$

dans laquelle la constante b est seule arbitraire; car si l'on fait $y=o$, les deux racines de l'équation du second degré en x, et par suite les deux coefficients a et d, sont donnés; de même c et e. Je désigne par x_1, y_1 les coordonnées du point P, la polaire de ce point s'écrit

$$[(2ax_1+d)x+(2cy_1+e)y+dx_1+ey_1+2]+b(y_1x+x_1y)=o.$$

Je considère le point d'intersection des deux droites

$$(2ax_1+d)x+(2cy_1+e)y+dx_1+ey_1+2=o,$$
$$y_1x+x_1y=o;$$

les coordonnées de ce point satisfont à l'équation de la polaire, quelle que soit la valeur de b; donc toutes les polaires passent par ce point.

Comme chacun des couples de sécantes AB et CD, AC et BD, AD et BC peut être considéré comme une hyperbole passant par les quatre points donnés, si l'on construit les polaires du point P dans deux de ces systèmes, leur point de concours sera le point de concours de toutes les polaires.

THÉORÈME VIII.

324—*Les pôles d'une même droite, par rapport aux différentes courbes du second degré inscrites dans un quadrilatère donné, sont en ligne droite.*

Ce théorème se déduit du précédent par la méthode des polaires réciproques.

Corollaire I.—*Le lieu des centres des courbes du second degré inscrites dans un quadrilatère donné est une ligne droite.*

Car si je suppose que la polaire s'éloigne à l'infini, le pôle coïncide avec le centre de la courbe.

Comme chacune des trois diagonales du quadrilatère donné peut être considérée comme une ellipse, dont le petit axe est nul, et qui est tangente aux quatre côtés du quadrilatère, le lieu des centres est la droite qui joint les milieux des diagonales. Et ceci montre en même temps que les milieux des trois diagonales d'un quadrilatère sont en ligne droite.

Corollaire II.—On déduit de ce qui précède un moyen simple de déterminer immédiatement le centre d'une courbe du second degré tangente à cinq droites données; on formera deux quadrilatères avec ces droites, et on joindra les milieux des diagonales; le point de rencontre des deux droites ainsi obtenues est le centre cherché.

Remarque.—On a vu (n° 48) que l'équation générale des courbes du second degré qui passent par quatre points donnés A, B, C, D peut se mettre sous la forme

$$xy+\lambda\left(\frac{x}{x'}+\frac{y}{y'}-1\right)\left(\frac{x}{x''}+\frac{y}{y''}-1\right)=o,$$

dans laquelle λ désigne une constante arbitraire. Les deux parenthèses égalées à zéro sont les équations des sécantes AC, BD.

Lorsque les points A et B se confondent de même que les points C et D, la courbe devient tangente aux deux axes coordonnés, et son équation se réduit à

$$xy+\lambda\left(\frac{x}{x'}+\frac{y}{y'}-1\right)^2=o.$$

La parenthèse égalée à zéro donne l'équation de la ligne de contact ou de la polaire de l'origine.

THÉORÈME IX.

325—*Si par le point de concours* P *de deux tangentes communes à deux courbes du second degré on mène différentes* *sécantes et que par les extrémités de chacune d'elles on trace des tangentes à l'une et à l'autre courbe, les points de concours des couples de tangentes sont en ligne droite.*

Je prends le point P pour origine et les deux tangentes communes pour axes des coordonnées. En vertu de la remarque précédente, les équations des deux courbes proposées se mettront sous la forme

$$xy+\lambda(px+qy-1)^2=o,$$
$$xy+\lambda'(p'x+q'y-1)^2=o;$$

Les parenthèses égalées à zéro sont les équations des polaires du point P par rapport aux deux courbes.

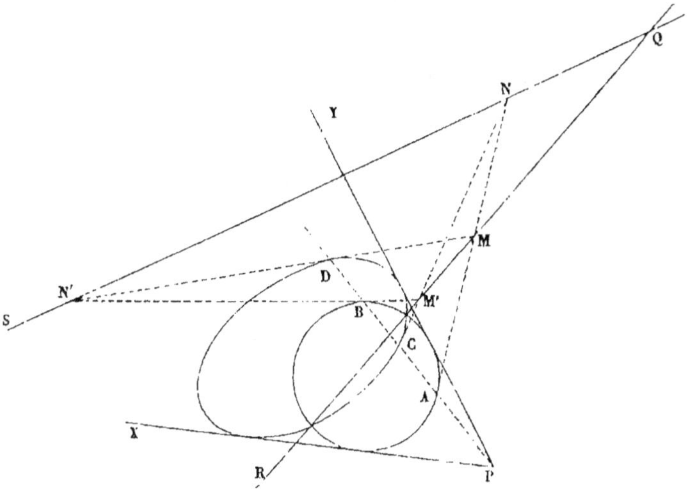

Je trace une sécante quelconque PD; j'appelle x' et y' les coordonnées du point A de la première courbe, x'' et y'' celles du point D de la seconde. Les équations des tangentes en A et en D à ces deux courbes s'écriront sous la forme

$$(1)\quad x'y+y'x+2\lambda(px'+qy'-1)(px+qy-1)=o,$$
$$(2)\quad x''y+y''x+2\lambda'(p'x''+q'y''-1)(p'x+q'y-1)=o.$$

Puisque les points A et D sont sur les courbes, on a

$$(3)\quad x'y'+\lambda(px'+qy'-1)^2=o,$$
$$(4)\quad x''y''+\lambda'(p'x''+q'y''-1)^2=o.$$

Puisque la droite AD passe à l'origine, on a encore

$$(5)\quad \frac{x'}{x''}=\frac{y'}{y''}$$

Par l'élimination de x', y', x'', y'' entre ces cinq équations, on obtiendra le lieu du point de concours des tangentes. Si on appelle k les rapports (5) et si on remplace dans les équations (2) et (4) x'' et y'' par $\frac{x'}{k}$ et $\frac{y'}{k}$, ces équations deviennent

$$x'y+y'x+2\lambda'(p'x'+q'y'-k)(p'x+q'y-1)=o,$$
$$x'y'+\lambda'(p'x'+q'y'-k)^2=o;$$

d'où

$$\lambda'(p'x'+q'y'-k)^2=\lambda(qx'+qy'-1)^2,$$
$$\lambda'(p'x'+q'y'-k)(p'x+q'y-1)=\lambda(px'+qy'-1)(px+qy-1);$$

élevant cette dernière au carré et divisant, on a

$$\lambda'(p'x+q'y-1)^2=\lambda(px+qy-1)^2,$$

d'où

$$(6)\quad px+qy-1=\pm\sqrt{\frac{\lambda'}{\lambda}}\,(p'x+q'y-1).$$

Ainsi le lieu se compose de deux lignes droites QR, QS. Chaque sécante fournit quatre points de concours; la droite QR est le lieu des points M, M'; la droite QS est le lieu des points N, N'.

On voit que ces deux droites passent au point de rencontre des polaires du point P; elles passent aussi par les points d'intersection des deux courbes, si les courbes se coupent.

THÉORÈME X.

326—*Lorsque deux courbes du second degré ont un foyer commun, si par ce foyer on mène différentes sécantes et que par les extrémités de chacune d'elles on trace des tangentes à l'une et à l'autre courbe, les points de concours des couples de tangentes sont en ligne droite.*

Je prends pour origine le foyer commun F, et pour axes des coordonnées deux droites rectangulaires quelconques passant par ce point; les équations des deux courbes se mettront sous la forme

$$x^2+y^2+\lambda(px+qy-1)^2=o,$$
$$x^2+y^2+\lambda'(p'x+q'y-1)^2=o\,;$$

les parenthèses égales à zéro sont les équations des deux directrices qui correspondent au foyer commun dans les deux courbes.

Si l'on conserve les mêmes notations que dans le théoreme précédent, les tangentes en A et D auront pour équations

$$xx'+yy'+\lambda(px'+qy'-1)(px+qy-1)=o,$$
$$xx''+yy''+\lambda'(p'x''+q'y''-1)(p'x+q'y-1)=o;$$

le calcul s'effectuera de la même manière, et l'on arrivera aux mêmes équations (6).

Les deux droites passent au point de rencontre des directrices.

Je donne ici ces différents théorèmes comme exemples de calcul; nous les reverrons plus tard dans une théorie générale.

CHAPITRE III.

Courbes enveloppes.

327—Je considère l'équation

$$(1)\ f(x, y, a)=0,$$

dans laquelle a désigne un paramètre variable. A chaque valeur de a correspond une ligne déterminée. Je donne au paramètre deux valeurs voisines a et $a+h$; la ligne (1) et la ligne

$$(2)\ f(x, y, a+h)=0$$

se coupent en un point M′ dont les coordonnées vérifient à la fois les équations (1) et (2). Le système de ces deux équations peut être remplacé par le suivant

$$f(x, y, a)=0, \qquad \frac{f(x+y, a+h)-f(x, y, a)}{h}=0,$$

qui, lorsque h tend vers zéro, se réduit à

$$(3)\ f(x, y, a)=0,\ f'_a(x, y, a)=0.$$

Or, quand h tend vers zéro, le point M′ se déplace sur la ligne (1) et tend vers une position limite M; c'est ce point limite qui est représenté par le système (3). Chacune des lignes (1) contient un point limite; le lieu de ces points, c'est-à-dire le lieu des *intersections successives* des lignes représentées par l'équation (1), s'obtient en éliminant a entre les équations (3).

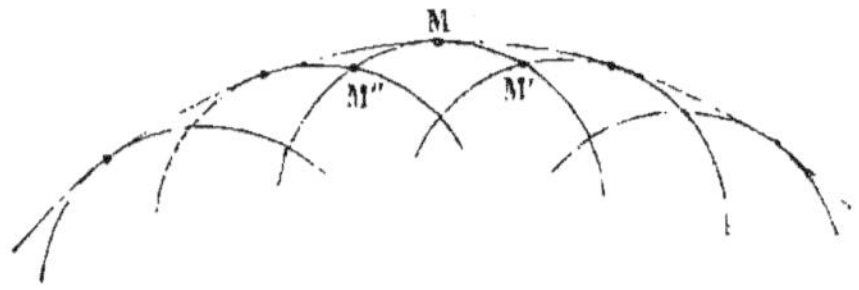

Je reprends le système (1) et (2), dans lequel je regarde a comme une variable et h comme une constante; ce système représente le lieu des points suivant lesquels chaque ligne (a) est coupée par la ligne ($a+h$). Deux de ces points se trouvent sur la ligne (a), savoir : le point M′ d'intersection des lignes (a) et ($a+h$), le point M″ d'intersection des lignes ($a-h$) et (a). Quand h tend vers zéro, les deux points M′ et M″ tendent vers la même position limite M, et le lieu devient tangent à la ligne (a) au point M. Ainsi *le lieu des intersections successives des lignes représentées par l'équation* (1) *est tangent à chacune de ces lignes.* A cause de cette propriété, on dit que le lieu est l'*enveloppe* des lignes (1) qui portent le nom d'*enveloppées.*

328—Je considère de la même manière le lieu des intersections successives des lignes représentées par l'équation

$$f(x, y, a, b)=o,$$

dans laquelle a et b désignent deux paramètres variables liés par la relation

$$\varphi(a, b)=o.$$

Si l'on éliminait b entre ces deux équations, on serait ramené au cas précédent; mais cette élimination n'est pas nécessaire. Soit $b+k$ la valeur de b qui correspond à $a+h$, on a

$$\varphi(a+h, b+k)=o;$$

la ligne voisine a pour équation

$$f(x, y, a+h, b+k)=o;$$

en développant, divisant par h et passant à la limite, on trouve

$$lim\frac{k}{h}=-\frac{\varphi'_a}{\varphi'_b}, \quad lim\frac{k}{h}=-\frac{f'_a}{f'_b},$$

d'où

$$\frac{\varphi'_a}{\varphi'_b}=\frac{f'_a}{f'_b}.$$

Ainsi, on obtiendra l'enveloppe en éliminant a et b entre les trois équations

$$(4)\quad f(x, y, a, b)=o, \qquad \varphi(a, b)=o, \qquad \frac{f'_a}{\varphi'_a}=\frac{f'_b}{\varphi'_b}.$$

Exemple.—Enveloppe d'une droite de longueur constante dont les deux extrémités glissent sur deux droites fixes rectangulaires.

Je prends pour axes des coordonnées les deux droites fixes, et je représente la droite mobile par l'équation

$$\frac{x}{a}+\frac{y}{b}=1, \quad \text{ou } bx+ay-ab=o,$$

qui renferme deux paramètres variables liés entre eux par la relation

$$a^2+b^2=l^2$$

L'élimination de a et de b entre ces deux équations et l'équation

$$\frac{y-b}{a}=\frac{x-a}{b}$$

conduit à l'équation du lieu

$$x^{\frac{2}{3}}+y^{\frac{2}{3}}=l^{\frac{2}{3}}.$$

329—Coordonnées tangentielles.—Au lieu de définir une courbe par la série des points qui la composent, comme nous l'avons fait jusqu'à présent, on peut la définir par ses tangentes. La position d'une droite $ax+by+1=o$ dépend des valeurs attribuées aux deux paramètres a et b; j'appellerai ces valeurs de a et de b les coordonnées de la droite.

Si l'on fait varier ces deux coordonnées a et b, en les assujettissant à vérifier une équation

$$f(a, b)=o,$$

on a une série de droites tangentes à la courbe enveloppe ; je regarderai cette équation comme étant l'équation même de la courbe enveloppe, et je nommerai *coordonnées tangentielles* les deux quantités a et b qui déterminent la position de chacune des tangentes à la courbe.

Une équation du premier degré

$$Aa+Bb+1=o,$$

en coordonnées tangentielles, représente un point dont les coordonnées linéaires sont $x=A$, $y=B$. En effet, la droite mobile, dont l'équation en coordonnées rectilignes est $ax+by+1=o$, passe constamment par ce point; la courbe enveloppe se réduit à un point.

Le système de deux équations du premier degré en coordonnées tangentielles représente une droite; car les deux équations résolues donnent pour a et b deux valeurs déterminées $a=\alpha$, $b=\beta$; ce sont les coordonnées d'une droite.

En général, les solutions communes à deux équations simultanées en coordonnées tangentielles donnent celles des tangentes aux deux courbes enveloppes qui coïncident.

Pour passer de l'équation d'une courbe en coordonnées tangentielles $f(a, b)=o$ à l'équation de la même courbe en coordonnées rectilignes, on éliminera a et b entre cette équation et les équations

$$\frac{x}{f'_a}=\frac{y}{f'_b}, \qquad ax+by+1=o;$$

on en déduit

$$\frac{x}{f'_a}=\frac{y}{f'_b}=\frac{-1}{af'_a+bf'_b}.$$

Si la fonction $f(a, b)$ est du degré m par rapport à a et à b, l'expression $af'_a+bf'_b$ est aussi du degré m; mais à l'aide de l'équation $f(a, b)=o$, on peut l'abaisser au degré $m-1$.

Je suppose que l'équation proposée soit du second degré

$$Aa^2+Bab+Cb^2+Da+Eb+F=o;$$

des formules de transformation

$$\frac{x}{2Aa+Bb+D}=\frac{y}{2Cb+Ba+E}=\frac{1}{Da+Eb+2F}$$

on tire des valeurs de la forme

$$a=\frac{\alpha x+\alpha' y+\alpha''}{\gamma x+\gamma' y+\gamma''}, \qquad b=\frac{\beta x+\beta' y+\beta''}{\gamma x+\gamma' y+\gamma''};$$

qui, substituées dans l'équation donnée, donneront une équation du second degré en coordonnées linéaires. Ainsi, une équation du second degré en coordonnées tangentielles représente une courbe du second degré.

Ce nouveau système de coordonnées, imaginé par M. Chasles et par M. Plucker, établit d'une manière purement analytique le principe de *dualité*, déjà reconnu par la méthode des polaires réciproques.

Exemple.—Étant donnés quatre points A et A′, B et B′, trouver l'enveloppe des droites telles que le produit des distances de chacune d'elles aux deux points A et A′ soit au produit des distances de cette même droite aux deux autres points B et B′ dans un rapport constant.

L'équation de l'enveloppe en coordonnées tangentielles est du second degré; donc la courbe est du second degré. Quand la distance de la tangente au point A est nulle, la distance au point B ou au point B′ doit être aussi nulle; donc la courbe est tangente aux deux droites AB, AB′; de même elle est tangente aux droites A′B, A′B′; en un mot, elle est inscrite dans le quadrilatère ABA′B′.

CHAPITRE IV.

Projection et Perspective.

330—Méthode de projection.—On peut déduire les propriétés les plus simples de l'ellipse de celles du cercle, en considérant l'ellipse comme la projection orthogonale d'un cercle sur un plan.

Soit AA′ la trace du plan d'un cercle ADA′ sur un plan de projection que je suppose mené par le centre O du cercle; l'angle θ, que fait le rayon OD perpendiculaire sur OA avec sa projection OB, mesure l'angle des deux plans; l'ordonnée MP de la courbe est égale à l'ordonnée correspondante NP du cercle, multipliée par le nombre constant $\cos\theta$; donc la courbe est une ellipse dont le demi-grand axe OA est égal au rayon a du cercle, et le petit axe OB à $a\cos\theta$. Si l'on fait tourner le plan du cercle autour de AA′ pour le rabattre sur le plan de l'ellipse, on obtient le cercle AD′A′ qui a servi à construire l'ellipse par points (nº 56).

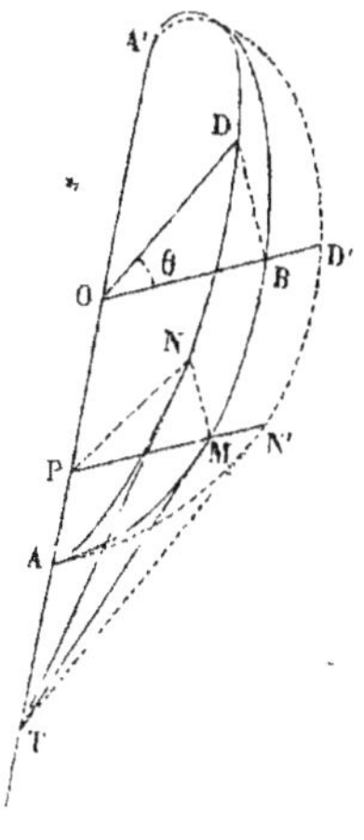

Les tangentes en M et N à l'ellipse et au cercle, étant contenues dans le plan tangent au cylindre projetant suivant la génératrice MN, se coupent en T sur l'intersection AA′ des plans des deux courbes. Dans le rabattement du cercle, le point T reste immobile; donc la tangente en N′ au cercle rabattu passe aussi au point T. On en déduit un moyen facile de construire la tangente à l'ellipse (n° 58).

J'imagine dans le cercle une série de cordes parallèles; elles se projettent suivant des cordes parallèles dans l'ellipse; les points milieux se projettent aux points milieux; puisque dans le cercle le diamètre est une ligne droite, le diamètre dans l'ellipse est aussi une ligne droite.

Deux diamètres rectangulaires du cercle sont tels que chacun d'eux divise en deux parties égales les cordes parallèles à l'autre; leurs projections jouissent de la même propriété et forment dans l'ellipse un système de deux diamètres conjugués.

Le carré construit sur deux diamètres rectangulaires du cercle se projette suivant le parallélogramme construit sur les deux diamètres conjugués de l'ellipse. Or, on sait que la projection d'une aire plane est égale à l'aire projetée, multipliée par le cosinus de l'angle des deux plans; donc l'aire du parallélogramme construit sur deux diamètres conjugués quelconques de l'ellipse est constante (n° 66).

L'aire de l'ellipse elle-même, étant la projection de l'aire du cercle, a pour expression $\pi a^2 \cos\theta$ ou πab.

Si l'on projette deux rayons rectangulaires quelconques OA, OB du cercle sur une droite OK tracée dans le plan du cercle, à cause des triangles rectangles égaux OAA′, OBB′, on a

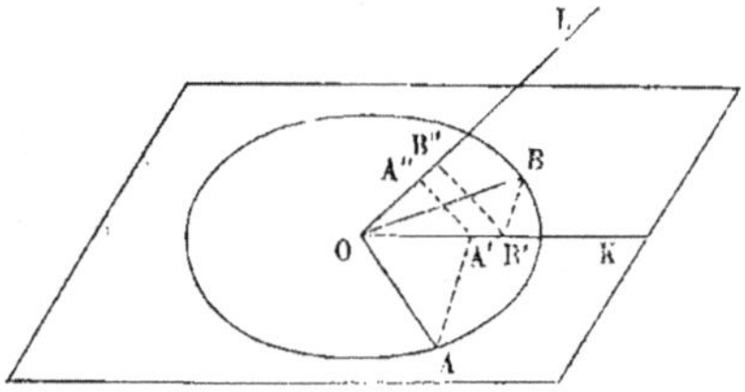

$$OB' = AA',$$

et par suite la somme des carrés des projections OA′, OB′ de deux rayons rectangulaires est constamment égale au carré du rayon. Je projette maintenant sur une droite OL non située dans le plan du cercle; j'appelle ω l'angle que cette droite fait avec le plan, c'est-à-dire avec sa projection OK. Au lieu de projeter OA et OB sur OL, je projette les lignes brisées OA′A, OB′B;

les projections des droites AA', BB', qui sont perpendiculaires au plan LOK et par suite à la droite OL, sont nulles; donc les projections cherchées OA'', OB'' sont égales à $OA'\cos\omega$, $OB'\cos\omega$; donc

$$\overline{OA''}^2+\overline{OB''}^2=(\overline{OA'}^2+\overline{OB'}^2)\cos^2\omega=a^2\cos^2\omega.$$

Ainsi la somme des carrés des projections de deux diamètres rectangulaires quelconques du cercle sur une droite fixe est constante.

Il est aisé de voir que les diamètres conjugués de l'ellipse jouissent de la même propriété. Soient OC', OD' deux demi-diamètres conjugués de l'ellipse dont j'appelle a' et b' les longueurs, OC et OD les rayons rectangulaires correspondants du cercle. Je projette sur une droite OK tracée dans le plan de l'ellipse; les projections des demi-diamètres OC', OD' sont égales aux projections des lignes brisées OCC', ODD'; comme les projections de CC' et DD' sur OK sont nulles, il s'ensuit que les projections de OC' et OD' sur la ligne OK sont égales respectivement aux projections des rayons OC et OD sur cette même ligne; donc la somme de leurs carrés est constante. On démontrera comme précédemment que ce qui a lieu pour une ligne tracée dans le plan de l'ellipse a lieu pour une ligne quelconque de l'espace.

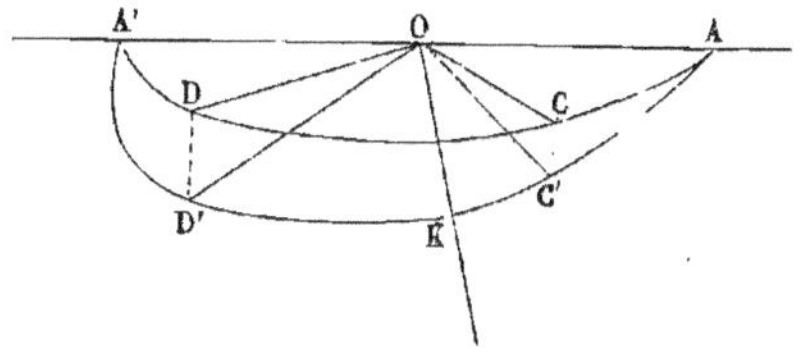

On déduit de là le théorème du n° 67. En effet, si l'on appelle α et β les angles que font deux diamètres conjugués avec le grand axe de l'ellipse et si l'on projette sur chacun des axes, on a

$$a'^2\cos^2\alpha+b'^2\cos^2\beta=a^2,$$
$$a'^2\sin^2\alpha+b'^2\sin^2\beta=b^2;$$

d'où, par l'addition,

$$a'^2+b'^2=a^2+b^2.$$

331—Méthode de perspective.—Si l'on joint un point O à différents points A, B, C,...... placés d'une manière quelconque dans l'espace, les traces A', B', C',... de ces droites sur un plan fixe MN ou plan du *tableau* sont *les perspectives* des points A, B, C,.... pour un spectateur dont l'œil serait placé en O.

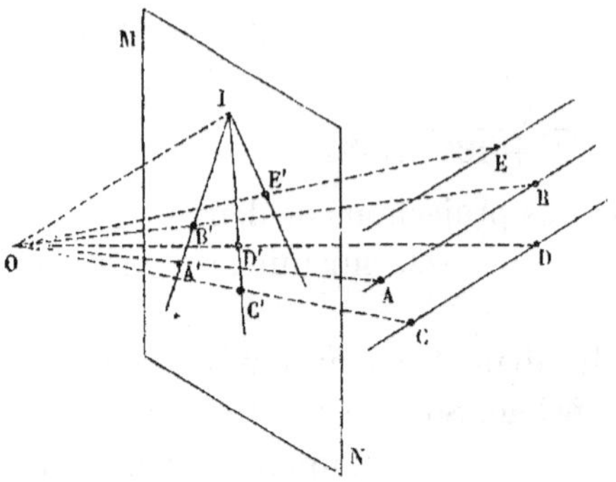

La perspective d'une ligne droite est la trace sur le tableau du plan passant par l'œil et la droite donnée. Lorsque plusieurs droites AB, CD,..... sont parallèles, leurs perspectives A'B', C'D',..... concourent en un même point I, qui est la trace sur le tableau de la droite OI menée par l'œil parallèlement aux droites données; car les plans OAB, OCD,..... contiennent tous cette parallèle.

Lorsque plusieurs systèmes de droites parallèles sont situées dans un même plan, les points de concours des droites perspectives sont placés sur une même droite, savoir : la trace sur le tableau d'un plan mené par l'œil parallèlement au plan des droites proposées.

La perspective d'une courbe quelconque plane ou à double courbure est la trace sur le tableau du cône qui a l'œil pour sommet et la courbe donnée pour directrice. Un cercle a pour perspective une courbe du second degré, puisque cette perspective est une section plane d'un cône du second degré. On a une ellipse si le tableau ne coupe qu'une nappe du cône, une hyperbole s'il coupe les deux nappes, une parabole s'il est parallèle à une génératrice du cône. Cette considération permet d'établir avec une grande facilité la plupart des propriétés des courbes du second degré.

Les propriétés des figures peuvent être partagées en deux

grandes classes, les propriétés *descriptives*, les propriétés *métriques*. Dans les premières, on considére les intersections des lignes qui composent la figure, sans tenir compte de leurs longueurs; une propriété métrique est une relation entre les grandeurs de la figure.

Il est clair que toutes les propriétés descriptives subsistent en perspective; car si trois lignes passent par un même point, les trois lignes perspectives passent aussi par un même point. Mais il n'en est pas de même des propriétés métriques.

Il est aisé de voir que, dans la perspective, le rapport anharmonique de quatre points ou de quatre droites conserve la même valeur (voyez la note A). Donc toute relation métrique établie entre des rapports anharmoniques subsiste en perspective. Par exemple, si quatre points ou quatre droites sont en proportion harmonique, les quatre points ou les quatre droites correspondantes dans la figure perspective sont aussi en proportion harmonique; l'involution, ou égalité de deux rapports anharmoniques, subsiste aussi en perspective.

THÉORÈME I.

332—*Si l'on joint un point quelconque d'une courbe du second degré à quatre points fixes pris sur cette courbe, le rapport anharmonique des quatre droites ainsi obtenues est constant.*

Si l'on joint un point quelconque d'un cercle à quatre points fixes pris sur le cercle, le rapport anharmonique des quatre droites ainsi obtenues est constant, puisque les angles que forment ces droites entre elles ne changent pas. Cette propriété métrique, subsistant en perspective, a lieu dans les courbes du second degré.

En effet, par une courbe du second degré comme directrice, j'imagine un cône ayant son sommet en un point arbitraire de l'espace; je considère une section circulaire de ce cône; les génératrices du cône qui passent par les quatre points fixes de la courbe du second degré déterminent quatre points fixes sur le cercle; les quatre droites inscrites dans la courbe du second degré déterminent quatre droites inscrites dans le cercle; puisque le rapport anharmonique des quatre dernières est constant, le rapport anharmonique égal des quatre premières est aussi constant.

Lorsque le point mobile vient se confondre avec l'un des points fixes, l'une des droites devient tangente en ce point.

Réciproquement, *quatre points fixes étant donnés dans un même plan, le lieu des points du plan tels que le faisceau des droites menées de chacun d'eux aux quatre points donnés présente un rapport anharmonique constant, est une courbe du second degré passant par ces quatre points.*

Soient a, b, c, d les quatre points fixes; par l'un d'eux, a, je trace une droite qui fasse avec les droites qui joignent ce point aux trois autres un faisceau dont le rapport soit égal au rapport donné, et je décris une courbe du second degré passant par les quatre points et tangente à cette droite; tous les points de cette courbe jouissent de la propriété énoncée.

Il est aisé de voir que tout point p non situé sur la courbe n'appartient pas au lieu. En effet, soit m le point où la droite pa rencontre la courbe; les deux faisceaux $mabcd$, $pabcd$ présentent des rapports différents; car, des quatre points où la sécante bc coupe chacun d'eux, trois coïncident, un seul diffère.

Cette propriété est une propriété fondamentale des courbes du second degré; elle donne naissance à un grand nombre de théorèmes.

Corollaire.—*Le faisceau de quatre plans menés par une génératrice rectiligne quelconque d'une hyperboloïde à une nappe et par quatre génératrices fixes de l'autre système, présente un rapport anharmonique constant.* Car un plan sécant coupe la surface suivant une courbe du second degré, et les faisceaux de plans suivant des faisceaux de droites qui présentent le même rapport anharmonique.

THÉORÈME II.

333—*Lorsque deux systèmes de droites partant de deux points fixes et situées dans un même plan sont telles que le rapport anharmonique de quatre quelconques du premier système est le même que celui des quatre correspondantes du second système, les points d'intersection des droites correspondantes sont situés sur une même courbe du second degré passant par les deux points fixes.*

Je décris la courbe du second degré qui passe par les deux points fixes o et o' et par les trois premiers points d'intersection a, b, c; je dis que cette courbe passe aussi par le quatrième point d. En effet, soit δ le point où la droite od rencontre la courbe; le rapport anharmonique $o'abc\delta$ est égal au rapport anharmonique $oabcd$ et par conséquent au rapport $o'a'b'c'd'$; donc $o'\delta$ coïncide avec $o'd$ et le point δ avec le point d.

Corollaire.—*Lorsque deux systèmes de plans passant par deux droites fixes sont tels que le rapport anharmonique de quatre quelconques du premier système est le même que celui des quatre correspondantes du second système, les droites d'intersection des plans correspondants coïncident avec les génératrices d'une hyperboloïde à une nappe.*

THÉORÈME III.

334—*Lorsque deux angles de grandeurs constantes tournent autour de leurs sommets fixes, de manière que l'intersection de deux côtés reste toujours sur une droite fixe, le point d'intersection des deux autres côtés décrit une courbe du second degré qui passe par les deux sommets.*

Si l'on joint deux points fixes o et o' aux différents points d'une droite, on a deux systèmes de droites telles que le rapport anharmonique de quatre d'entre elles est le même de part et d'autre. Il en est encore ainsi si l'on fait tourner le premier système d'un angle α autour du point o, le second d'un angle β autour du point o'; mais alors chacune des droites du premier système fait avec sa position primitive l'angle α, chacune des droites du second système fait avec sa position primitive l'angle β; on a donc deux angles α et β qui tournent autour de leurs sommets o et o', etc.

THÉORÈME IV.

335—*Lorsque les* n *côtés d'un polygone tournent autour de points fixes, tandis que* n—1 *sommets glissent sur des droites fixes, le* n*e* *sommet décrit une courbe du second degré.*

Soient n points fixes $o_1, o_2, \ldots\ldots o_n$; $n-1$ droites fixes X_1, $X_2, \ldots. X_{n-1}$; appelons $A_1, A_2, \ldots\ldots A_n$, n droites mobiles pivotant autour de $o_1\, o_2, \ldots\ldots$ Or, tandis que les $n-1$ sommets (A_1, A_2), $(A_2, A_3), \ldots. (A_{n-1}, A_n)$ glissent sur $X_1, X_2, \ldots. X_{n-1}$, le sommet libre (A_n, A) décrit une courbe du second degré. Je considère plusieurs positions du système des droites mobiles; les faisceaux o_1 et o_2, se coupant sur X_1, sont équivalents anharmoniquement; de même o_2 et o_3, o_3 et $o_4, \ldots. o_{n-1}$ et o_n; donc les faisceaux o_1 et o_n sont équivalents, et les intersections de ces deux faisceaux sont situées sur une courbe du second degré qui passe par les points o_1 et o_n.

Ce théorème a déjà été démontré par le calcul (n° 320).

THÉORÈME V.

336—*Lorsque les* n *côtés d'un polygone tournent autour de points fixes, tandis que* n—1 *sommets glissent sur des courbes du second degré passant chacune par les deux pivots adjacents, le sommet libre décrit aussi une courbe du second degré qui passe par les deux pivots adjacents.*

Car si, dans la démonstration du théorème précédent, on remplace la droite X_1 par une courbe du second degré passant en o_1 et o_2, la droite X_2 par une courbe du second degré passant en o_2 et o_3, l'équivalence anharmonique des faisceaux de droites a toujours lieu.

337—Remarque. La perspective est souvent employée comme méthode d'induction indiquant l'existence d'un théorème, sans le démontrer rigoureusement, ni dans toute sa généralité.

Par exemple, si dans un cercle on inscrit un hexagone tel que quatre côtés opposés soient parallèles deux à deux, on observe que les deux autres côtés sont aussi parallèles; par la perspective, on obtient un hexagone inscrit dans une courbe du second degré, et les trois points de concours des côtés opposés sont en ligne droite; c'est le théorème de PASCAL. Mais cette méthode laisse beaucoup à désirer; car on ne sait pas si l'hexagone inscrit dans la courbe du second degré est un hexagone quelconque; d'ailleurs il est impossible, dans la figure, que la droite sur laquelle sont placés les points de concours coupe la courbe.

A la vérité, si le théorème de l'hexagone était démontré d'une manière générale pour le cercle, la perspective l'étendrait immédiatement et sans restriction aux courbes du second degré.

338—FOYERS ET DIRECTRICES.—Afin d'étudier la section plane d'un cône circulaire droit, je mène par l'axe du cône un plan perpendiculaire au plan sécant; ce plan coupe le cône suivant deux génératrices SG', SH', et le plan sécant suivant la droite AA'.

1° Je considère d'abord le cas où le plan sécant ne coupe qu'une nappe du cône. Je décris deux cercles O et O' tangents à la droite AA' et aux deux arêtes SG', SH'. Si l'on fait tourner la figure autour de l'axe SO', pendant que l'arête SG' engendre le cône, les deux demi-cercles engendrent deux sphères tangentes au cône suivant les cercles de contact GH, G'H'. Le plan sécant est

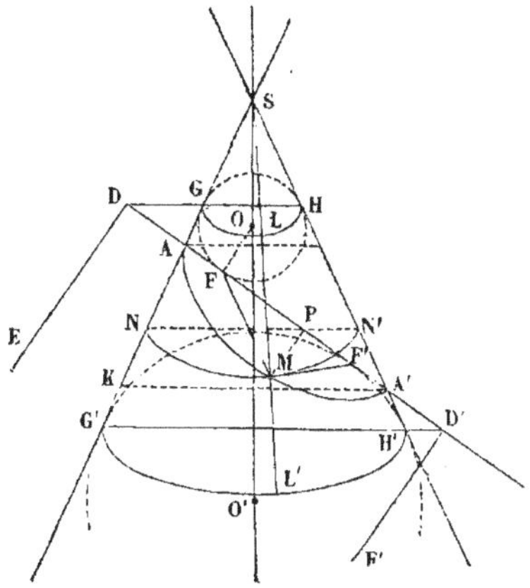

tangent à l'une des sphères au point F, comme perpendiculaire à l'extrémité du rayon OF; il est aussi tangent à l'autre sphère au point F'.

Cela posé, soit M un point quelconque de l'ellipse d'intersection; la génératrice SM qui passe en ce point touche les sphères aux points L, L'; je joins MF, MF'. Les droites MF et ML sont égales comme tangentes menées du même point M à la sphère O; les droites MF' et ML' sont égales comme tangentes menées du point M à la sphère O'; donc

$$MF+MF'=ML+ML'=LL'.$$

Or la portion LL' de génératrice comprise entre les cercles parallèles GH, G'H' est constante et égale à GG'; donc la somme des distances de chacun des points de l'ellipse aux deux points F, F' est constante. Ces deux points sont les *foyers* de l'ellipse.

La somme constante GG' est égale au grand axe AA'. Si par le point A' on mène A'K parallèle à GH, on détermine sur la génératrice une portion AK égale à l'excentricité FF'. Car, si des longueurs égales GG', AA' on retranche d'une part AG, KG', d'autre part les longueurs égales AF, A'F', il reste deux longueurs égales AK, FF'.

Je considère les droites DE, D'E', suivant lesquelles le plan sécant est coupé par les plans des cercles de contact GH, G'H'. Si du point M on abaisse une perpendiculaire MP sur le grand axe, la distance du point M à la droite DE est égale à PD. Soit NMN' le cercle parallèle qui passe par le point M; la longueur MF ou ML est égale à GN. Or les triangles semblables PAN, DAG donnent

$$GN : DP :: AG : AD :: AK : AA'.$$

Ainsi les distances de chacun des points de l'ellipse au foyer F et à la droite DE sont entre elles comme l'excentricité est au grand axe. Cette droite DE est une *directrice* de l'ellipse. La droite D'E' est la seconde directrice.

2° Lorsque le plan sécant rencontre les deux nappes du cône, on a

$$MF'-MF=ML'-ML=LL'=GG'.$$

La différence des distances de chacun des points de l'hyperbole aux deux points F, F′ est constante; ces points sont les deux foyers de l'hyperbole. Les droites d'intersection du plan sécant et des plans de contact sont de même les directrices de l'hyperbole.

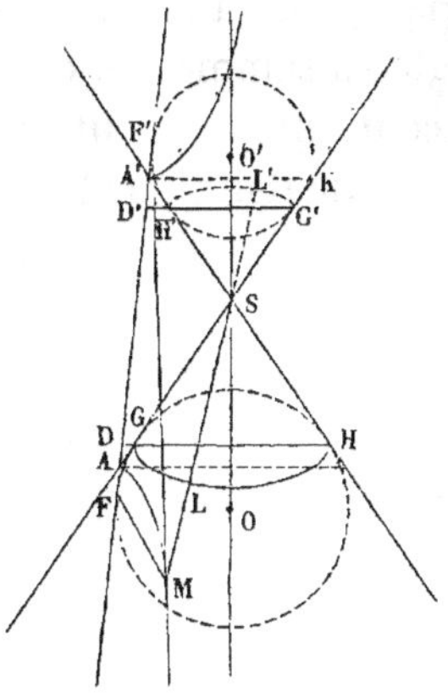

3° Dans le cas où la droite AA′ est parallèle à l'arête SH du cône, je décris une sphère tangente au cône suivant le cercle GH et au plan sécant en F. Soit DE l'intersection du plan sécant avec le plan du cercle de contact GH. Par le point M de la section, je mène la droite ME perpendiculaire à DE, et la génératrice SM, qui rencontre en L la courbe de contact; ME sera parallèle à AA′ et à SH; donc les trois droites ME, SM, SH sont dans un même plan, et les trois points H, L, E sur une même ligne droite. Les deux triangles MLE, HSL sont semblables, et puisque SL=SH on a aussi ML=ME; mais ML=MF, comme tangentes à la sphère, menées du point M; par conséquent MF=ME. Ainsi chacun des points de la parabole est également distant du foyer F et de la directrice DE.

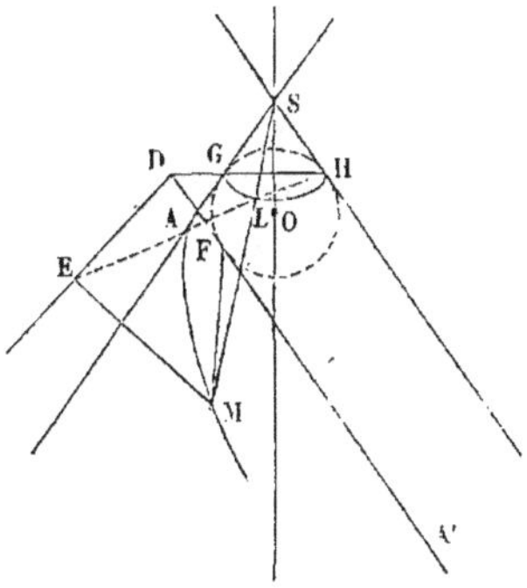

Cette méthode, si élégante pour trouver les propriétés des foyers et des directrices dans les courbes du second degré, est due à M. Dandelin.

339—Placer une courbe du second degré sur un cône

DONNÉ.—1° La courbe est une ellipse. Dans le triangle AA'K, on connaît deux côtés AA', AK, qui sont le grand axe et la distance des foyers, ainsi que l'angle opposé à AA' qui est le complément de la moitié de l'angle au sommet du cône. Comme le grand axe surpasse l'excentricité, on peut toujours construire ce triangle; la perpendiculaire sur le milieu de A'K détermine le point S, et par suite tout ce qui fixe la position du plan sécant.

2° La courbe est une hyperbole. Dans le triangle AA'K, on connaît également deux côtés, ainsi que l'angle opposé à l'un d'eux; mais comme le côté opposé à l'angle donné est le plus petit, la construction du triangle n'est pas toujours possible. Il faut que l'on ait $a > c \cos\gamma$, ($2a$ étant l'axe transverse, $2c$ la distance des foyers de l'hyperbole, 2γ l'angle au sommet du cône); d'où $\cos\gamma < \frac{a}{c} < \cos\theta$, en appelant θ l'angle de l'asymptote avec le grand axe; donc l'angle des asymptotes doit être plus petit que l'angle du cône.

3° La courbe donnée est une parabole. En joignant le centre O de la sphère au point G, on forme un triangle OGA, dans lequel on connaît le côté AG qui est le demi-paramètre de la parabole, et l'angle OAG complémentaire de γ. Après avoir construit ce triangle, on élèvera OS perpendiculaire sur OA jusqu'à la rencontre de AG; une fois connue la distance SA, le problème est résolu.

En résumé, sur un cône donné on peut placer toutes les ellipses, toutes les paraboles et toutes les hyperboles dont l'angle des asymptotes est plus petit que l'angle du cône.

340—REMARQUE.—Je suppose que les sphères employées précédemment soient toujours inscrites dans le cône, mais coupent le plan sécant; il suffit pour cela que les cercles générateurs soient tangents aux deux lignes SA, SA' et coupent AA'; les intersections des sphères par le plan sécant sont des cercles, et l'on verra, dans le cas de l'ellipse ou de l'hyperbole, que la somme ou la différence des tangentes menées à ces cercles d'un point quelconque de la courbe est constante; dans le cas de la parabole, la tangente menée au cercle d'un point quelconque de la courbe est égale à la distance de ce point à une certaine droite. Réciproquement, un lieu défini par l'une des propriétés précédentes est une courbe du second degré.

Les géomètres grecs connaissaient les courbes du second degré comme sections d'un cône à base circulaire par un plan. APOLLONIUS (247 avant J.-C.) a fait sur les sections coniques un traité en huit livres, dans lequel il rapporte ce qui a été trouvé avant lui, et expose ses propres découvertes sur cette matière. Le traité d'APOLLONIUS contient les principales propriétés des sections coniques; je citerai les deux théorèmes sur les diamètres conjugués (n°s 66 et 67), les asymptotes de l'hyperbole, les propriétés élémentaires des foyers.

LIVRE IX.

PROPRIÉTÉS GÉNÉRALES DES SURFACES DU SECOND ORDRE.

CHAPITRE I.

Surfaces enveloppes.

341—Je considère l'équation

$$(1)\quad f(x, y, z, a)=0,$$

dans laquelle a désigne un paramètre variable. A chaque valeur de a correspond une surface déterminée; je donne au paramètre deux valeurs voisines a et $a+h$; la surface (1) et la surface

$$(2)\quad f(x, y, z, a+h)=0$$

se coupent suivant une certaine ligne M′N′ dont les coordonnées vérifient à la fois les équations (1) et (2). Le système de ces deux équations peut être remplacé par le suivant

$$f(x, y, z, a)=0, \qquad \frac{f(x, y, z, a+h)-f(x, y, z, a)}{h}=0,$$

qui, lorsque h tend vers zéro, se réduit à

$$(3)\quad f(x, y, z, a)=0, \qquad f'_a(x, y, z, a)=0.$$

Or, quand h tend vers zéro, la courbe M′N′ se déplace sur la surface (1) et s'approche d'une certaine position limite MN; c'est cette position limite qui est représentée par le système (3). Chacune des surfaces (1) renferme une courbe limite; le lieu de toutes les courbes, c'est-à-dire le lieu des *intersections successives* des surfaces représentées par l'équation (1) s'obtient en éliminant a entre les deux équations (3).

Je reprends le système (1) et (2), dans lequel je regarde a comme une variable et h comme une constante; ce système représente l'ensemble des courbes suivant lesquelles chaque surface (a) est coupée par la surface $(a+h)$. Deux de ces lignes se trouvent sur chaque surface (a), savoir : la ligne d'intersection M'N' des surfaces (a) et $(a+h)$; la ligne d'intersection M''N'' des surfaces $(a-h)$ et (a). Quand h tend vers zéro, les deux lignes M'N', M''N'' tendent vers la même position limite MN, et le lieu devient tangent à la surface (a) tout le long de la ligne MN. Ainsi *le lieu des intersections successives des surfaces représentées par l'équation* (1) *est tangent à chacune de ces surfaces, suivant la ligne limite de l'intersection de cette surface et de la voisine.*

A cause de cette propriété, on dit que le lieu des intersections successives des surfaces (1) est l'*enveloppe* de ces diverses surfaces, qui prennent alors le nom d'*enveloppées*.

Lorsque l'équation (1) est du premier degré, elle représente une série de plans; chaque ligne MN est une ligne droite; donc la surface enveloppe est une surface réglée qui admet le même plan tangent tout le long d'une génératrice. On démontre aisément qu'une pareille surface est développable, c'est-à-dire peut être étendue sur un plan sans déchirures ni duplicatures.

Par des considérations analogues à celles du n° 328, on démontre que l'enveloppe des surfaces représentées par l'équation

$$f(x, y, z, a, b)=o,$$

dans laquelle a et b sont deux paramètres variables liés par la relation

$$\varphi(a, b)=o,$$

s'obtient par l'élimination de a et b entre les trois équations

$$f=o, \quad \varphi=o, \quad \frac{f'_a}{\varphi'_a}=\frac{f'_b}{\varphi'_b};$$

l'enveloppe est encore tangente à chaque enveloppée tout le long d'une certaine ligne.

342—Je suppose actuellement que l'on ait une équation

$$(4)\quad f(x, y, z, a, b)$$

renfermant deux paramètres arbitraires a et b. A chaque système de valeurs de a et b correspond une surface; je donne aux paramètres deux couples de valeurs différentes (a, b), $(a+h, b+k)$; les points de rencontre des deux surfaces sont déterminés par le système

$$f(x, y, z, a, b)=o, \qquad f(x, y, z, a+h, b+k)=o,$$

ou

$$f=o, \quad f'_a h+f'_b k+\frac{1}{1.2}[f''_{a^2}h^2+2f''_{ab}hk+f''_{b^2}k^2)+\ldots\ldots=o.$$

Si h et k tendent vers zéro, et que l'on appelle k' la limite du rapport $\frac{k}{h}$, le système précédent se réduit à

$$(5)\quad f=o, \qquad f'_a+f'_b k'=o.$$

Le point M, dont les coordonnées vérifient à la fois les trois équations

$$(6)\quad f=a, \quad f'_a=o, \quad f'_b=o,$$

appartient au système (5), quelle que soit k'; c'est donc un point par où passent toutes les courbes limites de la rencontre de la surface (a, b) avec les surfaces voisines, obtenues par la variation des paramètres a et b, quelle que soit la loi de cette variation. Le lieu des points M s'obtient en éliminant a et b entre les équations (6); c'est le lieu des *intersections successives* ou la surface *enveloppe* des surfaces (4), et l'on voit aisément que cette surface est tangente à chacune des enveloppées au point M.

Dans le cas où l'équation des enveloppées

$$f(x, y, z, a, b, c)=o$$

renferme trois paramètres liés par une relation

$$\varphi(a, b, c)=o,$$

la surface enveloppe, qui ne touche chaque enveloppée qu'en

un seul point, s'obtient en éliminant les paramètres entre les équations

$$f=0, \quad \varphi=0, \quad \frac{f'_a}{\varphi'_a}=\frac{f'_b}{\varphi'_b}=\frac{f'_c}{\varphi'_c}.$$

343—Coordonnées tangentielles.—Au lieu de définir une surface par ses points, on peut la définir par ses plans tangents. La position d'un plan

$$ax+by+cz+1=0$$

dépend des valeurs attribuées aux trois paramètres a, b, c que l'on appellera les coordonnées du plan.

Une équation du premier degré

$$Aa+Bb+Cc+1=0,$$

en coordonnées tangentielles, représente un point dont les coordonnées sont $x=A$, $y=B$, $z=C$. Deux équations simultanées du premier degré en coordonnées tangentielles représentent la droite qui passe par les deux points que représentent les deux équations considérées indépendamment l'une de l'autre.

Une équation

$$f(a, b, c)=0$$

représente la surface enveloppe de tous les plans dont les coordonnées satisfont à cette équation. On démontre comme au n° 329, qu'une équation du second degré en coordonnées tangentielles représente une surface du second ordre.

Deux équations simultanées en coordonnées tangentielles représentent la surface développable circonscrite aux deux surfaces que représentent les deux équations, considérées indépendamment l'une de l'autre.

CHAPITRE II.

Pôles et Polaires.

THÉORÈME I.

344—*Si par un point* P *on trace diverses sécantes à une surface du second ordre, le lieu du point* M, *conjugué harmonique de* P, *par rapport aux deux points d'intersection de chaque sécante et de la surface, est un plan.*

Soient

$$f(x, y, z) = ax^2 + a'y^2 + a''z^2 + 2byz + 2b'zx + 2b''xy + 2cx + 2c'y + 2c''z + h = o$$

l'équation de la surface, x_0, y_0, z_0 les coordonnées du point P,

$$\frac{x-x_0}{\alpha} = \frac{y-y_0}{\beta} = \frac{z-z_0}{\gamma} = \rho$$

les équations d'une sécante quelconque. Les points où cette sécante perce la surface sont donnés par l'équation

$$f(x_0+\alpha\rho, y_0+\beta\rho, z_0+\gamma\rho) = o,$$

ou

$$f(x_0, y_0, z_0) + (\alpha f'_{x_0} + \beta f'_{y_0} + \gamma f'_{z_0})\rho + (A\alpha^2 + \ldots\ldots)\rho^2 = o.$$

Par un calcul analogue à celui du n° 305, on trouve pour le lieu du point M le plan

$$(x-x_0)f'_{x_0} + (y-y_0)f'_{y_0} + (z-z_0)f'_{z_0} = o,$$

ou

$$(1) \quad xf'_{x_0} + yf'_{y_0} + zf'_{z_0} + 2cx_0 + 2c'y_0 + 2c''z_0 + 2h = o.$$

Le point P est le *pôle* de ce plan ; et réciproquement ce plan est le *plan polaire* du point P.

L'équation (1) détermine le plan polaire d'un point donné. On détermine le pôle d'un plan donné

$$lx+my+nz+p=o$$

au moyen des relations

$$\frac{f'_{x_0}}{l}=\frac{f'_{y_0}}{m}=\frac{f'_{z_0}}{n}=\frac{2cx_0+2c'y_0+2c''z_0+2h}{p}.$$

Le théorème précédent est une conséquence immédiate de celui du n° 305. Car si par le point P on fait passer un plan quelconque, ce plan coupe la surface suivant une courbe du second degré; quand la sécante tourne autour du point P dans ce plan, le point conjugué harmonique décrit une ligne droite. Le lieu du point M est donc tel que tout plan le coupe suivant une ligne droite, c'est-à-dire que ce lieu est lui-même un plan.

Corollaire. *Si par un point* P *on mène deux sécantes quelconques à une surface du second ordre, et qu'on joigne deux à deux les extrémités de ces sécantes, les points d'intersection des droites ainsi obtenues appartiennent au plan polaire du point* P.

THÉORÈME II.

345—*Le plan polaire est conjugué du diamètre qui passe par le pôle.*

En effet, si l'on prend pour origine le pôle, pour axe des x le diamètre mené par le pôle, pour plan des yz le plan conjugué, pour axes des y et des z deux directions conjuguées dans ce plan, comme l'équation de la surface ne doit pas contenir y et z à la première puissance, le plan polaire de l'origine se réduit à

$$2cx+2h=o.$$

Remarque.—Lorsque la surface est un cône du second degré, le plan polaire passe par le sommet du cône; tous les points d'un même diamètre ont même plan polaire.

THÉORÈME III.

346—*Les plans polaires de tous les points d'un plan passent par le pôle du plan.*

Et réciproquement *les pôles de tous les plans menés par un même point appartiennent au plan polaire de ce point.*

L'équation du plan polaire du point (x_0, y_0, z_0) peut s'écrire ainsi :

$$ax_0x+a'y_0y+a''z_0z+b(y_0z+z_0y)+b'(z_0x+x_0z)+b''(x_0y+y_0x)$$
$$+c(x+x_0)+c'(y+y_0)+c''(z+z_0)+h=o.$$

Elle est symétrique par rapport aux coordonnées des deux points (x, y, z), (x_0, y_0, z_0), c'est-à-dire qu'elle ne change pas lorsqu'on remplace les coordonnées de l'un d'eux par celles de l'autre. Il en résulte que le plan polaire de tout point (x, y, z) de ce plan passe par le pôle (x_0, y_0, z_0) de ce plan.

Réciproquement, si un plan polaire passe par le point (x, y, z), le pôle (x_0, y_0, z_0) de ce plan appartient au plan polaire du point (x, y, z).

Corollaires.—Les plans tangents à une surface du second ordre suivant les différents points d'une section plane passent tous par le pôle du plan sécant; ce pôle est le sommet d'un cône circonscrit à la surface.

Il en résulte que si par un point P on mène divers plans sécants, les sommets des cônes circonscrits suivant la courbe d'intersection de chaque plan appartiennent au plan polaire du point P.

Réciproquement, si par les divers points d'un plan on circonscrit des cônes à la surface, les plans des lignes de contact passent par le pôle du plan donné.

THÉORÈME IV.

347—*Les plans polaires de tous les points d'une droite* AB *passent par une même droite* A'B', *et réciproquement les plans polaires de tous les points de* A'B' *passent par* AB.

Soit AB une droite quelconque, P et Q deux plans menés par cette droite, A', B' les pôles de ces deux plans; tous les points du plan P ont des plans polaires qui passent par A'; de même tous les points du plan Q ont des plans polaires qui passent par B'; donc les plans polaires des divers points de la ligne AB, intersection des deux plans P et Q, doivent passer à la fois par A' et B', c'est-à-dire par la droite A'B'. Pour la même raison, les plans polaires des divers points de A'B' passent également par une même droite, et comme P et Q sont les plans polaires de deux des points de A'B', cette droite est nécessairement la ligne AB.

Les droites AB et A'B' se nomment *droites polaires conjuguées.*

Corollaire I. — *La polaire conjuguée d'une droite quelconque* AB *est située dans le plan diamétral conjugué de la direction* AB.

Soit D le plan diamétral conjugué à la direction AB, C le point de rencontre de la droite AB et de ce plan; le plan D est la limite des plans polaires des diverses positions d'un point mobile qui s'éloigne à l'infini sur la droite AB; donc la polaire conjuguée de AB est l'intersection du plan D par le plan polaire du point C.

Corollaire II.—*Toute droite qui rencontre deux droites polaires conjuguées et la surface, est divisée harmoniquement aux quatre points de rencontre.*

Corollaire III.—*Si par un point* C *d'une droite* AB *on mène à la surface deux sécantes qui rencontrent la droite* A'B', *polaire réciproque de* AB, *et qu'on joigne deux à deux les extrémités des sécantes, les points d'intersection des droites ainsi obtenues appartiennent à la ligne* A'B'.

THÉORÈME V.

348—*Deux sections planes d'une surface du second ordre* *sont situées à la fois sur deux cônes, qui ont leurs sommets sur la polaire conjuguée de la ligne d'intersection des deux plans.*

Par la droite AB j'imagine deux plans qui coupent la surface du second degré suivant deux courbes S et S'; puis par la droite A'B', polaire réciproque de AB, un autre plan qui coupe les deux premiers plans suivant les droites PCD, PEF; les points M et N, obtenus en joignant deux à deux les extrémités des sécantes CD, EF, appartiennent à A'B'. Le plan ABM est le plan polaire du point N, le plan ABN le plan polaire du point M. Les quatre plans S, S', ABM, ABN forment un faisceau harmonique de plans (voyez la note A). Je suppose actuellement que par le point M et par un point G de la section S on mène une droite qui perce la section S' en H, la surface en H' et le plan ABN en K; les quatre points M, G, K, H forment une division harmonique, de même que les quatre points M, G, K, H', c'est-à-dire que le point H se confond avec le point H'. Donc les deux courbes S et S' sont situées sur un même cône qui a son sommet au point M; elles sont situées aussi sur un second cône dont le sommet est en N.

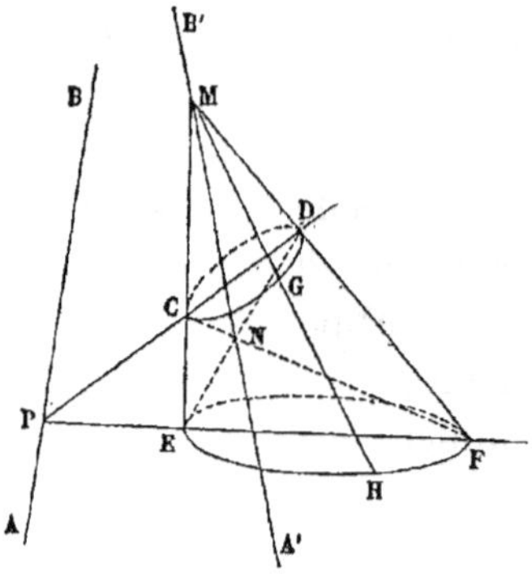

349 — Figures corrélatives. — Un polyèdre, dans son acception la plus générale, est un système de plans indéfinis A, B, C.....; les droites d'intersections (A, B), (B, C), (C, A)..... de ces plans deux à deux sont les arêtes du polyèdre; les points d'intersection (A, B, C)..... de ces plans trois à trois sont les sommets du polyèdre. Par rapport à une surface du second ordre, je construis les pôles *a'*, *b'*, *c'*,.... des plans proposés; je fais passer des plans par ces points pris trois à trois, de manière à former un second polyèdre.

D'après la construction même, chaque sommet du second polyèdre est pôle de la face correspondante du premier polyèdre. Réciproquement, chaque sommet (A, B, C) du premier est pôle de la face (a', b', c') du second ; les arêtes correspondantes (A, B), (a', b') sont des droites polaires conjuguées. Ces deux polyèdres ont été nommés pour cette raison *polyèdres polaires réciproques*, ou *polyèdres corrélatifs*.

Je suppose que les plans A, B, C,.... soient les plans tangents d'une surface S, les pôles a', b', c',.... formeront une seconde surface polaire réciproque de la première. En effet, si les deux plans B et C se rapprochent de A, le point (A, B, C) devient le point de contact a de A ; en même temps les deux points b' et c' se rapprochent de a', et le plan $a'b'c'$ devient le plan tangent A' à la seconde surface en a'. Les deux surfaces sont telles que les points de chacune d'elles sont pôles des plans tangents à l'autre ; les points des deux surfaces se correspondent deux à deux comme a et a'.

Par un calcul analogue à celui du n° 312, on démontre qu'*une surface du second ordre a pour polaire réciproque une surface du second ordre.*

Une ligne a pour polaire réciproque une surface développable. Si la ligne est plane la surface développable est un cône ; car tous les plans tangents passent par le pôle du plan de la ligne. Quand le plan de la ligne plane passe par le centre de la surface directrice, le cône devient un cylindre.

THÉORÈME VI.

350—*Les plans polaires d'un même point, par rapport à toutes les surfaces du second degré qui ont sept points communs, passent par un même point.*

Sept points d'une surface du second degré donnent sept relations linéaires entre les neuf paramètres de la surface, à l'aide desquelles sept de ces paramètres s'expriment d'une manière linéaire en fonctions des deux autres ; l'équation de la surface prend donc la forme

$$A+\lambda B+\mu C=o,$$

dans laquelle A, B, C désignent des polynômes du second degré, λ et μ des paramètres arbitraires. Le plan polaire d'un point fixe (x_0, y_0, z_0) est de la forme

$$L+\lambda M+\mu N=o,$$

dans laquelle L, M, N désignent des polynômes du premier degré en x, y, z; le point commun aux trois plans $L=o$, $M=o$, $N=o$ appartient au plan polaire, quelles que soient les valeurs de λ et de μ.

Corollaire.—*Les plans polaires d'un même point, par rapport à toutes les surfaces du second ordre qui ont huit points communs, se coupent suivant la même droite.*

Ces théorèmes ont pour corrélatifs :

Les pôles d'un même plan, par rapport à toutes les surfaces du second degré tangentes à sept plans donnés, sont dans un même plan.

Les pôles d'un même plan, par rapport aux surfaces du second degré tangentes à huit plans donnés, sont en ligne droite.

CHAPITRE III.

Des Cônes du second degré.

351—Tout cône de l'ordre *m* peut être considéré comme un cône ayant pour base une courbe plane de l'ordre *m*; il en résulte que les propriétés descriptives des lignes planes algébriques, où l'on ne fait intervenir que des points et des droites, se transforment en propriétés du cône, en remplaçant les points et les droites par des droites et des plans qui passent au sommet du cône, et *vice versâ*. Ainsi, par exemple, les théorèmes des hexagones inscrits et circonscrits, des polygones pivotants,..... dans les courbes du second degré, donnent autant de propriétés analogues dans les cônes du second degré.

J'imagine une sphère ayant son sommet au centre du cône; le cône tracera une courbe sur la surface de la sphère; les droites menées par le sommet détermineront des points, les plans menés par le sommet traceront des arcs de grand cercle, lignes les plus courtes sur la sphère. La figure ainsi formée, perspective sur la sphère de la figure plane, est d'un emploi commode pour exprimer les propriétés des cônes. Deux courbes quelconques tracées sur la sphère se coupent sous le même angle que les cônes qui ont ces courbes pour bases. Un cône du second degré trace sur la sphère deux courbes fermées S et S' dont l'ensemble a reçu le nom de *conique sphérique*. Chacune d'elles, considérée isolément, s'appelle *ellipse sphérique*.

La courbe complète a le même centre et les mêmes plans

de symétrie que le cône. Les axes du cône OX, OY, OZ percent la sphère en six points A, A′, B, B′, C, C′; si l'on ne considère que les chemins tracés sur la sphère, comme les arcs de grands cercles remplacent les lignes droites, chaque courbe, prise séparément, admet pour centres les points C et C′; prises simultanément, les deux courbes admettent en outre pour centres les quatre points A, A′, B, B′. Les arcs de grands cercles, situés dans les plans principaux et compris entre le centre et la courbe sont les demi-axes de la courbe; ainsi Ca, Cb sont deux demi-axes de l'ellipse sphérique S.

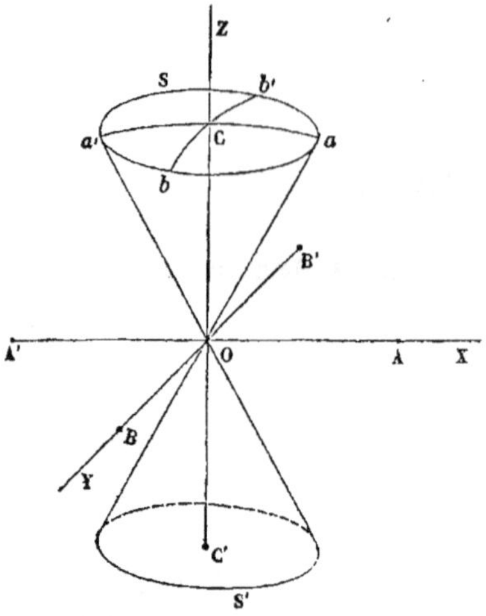

352—Pôles et polaires sphériques.—Je coupe le cône par un plan parallèle à l'un des plans principaux, par exemple au plan XOY, et je prends la section, qui est une ellipse, pour base du cône. Je trace dans ce plan, par le point P, une sécante quelconque, et j'appelle M le conjugué harmonique du point P par rapport aux deux extrémités de la sécante; les droites qui joignent le sommet du cône à ces quatre points forment un faisceau harmonique de droites et déterminent sur la sphère quatre points harmoniques d'un arc de grand cercle. Puisque le point M décrit une droite, sa trace m décrira sur la sphère un arc de grand cercle qui sera la *polaire* du point p par rapport à la conique sphérique. A l'aide d'une conique sphérique, prise pour directrice, on peut construire sur la sphère des systèmes polaires réciproques.

Il est un cas particulier de réciprocité, observé depuis

longtemps en géométrie, remarquable par lui-même, et parce qu'il a offert le premier exemple de la dualité des propriétés de l'étendue.

Je considère une sphère de rayon r, un point P placé sur le rayon OM à la distance d du centre; le plan polaire du point P par rapport à la sphère est perpendiculaire à OM; comme la distance au centre $\frac{r^2}{d}$ tend vers zéro en même temps que r, les plans polaires des divers points de OM, par rapport à une sphère de rayon infiniment petit, coïncident avec un plan unique mené par le point O perpendiculairement à OM; on peut regarder ce plan comme étant le plan polaire de la droite OM. Si donc on a une figure formée de plans et de droites passant par le même point O, on obtiendra la figure corrélative en menant des droites et des plans perpendiculaires aux plans et aux droites du premier système; sur la sphère on substituera à un grand cercle son pôle, et réciproquement. C'est ainsi que dans la géométrie élémentaire on construit les angles solides supplémentaires ou les polygones sphériques supplémentaires.

Dans ce système, au cône du second degré

$$\frac{x^2}{a^2}+\frac{y^2}{b^2}-z^2=o$$

correspond le cône supplémentaire

$$a^2x^2+b^2x^2-z^2=o.$$

Une propriété remarquable de ce mode de corrélation sur la sphère est exprimée par la formule

$$S+L=4,$$

dans laquelle S désigne l'aire sphérique comprise dans une ligne fermée quelconque, aire rapportée au triangle trirectangle comme unité, L le contour de la figure supplémentaire, mesuré avec le quadrant pour unité.

En effet, l'aire d'un polygone sphérique de n côtés, dont j'appelle A, B, C..... les angles, est

$$S=A+B+C.....-2(n-2).$$

Les côtés $a, b, c, \ldots$ du polygone corrélatif sont supplémentaires des angles du premier;

$$a=2-A, \quad b=2-B, \quad c=2-C\ldots..$$

En ajoutant membre à membre, on trouve

$$S+L=4.$$

353—Problème.—Trouver le lieu des points tels que les distances de chacun d'eux à une droite et à un plan fixes soient entre elles dans un rapport constant.

Je prends pour origine des coordonnées le point où la droite perce le plan; j'appelle α, β, γ les cosinus des angles que fait la droite avec les axes, α', β', γ' les cosinus des angles que fait la normale au plan avec les axes, k le rapport constant; le lieu a pour équation

$$(1) \quad x^2+y^2+z^2-(\alpha x+\beta y+\gamma z)^2=k^2(\alpha' x+\beta' y+\gamma' z)^2.$$

C'est un cône du second degré. La droite fixe s'appelle la *focale* du cône, le plan fixe le *plan directeur*.

Si l'on identifie l'équation (1) avec l'équation d'un cône quelconque du second ordre

$$(2) \quad \frac{x^2}{a^2}+\frac{y^2}{b^2}-z^2=0,$$

dans laquelle on suppose $a>b$, on trouve les relations

$$a^2(1-\alpha^2-k^2\alpha'^2)=b^2(1-\beta^2-k^2\beta'^2)=-(1-\gamma^2-k^2\gamma'^2),$$

$$k^2\alpha'\beta'=-\alpha\beta, \quad k^2\beta'\gamma'=-\beta\gamma, \quad k^2\gamma'\alpha'=-\gamma\alpha.$$

Des trois dernières on déduit

$$k^6\alpha'^2\beta'^2\gamma'^2=-\alpha^2\beta^2\gamma^2,$$

ce qui exige que deux des cosinus soient nuls. Parmi les neuf hypothèses que l'on peut faire, on reconnaît aisément que la seule admissible est $\beta=0$, $\beta'=0$, d'où l'on déduit

$$k^2=1+b^2-\frac{b^2}{a^2}, \quad \gamma^2=\frac{1+b^2}{1+a^2}, \quad \frac{\gamma'^2}{\beta'^2}=\frac{a^4(1+b^2)}{a^2-b^2}.$$

Ainsi, tout cône circulaire du second degré a deux focales OF, OF', situées dans le plan principal ZOX qui passe par l'axe du cône et qui contient la section du plus grand angle.

Puisque

$$\cos \mathrm{COF} = \gamma = \pm \frac{\cos \mathrm{COA}}{\cos \mathrm{COB}},$$

les focales sont les traces sur le plan ZOX du cône circulaire décrit autour de OB avec l'angle COA.

A chaque focale correspond un plan directeur perpendiculaire au plan ZOX et extérieur au cône. Soient OD, OD' les traces des plans directeurs sur le plan ZOX; puisque les distances des points A et A' du cône au point F sont proportionnelles aux distances de ces mêmes points au plan directeur, les quatre droites OA', OA, OF, OD forment un faisceau harmonique.

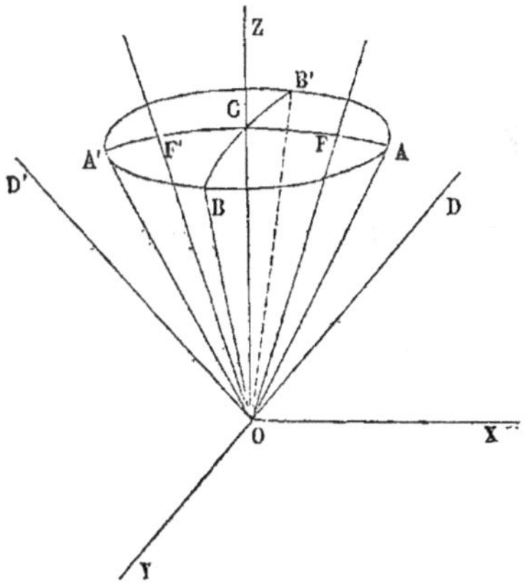

THÉORÈME I.

354—*La somme des angles que forme chacune des génératrices du cône avec les deux focales est constante.*

J'appelle φ et φ' les angles que fait une génératrice du cône avec les deux focales OF, OF', et je désigne par x, y, z les coordonnées d'un point M pris sur cette génératrice à une distance OM=1; j'ai

$$\cos\varphi = \gamma z + \alpha x, \quad \cos\varphi' = \gamma z - \alpha x,$$

et, en vertu de la définition même des focales,

$$\sin\varphi = k(\gamma' z + \alpha' x), \quad \sin\varphi' = k(\gamma' z - \alpha' x);$$

d'où

$$\cos(\varphi + \varphi') = \frac{1 - a^2}{1 + a^2} = \cos \mathrm{AOA'}.$$

THÉORÈME II.

355—*Le plan tangent au cône fait des angles égaux avec les plans menés par les focales et la génératrice de contact.*

Le plan tangent au cône, suivant la génératrice OM, a pour équation

$$\frac{Xx}{a^2}+\frac{Yy}{b^2}-Zz=o;$$

il a pour trace sur le plan ZOX

$$\frac{Xx}{a^2}-Zz=o.$$

Le plan normal, suivant cette même génératrice, a pour équation

$$-\frac{a^2(1+b^2)}{x}X+\frac{b^2(1+a^2)}{y}Y+\frac{a^2-b^2}{z}Z=o,$$

et pour trace sur le plan ZOX,

$$\frac{a^2(1+b^2)}{x}X-\frac{a^2-b^2}{z}Z=o.$$

Si l'on appelle λ et μ les angles de ces traces avec l'axe OZ du cône, on a

$$tang\lambda\,.\,tang\mu=\frac{a^2-b^2}{1+a^2}=tang^2 ZOF.$$

Donc les traces sont conjuguées harmoniques de OF et OF'. Le plan tangent et le plan normal sont eux-mêmes conjugués harmoniques des plans FOM, F'OM; puisqu'ils sont rectangulaires, ils divisent en deux parties égales les angles des deux autres.

356—En passant des cônes du second ordre aux coniques sphériques, on voit qu'une conique sphérique complète possède quatre *foyers* opposés deux à deux qui jouissent des propriétés suivantes :

I.—*La somme des arcs vecteurs menés d'un point de l'ellipse sphérique aux deux foyers intérieurs à cette branche est constante.*

La somme des arcs vecteurs menés d'un point de l'ellipse sphérique aux foyers intérieurs de l'autre branche est constante et égale à l'excès d'un grand cercle sur la somme précédente.

La différence des arcs vecteurs menés d'un point de la courbe à deux foyers situés dans des branches différentes, mais non opposés, est constante.

II.—*A chaque foyer correspond une directrice* (*arc de grand cercle*) *telle que le sinus de l'arc mené d'un point quelconque de la courbe au foyer est au sinus de l'arc mené du même point perpendiculairement à la directrice dans un rapport constant.*

III.—*La tangente* (*arc de grand cercle*) *à une conique sphérique fait des angles égaux avec les arcs vecteurs menés des foyers aux points de tangence.*

On déduit de ce théorème des constructions analogues à celles du n° 106, pour la tangente à une conique sphérique. Il en résulte aussi que *les tangentes menées d'un point extérieur à la courbe font des angles égaux avec les rayons vecteurs qui vont du point donné aux deux foyers.*

THÉORÈME III.

357—*Dans un cône du second degré, les lignes focales sont perpendiculaires aux plans cycliques du cône supplémentaire. En d'autres termes, les foyers d'une conique sphérique sont les pôles des cercles cycliques de la conique supplémentaire.*

Il existe pour chaque cône deux directions de sections circulaires; les plans menés par le sommet parallèlement à ces deux directions se nomment *plans cycliques* du cône; ces plans coupent la sphère suivant deux grands cercles que l'on nommera *cercles cycliques* de la conique sphérique.

Le cône

$$a^2x^2 + b^2y^2 - z^2 = o,$$

supplémentaire du cône proposé, admet pour plans cycliques des plans perpendiculaires au plan ZOX, et dont les traces sur ce plan font avec OZ un angle dont le carré de la tangente égale $\frac{1+b^2}{a^2-b^2}$. Donc la focale est perpendiculaire sur le plan cyclique.

Corollaires.—Le cône supplémentaire donne les théorèmes corrélatifs des théorèmes précédents :

I.—*La tangente à une conique sphérique fait avec les arcs cycliques deux angles dont la somme est constante;* autrement, *l'enveloppe des bases des triangles sphériques de même angle au sommet et de même surface est une conique sphérique qui admet les deux côtés de l'angle pour arcs cycliques.*

II.—*Étant donnés un point de la sphère et un grand cercle, si un autre grand cercle se meut de manière que le sinus de l'angle qu'il fait avec le plan fixe soit au sinus de l'arc perpendiculaire dans un rapport constant, le cercle mobile enveloppe une conique sphérique dont le cercle fixe est l'un des cercles directeurs.*

III.—*L'arc tangent à une conique sphérique et terminé aux deux cercles cycliques est divisé au point de tangence en deux parties égales.*

IV.—*Les portions d'arcs de grands cercles comprises entre une conique sphérique et ses plans cycliques sont égales.*

Ces dernières propriétés établissent une analogie remarquable entre les arcs cycliques d'une conique sphérique et les asymptotes de l'hyperbole.

THÉORÈME IV.

358—*Lorsqu'on coupe un cône du second degré par un plan* *perpendiculaire à l'une des focales, la courbe d'intersection a pour foyer le point de rencontre de la focale et du plan sécant, et pour directrice la droite d'intersection du plan sécant et du plan directeur correspondant.*

Par un point F de l'une des focales je mène un plan perpendiculaire à cette ligne; ce plan coupe le cône suivant une courbe du second degré S, et le plan directeur suivant une droite DD'; la perpendiculaire abaissée du point M de la courbe S sur la focale se confond avec le rayon vecteur MF; la perpendiculaire abaissée sur le plan directeur est égale à la perpendiculaire MP abaissée sur la ligne DD' multipliée par le sinus de l'angle θ du plan sécant avec le plan directeur; on a donc

$$\frac{MF}{MP}=k\sin\theta.$$

Corollaire.—Ce théorème permet de déduire des propriétés des courbes du second degré relatives à un seul foyer les propriétés analogues du cône relatives à une seule de ses focales.

Par exemple, on sait que dans une courbe du second degré le rayon mené du foyer au point de concours de deux tangentes divise en deux parties égales l'angle des rayons vecteurs menés aux points de contact (n° 111). On en déduit : *l'arc mené du foyer d'une conique sphérique au point de concours de deux tangentes divise en deux parties égales l'angle des arcs menés du même foyer aux deux points de contact.*

L'emploi du cône supplémentaire donne un théorème corrélatif :

Si par deux points du cercle directeur on mène des tangentes à une conique sphérique, la corde des contacts passe par le milieu de l'arc compris entre les deux points.

359—Coordonnées sur la sphère.—On détermine généralement la position d'un point sur la sphère à l'aide de deux coordonnées que l'on nomme *longitude* et *latitude;* mais dans beaucoup de cas ce système n'est pas le plus commode. Un rayon OM est déterminé lorsqu'on connaît les rapports $\xi = \frac{x}{z}$, $\eta = \frac{y}{z}$ entre les coordonnées rectilignes orthogonales de l'un quelconque de ses points ; j'appellerai ces rapports *coordonnées du rayon* ou coordonnées du point M où le rayon perce la sphère. Je projette le rayon OM sur les deux plans ZOX, ZOY ; on a

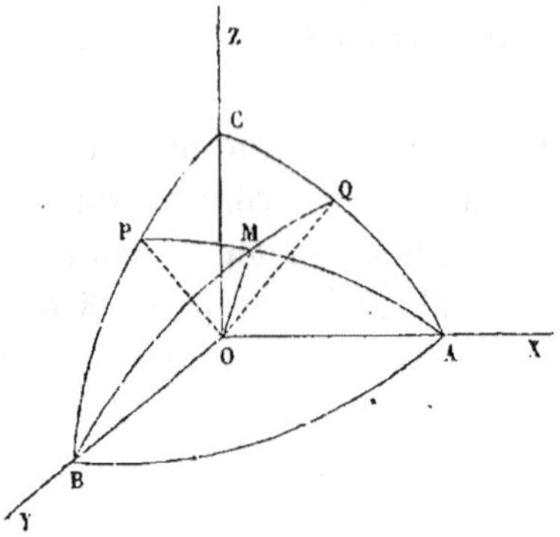

$$\frac{x}{z} = tang\,\mathrm{CQ}, \quad \frac{y}{z} = tang\,\mathrm{CP};$$

ainsi, dans ce système, les coordonnées ξ, η d'un point M sont les tangentes des arcs CQ, CP interceptés sur deux cercles rectangulaires fixes par les arcs menés d'un point quelconque perpendiculairement aux premiers. Lorsque les axes primitifs sont obliques, la signification géométrique des rapports $\frac{x}{z}$, $\frac{y}{z}$ ne peut plus s'énoncer d'une manière aussi simple, mais ces rapports déterminent toujours sans ambiguïté la position d'un point de la sphère. Une équation $f(\xi, \eta) = o$ représente une courbe tracée sur la surface de la sphère.

L'équation du premier degré

$$A\xi + B\eta + C = o$$

devient

$$Ax + By + Cz = o,$$

lorsqu'on remplace les coordonnées ξ, η par les coordonnées rectilignes $\frac{x}{z}$, $\frac{y}{z}$; cette dernière équation représente un plan passant par l'origine; donc la première représente sur la sphère un grand cercle.

En général, une équation algébrique entière du degré m devient, par la même substitution, une équation algébrique entière et homogène du degré m; elle représente par conséquent un cône du degré m. Or, si l'on change la direction des axes OX, OY, OZ sans changer l'origine, l'équation homogène en x, y, z se transforme en une autre équation homogène et de même degré en x', y', z'; et si l'on divise par z'^m, on a encore une équation du m^e degré en ξ', η'. Une transformation de coordonnées n'altère donc pas le degré d'une équation algébrique entière, ce qui amène naturellement à la classification des courbes sphériques algébriques d'après le degré des équations.

Au moyen de ces coordonnées on peut étudier les courbes sphériques de la même manière que l'on a étudié les lignes planes au moyen des coordonnées rectilignes.

L'ellipse sphérique a été étudiée pour la première fois par Fuss, comme lieu des sommets des triangles de même base et de même périmètre. Plus tard M. Magnus, de Berlin, a démontré l'égale inclinaison de l'arc tangent sur les deux arcs qui vont des foyers au point de contact. Les propriétés des cercles cycliques ont été trouvées par M. Chasles.

CHAPITRE IV.

Surfaces homofocales.

360—On dit que deux surfaces du second ordre sont *homofocales* lorsque leurs sections principales ont les mêmes foyers.

Soit

$$(1)\ \frac{x^2}{a}+\frac{y^2}{b}+\frac{z^2}{c}=1$$

l'équation d'un ellipsoïde dans laquelle je suppose $a>b>c$. La section principale ABA′ a deux foyers F, F′ situés sur l'axe AA′ à une distance du centre égale à $\sqrt{a-b}$. La section principale BCB′ a deux foyers G, G′ situés sur l'axe BB′ à une

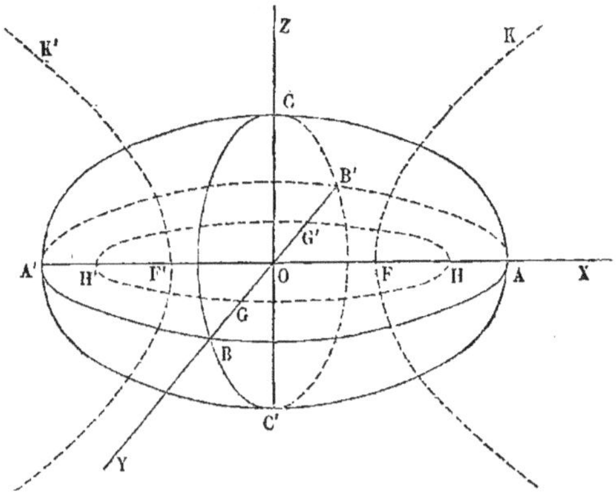

distance du centre égale à $\sqrt{b-c}$. La section principale ACA′ a deux foyers H, H′ situés sur l'axe AA′ à une distance du centre égale à $\sqrt{a-c}$.

Soit

$$\frac{x^2}{a'}+\frac{y^2}{b'}+\frac{z^2}{c'}=1$$

l'équation d'une seconde surface dans laquelle on suppose encore $a'>b'>c'$. Pour que les foyers de cette surface coïncident avec ceux de la première, il faut que l'on ait

$$a-b=a'-b',\quad b-c=b'-c',\quad a-c=a'-c',$$

ou

$$a-a'=b-b'=c-c'.$$

Si donc on représente par u la valeur de ces différences, l'équation générale des surfaces du second ordre, homofocales à l'ellipsoïde donné, est

$$(2)\quad \frac{x^2}{a-u}+\frac{y^2}{b-u}+\frac{z^2}{c-u}=1,$$

dans laquelle u désigne un paramètre arbitraire.

Quand le paramètre u est plus petit que c, la surface est un *ellipsoïde*. Quand u est compris entre c et b, la surface est une *hyperboloïde à une nappe*. Quand u est compris entre b et a, la surface est une *hyperboloïde à deux nappes*. On ne donnera pas à u des valeurs plus grandes que a, parce que la surface cesserait d'exister.

Lorsque u est un peu plus petit que c, l'ellipsoïde est très-aplati; à la limite, il se réduit à la portion du plan XOY comprise dans l'ellipse HGH', qui a pour équation

$$\frac{x^2}{a-c}+\frac{y^2}{b-c}=1.$$

Lorsque u surpasse c d'une quantité très-petite, l'hyperboloïde à une nappe a son axe imaginaire très-petit et son cône asymptote très-ouvert; à la limite, il se réduit à la portion du plan XOY extérieure à l'ellipse HGH'. Lorsque u est un peu plus petit que b, l'axe de l'hyperboloïde dirigé suivant OY devient très-petit, et l'hyperboloïde à une nappe se confond à la limite avec la portion du plan XOZ extérieure aux branches FK, F'K' de l'hyperbole, qui a pour équation

$$\frac{x^2}{a-b}-\frac{z^2}{b-c}=1.$$

Quand u surpasse b d'une quantité très-petite, l'hyperboloïde à deux nappes a son axe dirigé suivant OY très-petit et se confond à la limite avec les portions du plan XOZ intérieures aux branches FK, F'K'.

Enfin, quand u devient égal à a, l'hyperboloïde à deux nappes se confond avec le plan ZOY.

Les deux courbes limites, l'ellipse HGH', située dans le plan XOY et l'hyperbole FK, située dans le plan XOZ, ont été nommées *focales* de l'ellipsoïde et en général de chacune des surfaces homofocales. Ces courbes jouissent en effet de propriétés analogues à celles des foyers dans les courbes du second degré.

THÉORÈME I.

361—*Par chaque point de l'espace on peut faire passer trois surfaces du second ordre homofocales à un ellipsoïde donné.*

Soit

$$\frac{x^2}{a}+\frac{y^2}{b}+\frac{z^2}{c}=1$$

l'équation de l'ellipsoïde donné, dans laquelle on suppose toujours $a>b>c$. Si l'on désigne par x, y, z les coordonnées d'un point M de l'espace, on déterminera le paramètre u des surfaces homofocales à l'ellipsoïde donné par l'équation du troisième degré

$$\frac{x^2}{a-u}+\frac{y^2}{b-u}+\frac{z^2}{c-u}=1.$$

En substituant à la place de u des valeurs un peu plus grandes ou un peu plus petites que les quantités a, b, c, on reconnaît aisément que cette équation a ses trois racines réelles, l'une plus petite que c, une seconde comprise entre c et b, la troisième comprise entre b et a. Ainsi par le point M passent trois surfaces homofocales à l'ellipsoïde donné, savoir : un ellipsoïde, une hyperboloïde à une nappe, une hyperboloïde à deux nappes.

THÉORÈME II.

362—*Deux surfaces homofocales d'espèces différentes se coupent à angle droit.*

Je donne à *u* deux valeurs *u*, *v*, telles que les surfaces correspondantes soient d'espèces différentes; ces deux surfaces se coupent, et l'angle des normales est donné par la formule

$$\cos V = \frac{x}{a-u}\cdot\frac{x}{a-v} + \frac{y}{b-u}\cdot\frac{y}{b-v} + \frac{z}{c-u}\cdot\frac{z}{c-v}.$$

Si l'on retranche l'une de l'autre les deux équations

$$\frac{x^2}{a-u} + \frac{y^2}{b-u} + \frac{z^2}{c-u} = 1,$$

$$\frac{x^2}{a-v} + \frac{y^2}{b-v} + \frac{z^2}{c-v} = 1,$$

on trouve $\cos V = o$.

Corollaire.—Les normales aux trois surfaces homofocales qui passent par un même point forment en ce point un angle trièdre tri-rectangle.

On appelle points correspondants sur deux surfaces de même espèce, deux ellipsoïdes, par exemple, les points où ces surfaces sont traversées par la ligne d'intersection de deux hyperboloïdes d'espèces différentes, ligne normale en même temps aux deux ellipsoïdes.

THÉORÈME III.

363—*Les coordonnées de deux points correspondants sont entre elles respectivement comme les axes des deux surfaces auxquels elles sont parallèles.*

En désignant par *u*, *v*, *w* les valeurs du paramètre qui correspondent aux trois surfaces homofocales qui passent par le point M, et résolvant les trois équations

$$\frac{x^2}{a-u} + \frac{y^2}{b-u} + \frac{z^2}{c-u} = 1,$$

$$\frac{x^2}{a-v} + \frac{y^2}{b-v} + \frac{z^2}{c-v} = 1,$$

$$\frac{x^2}{a-w} + \frac{y^2}{b-w} + \frac{z^2}{c-w} = 1,$$

on trouve

$$x^2=\frac{(a-u)(a-v)(a-w)}{(a-b)(a-c)},\qquad y^2=\frac{(b-u)(b-v)(b-w)}{(b-c)(b-a)},$$

$$z^2=\frac{(c-u)(c-v)(c-w)}{(c-a)(c-b)}.$$

Si l'on fait varier u sans changer v et w, on voit que x^2 varie proportionnellement à $a-u$, c'est-à-dire au carré de l'axe dirigé suivant la ligne OX.

COROLLAIRE I.—*La différence des carrés des rayons qui joignent le centre à deux points correspondants sur deux ellipsoïdes homofocaux, est constante et égale à la différence des carrés des axes.*

Soient u et u' les paramètres des deux ellipsoïdes, M et M' deux points correspondants; on a

$$\frac{x^2}{a-u}=\frac{x'^2}{a-u'}=\frac{x'^2-x^2}{u-u'};$$

donc

$$\overline{OM'}^2-\overline{OM}^2=(x'^2-x^2)+(y'^2-y^2)+(z'^2-z^2)=(u-u').$$

COROLLAIRE II.—*La distance* MN' *d'un point* M *du premier ellipsoïde à un point quelconque* N' *du second ellipsoïde égale la distance* M'N *des deux points correspondants.*

Car, en désignant par (x, y, z), (x_1, y_1, z_1) les coordonnées des points M et N et accentuant celles des points correspondants, on a

$$\overline{MN'}^2=\overline{OM}^2+\overline{ON'}^2-2(xx'_1+yy'_1+zz'_1),$$
$$\overline{M'N}^2=\overline{OM'}^2+\overline{ON}^2-2(x'x_1+y'y_1+z'z_1);$$

d'où

$$\overline{MN'}^2-\overline{M'N}^2=o.$$

THÉORÈME IV.

364—*Le rayon mené à un point* M *de la surface* u *et les parallèles menées du centre aux normales des deux surfaces homofocales* v *et* w *qui passent en* M, *forment un système de trois diamètres conjugués de la première surface.*

Le rayon OM étant conjugué du plan tangent en M à la

première surface, plan qui contient les normales aux deux autres surfaces, il suffit de démontrer que ces deux normales sont conjuguées dans la première surface, c'est-à-dire que l'on a

$$\frac{\frac{x}{a-v}\cdot\frac{x}{a-w}}{a-u}+\frac{\frac{y}{b-v}\cdot\frac{y}{b-w}}{b-u}+\frac{\frac{z}{c-v}\cdot\frac{z}{c-w}}{c-u}=0,$$

relation que l'on vérifie aisément en tenant compte des valeurs de x^2, y^2, z^2 trouvées précédemment.

Corollaire.—*Les sections de la première surface par des plans parallèles au plan tangent ont leurs axes respectivement parallèles aux normales des deux autres surfaces.*

THÉORÈME V.

365—*Les axes d'un cône circonscrit à une surface du second ordre coïncident avec les normales aux trois surfaces homofocales à la proposée et passant par le sommet du cône.*

Le cône circonscrit à la surface

$$\frac{x^2}{a}+\frac{y^2}{b}+\frac{z^2}{c}=1$$

et qui a pour sommet le point $P(x_0, y_0, z_0)$, est représentée par l'équation

$$h\left(\frac{x^2}{a}+\frac{y^2}{b}+\frac{z^2}{c}-1\right)=\left(\frac{x_0x}{a}+\frac{y_0y}{b}+\frac{z_0z}{c}-1\right)^2,$$

dans laquelle on fait, pour abréger,

$$h=\frac{x_0^2}{a}+\frac{y_0^2}{b}+\frac{z_0^2}{c}-1.$$

Les plans principaux de ce cône sont déterminés par l'équation (n° 257)

$$(1)\quad\left\{\begin{aligned}&\left(S-\frac{h}{a}\right)\alpha+\frac{x_0}{a}\left(\frac{\alpha x_0}{a}+\frac{\alpha' y_0}{b}+\frac{\alpha'' z_0}{c}\right)=o;\\&\left(S-\frac{h}{b}\right)\alpha'+\frac{y_0}{b}\left(\frac{\alpha x_0}{a}+\frac{\alpha' y_0}{b}+\frac{\alpha'' z_0}{c}\right)=o,\\&\left(S-\frac{h}{c}\right)\alpha''+\frac{z_0}{c}\left(\frac{\alpha x_0}{a}+\frac{\alpha' y_0}{b}+\frac{\alpha'' z_0}{c}\right)=o;\end{aligned}\right.$$

Ces équations, multipliées respectivement par x_0, y_0, z_0 et ajoutées, donnent

$$S(\alpha x_0+\alpha' y_0+\alpha'' z_0)+\left(\frac{\alpha x_0}{a}+\frac{\alpha' y_0}{b}+\frac{\alpha'' z_0}{c}\right)=0,$$

ce qui permet de les écrire sous la forme

$$\left(a-\frac{h}{S}\right)\alpha-x_0(\alpha x_0+\alpha' y_0+\alpha'' z_0)=0,$$

$$\left(b-\frac{h}{S}\right)\alpha'-y_0(\alpha x_0+\alpha' y_0+\alpha'' z_0)=0,$$

$$\left(c-\frac{h}{S}\right)\alpha''-z_0(\alpha x_0+\alpha' y_0+\alpha'' z_0)=0.$$

On en déduit

$$(2)\qquad \frac{\alpha}{\dfrac{x_0}{a-\dfrac{h}{S}}}=\frac{\alpha'}{\dfrac{y_0}{b-\dfrac{h}{S}}}=\frac{\alpha''}{\dfrac{z_0}{c-\dfrac{h}{S}}},$$

$$(3)\qquad \frac{x_0^2}{a-\dfrac{h}{S}}+\frac{y_0^2}{b-\dfrac{h}{S}}+\frac{z_0^2}{c-\dfrac{h}{S}}=1.$$

Si l'on prend pour inconnue $\frac{h}{S}$, l'équation (3) détermine les paramètres des surfaces homofocales à la surface du second ordre proposée et passant par le point P. Les équations (2) indiquent que les axes du cône coïncident avec les normales à ces surfaces.

THÉORÈME VI.

366—*Les cônes de même sommet circonscrits à des surfaces homofocales ont les mêmes lignes focales.*

Si l'on appelle S, S', S'' les trois valeurs de S déduites de l'équation (3), l'équation du cône rapportée à ses sections principales devient

$$Sx^2+S'y^2+S''z^2=0,$$

ou

$$\frac{x^2}{\dfrac{h}{S}}+\frac{y^2}{\dfrac{h}{S'}}+\frac{z^2}{\dfrac{h}{S''}}=0.$$

Lorsqu'on augmente les coefficients a, b, c d'une même quantité μ, on a une seconde surface homofocale à la première; les racines de l'équation (3) augmentent de cette quantité μ; le cône circonscrit, dont les axes conservent les mêmes directions, a pour équation

$$\frac{x^2}{\frac{h}{S}+\mu}+\frac{y^2}{\frac{h}{S'}+\mu}+\frac{z^2}{\frac{h}{S''}+\mu}=0.$$

Donc les lignes focales de ce second cône coïncident avec celles du premier.

THÉORÈME VII.

367—*Les focales des cônes de même sommet circonscrits à une série de surfaces homofocales sont situées sur l'hyperboloïde à une nappe homofocale qui passe par le sommet.*

J'imagine qu'on fasse passer une hyperboloïde à une nappe par un point voisin du point M; le plan de contact du cône circonscrit sera lui-même voisin de M et coupera la surface suivant une hyperbole, base du cône qui est alors très aplati. La limite des cônes, quand l'hyperboloïde s'approche de plus en plus de M, est la portion du plan tangent à l'hyperboloïde qui passe en ce point, portion comprise entre deux des angles des génératrices rectilignes qui se croisent en M.

THÉORÈME VIII.

368—*Le lieu des sommets des cônes de révolution circonscrits à un ellipsoïde est la focale hyperbolique de l'ellipsoïde.*

Le cône circonscrit est de révolution lorsque l'équation (3) a deux racines égales; pour cela il est nécessaire que le point M soit situé sur l'une des focales de la surface.

Corollaire.—Puisque les cônes de même sommet circonscrits aux diverses surfaces homofocales sont en même temps de révolution, le cône suivant lequel d'un point de l'une des focales on voit l'autre focale, est de révolution.

THÉORÈME IX.

369—*Si une ellipse et une hyperbole sont placées dans deux plans rectangulaires de telle sorte que les sommets de l'une des courbes soient les foyers de l'autre, la somme ou la différence des rayons vecteurs menés de deux points fixes de l'une d'elles à un point quelconque de l'autre est constante.*

Je prends deux points P et Q sur l'une des focales, et j'imagine deux cônes ayant leurs sommets en ces points et pour bases l'autre focale; puisque ces cônes sont de révolution, si on inscrit dans ces cônes des sphères tangentes au plan de la base, les points de contact seront précisément les foyers B, B′ de cette base (n° 338). Je prends les génératrices PR, QR qui aboutissent à un même point de l'ellipse AA′, la génératrice PR se compose de deux parties, l'une PG comprise depuis le point P jusqu'au point de tangence G avec la sphère, l'autre RG=RB. De même, sur l'autre génératrice il y a une partie constante QH et une partie variable RH=RB′; d'ailleurs la somme RB+RB′ est constante; donc la somme PR+RQ est aussi constante.

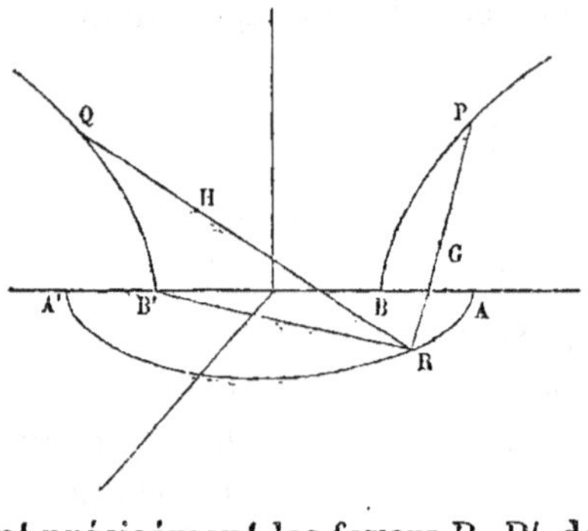

Maclaurin s'est servi le premier de la considération des ellipsoïdes homofocaux, pour traiter la question si importante de l'attraction des ellipsoïdes, dont la solution complète a été donnée plus tard par M. Ivory. Les principales propriétés des focales dans les surfaces du second ordre sont dues à M. Chasles.

LIVRE X.

DE LA TRANSFORMATION DES FIGURES ET DU PRINCIPE DE DUALITÉ.

CHAPITRE I.

Géométrie symbolique.

370—Nous n'avons considéré jusqu'à présent que les solutions réelles des équations; à une solution réelle d'une équation à deux variables correspond un point d'un plan; à une solution réelle d'une équation à trois variables, un point de l'espace. Cependant la considération des solutions imaginaires, quoiqu'elles ne soient susceptibles d'aucune représentation graphique, est d'une grande utilité en géométrie.

J'appelle *point* un système de valeurs de x, y, z, réelles ou imaginaires; *surface*, l'ensemble des solutions d'une équation $f(x, y, z) = o$, à coefficients réels ou imaginaires; *ligne*, le système de deux équations simultanées ou l'intersection de deux surfaces. Un *plan* est une équation du premier degré, une *droite* l'intersection de deux plans.

Je pose ainsi les bases d'une *géométrie symbolique* plus générale que la géométrie ordinaire; dans cette géométrie, les raisonnements portent, non sur de figures, mais sur des symboles dont les figures sont des représentations dans certains cas particuliers. Pour faciliter le langage, je donne à ces symboles les noms ordinaires des figures correspondantes.

Une équation à coefficients réels admet généralement une infinité de solutions réelles, qui sont représentées graphiquement par une ligne ou une surface réelle, et toujours une infinité de systèmes de solutions imaginaires, conjugués deux à deux. Une équation à coefficients imaginaires n'admet qu'un nombre limité de solutions réelles; quant aux solutions imaginaires, elles sont toujours en nombre illimité.

Une droite est déterminée par deux points; si les deux points sont réels ou imaginaires conjugués, la droite a ses coefficients réels; dans le cas contraire, les coefficients sont généralement imaginaires. On démontre par le calcul que lorsqu'une droite a deux points situés dans un plan, elle est tout entière dans ce plan.

Une courbe du second degré est déterminée par cinq points; si les points sont tous réels ou si les points imaginaires sont conjugués deux à deux, l'équation a ses coefficients réels. Dans le cas contraire, les coefficients sont généralement imaginaires.

371—J'appelle *distance* de deux points (x', y', z'), (x'', y'', z''), réels ou imaginaires, l'une des deux quantités, égales et de signes contraires, déterminées par la formule

$$\rho^2 = (y''-y')^2 + (y''-y')^2 + (z''-z')^2.$$

Une droite quelconque passant par le point (x_0, y_0, z_0) s'écrira sous la forme

$$\frac{x-x_0}{a} = \frac{y-y_0}{b} = \frac{z-z_0}{c} = \rho,$$

dans laquelle on suppose que a, b, c satisfont à la relation

$$a^2+b^2+c^2=1;$$

la lettre ρ désigne la distance du point (x_0, y_0, z_0) à un point quelconque de la droite.

On peut distinguer sur la droite deux directions déterminées, l'une par les coefficients a, b, c, l'autre par ces mêmes coefficients pris avec des signes contraires.

Si à partir du point $A(x_0, y_0, z_0)$ on porte sur la droite, dans la première direction, une longueur imaginaire ρ', on obtient un point B dont les coordonnées x', y', z' vérifient les relations

$$\frac{x'-x_0}{a}=\frac{y'-y_0}{b}=\frac{z'-z_0}{c}=\rho'.$$

Si à partir du point B on porte encore dans la même direction une longueur ρ'', on obtient un point C dont les coordonnées x'', y'', z'' vérifient les relations

$$\frac{x''-y'}{a}=\frac{y''-y'}{b}=\frac{z''-z'}{c}=\rho''.$$

En additionnant ces relations avec les précédentes, on a

$$\frac{x''-x_0}{a}=\frac{y''-y_0}{b}=\frac{z''-z_0}{c}=\rho'+\rho''.$$

Donc la distance AC égale la somme des distances AB et BC. Ainsi les longueurs imaginaires s'ajoutent comme les longueurs réelles.

372 — J'appelle *cosinus* de l'angle de deux directions (a, b, c), (a', b', c'), l'expression donnée par la formule

$$\cos\varphi=aa'+bb'+cc'.$$

Je dirai que deux angles sont égaux lorsque la valeur de $\cos\varphi$ sera la même de part et d'autre. On voit immédiatement que l'angle des deux directions égale l'angle des deux directions opposées, en un mot que deux angles *opposés par le sommet* sont égaux. Je dis que deux angles sont *supplémentaires,* lorsque leurs cosinus sont égaux et de signes contraires ; on voit qu'une direction fait avec les deux directions opposées d'une droite deux angles supplémentaires. Lorsque les quatre angles formés par deux droites sont égaux, on dit que les deux droites sont *perpendiculaires,* et chacun de ses angles s'appelle *angle droit;* ces quatre angles seront égaux, si l'on a

$$aa'+bb'+cc'=-(aa'+bb'+cc'),$$

ou

$$\cos\varphi=aa'+bb'+cc'=0.$$

Le lieu des perpendiculaires menées par le point (x_0, y_0, z_0) à la droite

$$\frac{x-x_0}{a}=\frac{y-y_0}{b}=\frac{z-z_0}{c}$$

est le plan

$$a(x-x_0)+b(y-y_0)+c(z-z_0)=0;$$

je dirai que la droite est perpendiculaire sur ce plan. Je définis l'angle de deux plans par les normales à ces plans.

Deux plans qui ne se rencontrent pas sont dits *parallèles;* de même que deux droites, situées dans un même plan et qui ne se rencontrent pas. Après avoir démontré par le calcul que par un point on ne peut mener qu'un plan perpendiculaire sur une droite, on en déduira que deux plans perpendiculaires sur une même droite sont parallèles, que deux droites perpendiculaires à une même droite dans un même plan sont parallèles, et toute une série de théorèmes sur les parallèles et les perpendiculaires.

Soient deux droites

$$\frac{x-y_0}{a}=\frac{y-y_0}{b}=\frac{z-z_0}{c}=\rho,$$

$$\frac{x'-x_0}{a'}=\frac{y'-y_0}{b'}=\frac{z'-z_0}{c'}=\rho',$$

menées par le même point $A(x_0, y_0, z_0)$; sur la première je porte une longueur $AB=\rho$ que je projette sur la seconde. J'appelle x, y, z les coordonnées du point B, x', y', z' celles de sa projection B′, ρ' la longueur de la projection AB′, φ l'angle des deux droites. Puisque les deux droites AB′, BB′ sont perpendiculaires, on a

$$a'(x-x')+b'(y-y')+c'(z-z')=0;$$

en substituant dans cette équation les valeurs

$$x=x_0+a\rho, \quad x'=x_0+a'\rho', \ldots\ldots..$$

on arrive à la relation

$$\rho'=\rho\cos\varphi.$$

Ainsi le théorème fondamental des projections s'applique quand on projette sur un axe imaginaire.

373—Si l'on joint trois points A, B, C deux à deux, on forme un triangle réel ou imaginaire, dont je désigne les côtés par *a*, *b*, *c*. Afin de fixer les idées, je détermine la direction des côtés en parcourant le triangle dans le sens ABC, et je prends l'angle de chaque côté avec le suivant. Lorsque le triangle est réel et les longueurs des côtés positives, ces angles sont extérieurs au triangle. En projetant le triangle sur chacun des côtés successivement, on a

$$a+b\cos C+c\cos B=o,$$
$$b+c\cos A+a\cos C=o,$$
$$c+a\cos B+b\cos A=o,$$

d'où l'on déduit les trois relations fondamentales des triangles rectilignes

$$a^2=b^2+c^2+2bc\cos A,$$
$$b^2=c^2+a^2+2ca\cos B,$$
$$c^2=a^2+b^2+2ab\cos C.$$

Ces relations montrent que si deux côtés sont égaux, les deux angles opposés sont égaux, et réciproquement.

J'appelle *triangles égaux* des triangles qui ont les côtés et les angles égaux respectivement; il résulte des relations précédentes que deux triangles qui ont les côtés égaux chacun à chacun, ou un angle compris entre deux côtés égaux chacun à chacun, sont égaux.

L'égalité des triangles peut être employée comme moyen de démonstration dans la géométrie symbolique comme dans la géométrie ordinaire. Ainsi on démontre par des triangles égaux que dans un cercle le diamètre qui divise une corde en deux parties égales est perpendiculaire sur la corde: d'où l'on conclut que la tangente est perpendiculaire à l'extrémité du rayon. On démontre de même que deux obliques qui s'écartent également du pied de la perpendiculaire sont égales : d'où l'on conclut que la ligne d'intersection d'une sphère par un plan est un cercle, etc.

374—Dans ce qui précède, j'ai établi les principes de la géométrie symbolique. Une fois ces principes nettement établis, toute la série des théorèmes s'en déduit sans difficulté par les raisonnements synthétiques de la géométrie ordinaire; ces raisonnements tiennent lieu d'opérations algébriques, telles que transformations et combinaisons d'équations.

Les imaginaires sont d'une grande importance en géométrie; ils permettent de généraliser les conceptions géométriques; d'autre part, il arrive souvent qu'un théorème abstrait trouvé par cette méthode se traduit, dans le cas de la réalité, par des théorèmes géométriques que l'on n'aurait pu obtenir, du moins d'une manière aussi simple, en raisonnant toujours sur une figure réelle; l'emploi des imaginaires dans le raisonnement, quoiqu'on les supprime à la fin, généralise la conclusion.

375—Transversales. — Une droite rencontre une surace algébrique du degré m en m points, réels ou imaginaires.

Soit $f(x, y, z)=o$ l'équation de la surface, $\varphi(x, y, z)$ l'ensemble des termes de degré m. Par un point P dont j'appelle x_0, y_0, z_0 les coordonnées, je mène une sécante quelconque

$$\frac{x-x_0}{a}=\frac{y-y_0}{b}=\frac{z-z_0}{c}=\rho;$$

les points où cette sécante rencontre la surface sont donnés par l'équation

$$(1)\quad f(x_0, y_0, z_0)+A\rho+B\rho^2+\ldots\ldots+\varphi(a, b, c)\rho^m=o.$$

En désignant par ρ', ρ'',.... les distances du point P aux m points d'intersection, on a

$$\rho'.\rho''.\rho'''\ldots\ldots=\pm\frac{f(x_0, y_0, z_0)}{\varphi(a, b, c)}.$$

Je considère la surface $\varphi(x, y, z)\pm1=o$, et par l'origine je mène parallèlement à la sécante un rayon dont j'appelle r la longueur; on a

$$r^m=\pm\frac{1}{\varphi(a, b, c)};$$

d'où

$$(2)\quad f(x_0, y_0, z_0)=\frac{\rho'.\rho''.\rho'''\ldots\ldots}{r^m}.$$

Cette relation donne une signification géométrique au polynôme $f(x, y, z)$ pour tous les points de l'espace. On en déduit le théorème de NEWTON sur les transversales : *Si à travers une surface algébrique on mène par un point quelconque deux sécantes parallèles à deux droites fixes, les produits des segments de ces deux sécantes sont entre eux dans un rapport constant.*

A l'aide de l'équation (1) on démontre aisément ce théorème : *Si par un point* P *on mène diverses sécantes à une surface algébrique, le lieu du point conjugué harmonique du point* P *par rapport aux extrémités de chaque sécante est un plan* (n° 314).

Une sécante réelle, menée par un point réel P, rencontre une surface réelle du second ordre en deux points, réels ou imaginaires conjugués; le point conjugué harmonique de P, par rapport aux deux points d'intersection, est toujours réel; voilà pourquoi, dans la recherche du point polaire, on obtient sur chaque sécante un point réel, quand même la sécante ne rencontre pas effectivement la surface. La même remarque généralise la notion des plans diamétraux; autrement le plan diamétral dans un ellipsoïde, par exemple, devrait être borné à la portion comprise dans l'intérieur de la surface.

376—INTERSECTION DE DEUX COURBES DU SECOND DEGRÉ. —Deux courbes du second degré se coupent en quatre points; si on les joint deux à deux, on obtient trois couples de sécantes communes; chacun des points de concours des différents couples a pour polaire commune, dans les deux courbes, la droite qui passe par les deux autres points de concours.

Si les deux courbes sont réelles, les quatre points communs sont réels ou imaginaires conjugués. Il y a trois cas à examiner : 1° les quatre points réels; les six sécantes sont réelles, trois points réels ont mêmes polaires dans les deux courbes; 2° deux points réels et deux imaginaires; un seul couple de sécantes communes réelles, celle qui passe par les deux points réels, et celle qui passe par les deux points imaginaires; chacun des deux autres couples est composé de deux sécantes imaginaires conjuguées; trois points réels ont mêmes polaires; 3° les quatre points imaginaires; un seul couple de sécantes communes réelles; un seul point réel a même polaire.

377—INTERSECTION DE DEUX SURFACES DU SECOND ORDRE. —Deux surfaces du second ordre $A=o$, $B=o$ se coupent en général suivant une ligne à double courbure dont la projection sur un plan est une courbe du quatrième degré. L'équation $A+\lambda B=o$, dans laquelle λ désigne une constante arbitraire, représente toutes les surfaces du second ordre qui passent par la ligne d'intersection des deux premières. Parmi ces surfaces se trouvent quatre cônes; en effet, si l'on considère le cône comme une surface dont le centre appartient à la surface, on a les quatre équations

$$A'_x+\lambda B'_x=o,\quad A'_y+\lambda B'_y=o,\quad A'_z+\lambda B'_z=o,$$
$$A+\lambda B=o;$$

des trois premières on tire des valeurs de la forme

$$x=\frac{L}{D},\quad y=\frac{M}{D},\quad z=\frac{N}{D},$$

dans lesquelles L, M, N, D désignent des polynômes du troisième degré par rapport à λ; si l'on substitue dans la quatrième équation, on a une équation du quatrième degré en λ.

Il est clair que le sommet de chacun des ces cônes a pour plan polaire commun, par rapport aux deux surfaces, le plan qui passe par les sommets des trois autres cônes.

Lorsque deux surfaces du second ordre se coupent suivant une première courbe plane, l'intersection complète est formée de deux courbes planes. En effet, toute surface représentée par l'équation $A+\lambda B=o$ contient évidemment la ligne d'intersection des deux surfaces proposées; or, si l'on détermine la constante λ de manière que la nouvelle surface passe par un point pris dans le plan de la première courbe plane, et non situé sur la courbe, il est évident que le plan tout entier appartiendra à cette surface, qui se réduira alors à deux plans; donc la ligne d'intersection se compose de deux courbes planes qui admettent pour sécante commune la droite d'intersection des deux plans.

Lorsque deux surfaces du second ordre se coupent suivant deux courbes planes, si $A=o$ est l'équation de l'une des surfaces, $u=o$, $v=o$ les équations des plans des deux courbes, l'équation de l'autre surface sera de la forme

$$A+\lambda uv=o.$$

On voit immédiatement que les sections faites dans ces surfaces par un plan $u=\alpha$, parallèle au plan de l'une des courbes communes, sont homothétiques.

Les sections faites par un plan quelconque admettent pour sécantes communes les droites d'intersection du plan sécant avec les plans des deux courbes communes.

Quand deux surfaces du second ordre se coupent suivant deux courbes planes, si l'une d'elles s'éloigne à l'infini, le polynôme v devient une constante et l'équation de la seconde surface prend la forme

$$A+\lambda u=o;$$

donc les deux surfaces sont homothétiques. Les sections par un plan parallèle à la courbe commune $u=o$ sont homothétiques et concentriques.

378—Surfaces du second ordre tangentes.—Je suppose que deux surfaces du second degré soient tangentes suivant une ligne; je prends sur cette ligne trois points, par lesquels je fais passer un plan qui coupe les surfaces suivant deux coniques qui ont trois points communs et de plus les mêmes tangentes en ces points; donc ces deux coniques se confondent, et par suite *la ligne de contact des deux surfaces du second degré est plane.* L'ensemble des plans tangents communs forme un cône circonscrit aux deux surfaces.

Soit $A=o$ l'équation de l'une des surfaces, $u=o$ le plan de la ligne de contact, l'équation de l'autre surface sera de la forme

$$A+\lambda u^2=o.$$

Les sections faites dans les deux surfaces par un plan parallèle au plan de contact sont homothétiques et concentriques. Les sections faites par un plan quelconque ont un double contact, réel ou imaginaire, suivant la droite d'intersection du plan sécant et du plan de contact; car les deux courbes sont évidemment tangentes aux deux extrémités de cette sécante commune.

Je considère deux surfaces

$$A+\lambda u^2=o,$$
$$A+\lambda' u'^2=o,$$

inscrites dans la surface $A=o$, ou circonscrites à cette surface; les points communs à ces deux surfaces vérifient l'équation

$$u\sqrt{\lambda}=\pm u'\sqrt{\lambda'};$$

on en conclut que les deux surfaces se coupent suivant deux lignes planes.

379—Projection stéréographique.—L'œil étant placé arbitrairement dans l'espace, si l'on fait la perspective d'une surface du second ordre sur un plan quelconque, on démontre aisément, au moyen de ce qui précède, que la perspective de toute courbe plane tracée sur la surface est une conique ayant un double contact, réel ou imaginaire, avec la conique perspective du contour apparent de la surface; et que le pôle de la corde de contact est la perspective du sommet du cône circonscrit à la surface suivant la courbe plane que l'on considère. En effet, les sections faites par un même plan dans la surface et dans le cône circonscrit mené par l'œil sont des coniques doublement tangentes suivant la ligne d'intersection de ce plan et du plan du contour apparent; en perspective sur le tableau, ces deux courbes seront encore doublement tangentes; les plans tangents à la surface aux deux points de contact sont tangents à la fois au cône circonscrit mené par l'œil et au cône circonscrit suivant la courbe plane tracée sur la surface; donc la perspective du sommet de ce second cône est le pôle de la corde de contact.

Lorsque l'œil est sur la surface et que le tableau est parallèle au plan tangent en ce point, la perspective s'appelle *projection stéréographique*. Comme la perspective du contour apparent s'éloigne à l'infini, les projections des courbes planes tracées sur la surface deviennent tangentes à l'infini et par conséquent sont homothétiques; le centre de la projection de chacune d'elles est la perspective du sommet du cône circonscrit à la surface suivant cette courbe.

Si le tableau est parallèle à l'une des sections circulaires de la surface, les projections stéréographiques de toutes les parties planes de la surface sont des cercles. Sur l'ellipsoïde à trois axes inégaux, il existe quatre positions de l'œil pour lesquelles les projections stéréographiques sont des cercles

CHAPITRE II.

De l'Homographie.

380—Une figure étant donnée, on peut toujours former, d'une infinité de manières, une autre figure dans laquelle les *points*, les *droites*, les *plans* correspondent respectivement à des *points*, à des *droites*, à des *plans* de la première figure.

M. CHASLES a donné le nom d'*homographie* à ce mode de transformation des figures. Le principe de la transformation des figures est connu depuis longtemps; on en trouve des exemples dans NEWTON, mais c'est M. CHASLES qui le premier en a exposé la théorie d'une manière générale.

Soient x, y, z les coordonnées d'un point quelconque a de la première figure; on déterminera les coordonnées x', y', z' du point correspondant a' de la seconde figure par des formules de la forme

$$(1)\quad x'=\frac{L}{D},\qquad y'=\frac{M}{D},\qquad z'=\frac{N}{D},$$

dans lesquelles les lettres L, M, N, D désignent des polynômes entiers et du premier degré en x, y, z.

De ces formules on en déduit d'autres de même forme

$$(2)\quad x=\frac{L'}{D'},\qquad y=\frac{M'}{D'},\qquad z=\frac{N'}{D'},$$

(L', M', N', D' étant des polynômes entiers et du premier degré en x', y', z'), au moyen desquelles on détermine inversement le point a de la première figure qui correspond au point a' de la seconde.

Les relations (2) montrent que si le point a décrit un plan ou une droite, le point a' décrit aussi un plan ou une droite.

Si le point a décrit une surface algébrique, le point a' décrit une surface du même degré. Ainsi à une surface du second degré correspond une surface du second degré.

Aux points situés à l'infini dans la première figure correspondent dans la seconde figure des points situés tous dans un même plan I' qui a pour équation $D'=o$. Ainsi à des droites parallèles dans la première figure correspondent dans la seconde figure des droites qui concourent en un point situé dans le plan I'.

Les deux figures ont entre elles des relations de grandeur, qui consistent en ce que *le rapport anharmonique de quatre points situés en ligne droite dans la première figure égale le rapport anharmonique des quatre points homologues de la seconde figure.* En effet, si dans les formules (1) on remplace x et y par leurs valeurs tirées des deux équations d'une droite donnée, ces formules prennent la forme

$$x'=\frac{fz+f'}{kz+k'},\quad y'=\frac{gz+g'}{kz+k'},\quad z'=\frac{hz+h'}{kz+k'}.$$

Soient z_1, z_2, z_3, z_4 les coordonnées z de quatre points de de la première droite; z'_1, z'_2, z'_3, z'_4 les coordonnées des points homologues; on a

$$z'_2=\frac{hz_2+h'}{kz_2+k'},\quad z'_1=\frac{hz_1+h'}{kz_1+k'};$$

$$z'_2-z'_1=\frac{(hk'-h'k)(z_2-z_1)}{(kz_1+k')(kz_2+k')},$$

$$\frac{z'_2-z'_1}{z'_2-z'_3}:\frac{z'_4-z'_1}{z'_4-z'_3}=\frac{z_2-z_1}{z_2-z_3}:\frac{z_4-z_1}{z_4-z_3};$$

donc le théorème est démontré.

Il en résulte qu'un faisceau de quatre droites ou de quatre plans présente le même rapport anharmonique que le faisceau des quatre droites ou des quatre plans homologues.

Nous avons distingué (nº 331) les propriétés des figures en

propriétés descriptives et en propriétés métriques; il est clair que les propriétés descriptives subsistent dans la déformation homographique; quant aux propriétés métriques, celles-là subsistent qui s'expriment par des relations entre des rapports anharmoniques. L'homographie conduit à un grand nombre de théorèmes nouveaux; car si l'on a observé une propriété évidente dans une disposition particulière de la figure, on la généralise immédiatement au moyen des quinze constantes arbitraires contenues dans les formules (1); par exemple, la sphère donne, par la déformation homographique, toutes les surfaces du second degré, le cercle toutes les courbes du second degré; une propriété observée dans la sphère ou dans le cercle deviendra une propriété générale des surfaces ou des courbes du second degré.

381 — Axes conjugués relatifs a un point. — Par le centre o d'une surface du second degré S je mène trois diamètres conjugués; le point situé à l'infini sur chacun d'eux a pour plan polaire le plan des deux autres; donc la polaire conjuguée de chacun des diamètres est située dans le plan des deux autres. Par l'homographie, on a une surface du second degré S', et par un point quelconque o' trois droites telles que la polaire de chacune d'elles est dans le plan des autres; ces trois droites forment ce qu'on appelle un système de trois axes conjugués relatifs au point o'. Il est clair que le point o' admet une infinité de systèmes d'axes conjugués.

Si par le centre o d'une sphère on mène trois rayons perpendiculaires entre eux, il est évident que le plan qui passe par les extrémités de ces rayons enveloppe une sphère concentrique à la première. Par l'homographie, la sphère devient une surface du second ordre, le centre o un point o' quelconque de l'espace; on a donc le théorème suivant : *Étant donnée une surface du second ordre, si par un point fixe on mène un système quelconque de trois axes conjugués relatifs à ce point, le plan qui passe par les extrémités de ces trois axes enveloppe une surface du second ordre.* Puisque deux sphères concentriques peuvent être considérées comme tangentes à l'infini, la seconde surface sera tangente à la surface proposée suivant une courbe située dans le plan I', polaire du point fixe o'.

Lorsque le point o' coïncide avec le centre de la surface proposée, le système des trois axes conjugués devient un système de diamètres conjugués; le plan I', polaire de o', s'éloignant à l'infini, la seconde surface est homothétique et concentrique à la première. Ainsi *les faces des parallélipipèdes inscrits dans une surface du second ordre enveloppent une autre surface homothétique et concentrique à la proposée.*

382—Trois sphères qui passent par un même cercle déterminent sur une sécante quelconque six points en involution; or ces trois sphères donnent par l'homographie trois surfaces du second degré qui se coupent suivant les mêmes courbes planes, savoir : la courbe homographique du cercle commun aux trois sphères, la courbe située dans le plan I' homographique de l'infini; donc : *Trois surfaces du second degré qui se coupent suivant les mêmes courbes planes déterminent sur une sécante quelconque six points en involution.* Les deux points qui appartiennent à une même surface sont conjugués.

On peut remplacer l'une des surfaces par les plans des deux courbes. Dans le cas des figures planes, on peut remplacer une, deux ou trois des coniques par des quadrilatères ayant pour sommets les points donnés, ce qui permet de construire le second point de rencontre d'une sécante avec une conique qui passe par cinq points, lorsque cette sécante est menée par l'un des points donnés.

383—Soit un triangle inscrit dans un cercle et dont deux côtés se meuvent parallèlement à des droites données; le troisième côté, ayant une longueur constante, enveloppe un cercle concentrique au premier. On en déduit, par l'homographie, le théorème suivant : *Lorsque deux côtés d'un* *triangle inscrit dans une conique pivotent autour de deux points fixes, le troisième côté enveloppe une conique ayant un double contact, réel ou imaginaire, avec la première suivant la droite qui joint les points fixes.*

Ce théorème conduit à d'autres théorèmes remarquables. J'imagine un triangle mobile *abc* inscrit dans une conique S; deux côtés *ab* et *ac* roulent sur deux coniques S' et S'' ayant chacune un double contact, réel ou imaginaire, avec la première. Soit *o* le point de rencontre des droites de contact A et B, *d* le point où la droite *ao* rencontre la conique S, *p* et *q* les points où les droites *bd* et *cd* rencontrent A et B. Dans le triangle inscrit *abd*, le côté *ad* pivote autour de *o*, le côté *ab* enveloppe S'; donc, d'après le théorème précédent, le côté *bd* pivote autour du point *p*. De même, dans le triangle *acd*, le côté *cd* pivote autour de *q*. Je considère actuellement le triangle *bcd*; deux de ses côtés *bd* et *cd* pivotent autour de deux points fixes *p* et *q*; donc le côté *bc* enveloppe une conique ayant un double contact avec S suivant la droite *pq*. Ainsi : *Lorsque deux côtés d'un triangle, inscrit dans une conique, roulent sur deux autres coniques ayant chacune un double contact avec la première, le troisième côté enveloppe aussi une conique qui a un double contact avec la première.*

Ce théorème se généralise aisément :

Un polygone de n *côtés étant inscrit dans une conique, lorsque* n—1 *côtés roulent sur* n—1 *coniques ayant chacune un double contact avec la première, le* n^e^ *côté enveloppe aussi une conique ayant un double contact avec la première.* En effet, soit *abc.....gh* ce polygone; on considérera successivement les triangles *abc*, *acd*,..... *agh*; *ab* et *bc* roulent sur des coniques, *ac* roule aussi sur une conique; de même *ad*,.... *ag*, *ah*. Au moyen d'une position du polygone mobile, on obtient facilement la droite des contacts de la dernière conique. On peut remplacer quelques-unes des coniques doublement tangentes à la première par des points fixes.

Ces théorèmes sur les coniques doublement tangentes sont dus à M. STURM.

384.—Il est facile de voir que l'emploi des imaginaires est indispensable pour donner aux théorèmes précédents toute leur généralité. En effet, lorsque les constantes contenues dans les formules de l'homographie sont réelles, à un point réel correspond un point réel, à un point imaginaire un point imaginaire ; une sphère réelle se transforme en une surface réelle, un point o situé dans l'intérieur de la sphère, le centre, par exemple, a pour homologue un point o' situé nécessairement dans l'intérieur de la surface ; car, puisqu'une droite quelconque menée par o rencontre la sphère, une droite quelconque menée par o' rencontrera la surface. La sphère n'ayant aucun de ses points réels à l'infini, la surface n'aura aucun point réel sur le plan I', en d'autres termes ce plan sera extérieur à la surface.

Ainsi, quand on n'emploie pas les imaginaires, le théorème du n° 381 n'est démontré que pour le cas où le point o' est intérieur à la surface ; et d'ailleurs on n'aperçoit pas le contact réel ou imaginaire des surfaces. A l'aide des imaginaires, toute restriction inutile disparaît, il n'y a plus de distinction possible entre l'intérieur et l'extérieur de la surface ; en effet, si les constantes contenues dans les formules de l'homographie ne sont pas assujetties à être réelles, on pourra toujours les déterminer de manière à identifier la surface S' à une surface donnée, et le point o' à un point donné. Alors, des points imaginaires donnant naissance à des points réels, il pourra se faire que le plan I' coupe réellement la surface S', et que les deux surfaces soient tangentes suivant une courbe réelle.

Le théorème du n° 383 donne lieu à une remarque analogue. Si l'on n'employait pas les imaginaires, il serait impossible que la droite, qui passe par les deux points fixes, rencontrât la conique.

Afin de donner un exemple de ce changement des points imaginaires en points réels, je transforme le cercle qui a pour équation

$$x^2+y^2-1=o,$$

au moyen des formules

$$x=\frac{x'\sqrt{-1}+y'-1}{3y'},\qquad y=\frac{x'\sqrt{-1}-y'+1}{3y'}$$

j'obtiens l'ellipse réelle

$$2x'^2+7y'^2+4y'-2=o.$$

Au centre du premier cercle, correspond un point (0, 1) extérieur à l'ellipse; la droite I' ou $y'=o$ rencontre l'ellipse. La circonférence réelle de l'ellipse correspond à des points imaginaires du cercle.

On comprend par là comment une propriété très-simple du cercle symbolique donne par l'homographie une propriété générale des coniques réelles.

CHAPITRE III.

De l'Homologie.

385—Avant que M. Chasles ait posé les principes généraux de l'homographie, M. Poncelet s'est servi d'un mode de déformation au moyen duquel il a trouvé un grand nombre de propriétés des courbes et des surfaces du second degré. Ce mode de déformation, qui est un cas particulier de l'homographie, peut être défini par les formules

$$(1)\quad \frac{x-x_0}{x'-x_0}=\frac{y-y_0}{y'-y_0}=\frac{z-z_0}{z'-z_0}=\frac{1}{\alpha x'+\beta y'+\gamma z'+l},$$

qui renferment sept constantes arbitraires, $x_0, y_0, z_0, \alpha, \beta, \gamma, l$.

Le point o, dont les coordonnées sont x_0, y_0, z_0, se correspond à lui-même. Tout point du plan P

$$\alpha x+\beta y+\gamma z+l=1$$

est aussi à lui-même son correspondant. M. Poncelet a donné à ce mode de transformation le nom d'*homologie*, il a appelé le point *o centre d'homologie*, le plan P *plan d'homologie*.

Deux points homologues sont situés sur un même rayon passant par le centre d'homologie. Deux plans ou deux droites homologues se coupent sur le plan d'homologie.

Quand l'origine des coordonnées est placée au centre d'homologie, les formules (1) se réduisent à

$$(2)\quad \frac{x}{x'}=\frac{y}{y'}=\frac{z}{z'}=\frac{1}{\alpha x'+\beta z'+\gamma z'+l}.$$

386—Construction d'une figure homologique—Un système de points *a*, *b*, *c*, *d*,... étant donné, *o* étant pris pour centre d'homologie, on construira un système homologique de la manière suivante : d'abord, sur *oa*, *ob*, *oc*, *od*,... on prendra quatre points à volonté, a', b', c', d', comme les homologues de *a*, *b*, *c*, *d*; les intersections des droites homologues *ab* et $a'b'$, *ac* et $a'c'$, *ad* et $a'd'$ détermineront le plan d'homologie. Connaissant ce plan, on construira les points homologues de *e*,...; la droite *ea* rencontre l'axe en α, l'intersection de $\alpha a'$ et *oe*, donne e', homologue de *e*.

On peut encore prendre à volonté le plan d'homologie, puis un point a' comme l'homologue de *a*; la droite *ab* perce le plan en α; sur la droite $\alpha a'$ on prend à volonté le point b' comme l'homologue de *b*, le centre est déterminé par la rencontre de aa' et bb'.

Lorsque deux tétraèdres sont placés de telle sorte que les droites qui joignent les sommets correspondants deux à deux concourent en un même point, les lignes d'intersection des faces correspondantes deux à deux sont dans un même plan. Car ces deux *tétraèdres* sont homologiques. La réciproque est vraie.

387—Homologie de deux coniques—Les formules d'homologie dans le plan renferment cinq paramètres arbitraires : une conique particulière peut donc produire par homologie toutes les coniques ; en d'autres termes, deux coniques quelconques, situées dans un même plan, sont homologiques. Je vais entrer dans quelques détails sur cette question.

Si, du centre d'homologie, on mène à la conique S une tangente, réelle ou imaginaire, cette même droite sera aussi tangente à la courbe homologique S', au point homologue. Le centre d'homologie ne peut être par conséquent qu'un point de concours de deux tangentes communes. Les coniques tangentes à deux droites, en prenant pour origine le point de concours, sont comprises dans l'équation

$$ax^2+bxy+cy^2-\lambda(px+qy+1)^2=o;$$

$ax^2+bxy+cy^2=o$ représentant les deux tangentes, $px+qy+1=o$ la polaire de l'origine. Dans cette équation

a, b, c sont des constantes, λ, p, q des paramètres arbitraires. Les deux coniques S et S' ont donc pour équations

$$ax^2 + bxy + cy^2 - \lambda(px + qy + 1)^2 = o,$$
$$ax'^2 + bx'y' + cy'^2 - \lambda'(p'x' + q'y' + 1)^2 = o.$$

Dans la première je remplace x et y par

$$x = \frac{x'}{\alpha x' + \beta y' + \gamma}, \quad y = \frac{y'}{\alpha x' + \beta y' + \gamma};$$

si l'origine est centre d'homologie, on doit pouvoir identifier la seconde équation avec la suivante

$$ax'^2 + bx'y' + cy'^2 - \lambda\gamma^2\left[\frac{p+\alpha}{\gamma}x' + \frac{q+\beta}{\gamma}y' + 1\right]^2 = o.$$

Je poserai donc

$$\gamma = \pm\sqrt{\frac{\lambda'}{\lambda}}, \quad \alpha = p'\gamma - p, \quad \beta = q'\gamma - q.$$

Ainsi, chacun des six sommets du quadrilatère circonscrit aux deux coniques est centre d'homologie.

A un même centre correspondent deux axes d'homologie

$$px + qy + 1 - \gamma(p'x + q'y + 1) = o.$$

Les axes d'homologie sont des sécantes communes aux deux courbes; ils passent par le point de rencontre des polaires du centre d'homologie par rapport aux deux courbes.

Je considère le triangle formé par les diagonales du quadrilatère circonscrit aux deux coniques; par un sommet a du triangle passent deux sécantes communes; sur le côté opposé A sont placés deux sommets opposés o et o_1 du quadrilatère circonscrit. Les polaires de o dans les deux courbes passent en a, pôle commun de A; donc les axes d'homologie du centre o sont précisément les deux sécantes communes qui passent en a; le centre opposé o_1 admet les mêmes axes.

Pour que le centre d'homologie soit réel, il est nécessaire que les tangentes communes menées par ce point soient réelles ou imaginaires conjuguées. Pour que l'axe d'homologie soit réel, il est nécessaire et il suffit que λ et λ' aient le même signe. Ceci a toujours lieu quand les deux tangentes communes sont imaginaires conjuguées; car, dans ce cas,

$$ax^2+bxy+cy^2$$

peut être considérée comme la somme de deux carrés ayant, par exemple, le signe +; alors λ et λ' ont tous deux le signe —, sans quoi les courbes seraient imaginaires.

Je suppose que les deux tangentes communes soient réelles; on les prendra pour axes coordonnées; alors $a=o$, $c=o$; la conique S est tout entière située dans deux angles opposés par le sommet, formé par les axes coordonnés. Ces angles dépendent du signe de $\frac{\lambda}{b}$. La condition de réalité est donc que les deux courbes soient toutes deux situées dans les mêmes angles.

Lorsque les quatre tangentes communes sont imaginaires, ou deux seulement, il existe un couple de deux centres, et de deux axes d'homologie, réels. Les centres sont, dans le premier cas, les points de concours des couples de tangentes conjuguées; dans le second cas, le point de concours des deux tangentes imaginaires, et le point de concours des deux tangentes réelles.

Lorsque les quatre tangentes communes sont réelles, il y a ambiguïté; on examinera les sécantes communes. Ou deux sécantes communes seulement sont réelles; dans ce cas, on n'aura qu'un couple de centres et d'axes d'homologie réels. Ou les six sécantes communes sont réelles; dans ce cas, on aura trois couples de centres et d'axes d'homologie réels.

388—L'équation des coniques qui ont un foyer commun est de la forme

$$x^2+y^2-(mx+ny+t)^2=o,$$

si l'on prend ce foyer pour origine; la substitution des valeurs

$$x=\frac{x'}{\alpha x'+\beta y'+\gamma}, \qquad y=\frac{y'}{\alpha x'+\beta y'+\gamma},$$

donne une équation de la même forme; donc *deux coniques*

qui ont un foyer commun admettent ce foyer pour centre d'homologie.

Les coniques tangentes à une même droite, en un même point, sont comprises dans l'équation

$$x^2+y(mx+ny+t)=o;$$

le point de contact étant pris pour origine et la tangente pour axe des x, la substitution conduit à une équation de la même forme ; donc *deux coniques tangentes admettent le point de contact pour centre d'homologie.*

Ces propriétés donnent naissance à plusieurs théorèmes remarquables. Du foyer o comme centre, je décris une circonférence de cercle, et de ce point je mène deux rayons mobiles oaa', obb', qui fassent un angle constant; la corde ab dans le cercle, ayant une longueur constante, enveloppe un cercle concentrique; la corde homologue $a'b'$ dans la conique, enveloppera donc une conique ayant un foyer en o, et de plus, doublement tangente à la proposée. Le pôle de ab décrivant un cercle concentrique, le pôle de $a'b'$ décrira une conique. Ainsi *les cordes inscrites dans une conique et vues du foyer sous un angle constant enveloppent une autre conique; le pôle de cette corde décrit une troisième conique.* Et ces trois coniques ont un foyer commun et un double contact imaginaire suivant la même droite.

Je décris un cercle tangent en o à une conique, et du point o je mène deux rayons mobiles, qui fassent un angle constant; les mêmes conséquences ont lieu. Donc *les cordes vues d'un point de la conique sous un angle constant, enveloppent une conique, et le pôle de ces cordes décrit une autre conique*, Ces trois coniques ont aussi un double contact imaginaire.

Si l'on mène deux tangentes fixes au cercle et une tangente mobile qui coupe les premières en a et b, on aura dans la conique deux tangentes fixes et une tangente mobile coupant les premières aux points a' et b', homologues de a et b; or l'angle aob, sous lequel, du centre, on voit le segment ab de la tangente mobile, est constant; donc *l'angle sous lequel, du foyer d'une conique, on voit la partie d'une tangente mobile interceptée entre deux tangentes fixes, est constant.*

Dans la parabole, si l'on suppose que la tangente mobile s'éloigne à l'infini, on voit que l'angle constant est égal au supplément de l'angle des tangentes fixes, angle tourné vers la parabole. Donc *le cercle circonscrit à un triangle circonscrit à la parabole passe au foyer.* On en déduit que *le lieu des foyers des paraboles tangentes aux trois côtés d'un triangle est le cercle circonscrit à ce triangle.* Ceci donne un moyen très-simple de construire une parabole tangente à quatre droites données.

389—Homologie de deux surfaces du second degré.— Puisque les formules d'homologie dans l'espace ne renferment que sept constantes arbitraires, une surface particulière du second degré ne peut reproduire par homologie toutes les surfaces du second ordre, quelles que soient leurs positions dans l'espace ; mais si l'on remarque que des neuf constantes renfermées dans l'équation générale du second degré, trois déterminent les dimensions de la surface, six sa position, on en conclura qu'une surface particulière du second ordre peut, avec un même centre d'homologie, reproduire toutes les autres, mais dans des positions particulières.

Ce théorème présente des exceptions; par exemple, lorsque la première surface est une sphère et que l'on prend le centre pour centre d'homologie, les figures homologiques de la sphère sont de révolution; il est bien entendu d'ailleurs que les constantes contenues dans les formules de transformation peuvent être imaginaires.

Les surfaces du second degré inscrites dans un cône du second degré ont pour équation générale (nº 378)

$$A+\lambda u^2=0,$$

$A=o$ étant l'équation du cône, $u=o$ celle du plan de contact, λ une constante arbitraire. Si l'on substitue à la place de x, y, z les valeurs données par les formules (2), on arrive à une équation de la même forme; donc *deux surfaces du se-*

cond degré inscrites dans un même cône sont homologiques; le sommet du cône est le centre d'homologie.

Pour que l'homologie soit réelle, il faut que les deux surfaces soient en même temps intérieures ou extérieures au cône. Il en résulte que *deux sections planes d'un cône du second degré sont homologiques ;* le sommet du cône est le centre d'homologie.

390—Homothétie.—L'homothétie est un cas particulier de l'homologie; car si on transporte le plan d'homologie à l'infini, les formules (1) se réduisent à

$$\frac{x'-x_0}{x-x_0}=\frac{y'-y_0}{y-y_0}=\frac{z'-z_0}{z-z_0}=\frac{1}{l};$$

le centre d'homologie devient centre d'homothétie.

Deux coniques homothétiques S et S' ne se coupent qu'en deux points, réels ou imaginaires conjugués, les deux autres s'étant éloignés à l'infini; elles n'ont qu'une sécante commune, laquelle est toujours réelle. A cet axe d'homologie réel correspondent deux centres, les deux centres d'homothétie.

Un rayon quelconque mené par l'un des centres détermine deux couples de points *homologues* a et a', b et b'; ces mêmes points, groupés en ordre inverse, a et b', b et a' sont *homologiques;* les tangentes aux points homologiques se coupent sur l'axe d'homologie.

Les polaires P et P', P_1 et P'_1 des deux centres d'homothétie par rapport aux deux courbes sont parallèles à l'axe d'homologie et équidistantes. En effet, si l'on prend pour origine l'un des centres d'homothétie, les équations des deux courbes sont

$$ax^2+bxy+cy^2+dx+ey+f=0,$$
$$ax^2+bxy+cy^2+k(dx+ey+fk)=0;$$

l'axe d'homologie ou la sécante commune a pour équation

$$dx+ey+fk+f=0,$$

et les deux polaires de l'origine

$$dx+ey+2f=0,\quad dx+ey+2kf=0.$$

Étant données trois coniques homothétiques, on sait que les centres d'homothétie sont trois à trois en ligne droite; ces trois coniques ont pour équations

$$ax^2+bxy+cy^2+dx+ey+f=o,$$
$$ax^2+bxy+cy^2+d'x+e'y+f'=o,$$
$$ax^2+bxy+cy^2+d''x+e''y+f''=o;$$

les axes d'homologie sont

$$(d-d')x+(e-e')y+f-f'=o,$$
$$(d'-d'')x+(e'-e'')y+f'-f''=o,$$
$$(d''-d)x+(e''-e)y+f''-f=o;$$

ces trois dernières équations se réduisent à deux; donc *les trois axes d'homologie de trois coniques homothétiques passent par un même point.*

391—Remarque sur la perspective.—Soient S et S' deux figures planes dont l'une est la perspective de l'autre, A la ligne d'intersection des deux plans, *o* la position de l'œil; du point *o* je mène une perpendiculaire *occ'* au plan bissecteur de l'angle dièdre formé par les plans des deux figures, et par cette perpendiculaire j'imagine divers plans; les traces de ces plans sur le plan S feront entre elles les mêmes angles que les traces sur le plan S'. Si l'on fait tourner le plan S' autour de A, jusqu'à ce qu'il s'applique sur S, le point *c'* viendra en *c*; les points homologues *a* et *a'* seront placés sur des rayons partant de *c*; les droites homologues se couperont sur A. Si l'on construit avec le centre d'homologie *c* et l'axe A une courbe homologique à S, dans laquelle le point *a* ait pour homologique *a'*, on obtient la courbe S'. Ainsi, *deux figures planes perspectives l'une de l'autre sont homologiques.*

Réciproquement, soient S et S' deux figures homologiques, *c* le centre, A l'axe; je fais tourner le plan de la figure S' autour de A d'un angle quelconque; le point *c* viendra en *c'*; je mène la ligne *cc'*, qui sera perpendiculaire au plan bissecteur de l'angle des plans S et S'; la droite qui joint deux points homologiques *a* et *a'* rencontre *cc'* en un point *o*. La perspective de la figure S sur le plan actuel de la figure S′, pour la position o de l'œil, est une figure homologique de S telle que, rabattue sur le plan de S, c sera le centre d'homologie, A l'axe, a' le point homologue de a; donc cette figure coïncide avec S′. Ainsi, réciproquement, *deux figures homologiques sont, d'une infinité de manières, perspectives l'une de l'autre.*

392—REMARQUE SUR L'HOMOGRAPHIE.—Je prends les formules d'homographie dans un plan

$$x=\frac{ax'+a'y+a''}{\alpha x'+\beta y'+\gamma},\qquad y=\frac{bx'+b'y'+b''}{\alpha x'+\beta y'+\gamma};$$

je rapporte le point de la première figure à un système d'axes parallèles au premier, menés par le point (x_0, y_0), les points de la seconde à un système d'axes menés par le point (x'_0, y'_0) et faisant avec les premiers l'angle α; on a

$$x=x_0+\xi,\qquad x'=x'_0+\xi'\cos\alpha-\eta'\sin\alpha,$$
$$y=y_0+\eta,\qquad y'=y'_0+\xi'\sin\alpha+\eta'\cos\alpha.$$

Or, si l'on exprime ξ, η en fonction de ξ', η' en substituant dans les formules précédentes, on trouve qu'il y a toujours des valeurs réelles de x_0, y_0, x'_0, y'_0, α, pour lesquelles on a

$$\xi=\frac{\xi'}{f\xi'+g\eta'+h},\qquad \eta=\frac{\eta'}{f\xi'+g\eta'+h}.$$

Donc on peut placer les deux figures de telle sorte qu'elles soient homologiques. Ainsi, *dans le plan, l'homographie ne donne pas d'autres figures que l'homologie.*

Si l'on fait la perspective S′ d'une figure S, puis la perspective S″ de S′,..... la dernière figure sera homographique de S; cela résulte des formules qui lient les coordonnées d'un point de l'une des figures aux coordonnées d'un point homologue de la suivante. D'après le théorème précédent, on pourra placer la dernière figure de telle sorte qu'elle soit la perspective de la première.

Dans l'espace, l'homographie donne d'autres figures que l'homologie.

CHAPITRE IV.

Des Figures corrélatives.

393—Étant donnée une figure, on peut toujours former, d'une infinité de manières, une autre figure dans laquelle les *plans*, les *droites*, les *points* correspondent respectivement à des *points*, à des *droites*, à des *plans* de la première figure. Cette *corrélation* des deux figures constitue le principe de la *dualité*, tel que M. Chasles l'a exposé dans son Aperçu historique des Méthodes en Géométrie.

Soient x, y, z les coordonnées d'un point a de la première figure, x', y', z' celles d'un point quelconque du plan correspondant A′ de la seconde figure, X′, Y′, Z′, U′ quatre polynômes linéaires en x', y', z',

$$(1)\quad \begin{cases} X' = ax' + by' + cz' + d \\ Y' = a'x' + b'y' + c'z' + d', \\ Z' = a''x' + b''y' + c''z' + d'', \\ U' = a'''x' + b'''y' + c'''z' + d'''; \end{cases}$$

on détermine le plan A′ par l'équation

$$(2)\quad X'x + Y'y + Z'z + U' = 0.$$

Si le point a décrit un plan A,

$$Lx + My + Nz + 1 = 0,$$

le plan A′ tourne autour d'un point fixe a' dont les coordonnées sont déterminées par les relations

$$\frac{X'}{L} = \frac{Y'}{M} = \frac{Z'}{N} = U'.$$

Ce point a' a été appelé *pôle* du plan A.

Si le plan A s'éloigne à l'infini, son pôle tend vers le point i' déterminé par les relations

$$X'=o,\quad Y'=o,\quad Z'=o.$$

Ce point i' est le pôle de l'infini.

Si le point a décrit une droite D, le plan A' tourne autour d'une droite D'.

Si le point a parcourt une surface S, le plan A' enveloppe une surface S'. Je suppose que la surface S soit algébrique et de degré m; une transversale D la rencontre en m points; à chacun de ces points correspond dans la seconde figure un plan tangent, et ces plans tangents passent tous par une même droite D'; donc la surface S' est telle que par une droite quelconque on peut lui mener m plans tangents. Il en résulte que si la surface S est du second degré, la surface S' sera aussi du second degré.

On peut encore considérer la surface S' comme étant le lieu des pôles de tous les plans tangents à la surface S. En effet, je considère trois points voisins a, b, c de la surface S; le point de rencontre des trois plans correspondants sera le pôle du plan abc; à la limite, ce plan devient un plan tangent A à la surface S en a, le pôle devient le point de contact a' du plan tangent A' à la seconde surface. De cette manière, il est plus facile de trouver l'équation de la surface S'.

Si l'on désigne par X, Y, Z, U les polynômes

$$(3)\quad \begin{cases} X=ax+a'y+a''z+a''', \\ Y=bx+b'y+b''z+b''', \\ Z=cx+c'y+c''z+c''', \\ U=dx+d'y+d''z+d''', \end{cases}$$

le plan A de la première figure, qui correspond au point a' de la seconde figure, s'écrira

$$(4)\quad Xx'+Yy'+Zz'+U=o;$$

dans cette équation x', y', z' sont les coordonnées du point a', x, y, z celles d'un point quelconque du plan correspondant A. L'équation (4) établit la corrélation de la première figure par rapport à la seconde.

Les deux figures ont entre elles des relations de grandeurs qui consistent en ce que *le rapport anharmonique de quatre points situés en ligne droite dans la première égale le rapport anharmonique des quatre plans homologues dans la seconde figure*. En effet, si l'on prend la ligne des points donnés pour axe des x, le plan correspondant à un point quelconque de cette ligne aura pour équation

$$X'x+U'=o;$$

si l'on fait dans cette équation $y'=o$, $z'=o$, on aura une relation entre un point quelconque de l'axe et la trace sur cet axe du plan homologue; cette relation, étant de forme linéaire, prouve la division homographique de la droite OX, c'est-à-dire que si l'on prend quatre points sur cette droite, les quatre plans homologues couperont cette droite en quatre points dont le rapport anharmonique égale celui des quatre points proposés.

394—Deux figures telles que les *plans*, les *droites*, les points de l'une correspondent aux *points*, aux *droites*, aux *plans* de l'autre sont deux figures corrélatives. Un théorème démontré sur l'une des figures donne lieu à un théorème corrélatif dans la seconde figure.

Je transforme par cette méthode le théorème du n° 382. A une courbe plane correspond un cône; aux trois surfaces passant par une même courbe plane correspondent trois surfaces inscrites dans un même cône; aux six points d'intersection de la transversale correspondent six plans tangents passant par une même droite. On a donc le théorème suivant : *Les six plans tangents, menés par une même droite à trois surfaces du second degré inscrites dans un cône, sont en involution.*

395 — Corrélation réciproque. — Deux figures corrélatives sont corrélatives l'une à l'autre; on passe des points de la première aux plans de la seconde au moyen de la relation (2), des points de la seconde aux plans de la première par la relation (4). On dit que la corrélation est réciproque lorsque les deux modes de corrélation sont les mêmes, c'est-à-dire lorsque les constantes des polynômes X, Y, Z, U sont respectivement égales aux constantes des polynômes X′, Y′, Z′, U′, ou égales et de signes contraires.

1° Si les constantes sont égales et de mêmes signes, on a

$$a'=b,\quad a''=c,\quad a'''=d,\quad b''=c',\quad b'''=d',\quad c'''=d'',$$
$$X'=ax'+by'+cz'+d,\ Y'=bx+b'y+c'z+d',\ Z'=cx+c'y+c''z+d'',$$
$$U'=dx+d'y+d''z+d''',\quad X=ax+by+cz+d,\ \text{etc.}$$

Le plan A′

$$X'x+Y'y+Z'z+U'=o$$

est le plan polaire du point $a(x, y, z)$ par rapport à la surface du second degré

$$ax^2+b'y^2+c''z^2+2bxy+2c'yz+2czx+2dx+2d'y+2d''z+d'''=o.$$

2° Si les constantes sont égales et de signes contraires, on a

$$a=b'=c''=d'''=o,\quad a'=-b,\quad a''=-c,\quad a'''=-d,$$
$$b''=-c',\quad b'''=-d',\quad c'''=-d'',$$
$$X'=by'+cz'+d,\ Y'=-bx'+c'z'+d',\ Z'=-cx'-c'y'+d'',$$
$$U'=-dx'-d'y'-d''z';$$

le plan A′, qui a pour équation

$$(by'+cz'+d)x+(-bx'+c'z'+d')y+(-cx'-c'y'+d'')z-dx'-d'y'-d''z'=o,$$

ou

$$b(xy'-yx')+c'(yz'-zy')-c(zx'-xz')+d(x-x')+d'(y-y')+d''(z-z')=o,$$

passe par le point a et par le pôle i' de l'infini, dont les coordonnées annullent aussi U′. La surface S′ se réduisant à un point, ce mode n'est d'aucune utilité.

Ainsi la méthode des figures corrélatives, si l'on veut que la corrélation soit réciproque, n'est autre chose que la méthode des polaires réciproques.

NOTE A.

On appelle *rapport anharmonique* de quatre points en ligne droite le quotient des rapports des distances de deux de ces points aux deux autres. Ainsi, avec les quatre points a, b, c, d, on peut former les trois rapports anharmoniques

$$\frac{ac}{ad}:\frac{bc}{bd},\quad \frac{ad}{ab}:\frac{cd}{cb},\quad \frac{ab}{ac}:\frac{db}{dc},$$

et les trois inverses. On donne le signe + aux longueurs comptées dans un certain sens, le signe — aux longueurs comptées en sens contraire.

L'un quelconque de ces rapports détermine tous les autres; en effet, si l'on désigne par p, q, r les distances du point a aux trois autres b, c, d, par x, y, z les trois rapports, on a

$$x=\frac{q(r-p)}{r(q-p)},\quad y=\frac{r(p-q)}{p(r-q)},\quad z=\frac{p(q-r)}{q(p-r)};$$

d'où

$$y=\frac{1}{1-x},\quad z=\frac{1}{1-y},\quad x=\frac{1}{1-z};$$

les trois rapports se déduisent l'un de l'autre suivant la même loi. Lorsque deux groupes de quatre points offrent deux rapports anharmoniques égaux, et que l'on considère comme correspondants les points qui entrent de la même manière dans ces rapports, les autres rapports anharmoniques sont aussi égaux deux à deux.

On démontre aisément que quatre droites passant par un même point déterminent sur une transversale quelconque quatre points dont le rapport anharmonique est constant. Ce rapport est ce qu'on appelle le rapport anharmonique du faisceau des quatre droites.

De même, quatre plans passant par une même droite déterminent sur une droite ou un plan transversal quelconque quatre points ou quatre droites dont le rapport anharmonique est constant. Ce rapport est le rapport anharmonique du faisceau des quatre plans.

Quand l'un des rapports anharmoniques égale -1, les deux autres sont égaux à $\frac{1}{2}$ et à 2; les trois inverses sont égaux aux précédents. Dans ce cas, on dit que les quatre points, ou les quatre droites, ou les quatre plans, forment un système *anharmonique*.

Involution. — Étant donnés sur une droite six points a, a', b, b', c, c', conjugués deux à deux, si l'on a

$$(1) \quad pa.pa'=pb.pb'=pc.pc'=k,$$

p étant un certain point de la droite, les six points sont dits en *involution*. Au moyen de quatre points a, a', b, b' on pourra d'abord déterminer p par la condition

$$pa.pa'=pb.pb'=k;$$

car les distances aa', ab, ab' étant connues, l'inconnue pa sera donnée par une équation du premier degré. Le point c étant ensuite pris à volonté, on déterminera son conjugué c' par la relation $pc.pc'=k$. Il existe de part et d'autre de p, à la distance $\sqrt{k}$, deux points g et h tels que chacun d'eux est à lui-même son conjugué; deux points conjugués quelconques a et a' sont conjugués harmoniques de g et h.

Six points en involution jouissent de la propriété que le rapport anharmonique de quatre d'entre eux est égal au rapport anharmonique des quatre conjugués. En effet, si les quatre points sont a, a', b, b', les quatre conjugués sont a', a, b', b, et l'on a évidemment

$$\frac{ba}{ba'}:\frac{b'a}{b'a'}=\frac{b'a'}{b'a}:\frac{ba'}{ba}.$$

Je prends maintenant les quatre points a, a', b, c et les quatre conjugués a', a, b', c'; les relations (1) donnent

$$\frac{pa}{pb'}=\frac{pb}{pa'}=\frac{pa-pb}{pb'-pa'}=-\frac{ba}{b'a'},\quad \frac{pa}{pb}=\frac{pb'}{pa'}=-\frac{b'a}{ba'};$$

d'où

$$\frac{ba}{ba'}=\frac{\overline{pa}^2}{k}\cdot\frac{b'a'}{b'a};$$

de même

$$\frac{ca}{ca'}=\frac{\overline{pa}^2}{k}\cdot\frac{c'a'}{c'a};$$

il en résulte

$$(2) \quad \frac{ba}{ba'}:\frac{ca}{ca'}=\frac{b'a'}{b'a}:\frac{c'a'}{c'a}.$$

30

Réciproquement, lorsque six points sont tels que le rapport anharmonique de quatre d'entre eux est égal au rapport anharmonique des quatre conjugués, ces six points sont en involution. Je considère, en effet, six points a, a', b, b', c, c' satisfaisant à l'équation (2); je détermine p de manière que $pa.pa'=pb.pb'=k$, puis c'', de manière que $pc.pc''=k$; d'après le théorème direct, les six points a, a', b, b', c, c'', formant une involution, satisfont à l'équation

$$(3)\quad \frac{ba}{ba'} : \frac{ca}{ca'} = \frac{b'a'}{b'a} : \frac{c''a'}{c''a}.$$

Je compare (2) et (3),

$$\frac{c''a'}{c''a} = \frac{c'a'}{c'a} = \frac{c''a - c'a'}{c''a - c'a} = \frac{c'c''}{c'c''},$$

ce qui exige que $c'c''=o$, et que, par conséquent, les points c' et c'' se confondent.

Si l'on joint un point quelconque à six points en involution, on aura un faisceau de six droites en involution, c'est-à-dire que le rapport anharmonique de quatre d'entre elles sera égal au rapport anharmonique des quatre conjuguées. Une sécante menée arbitrairement à travers lefaisceau sera coupée en six points en involution.

De même, six plans, menés par une même droite et par six points en involution, forment une involution de six plans.

Trois cercles passant par deux mêmes points, ou trois sphères passant par un même cercle, déterminent sur une transversale quelconque six points en involution; le centre d'involution est le point où la transversale rencontre la sécante commune des deux cercles ou le plan commun des deux sphères.

(Voyez, pour plus de détails sur les rapports anharmoniques et l'involution, l'excellente *Géométrie élémentaire* de M. Amiot, professeur au lycée Bonaparte[1].)

FIN DE LA GÉOMÉTRIE ANALYTIQUE.

[1] 1 vol. in-8°, fig. intercalées dans le texte. A Paris, chez les éditeurs, MM. Dezobry et Magdeleine.

TABLE DES MATIÈRES.

GÉOMÉTRIE ANALYTIQUE.

PREMIÈRE PARTIE.

GÉOMÉTRIE PLANE.

LIVRE I.

Préliminaires.

CHAPITRE I.—DES COORDONNÉES.

CHAPITRE II.—DE L'HOMOGÉNÉITÉ.

CHAPITRE III.—TRANSFORMATION DES COORDONNÉES.

LIVRE II.

Lignes du premier degré.

CHAPITRE I.—LIGNE DROITE.

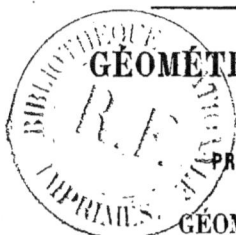

CHAPITRE IV.—DE L'HYPERBOLE.

CHAPITRE V.—DE LA PARABOLE.

CHAPITRE VI.—FOYERS ET DIRECTRICES.

LIVRE IV.

Théorie générale des Courbes planes.

Chapitre I.—Construction des Courbes.

Chapitre II.—Des Tangentes.

Chapitre III.—Asymptotes.

DEUXIÈME PARTIE.

GÉOMÉTRIE DANS L'ESPACE.

LIVRE V.

Préliminaires.

CHAPITRE I.—DES COORDONNÉES.

CHAPITRE II.—DES PROJECTIONS.

CHAPITRE III.—TRANSFORMATION DES COORDONNÉES.

LIVRE VI.

Surfaces du premier degré.

CHAPITRE I.—DU PLAN ET DE LA LIGNE DROITE.

Du Plan.

De la Ligne droite.

CHAPITRE II.—GÉNÉRATION DES SURFACES.

CHAPITRE III.—DU PLAN TANGENT.

LIVRE VII.

Surfaces du second ordre.

CHAPITRE I.—DU CENTRE ET DES PLANS DIAMÉTRAUX.

CHAPITRE II.—RÉDUCTION DE L'ÉQUATION GÉNÉRALE DU SECOND DEGRÉ.

CHAPITRE III.—DE L'ELLIPSOÏDE.

CHAPITRE IV.—DES HYPERBOLOÏDES.

CHAPITRE V.—DES PARABOLOÏDES.

TROISIÈME PARTIE.

DES MÉTHODES EN GÉOMÉTRIE.

LIVRE VIII.

Propriétés générales des Courbes du second degré.

LIVRE IX.

Propriétés générales des Surfaces du second ordre.

FIN DE LA TABLE.

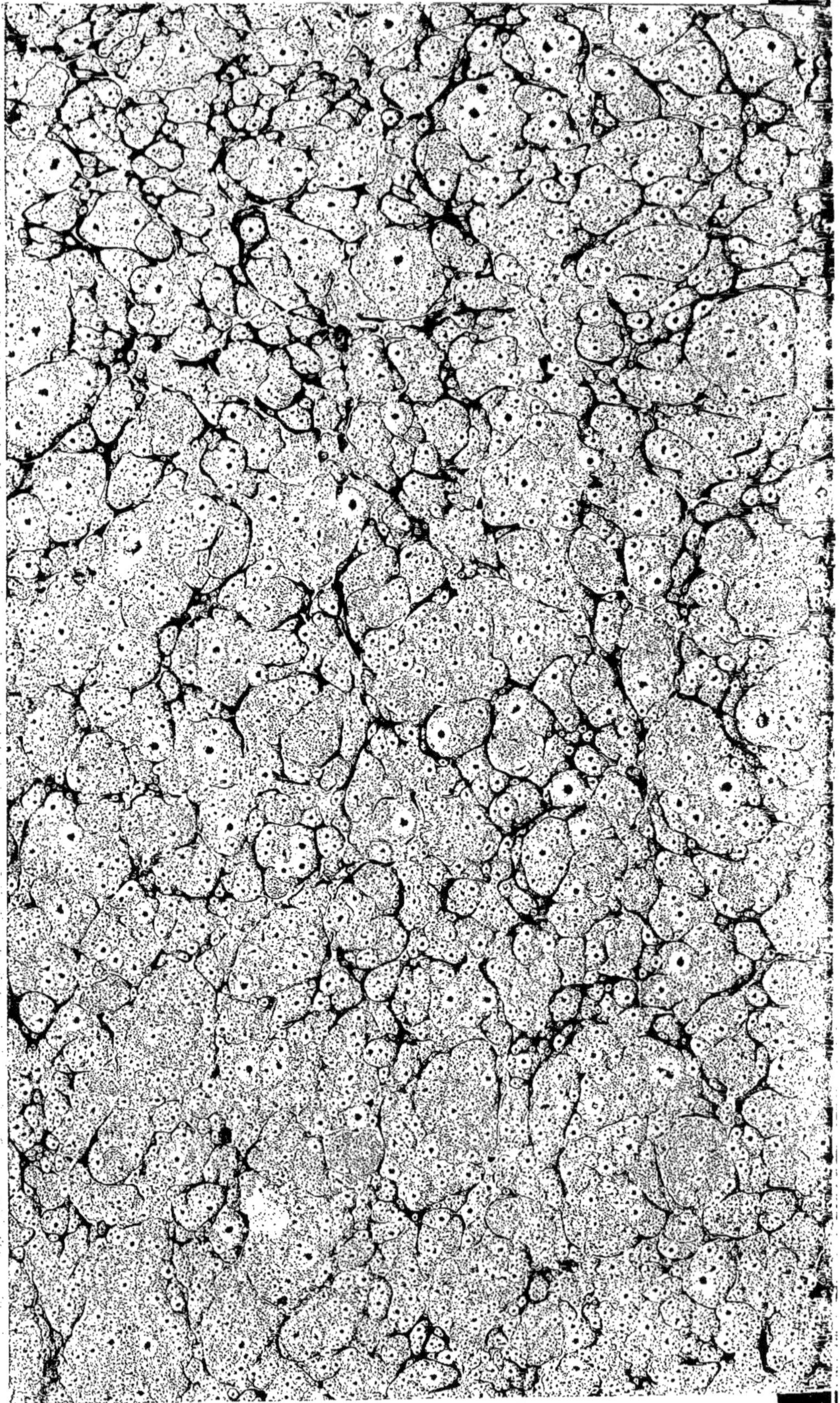

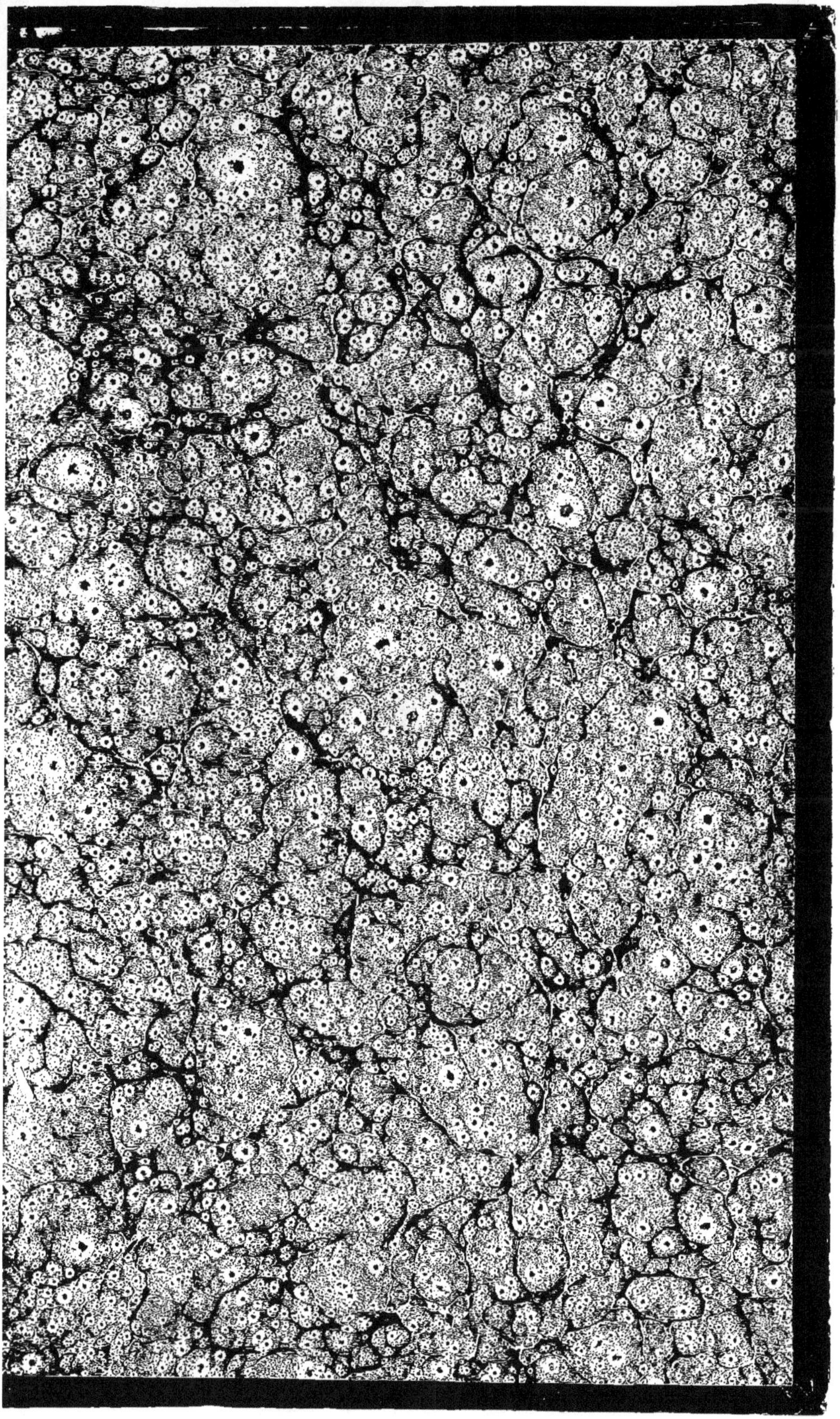